超值版

Office 2013 入门与提高

龙马高新教育 策划
教传艳 主编

人民邮电出版社
北京

图书在版编目（CIP）数据

Office 2013入门与提高 : 超值版 / 教传艳主编
. -- 北京 : 人民邮电出版社, 2017.4
ISBN 978-7-115-45081-4

Ⅰ. ①O… Ⅱ. ①教… Ⅲ. ①办公自动化－应用软件
Ⅳ. ①TP317.1

中国版本图书馆CIP数据核字(2017)第035936号

内 容 提 要

本书通过精选案例引导读者深入学习，系统地介绍了 Office 2013 的相关知识和应用技巧。

全书共 12 章。第 1 章主要介绍 Office 2013 的入门知识；第 2～3 章主要介绍 Word 2013 的使用方法，包括 Word 2013 的基本文档制作和高级排版应用等；第 4～6 章主要介绍 Excel 2013 的使用方法，包括 Excel 2013 的基本表格制作、公式和函数以及数据分析等；第 7～9 章主要介绍 PowerPoint 2013 的使用方法，包括 PowerPoint 2013 的基本幻灯片制作、动画和交互效果的设置方法以及幻灯片的放映等；第 10 章主要介绍 Outlook 2013 的使用方法；第 11 章通过实战案例，介绍 Office 在求职简历、产品功能说明书、住房贷款速查表、产品销售分析图、年终总结报告和产品销售计划中的应用；第 12 章主要介绍 Office 的实战秘技，包括 Office 组件的协作应用、插件的应用以及在手机和平板电脑中移动办公的方法等。

本书附赠的 DVD 多媒体教学光盘中，包含了与图书内容同步的教学录像及所有案例的配套素材和结果文件。此外，还赠送了大量相关学习内容的教学录像及扩展学习电子书等。

本书不仅适合 Office 2013 的初、中级用户学习使用，也可以作为各类院校相关专业学生和计算机培训班学员的教材或辅导用书。

◆ 策　　划　龙马高新教育
主　　编　教传艳
责任编辑　张　翼
责任印制　彭志环

◆ 人民邮电出版社出版发行　　北京市丰台区成寿寺路 11 号
邮编　100164　　电子邮件　315@ptpress.com.cn
网址　http://www.ptpress.com.cn
三河市海波印务有限公司印刷

◆ 开本：700×1000　1/16
印张：15
字数：350 千字　　2017 年 4 月第 1 版
印数：1 – 2 500 册　　2017 年 4 月河北第 1 次印刷

定价：29.80 元（附光盘）

读者服务热线：(010)81055410　印装质量热线：(010)81055316
反盗版热线：(010)81055315
广告经营许可证：京东工商广字第 8052 号

前言 PREFACE

随着信息化的不断普及，计算机已经成为人们工作、学习和日常生活中不可或缺的工具，而计算机的操作水平也成为衡量一个人综合素质的重要标准之一。为满足广大读者的实际应用需要，我们针对不同学习对象的接受能力，总结了多位计算机高手、国家重点学科教授及计算机教育专家的经验，精心编写了这套“入门与提高”系列图书。本套图书面市后深受读者喜爱，为此我们特别推出了对应的单色超值版，以便满足更多读者的学习需求。

写作特色

从零开始，循序渐进

无论读者是否从事计算机相关行业的工作，是否接触过Office 2013，都能从本书中找到最佳的学习起点，循序渐进地完成学习过程。

紧贴实际，案例教学

全书内容均以实例为主线，在此基础上适当扩展知识点，真正实现学以致用。

紧凑排版，图文并茂

紧凑排版既美观大方又能够突出重点、难点。所有实例的每一步操作，均配有对应的插图和注释，以便读者在学习过程中能够直观、清晰地看到操作过程和效果，提高学习效率。

单双混排，超大容量

本书采用单、双栏混排的形式，大大扩充了信息容量，从而在有限的篇幅中为读者奉送了更多的知识和实战案例。

独家秘技，扩展学习

本书在每章的最后，以“高手私房菜”的形式为读者提炼了各种高级操作技巧，为知识点的扩展应用提供了思路。

书盘结合，互动教学

本书配套的多媒体教学光盘内容与书中知识紧密结合并互相补充。在多媒体光盘中，我们仿真工作、生活中的真实场景，通过互动教学帮助读者体验实际应用环境，从而全面理解知识点的运用方法。

光盘特点

13小时全程同步教学录像

光盘涵盖本书所有知识点的同步教学录像，详细讲解每个实战案例的操作过程及关键步骤，帮助读者更轻松地掌握书中所有的知识内容和操作技巧。

超值学习资源大放送

除了与图书内容同步的教学录像外，光盘中还赠送了大量相关学习内容的教学录像、扩展学习电子书及本书所有案例的配套素材和结果文件等，以方便读者扩展学习。

配套光盘运行方法

（1）将光盘放入光驱中，几秒钟后系统会弹出【自动播放】对话框。

（2）单击【打开文件夹以查看文件】链接以打开光盘文件夹，用鼠标右键单击光盘文件夹中的MyBook.exe文件，并在弹出的快捷菜单中选择【以管理员身份运行】菜单项，打开【用户账户控制】对话框，单击【是】按钮，光盘即可自动播放。

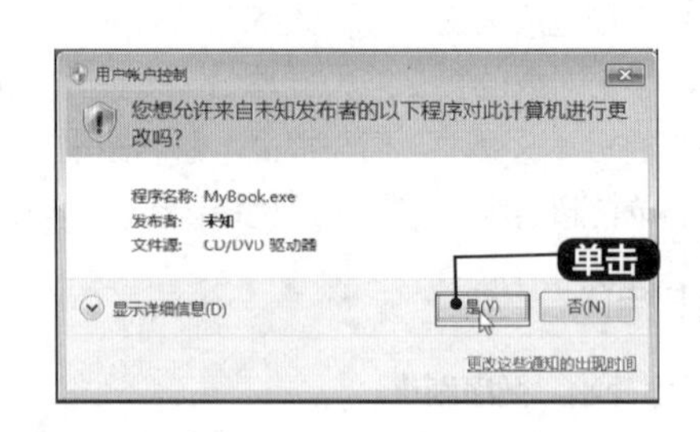

（3）光盘运行后会首先播放片头动画，之后进入光盘的主界面。其中包括【课堂再现】、【龙马高新教育APP下载】、【支持网站】3个学习通道和【素材文件】、【结果文件】、【赠送资源】、【帮助文件】、【退出光盘】5个功能按钮。

（4）单击【课堂再现】按钮，进入多媒体同步教学录像界面。在左侧的章号按钮上单击鼠标左键，在弹出的快捷菜单上单击要播放的节名，即可开始播放相应的教学录像。

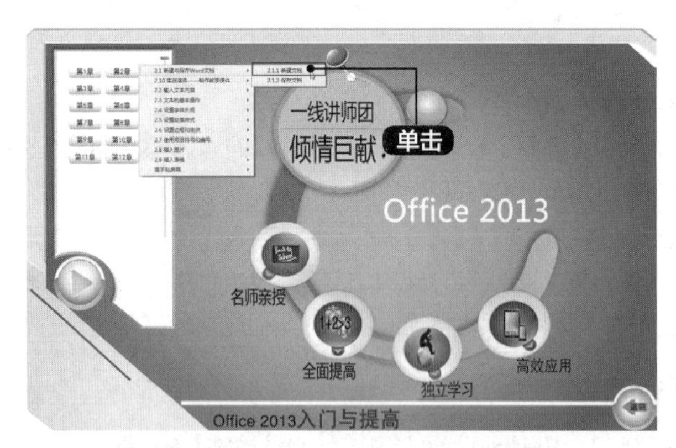

（5）单击【龙马高新教育APP下载】按钮，在打开的文件夹中包含有龙马高新教育的APP安装程序，可以使用360手机助手、应用宝将程序安装到手机中，也可以将安装程序传输到手机中进行安装。

（6）单击【支持网站】按钮，用户可以访问龙马高新教育的支持网站，在网站中进行交流学习。

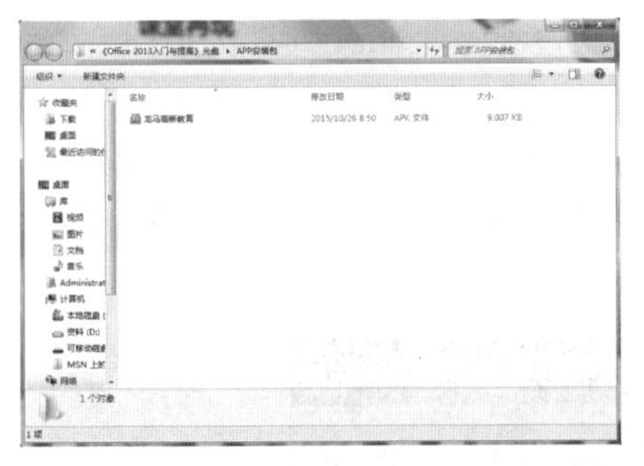

（7）单击【素材文件】、【结果文件】、【赠送资源】按钮，可以查看对应的文件和学习资源。

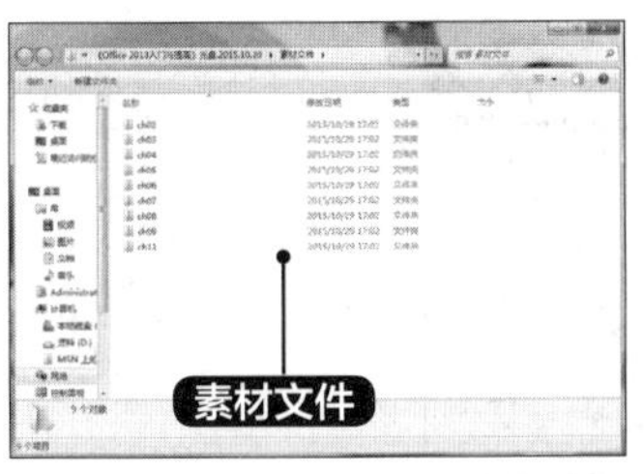

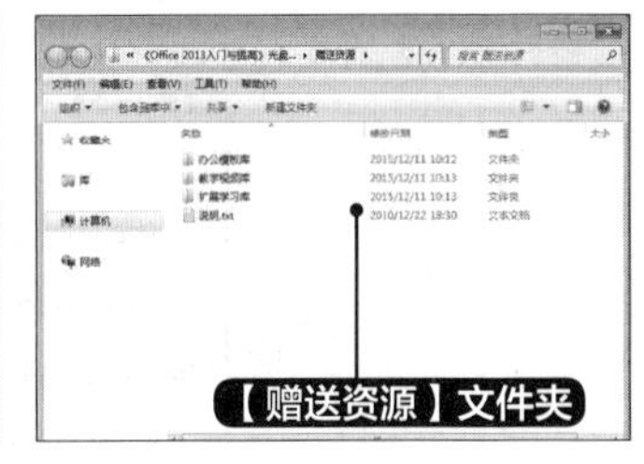

（8）单击【帮助文件】按钮，可以打开“光盘使用说明.pdf”文档，该说明文档详细介绍了光盘在电脑上的运行环境和运行方法。

（9）单击【退出光盘】按钮，即可退出本光盘系统。

龙马高新教育 APP 使用说明

（1）下载、安装并打开龙马高新教育APP，可以直接使用手机号码注册并登录。在【个人信息】界面，用户可以订阅图书类型、查看问题及添加的收藏、与好友交流、管理离线缓存、反馈意见并更新应用等。

（2）在首页界面单击顶部的【全部图书】按钮，在弹出的下拉列表中可查看订阅的图书类型，在上方搜索框中可以搜索图书。

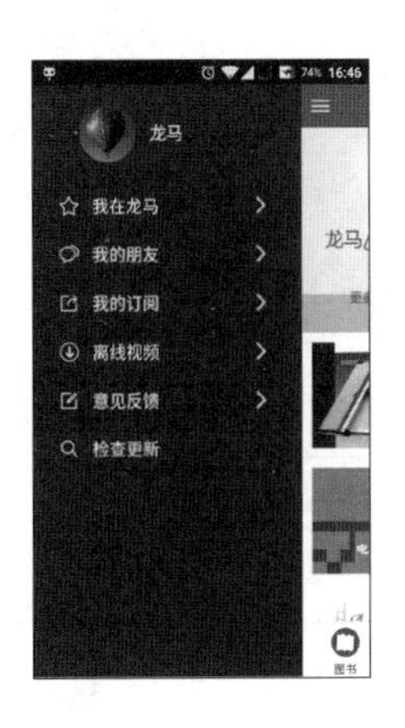

（3）进入图书详细页面，单击要学习的内容即可播放视频。此外，还可以发表评论、收藏图书并离线下载视频文件等。

（4）首页底部包含4个栏目：在【图书】栏目中可以显示并选择图书，在【问同学】栏目中可以与同学讨论问题，在【问专家】栏目中可以向专家咨询，在【晒作品】栏目中可以分享自己的作品。

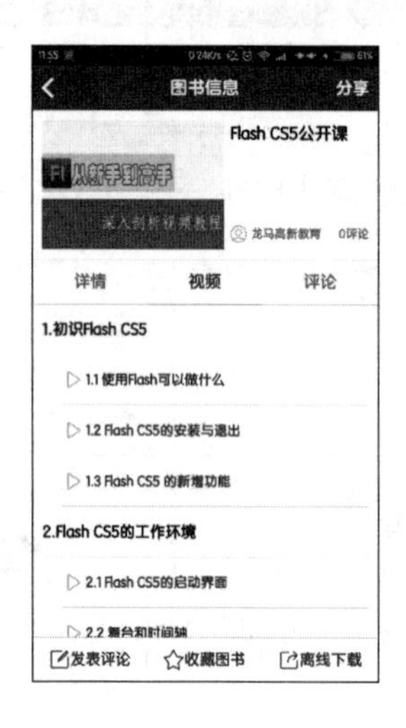

创作团队

本书由龙马高新教育策划，教传艳任主编，李震、赵源源任副主编。参与本书编写、资料整理、多媒体开发及程序调试的人员有孔万里、周奎奎、张任、张田田、尚梦娟、李彩红、尹宗都、王果、陈小杰、左琨、邓艳丽、崔姝怡、侯蕾、左花苹、刘锦源、普宁、王常吉、师鸣若、钟宏伟、陈川、刘子威、徐永俊、朱涛和张允等。

在本书的编写过程中，我们竭尽所能地将最好的内容呈现给读者，但也难免有疏漏和不妥之处，敬请广大读者不吝指正。读者在学习过程中有任何疑问或建议，可发送电子邮件至zhangyi@ptpress.com.cn。

编者

目录 CONTENTS

第 1 章 Office 2013入门

本章视频教学时间
19分钟

第 2 章 Word 2013基本文档制作

本章视频教学时间
57分钟

第 3 章 Word 2013高级排版应用

本章视频教学时间
51分钟

第 4 章 Excel 2013基本表格制作

本章视频教学时间
2小时16分钟

第 5 章 公式与函数的应用

本章视频教学时间
2小时41分钟

第 6 章 Excel的专业数据分析

本章视频教学时间
1小时1分钟

第7章 PPT 2013基本幻灯片制作

本章视频教学时间 1小时5分钟

第8章 为幻灯片设置动画及交互效果

本章视频教学时间 40分钟

第 9 章 幻灯片的放映

本章视频教学时间 18分钟

第 10 章 Outlook 2013的应用

本章视频教学时间 21分钟

第 11 章 Office综合案例

本章视频教学时间 1小时16分钟

第 12 章 Office实战秘技

本章视频教学时间 22分钟

DVD 光盘赠送资源

扩展学习库

- Office 2013快捷键查询手册
- Office 2013技巧手册
- Excel 函数查询手册
- 移动办公技巧手册
- 网络搜索与下载技巧手册
- 电脑技巧查询手册
- 常用五笔编码查询手册
- 电脑维护与故障处理技巧查询手册

教学视频库

- Office 2013软件安装教学录像
- 5小时Windows 7教学录像
- 7小时Photoshop CC教学录像

办公模板库

- 2000个Word精选文档模板
- 1800个Excel典型表格模板
- 1500个PPT精美演示模板

配套资源库

- 本书所有案例的素材和结果文件

第1章 Office 2013入门

重点导读

本章视频教学时间：19分钟 

Office 2013是办公使用的工具集合，主要包括Word 2013、Excel 2013和PowerPoint 2013等组件。通过Office 2013，可以实现文档的编辑、排版和审阅，表格的设计、排序、筛选和计算，演示文稿的设计和制作等功能。

学习效果图

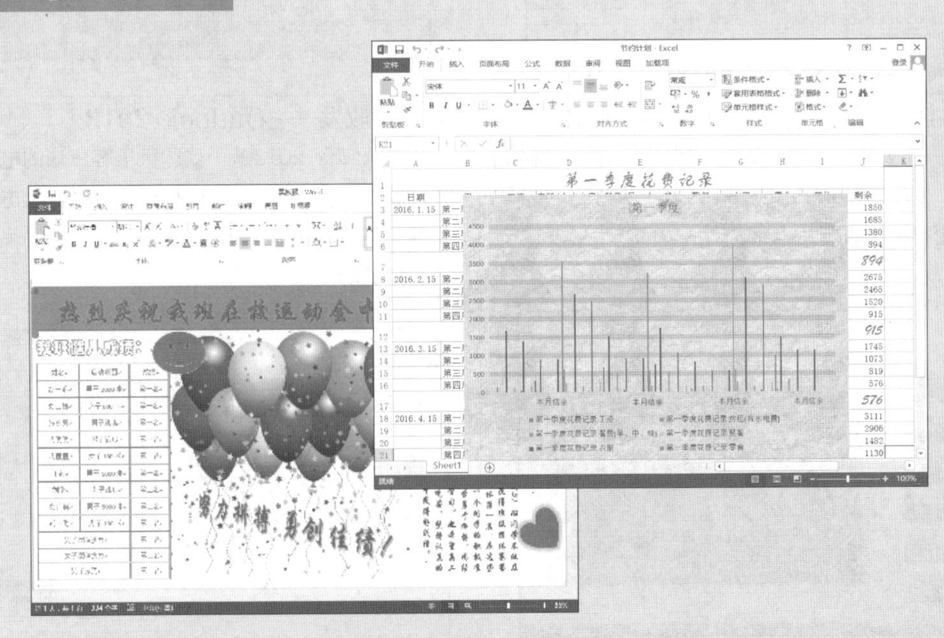

1.1 Office 2013及其组件

本节视频教学时间 / 3分钟 

Office 2013办公软件中包含Word 2013、Excel 2013、PowerPoint 2013、Outlook 2013、Access 2013、Publisher 2013、InfoPath 2013、Lync、OneNote、SkyDrive Pro和Visio Viewer等组件。下面介绍Office 2013中最常用的办公组件：Word 2013、Excel 2013、PowerPoint 2013和Outlook 2013。

1. 文档创作与处理——Word 2013

Word 2013是一款强大的文字处理软件。使用Word 2013，可以实现文本的编辑、排版、审阅和打印等功能。

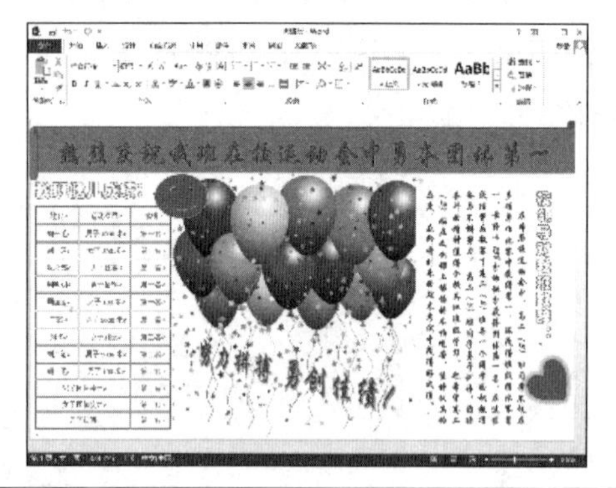

2. 电子表格——Excel 2013

Excel 2013是一款强大的数据表格处理软件。使用Excel 2013，可对各种数据进行分类统计、运算、排序、筛选和创建图表等操作。

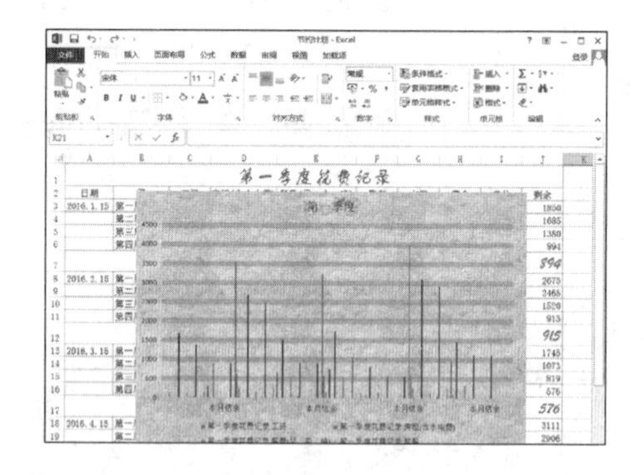

3. 演示文稿——PowerPoint 2013

PowerPoint 2013是制作演示文稿的软件。使用PowerPoint 2013，可以使会议或授课变得更加直观、丰富。

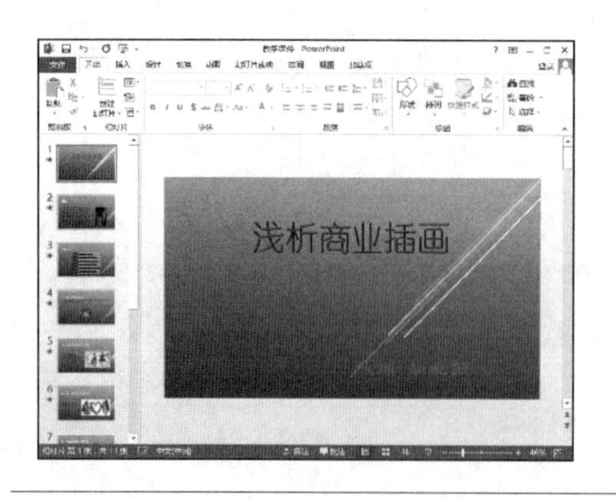

4. 邮件收发——Outlook 2013

Outlook 2013是一款运行于客户端的电子邮件软件。使用Outlook 2013，可以收发电子邮件、管理联系人信息、记日记、安排日程、分配任务等。

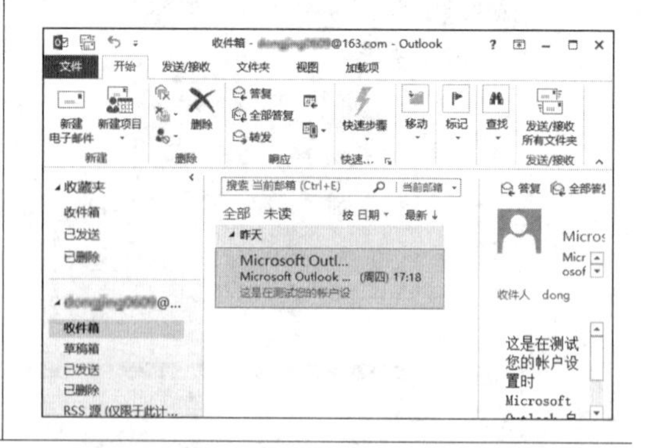

1.2 Office 2013的安装与卸载

本节视频教学时间 / 8分钟

软件使用之前，首先要将软件移植到计算机中，此过程为安装；如果不想使用此软件，可以将软件从计算机中清除，此过程为卸载。本节介绍Office 2013三大组件的安装与卸载方法。

1.2.1 电脑配置要求

要安装Office 2013，计算机硬件和软件的配置要达到以下要求。

处 理 器	1GHz或更快的x86或x64位处理器（采用SSE2指令集）
内存	1GB RAM（32 位）；2GB RAM（64 位）
硬盘	3.0 GB 可用空间
显示器	图形硬件加速需要 DirectX10显卡和1024 × 576分辨率
操作系统	Windows 7、Windows 8、Windows Server 2008 R2或Windows Server 2012
浏览器	Microsoft Internet Explorer 8、9或10；Mozilla Firefox 10.x或更高版本；Apple Safari 5；或Google Chrome 17.x
.NET 版本	3.5、4.0或4.5
多点触控	需要支持触摸的设备才能使用多点触控功能。但可以通过键盘、鼠标或其他标准输入设备或可访问的输入设备使用所有功能。请注意，新的触控功能已经过优化，可与Windows 8配合使用

提示

.NET是微软的新一代技术平台，为敏捷商务构建互联互通的应用系统，这些系统是基于标准的、联通的、适应变化的、稳定的和高性能的。对于Office软件来讲，有了.NET平台，用户能够进行Excel自动化数据处理、窗体和控件、菜单和工具栏、智能文档编程、图形与图表等操作。一般系统都会自带.NET，如果不小心删除了，可自行下载安装。下载地址：https://msdn.microsoft.com/zh-cn/vstudio/aa496123

1.2.2 安装Office 2013

电脑配置达到要求后就可以安装Office软件。首先要启动Office 2013的安装程序，按照安装向导的提示来完成软件的安装。

1 安装软件

将光盘放入计算机的光驱中，系统会自动弹出安装提示窗口，在弹出的对话框中阅读软件许可证条款，选中【我接受此协议的条款】复选框后，单击【继续】按钮。

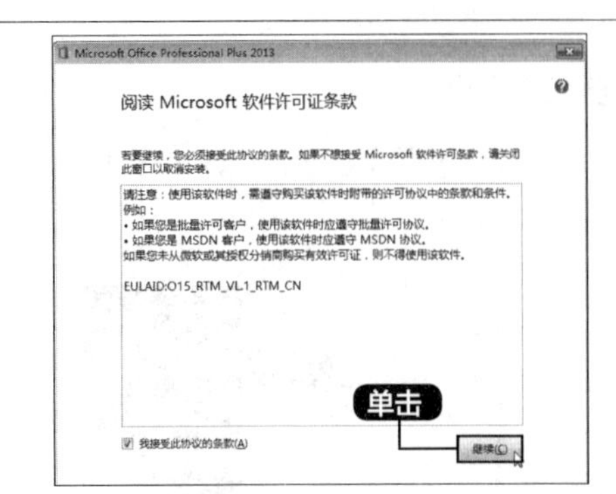

2 立即安装

在弹出的对话框中选择安装类型，这里单击【立即安装】按钮。

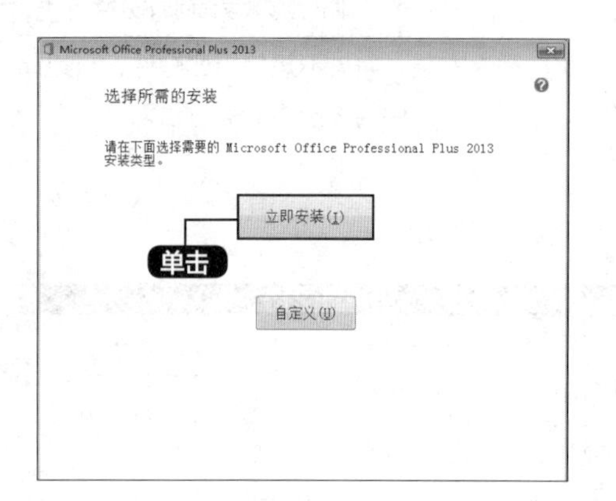

3 开始安装

系统进行安装，如图所示。

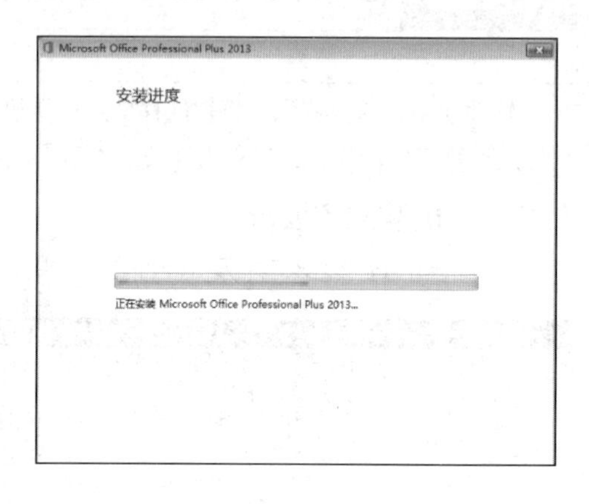

提示 单击【立即安装】按钮可以在默认的安装位置安装默认组件，单击【自定义】按钮可以自定义安装的组件及其位置。

4 完成

安装完成之后，单击【关闭】按钮，即可完成安装。

1.2.3 组件添加与删除

安装Office 2013后，当组件不能满足工作需要时，可以添加Office 2013其他组件。对不需要的组件，也可将其删除。

1 控制面板

单击【开始】按钮，在弹出的菜单右侧选中【控制面板】选项。

2 超链接

打开【控制面板】窗口，单击【程序和功能】超链接。

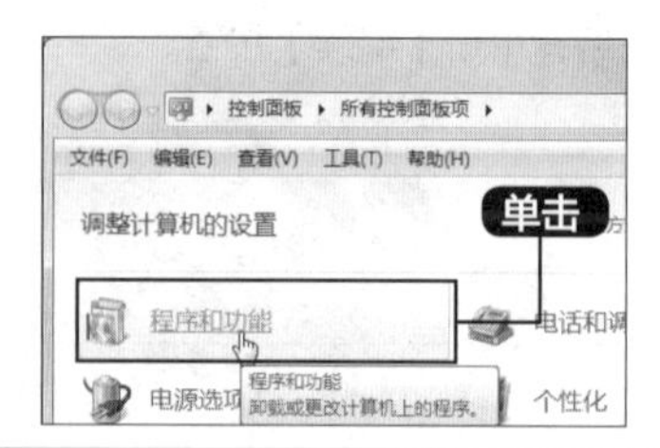

3 选择选项

打开【程序和功能】对话框，选择【Microsoft Office Professional Plus 2013】选项，单击【更改】按钮。

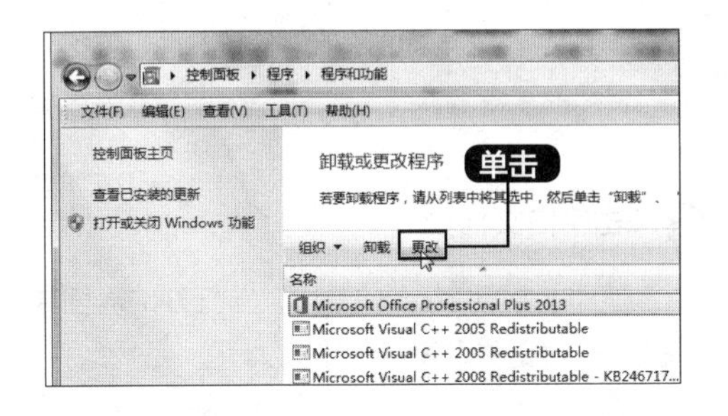

4 添加或删除功能

在弹出的【Microsoft Office Professional Plus 2013】对话框中单击选中【添加或删除功能】单选项，单击【继续】按钮。

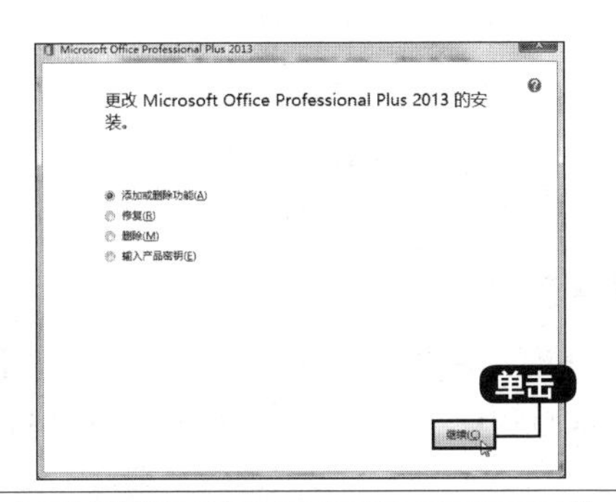

5 完成卸载

单击【Microsoft Excel】组件前的按钮 ，在弹出的下拉列表中选择【不可用】选项，单击【继续】按钮，在打开的对话框中等待配置完成，即可完成Excel 2013组件的卸载。

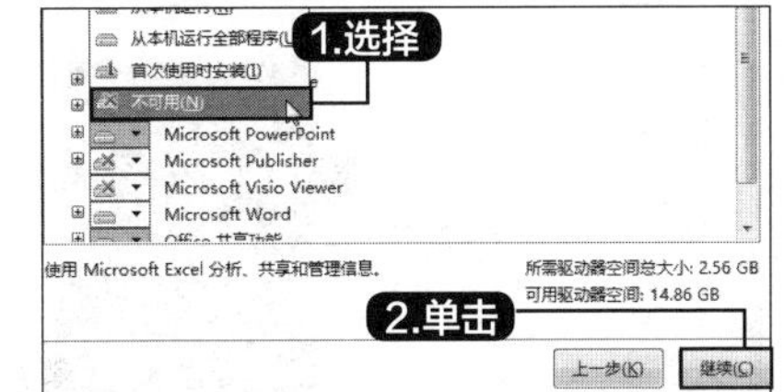

提示

如果需要将删除的组件，重新安装到电脑中，可在该对话框中，将该组件设置为【从本机运行】选项，然后单击【继续】按钮即可。

1.2.4 卸载Office 2013

不需要Office 2013时，可以将其卸载。

1 卸载

打开【程序和功能】对话框，选择【Microsoft Office Professional Plus 2013】选项，单击【卸载】按钮。

2 开始卸载

弹出【安装】提示框，单击【是】按钮，即可开始卸载Office 2013。

1.3 Office启动与退出

本节视频教学时间 / 3分钟

使用Office办公软件编辑文档之前，首先需要启动软件，使用完成，还需要退出软件。本节以Word 2013为例，介绍启动与退出Word 2013的操作。

1.3.1. 启动Office 2013

启动Word 2013的具体步骤如下。

1 选择开始命令

在任务栏中选择【开始】➢【所有程序】➢【Microsoft Office 2013】➢【Word 2013】命令。

2 单击空白文档

随即会启动Word 2013，在打开的界面中单击【空白文档】按钮。

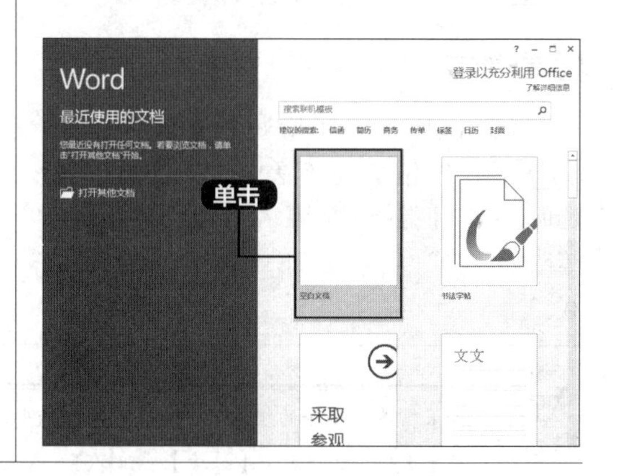

3 创建空白文档

即可新建一个空白文档。

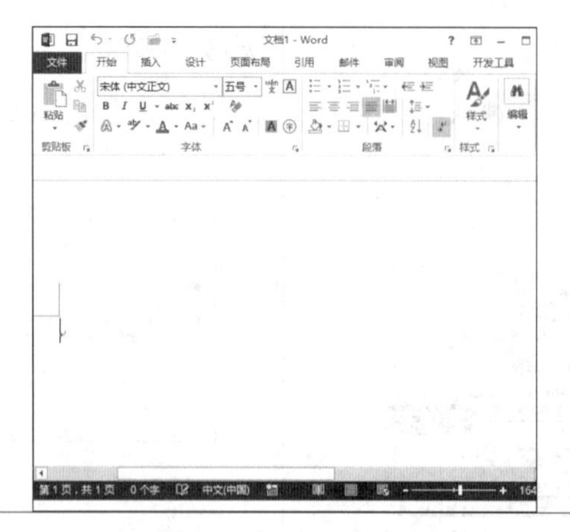

除了使用正常的方法启动Word 2013外，还可以在Windows桌面或文件夹的空白处单击鼠标右键，在弹出的快捷菜单中选择【新建】➢【Microsoft Word文档】命令。执行该命令即可创建一个Word文档，用户可以直接重新命名该新建文档。双击该新建文档，Word 2013就会打开新建的空白文档。

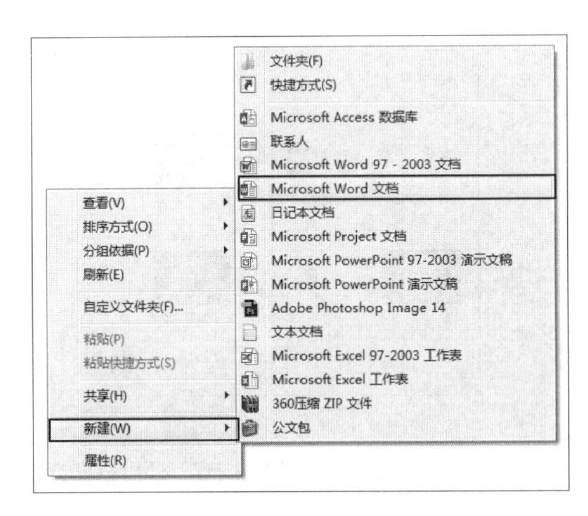

1.3.2 退出Office 2013

退出Word 2013文档有以下几种方法。

1 单击窗口右上角的【关闭】按钮。

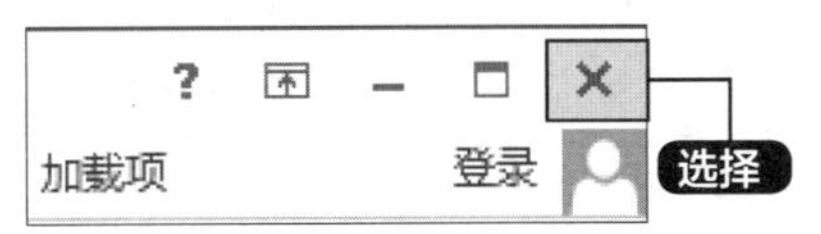

2 在文档标题栏上单击鼠标右键，在弹出的菜单中选择【关闭】菜单命令。

3 单击【文件】选项卡下的【关闭】选项。

4 直接按【Alt+F4】组合键。

1.4 实战演练——使用帮助系统

本节视频教学时间 / 3分钟

Office 2013提供了一整套的帮助系统来解决用户在使用过程中遇到的各种问题。

1. 打开【帮助】窗口

单击软件界面标题栏右侧的【帮助】按钮 ? ，或者按【F1】键都可打开【帮助】窗口。

2. 搜索功能

用户可以单击【热门搜索】组下的词语来搜索相关内容，还可以在搜索框中输入搜索字词来获取帮助。

1 打开帮助窗口

打开【帮助】窗口，在搜索框中输入要搜索的字词，例如，输入“文本框”，单击【搜索】按钮。

2 打开帮助窗口

可显示所有与“文本框”相关的内容，单击要查看的链接，例如，单击“删除或更改文本框或形状的边框”链接。

3 查看详细的操作方法

在打开的页面中可查看详细的操作方法。

4 单击改变字体大小

单击【改变字体大小】按钮 A˄，还可以以大字体的方式查看。再次单击该按钮，则会以小字体的形式显示。

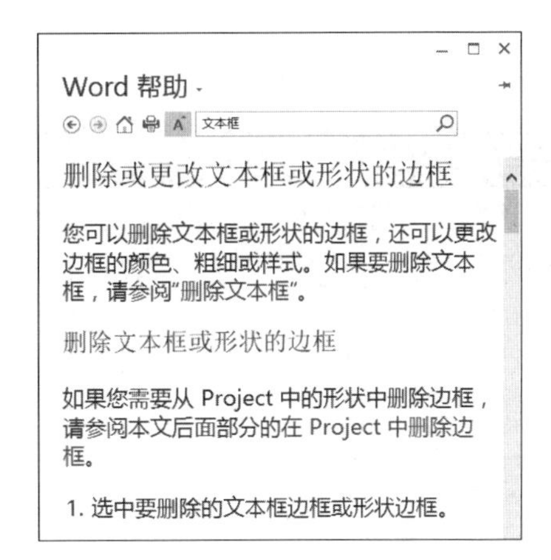

提示

如果需要打印当前内容，单击【打印】按钮即可。单击【主页】按钮，可返回主页面。单击【后退】按钮，可后退到上一个页面。单击【前进】按钮，可前进到下一个页面。

3. 【帮助】窗口的控制

用户可以通过【帮助】窗口右上角的按钮进行窗口的控制。

单击【最小化】按钮 –，可以帮助窗口最小化至Windows任务栏；单击【最大化】按钮 □，可以帮助窗口最大化至全屏；单击【关闭】按钮 ×，可以关闭【帮助】窗口。

此外，还可以手动控制窗口的大小，将鼠标指针移动至【帮助】窗口的任意角上，当鼠标指针变为⤡形状时拖曳，即可将窗口调整至合适大小。

高手私房菜

技巧1：自动隐藏功能区

在阅读文档时，有时为了方便，将功能区隐藏起来。下面以Word为例，单击工作界面右上方的按钮，在弹出的下拉列表中选择【自动隐藏功能区】选项，即可将功能区隐藏。

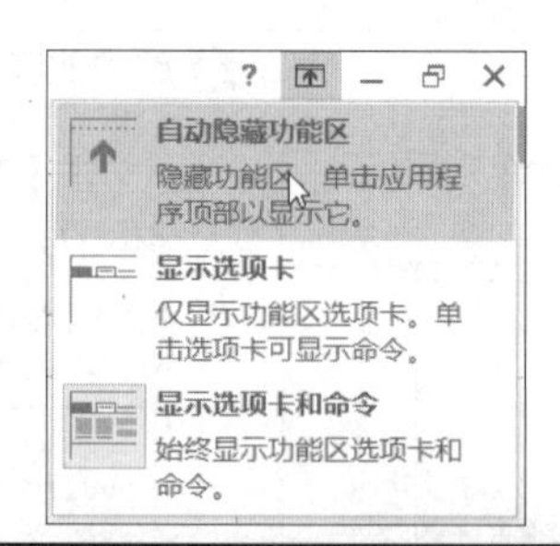

技巧2：快速删除工具栏中的按钮

在快速访问工具栏中选择需要删除的按钮，并单击鼠标右键，在弹出的快捷菜中选择【从快速访问工具栏中删除】命令，即可将该按钮从快速访问工具栏中删除。

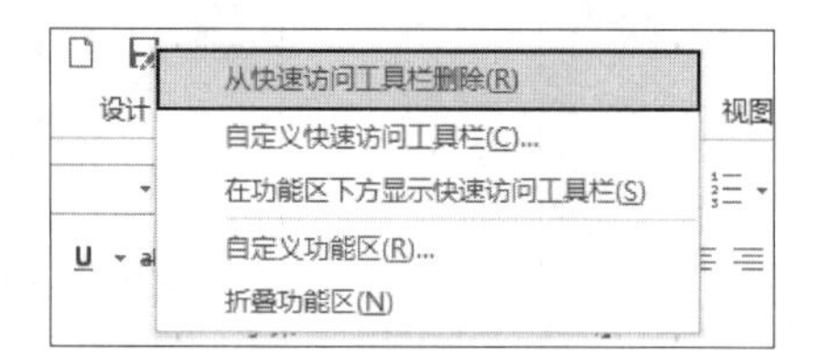

第 2 章

Word 2013基本文档制作

重点导读

本章视频教学时间：57分钟 

Word是最常用的办公软件之一,也是目前使用最多的文字处理软件,使用Word 2013可以方便地完成各种办公文档的制作、编辑以及排版等。本章主要介绍Word 2013基本文档制作内容，主要包括Word文档的创建与保存、文本的输入、文本的基本操作、格式化文本、插入图片和表格等内容。

学习效果图

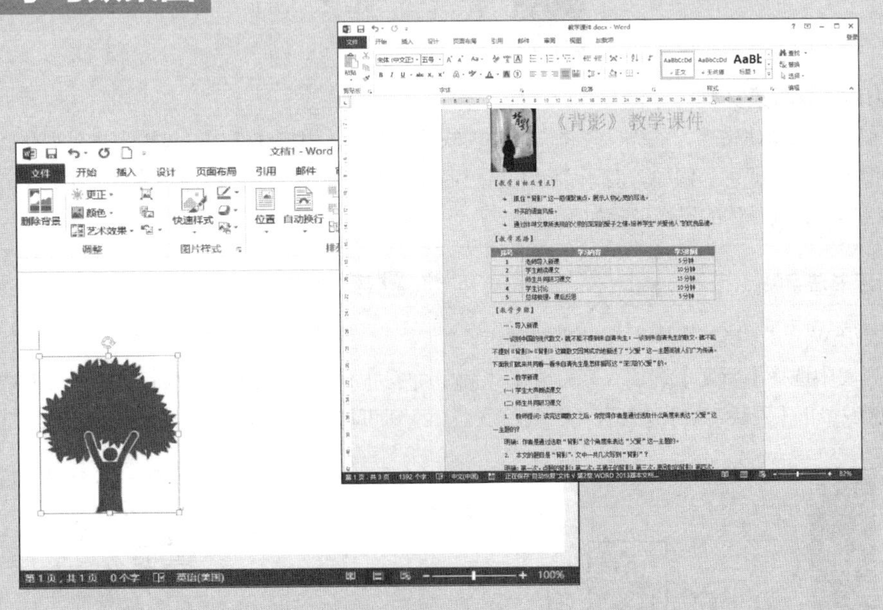

2.1 新建与保存Word文档

本节视频教学时间 / 5分钟 

新建和保存Word文档，是最基本的操作，本节主要介绍其操作方法。

2.1.1 新建文档

在使用Word 2013处理文档之前，首先需要创建一个新文档。新建文档的方法有以下两种。

1. 创建空白文档

在默认情况下，每一次新建的文档都是空白文档，新建空白文档有几种方法。

1 单击快速访问工具栏中的【新建】按钮，可以创建Word文档。

2 在打开的现有文档中，按【Ctrl+N】组合键即可创建空白文档。

3 在打开的Word文档中选择【文件】选项卡，在其列表中选择【新建】选项，在【新建】区域单击【空白文档】选项,即可新建空白文档。

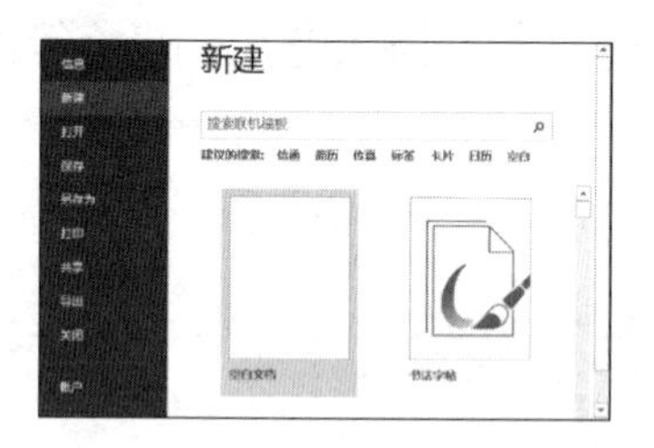

2. 使用模板新建文档

使用模板新建文档，系统已经将文档的模式预设好了，用户在使用的过程中，只需在指定位置填写相关的文字即可。例如，对于希望能自己制作一个毛笔临摹字帖的用户来说，通过Word就可以轻松实现，其具体的操作步骤如下。

1 新建书法字帖

打开Word文档，选择【文件】选项卡，在其列表中选择【新建】选项，在打开的【新建】区域单击【书法字帖】选项。

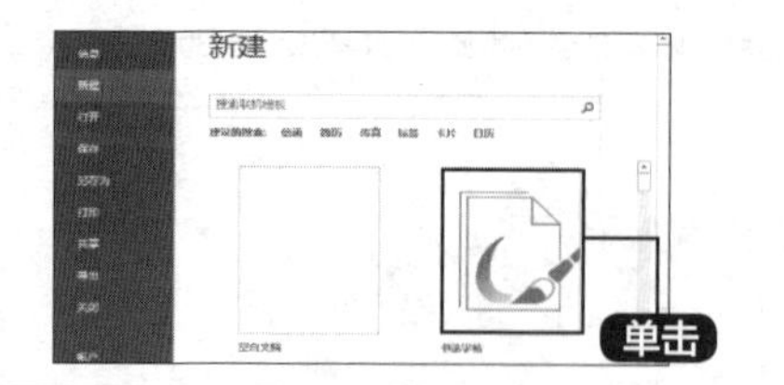

2 添加字符

弹出【增减字符】对话框，在【可用字符】列表中选择需要的字符，单击【添加】按钮可将所选字符添加至【已用字符】列表。

提示
计算机在联网的情况下，可以在“搜索联机模板”文本框中，输入模板关键词进行搜索并下载。

3 添加其他字符

使用同样的方法，添加其他字符，添加完成后单击【关闭】按钮，完成书法字帖的创建。

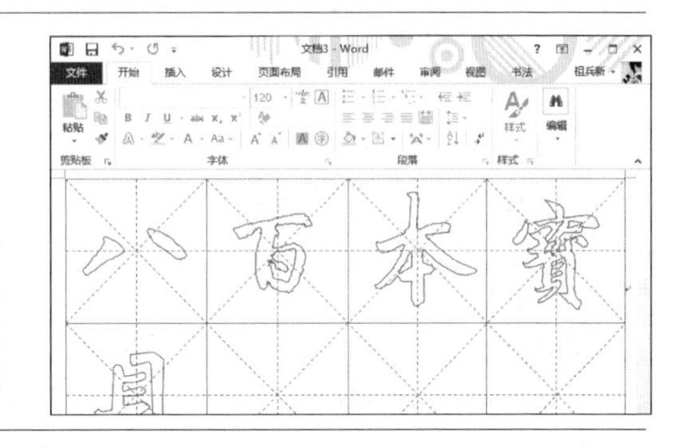

提示
如果在【已用字符】列表中有不需要的字符，可以选择该字符单击【删除】按钮。

2.1.2 保存文档

文档创建或修改好后，如果不保存，就不能被再次使用，我们应养成随时保存文档的好习惯。在Word 2013中需要保存的文档有：未命名的新建文档，已保存过的文档，需要更改名称、格式或存放路径的文档以及自动保存文档等。

1. 保存新建文档

在第一次保存新建文档时，需要设置文档的文件名、保存位置和格式等，然后保存，具体操作步骤如下。

1 保存

单击【快速访问工具栏】上的【保存】按钮，或单击【文件】选项卡，在打开的列表中选择【保存】选项。

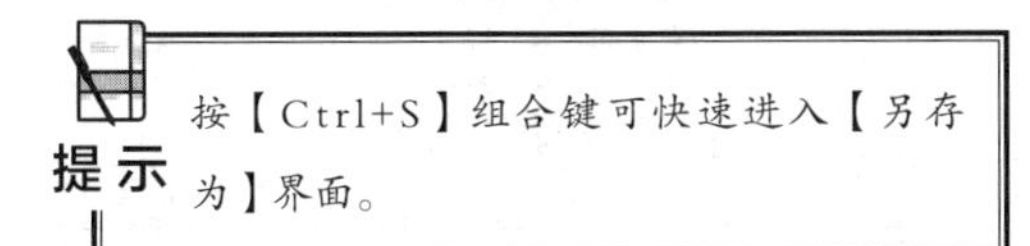
提示
按【Ctrl+S】组合键可快速进入【另存为】界面。

2 另存为

在【文件】选项列表中，单击【另存为】选项，在右侧的【另存为】区域单击【计算机】按钮。

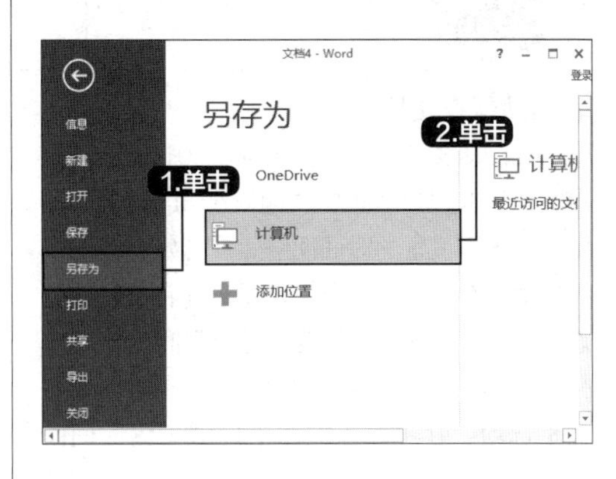

3 选择路径和保存类型

在弹出的【另存为】对话框中设置保存路径和保存类型并输入文件名称，然后单击【保存】按钮，即可另存文件。

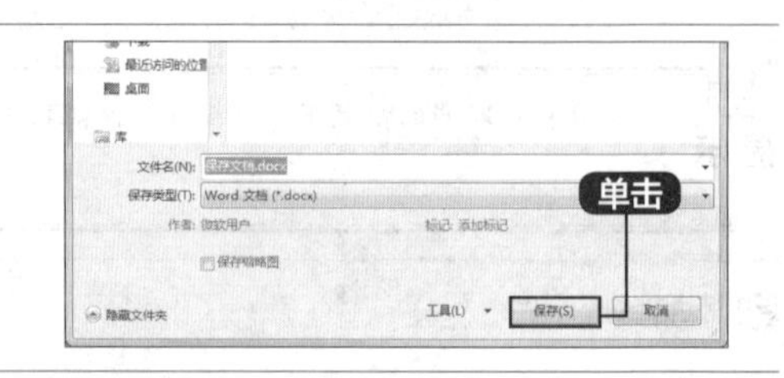

2. 保存已保存过的文档

对于已保存过的文档，如果对该文档修改后，单击【快速访问工具栏】上的【保存】按钮，或者按【Ctrl+S】组合键可快速保存文档，且文件名、文件格式和存放路径不变。

3. 另存为文档

如果对已保存过的文档编辑后，希望修改文档的名称、文件格式或存放路径等，则可以使用【另存为】命令，对文件进行保存。例如，将文档保存为Office 2003兼容的格式。

1 打开【另存为】

单击【文件】选项卡，在打开的列表中选择【另存为】选项，或按【Ctrl+Shift+S】组合键进入【另存为】界面。

2 选择保存位置和保存类型

双击【计算机】选项，在弹出的【另存为】对话框中，输入要保存的文件名，并选择所要保存的位置，然后在【保存类型】下拉列表框中选择【Word 97-2003文档（*.doc）】选项，单击【保存】按钮，即可保存为Office 2003兼容的格式。

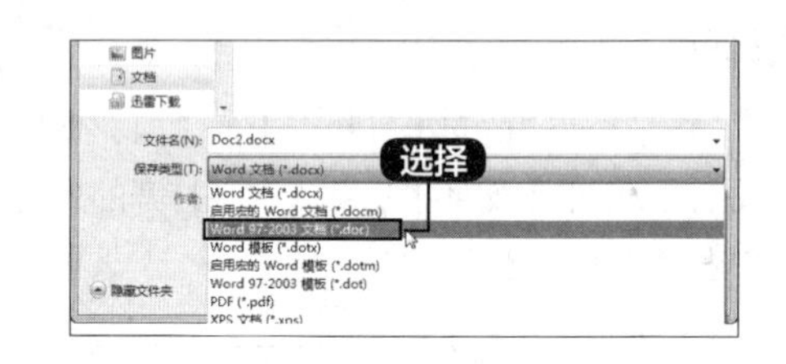

4. 自动保存文档

在编辑文档的时候，Office 2013会自动保存文档，在用户非正常关闭Word的情况下，系统会根据设置的时间间隔，在指定时间对文档自动保存，用户可以恢复最近保存的文档状态。默认“保存自动回复信息时间间隔”为10分钟，用户可以单击【文件】>【选项】>【保存】选项，在【保存文档】区域设置时间间隔。

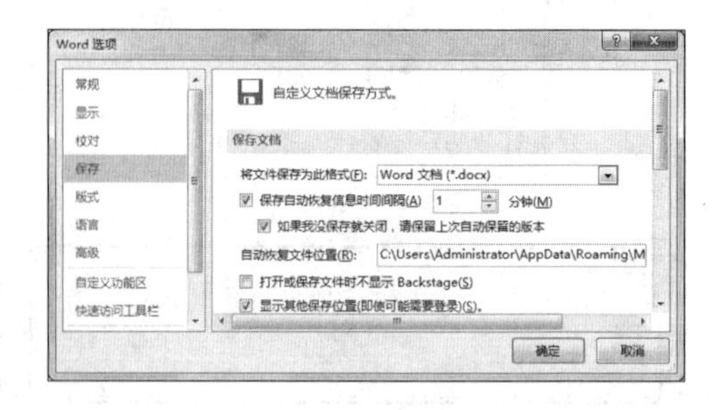

2.2 输入文本内容

本节视频教学时间 / 7分钟 

在Word文档中可以输入的内容包括文字、日期、时间和符号等。

2.2.1 中文和标点

由于Windows的默认语言是英语，语言栏显示的是美式键盘图标，因此如果不进行中/文切换就以汉语拼音的形式输入的话，那么在文档中输出的文本就是英文。

新建一个Word文档，首先将英文输入法转变为中文输入法，再进行输入。输入中文具体的转变方法如下。

1 选择搜狗拼音输入法

单击位于Windows操作系统下的任务栏上的美式键盘图标，在弹出的快捷菜单中选择中文输入法，如这里选择“搜狗拼音输入法”。

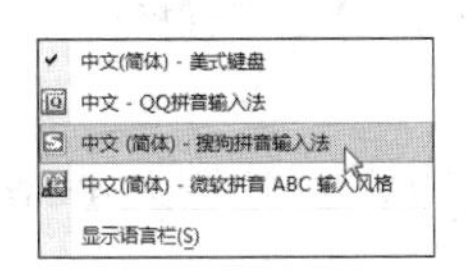

2 按【Enter】键完成输入

在Word文档中，用户即可使用拼音拼写，按【Space】键或【Enter】键完成输入。

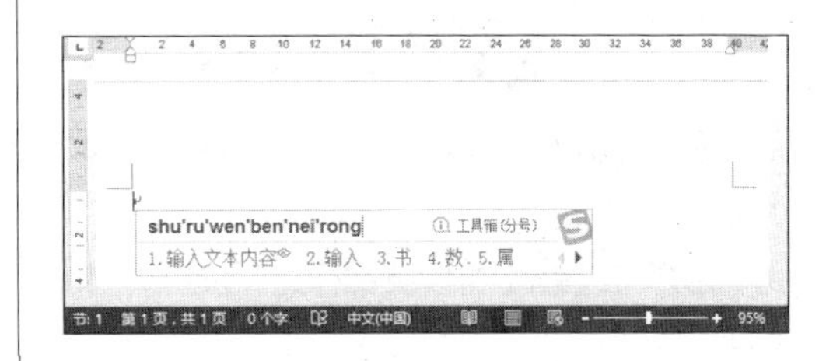

3 段落标记

在输入的过程中，当文字到达一行的最右端时，输入的文本将自动跳转到下一行。如果在未输入完一行时需要换行输入，可按【Enter】键来结束一个段落，此时会产生一个段落标记“↵”。如果按【Shift+Enter】组合键来结束一个段落，也会产生一个段落标记“↓”。

4 输入标点

如果用户需要输入标点，可按键盘上相应的标点键，即可输入到Word中，如这里输入一个句号。

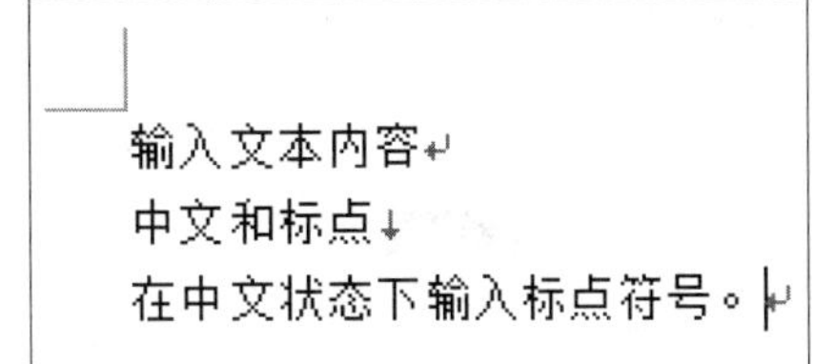

提示

虽然按【Shift+Enter】组合键也达到换行输入的目的，但这样并不会结束这个段落，而只是换行输入而已，实际上前一个段落和后一个段落之间仍为一个整体，在Word中仍默认它们为一个段落。

以上就是一个简单的中文和标点的输入，用户可以使用自己习惯的输入法输入文本内容。

2.2.2 英文和标点

在编辑文档时，经常会用到英文，它的输入方法和中文输入基本相同，本节就介绍如何输入英文和英文标点。

一般情况下，在Windows 7系统下可以按【Ctrl+Shift】组合键切换输入法，也可以按住【Ctrl】键不动，然后使用【Shift】键可以切换输入；在Window 8系统下按【Win+空格】组合键快速切换输入法，如果语言栏显示的是美式键盘图标，用户可以直接输入英文。如果用户使用的是拼音输入法，可按【Shift】键切换英文输入状态，再按【Shift】键又会恢复成中文输入状态。以“搜狗拼音输入法”为例，如下图分别为中文状态条（左）和英文状态条（右）。

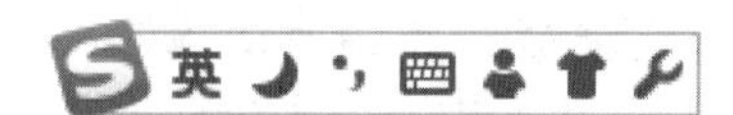

在英文输入状态下，可快速输入英文文本内容，按【Caps Lock】键可切换英文字母输入的大小写。

用户可以单击“中/英文标点”按钮，来进行中/英文标点切换，也可以使用【Ctrl+.】组合键进行切换。

2.2.3 日期和时间

在文档中插入日期和时间，具体操作步骤如下。

1 单击【时间和日期】按钮

单击【插入】选项卡下【文本】组中【时间和日期】按钮。

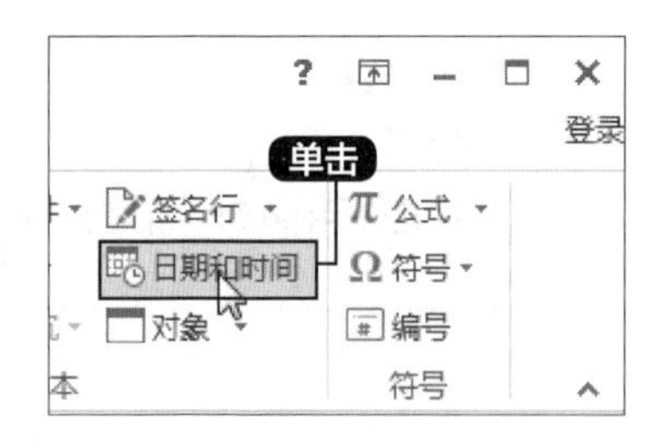

2 选择格式

在弹出的【日期和时间】对话框中，选择第3种日期和时间的格式。

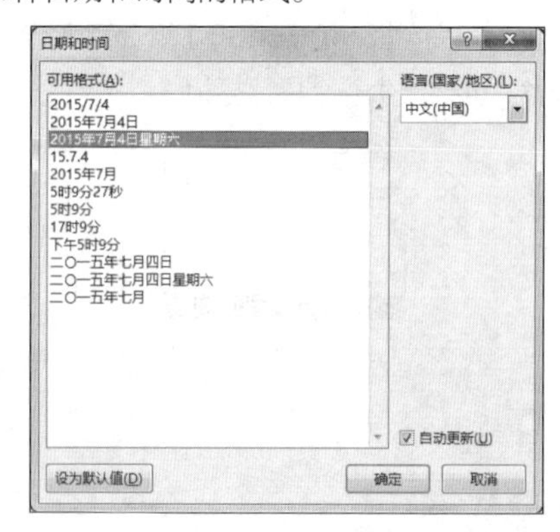

3 插入时间

单击选中【自动更新】复选框，单击【确定】按钮。即可将时间插入到文档中，且插入到文档的日期和时间会根据时间自动更新。

2015 年 7 月 4 日星期六

2.2.4 符号和特殊符号

编辑Word文档时会使用到符号，例如一些常用的符号和特殊的符号等，这些可以直接通过键盘输入。如果键盘上没有，则可通过选择符号的方式插入。本节介绍如何在文档中插入键盘上没有的符号。

1. 符号

在文档中插入符号的具体操作步骤如下。

1 单击【其他】符号

新建一个空白文档，选择【插入】选项卡的【符号】组中的【符号】按钮Ω符号。在弹出的下拉列表中会显示一些常用的符号，单击符号即可快速插入，这里单击【其他符号】选项。

2 选择字符

弹出【符号】对话框，在【符号】选项卡下【字体】下拉列表框中选择所需的字体，在【子集】下拉列表框中选择一个专用字符集，选择后的字符将全部显示在下方的字符列表框中。

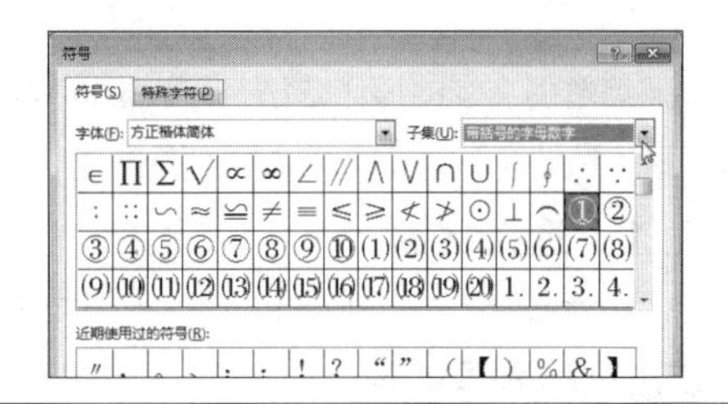

3 插入符号

用鼠标指针指向某个符号并单击选中，单击【插入】按钮即可插入符号，也可以直接双击符号来插入。插入完成后，关闭【插入】对话框，可以看到符号已经插入到文档中的鼠标光标所在的位置。

提示

单击【插入】按钮后【符号】对话框不会关闭。

如果在文档编辑中经常要用到某些符号，可以单击【符号】对话框中的【快捷键】按钮为其定义快捷键。在【符号】对话框中单击【自动更正】按钮，将弹出【自动更正】对话框，但该对话框仅显示【自动更正】选项卡。另外，如果用户不希望让系统自动执行某些替换，则可在【自动更正】对话框中进行设置。

2. 特殊符号

通常情况下，文档中除了包含一些汉字和标点符号外，为了美化版面还会包含一些特殊符号，如“※”“♀”和“♂”等。插入特殊符号的具体操作步骤如下。

1 打开【特殊符号】选项卡

打开【符号】对话框，选择【特殊符号】选项卡，在【字符】列表框中选中需要插入的符号，系统还为某些特殊符号定义了快捷键，用户直接按下这些快捷键即可插入该符号。这里以插入“长划线”为例。。

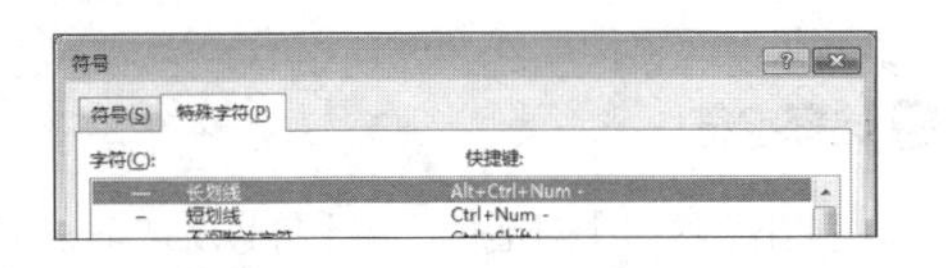

2 插入特殊符号

单击【插入】按钮，关闭【插入】对话框，可以看到长划线已经插入到文档中的鼠标光标所在的位置。

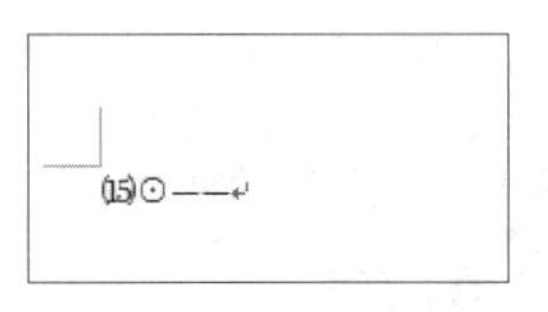

2.3 文本的基本操作

本节视频教学时间 / 8分钟

熟练掌握文本的操作方法，可以提高Word文档编辑效率，其中包括选择文本、复制文本、剪切文本、粘贴文本、查找与替换文本等。

2.3.1 选择文本

选择文本时既可以选择单个字符，也可以选择整篇文档。选定文本的方法主要有以下几种。

1. 使用鼠标选择文本

使用鼠标可以方便地选择文本，如某个词语、选择整行、段落、选择区域或全选等，下面介绍鼠标选择文本的方法。

1 选中区域。将鼠标光标放在要选择的文本的开始位置，按住鼠标左键并拖曳，这时选中的文本会以阴影的形式显示，选择完成后，释放鼠标左键，鼠标光标经过的文字就被选定了。

2 选中词语。将鼠标光标移动到某个词语或单词中间，双击鼠标左键也选中该词语或单词。

3 选中单行。将鼠标指针移动到需要选择行的左侧空白处，当指针变为箭头形状↗时，单击鼠标左键，即可选中该行。

4 选中段落。将鼠标指针移动到需要选择段落的左侧空白处，当指针变为箭头形状↗时，双击鼠标左键，即可选中该段落。也可以在要选择的段落中，快速单击3次鼠标左键，也可选中该段落。

5 选中全文。将鼠标指针移动到需要选择段落的左侧空白处，当指针变为箭头形状↗时，单击鼠标左键3次，则选中全文。也可以单击【开始】➤【编辑】➤【选择】➤【全选】命令，选中全文。

2. 使用键盘选择文本

在不使用鼠标的情况下，可以利用键盘组合键来选择文本。使用键盘选定文本时，需先将插入点移动到将选文本的开始位置，然后按相关的组合键即可。

快捷键	功能
【Shift+←】	选择光标左边的一个字符
【Shift+→】	选择光标右边的一个字符
【Shift+↑】	选择至光标上一行同一位置之间的所有字符
【Shift+↓】	选择至光标下一行同一位置之间的所有字符
【Ctrl+ Home】	选择至当前行的开始位置
【Ctrl+ End】	选择至当前行的结束位置
【Ctrl+A】/【Ctrl+5】	选择全部文档
【Ctrl+Shift+↑】	选择至当前段落的开始位置
【Ctrl+Shift+↓】	选择至当前段落的结束位置
【Ctrl+Shift+Home】	选择至文档的开始位置
【Ctrl+Shift+End】	选择至文档的结束位置

2.3.2 移动和复制文本

在编辑文档的过程中，如果发现某些句子、段落在文档中所处的位置不合适或者要多次重复出现，使用文本的移动和复制功能即可避免烦琐的重复输入工作。

1. 移动文本

在文档的编辑过程中，经常需要将整块文本移动到其他位置，用来组织和调整文档结构。下面介绍几种移动文本的方法。

拖曳鼠标指针到目标位置，即虚线指向的位置，然后松开鼠标左键，即可移动文本。

1 选择要移动的文本，单击鼠标右键，在弹出的快捷菜单中选择【剪切】命令，在目标位置单击鼠标右键，在弹出的快捷菜单中选择【粘贴】命令粘贴文本。

2 选择要移动的文本，单击【开始】➤【剪贴板】组中的【剪切】按钮 剪切，在目标位置单击【粘贴】按钮 粘贴文本。

3 选择要移动的文本，按【Ctrl+X】组合键剪切文本，在目标位置按【Ctrl+V】组合键粘贴文本。

4 选择要移动的文本，将鼠标指针移到选定的文本上，按住鼠标左键，指针变为形状，拖曳指针到目标位置，然后松开鼠标，即可移动选中的文本。

2. 复制文本

在文档编辑过程中，复制文本可以简化文本的输入工作。下面介绍几种复制文本的方法。

1 选择要复制的文本，单击鼠标右键，在弹出的快捷菜单中选择【复制】命令，在目标位置单击鼠标右键，在弹出的快捷菜单中选择【粘贴】命令粘贴文本。

2 选择要复制的文本，单击【开始】➤【剪贴板】组中的【复制】按钮 复制，在目标位置单击【粘贴】按钮 粘贴文本。

3 选择要复制的文本，按【Ctrl+C】组合键复制文本，在目标位置按【Ctrl+V】组合键粘贴文本。

4 选定将要复制的文本，将鼠标指针移到选定的文本上，按住【Ctrl】键的同时，按住鼠标左键，鼠标指针变为形状，拖曳指针到目标位置，然后松开鼠标，即可复制选中的文本。

2.3.3 查找和替换文本

查找和替换功能可以帮助读者快速找到要查找的内容，将文本或文本格式替换为新的文本或格式。

1. 查找文本

查找功能可以帮助用户定位到目标位置以便快速找到想要的信息。

在打开的文档中，单击【开始】选项卡下的【编辑】组中的【查找】按钮 查找 右侧的下拉按钮，选择【查找】命令，或者按【Ctrl+F】组合键，打开导航窗格。在“搜索文档“文本框中，输入要查找的关键词，即可快速显示搜索的结果，可单击【标题】、【页面】、【结果】选项卡，进行分类查看，也可以单击【上一个】按钮▲或【下一个】按钮▼进行查看。

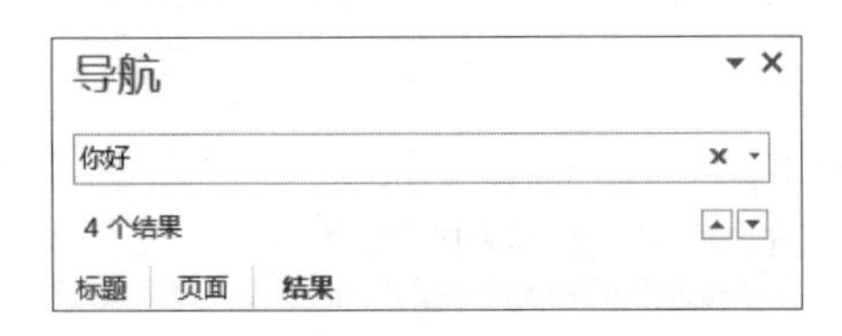

2. 替换文本

替换功能可以帮助用户快捷地更改查找到的文本或批量修改相同的内容。

在打开的文档中，单击【开始】选项卡下的【编辑】组中的【替换】按钮 替换 ，或者按【Ctrl+H】快捷键，打开【查找和替换】对话框，在【查找内容】文本框中输入需要被替换掉的内容，如“2015年”，在【替换为】文本框中输入替换后的内容，如“2016年”，单击【查找下一处】按钮，定位到从当前光标所在位置起，第1个满足查找条件的文本位置，并以灰色背景显示，单击【替换】按钮即可替换为新的内容，并跳转至第2个查找内容。如果用户需要将文档中所有相同的内容都替换掉，单击【全部替换】按钮即可替换所有查找到的内容。

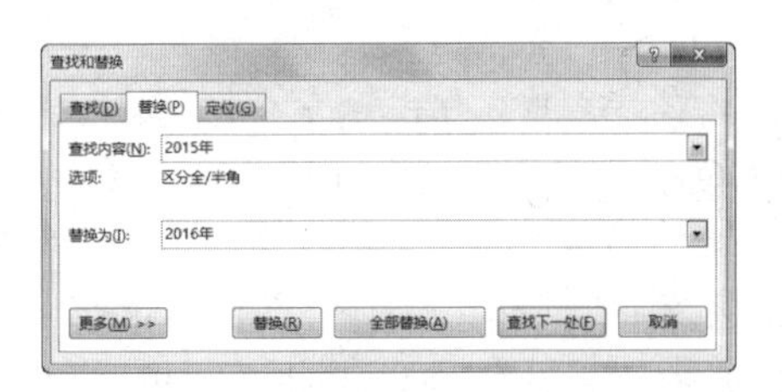

2.3.4 删除文本

删除错误的文本或使用正确的文本内容替换错误的文本内容，是文档编辑过程中常用的操作。删除文本的方法有以下几种。

(1) 使用【Delete】键

删除光标后的字符。

(2) 使用【Backspace】键

删除光标前的字符

(3) 删除大块文本

(4) 选定文本后，按【Delete】键删除。

(5) 选定文本后，单击鼠标右键，在弹出的快捷菜单中选择【剪切】命令，或单击【Ctrl+X】组合键进行剪切。

2.3.5 撤销和恢复

在Word 2013的快速工具栏中有三个很有用的按钮，就是【撤销】按钮、【重复】按钮和【恢复】按钮。

提示

> 重复操作是在没有进行过撤销操作的前提下，重复对Word文档进行的最后一次操作。例如，改变某一段文字的字体后，想对另外几个段落进行同样的字体设置，那么就可以选定这些段落，然后使用【重复】按钮对它们进行字体设置。
>
> 在进行撤销操作之后，【重复】按钮将会变为【恢复键入】按钮。

1. 撤销输入

每按一次【撤销】按钮可以撤销前一步的操作；若要撤销连续的前几步操作，则可单击【撤销】按钮右边的下拉按钮，在弹出的下拉列表中拖动鼠标选择要撤销的前几步操作。单击鼠标左键就可以实现选中操作的撤销。

2. 重复键入

编辑文档时，有些内容需要重复输入或重复操作，如果按照常规一个一个地输入将是一件很费时费力的事。Word有这方面的记忆功能，当下一步输入的还是这些内容或操作相同时，可以使用【重复】按钮实现这些内容的重复操作。

3. 恢复

在进行撤销操作时，如果撤销的操作步骤太多，希望恢复撤销前的文本内容，可单击快速访问工具栏中的【恢复】按钮。

2.4 设置字体外观

本节视频教学时间 / 6分钟

在Word文档中，最基本的字符格式的设置是对文档的字体、字号、字体颜色、字符间距和文字艺术效果等的设置。本节就来讲解一下如何在Word 2013中设置字体格式。

2.4.1 设置字体格式

在Word 2013中，文本默认为宋体、五号、黑色，用户可以根据不同的内容，对其进行修改，其主要方法有3种。

1. 使用【字体】选项组设置字体

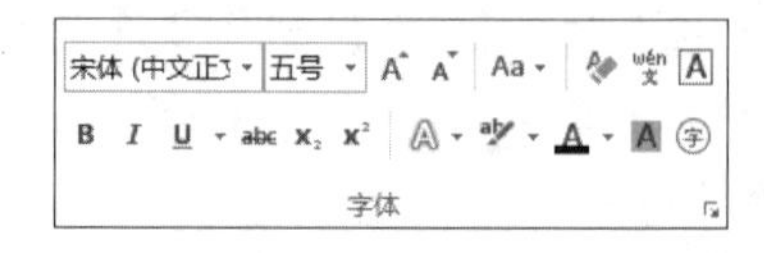

在【开始】选项卡下的【字体】组中单击相应的按钮来修改字体格式是最常用的字体格式设置方法。

2. 使用【字体】对话框来设置字体

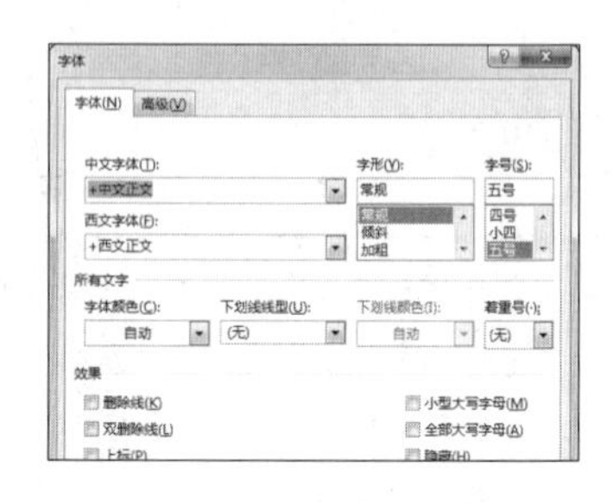

选择要设置的文字，单击【开始】选项卡下【字体】组右下角的按钮或单击鼠标右键，在弹出的快捷菜单中选择【字体】选项，都会弹出【字体】对话框，从中可以设置字体的格式。

3. 使用浮动工具栏设置字体

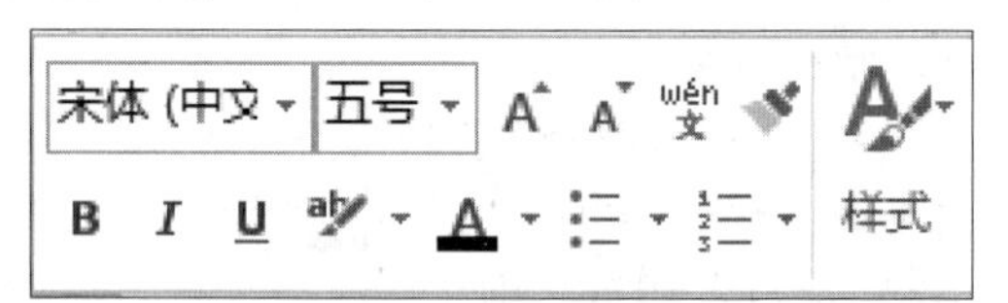

选择要设置字体格式的文本，此时选中的文本区域右上角弹出一个浮动工具栏，单击相应的按钮来修改字体格式。

2.4.2 设置字符间距

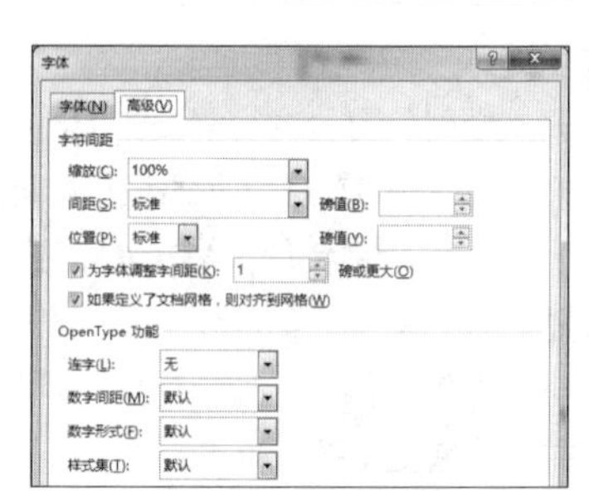

字符间距主要指文档中字与字之间的间距、位置等，按【Ctrl+D】组合键打开【字体】对话框，选择【高级】选项卡，在【字符间距】区域，即可设置字体的【缩放】、【间距】和【位置】等。

提示

【间距】：增加或减小字符之间的间距。在“磅值”框中键入或选择一个数值。

【为字体调整字间距】：自动调整特定字符组合之间的间距量，使整个单词的分布看起来更加均匀。此命令仅适用于TrueType和Adobe PostScript字体。若要使用此功能，在“磅或更大”框中输入或选择要应用字距调整的最小字号。

2.4.3 设置文字效果

为文字添加艺术效果，可以使文字看起来更加美观。

1 选择文本效果

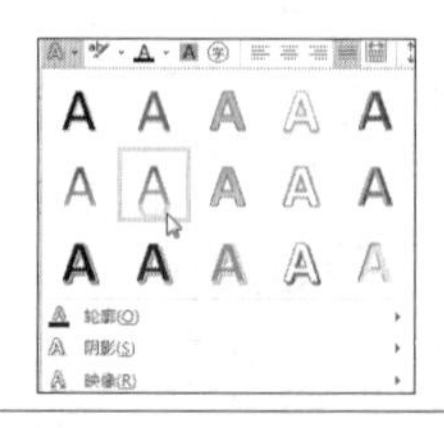

选择要设置的文本，在【开始】选项卡【字体】组中，单击【文本效果和版式】按钮 A -，在弹出的下拉列表中，可以选择文本效果，如选择第2行第2个效果。

2 应用效果

所选择文本内容，即会应用文本效果，如右图所示。

设置文本效果

2.5 设置段落样式

本节视频教学时间 /4分钟

段落格式是指以段落为单位的格式设置。设置段落格式主要是指设置段落的对齐方式、设置段落缩进以及设置行间距和段落间距等。

2.5.1 段落的对齐方式

整齐的排版效果可以使文本更为美观，对齐方式就是段落中文本的排列方式。Word中提供了5种常用的对齐方式，分别为左对齐、右对齐、居中对齐、两端对齐和分散对齐。

用户不仅可以通过工具栏中的【段落】组中的对齐方式按钮来设置对齐，还可以通过【段落】对话框来设置对齐。

单击【开始】选项卡下【段落】组右下角的按钮，或单击鼠标右键，在弹出的快捷菜单中选择【段落】选项，都会弹出【段落】对话框。在【缩进和间距】选项卡下，单击【常规】区域中【对齐方式】右侧的下拉按钮，在弹出的列表中可选择需要的对齐方式。

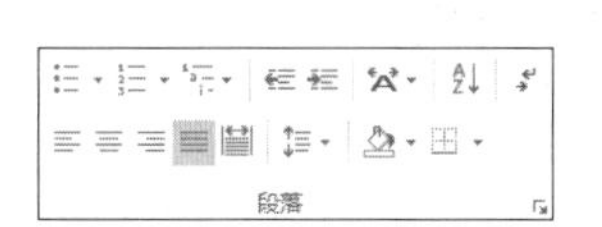

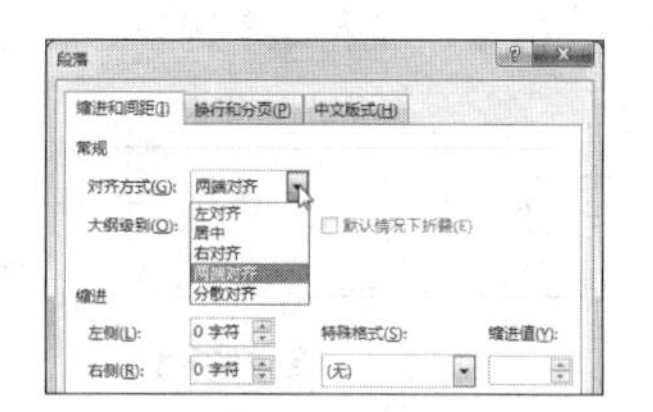

2.5.2 段落的缩进

段落缩进指段落的首行缩进、悬挂缩进和段落的左右边界缩进等。

段落缩进的设置方法有多种，可以使用精确的菜单方式、快捷的标尺方式，也可以使用【Tab】键和【开始】选项卡下的工具栏等。

1 打开【段落】对话框

打开随书光盘中的“素材\ch02\办公室保密制度.docx”文件，选中要设置缩进的文本，单击【段落】组右下角 按钮，打开【段落】对话框，单击【特殊格式】文本框右侧的下拉按钮，在弹出的列表中选择【首行缩进】选项，在【缩进值】文本框输入“2字符”，单击【确定】按钮。

2 调整缩进

在【开始】选项卡下【段落】组中单击【减小缩进量】按钮 和【增加缩进量】按钮 也可以调整缩进。

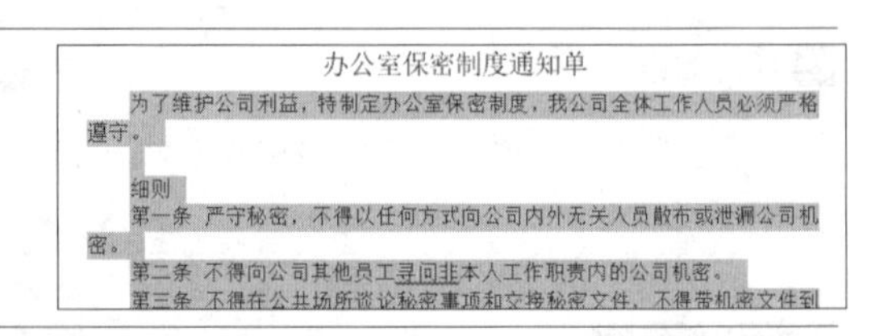
办公室保密制度通知单
为了维护公司利益，特制定办公室保密制度，我公司全体工作人员必须严格遵守。

细则
第一条 严守秘密，不得以任何方式向公司内外无关人员散布或泄漏公司机密。
第二条 不得向公司其他员工寻问非本人工作职责内的公司机密。
第三条 不得在公共场所谈论秘密事项和交接秘密文件，不得带机密文件到

提示

在【段落】对话框中，除了可以设置首行缩进外，还可以设置文本的悬挂缩进。

2.5.3 段落间距及行距

段落间距是指两个段落之间的距离，它不同于行距，行距是指段落中行与行之间的距离。使用菜单栏设置段落间距的操作方法如下。

1 设置【段落】

打开随书光盘中的“素材\ch02\办公室保密制度.docx”文件，选中文本，单击【段落】选项组右下角 按钮，在弹出的【段落】对话框中，选择【缩进和间距】选项卡。在【间距】组中分别设置段前和段后为“0.5行”；在【行距】下拉列表中选择【1.5倍行距】选项。

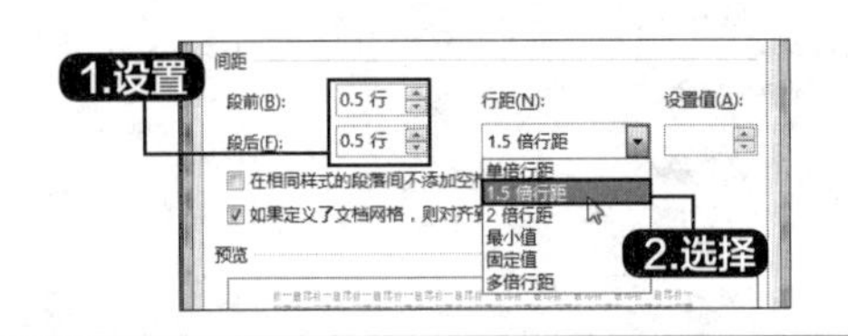

2 设置后效果

单击【确定】按钮，效果如下图所示。

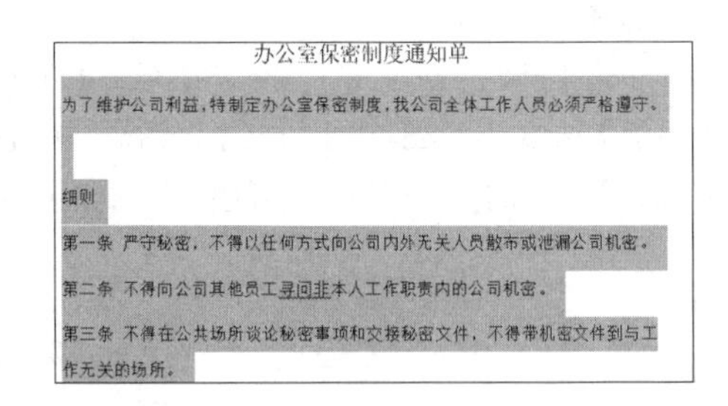
办公室保密制度通知单
为了维护公司利益，特制定办公室保密制度，我公司全体工作人员必须严格遵守。

细则
第一条 严守秘密，不得以任何方式向公司内外无关人员散布或泄漏公司机密。
第二条 不得向公司其他员工寻问非本人工作职责内的公司机密。
第三条 不得在公共场所谈论秘密事项和交接秘密文件，不得带机密文件到与工作无关的场所。

2.6 设置边框和底纹

本节视频教学时间 / 3分钟

边框是指在一组字符或句子周围应用边框，底纹是指为所选文本添加底纹背景。在文档中，可以为选定的字符、段落、页面及图形设置各种颜色的边框和底纹，从而达到美化文档的效果。具体操作步骤如下。

2.6.1 设置文字边框

下面主要讲解设置文字边框的具体的操作步骤。

1 选择文字

选择要添加边框的文字。

设置边框和底纹

2 选择【边框和底纹】

单击【开始】选项卡的【段落】组中的【下边框】按钮右边的下拉按钮，在弹出的下拉列表中单击【边框和底纹】按钮。

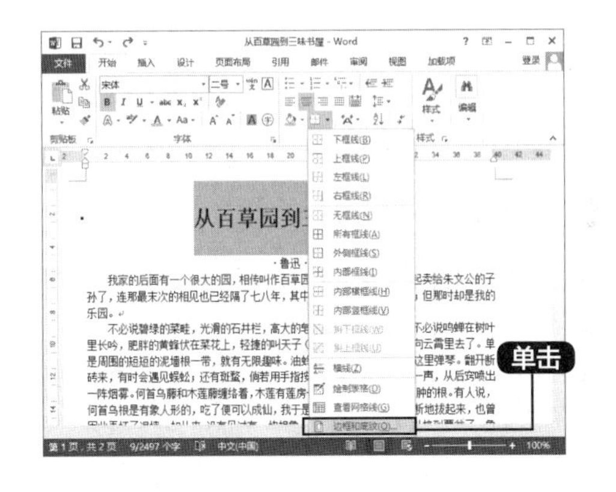

3 进行设置

弹出【边框和底纹】对话框，选择【边框】选项卡，在【设置】区域中选择【方框】，在【样式】列表框中选择边框的线型，单击【确定】按钮完成对文本边框的设置。

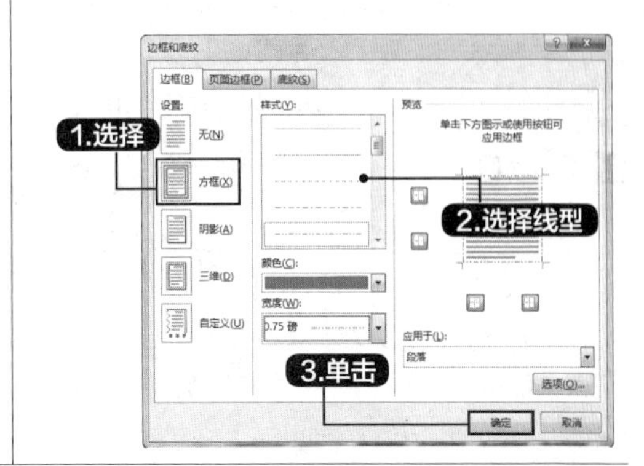

4 效果

最终效果如下图所示。

> **提示**
> 除了设置文字边框外还可以设置段落、页面、图片等边框，其方法与设置文字边框的方法类似。

2.6.2 设置底纹

添加底纹不同于添加边框，只能对文字、段落添加底纹，而不能对页面添加。

1 使用【字符底纹】按钮

使用【字体】组中的【字符底纹】按钮 A，可以快速地完成字符底纹的设置。选择需要设置底纹的文字，单击【开始】选项卡的【字体】选项组中的【字符底纹】按钮，即可为文字添加底纹。使用【字符底纹】按钮添加的底纹只有一种，即颜色为灰色且灰度为15%，如下方左图所示。

2 使用【底纹】按钮

选择需要设置底纹的文字，单击【开始】选项卡的【段落】组中的【底纹】按钮右侧的下拉按钮，在弹出的【主题颜色】下拉菜单中选择需要的颜色，即可为文字添加底纹，如下方右图所示。

设置边框和底纹

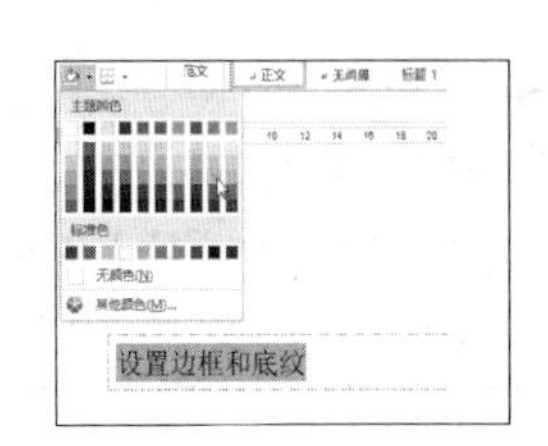

2.7 使用项目符号和编号

本节视频教学时间 / 3分钟

添加项目符号和编号可以美化文档，精美的项目符号、统一的编号样式可以使单调的文本内容变得生动、专业。项目符号就是在一些段落的前面加上完全相同的符号。而编号是按照大小顺序为文档中的行或段落添加编号。下面介绍如何在文档中添加项目符号和编号，具体的操作步骤如下。

1 添加项目符号

在Word文档中，输入若干行文字并选中，单击【开始】➤【段落】组中【项目符号】按钮 右侧的下拉按钮，在弹出的下拉列表中选择可添加的项目符号，指针浮过某个项目符号即可预览效果图，单击该符号即可应用。

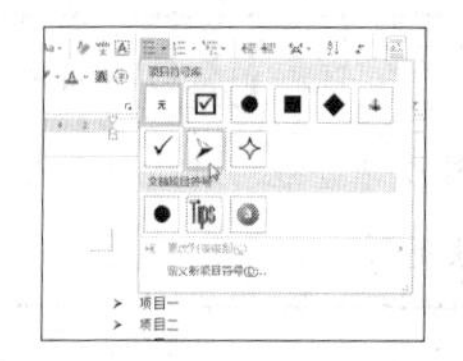

提示

单击【定义新项目符号】选项，可定义更多的符号、选择图片等作为项目符号。

2 添加效果

应用该符号后，按【Enter】键换行时会自动添加该项目符号。如果要完成列表，按两次【Enter】键，或按【Backspace】键删除列表中的最后一个项目符号或编号即可。

➢ 项目一
➢ 项目二
➢ 项目三
➢

提示

用户还可以选中要添加项目符号的文本内容，单击鼠标右键，然后在弹出的快捷菜单中选择【项目符号】命令即可。

3 添加编号

在Word文档中，输入并选择多行文本，单击【开始】选项卡的【段落】组中的【编号】按钮 右侧的下拉箭头，在弹出的下拉列表中选择编号的样式，单击选择编号样式，即可添加编号。

提示

单击【定义新编号格式】选项，可定义新的编号样式。单击【设置编号值】选项，可以设置编号起始值。

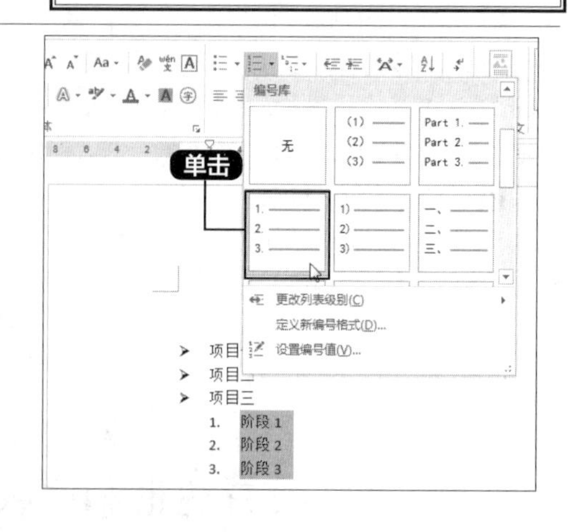

2.8 插入图片

本节视频教学时间 / 5分钟

在文档中插入图片元素，可以使文档看起来更加生动、形象、充满活力。在Word文档中插入的图片主要包括本地图片和联机图片。

2.8.1 插入本地图片

在Word 2013文档中可以插入本地电脑中的图片。

1. 插入本地图片

Word 2013支持更多的图片格式，例如“.jpg”“.jpeg”“.jfif”“.jpe”“.png”“.bmp”“.dib”和“.rle”等。在文档中添加图片的具体步骤如下。

1 新建文档

新建一个Word文档，将光标定位于需要插入图片的位置，然后单击【插入】选项卡下【插图】选项组中的【图片】按钮。

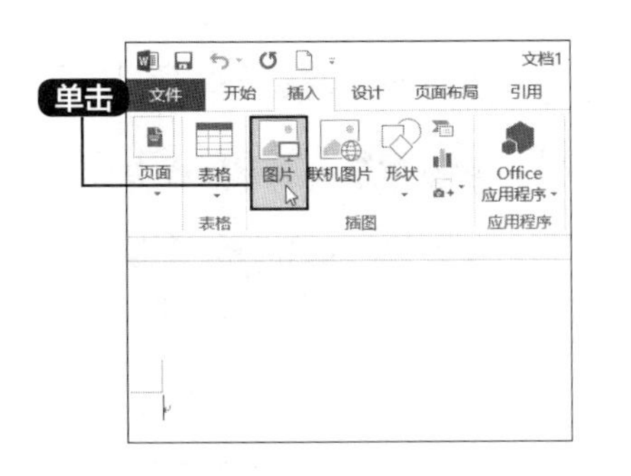

2 选择图片

在弹出的【插入图片】对话框中选择需要插入的图片，单击【插入】按钮，即可插入该图片。或者直接在文件窗口中双击需要插入的图片。

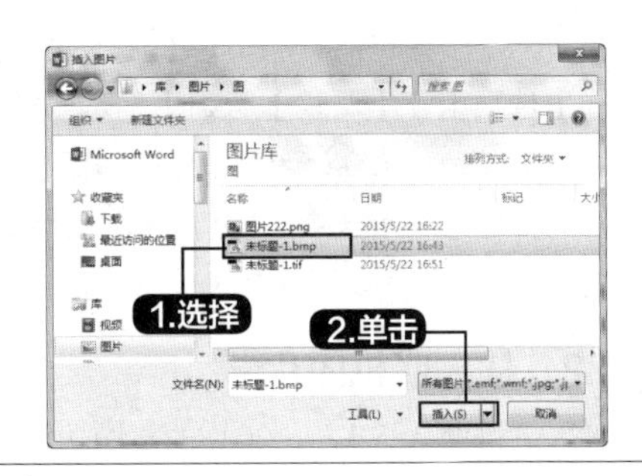

此时即可在文档中光标所在的位置插入所选择的图片。

2. 更改图片样式

插入图片后，选择插入的图片，单击【图片工具】➤【格式】选项卡下【图片样式】组中的按钮，在弹出的下拉列表中选择任意一个选项，即可改变图片的样式。

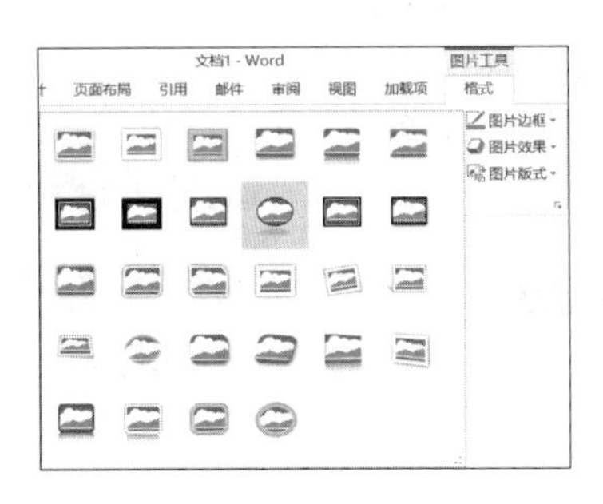

3. 调整图片

1 更正图片

选择插入的图片，单击【图片工具】➤【格式】选项卡下【调整】组中【更正】按钮右侧的下拉按钮更正，在弹出的下拉列表中选择任意一个选项，即可改变图片的锐化/柔化以及亮度/对比度。

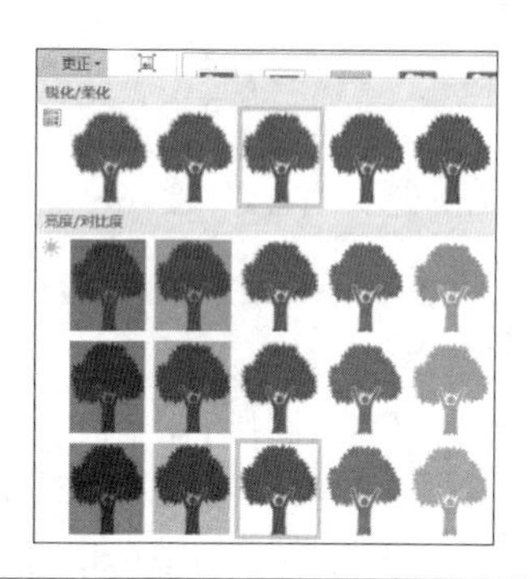

2 调整颜色

选择插入的图片，单击【图片工具】➤【格式】选项卡下【调整】组中【颜色】按钮右侧的下拉按钮颜色，在弹出的下拉列表中选择任意一个选项，即可改变图片的饱和度和色调。

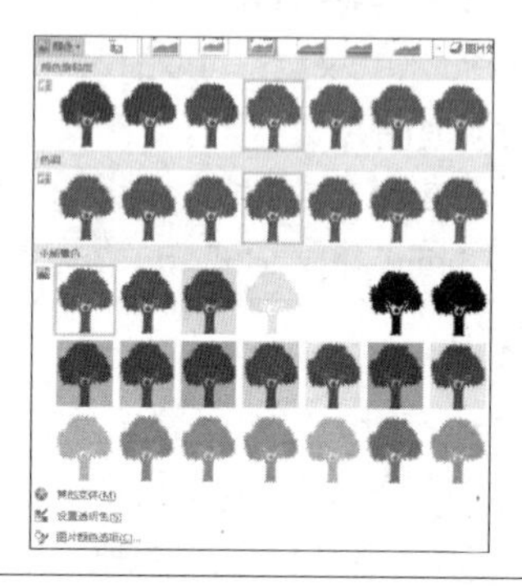

3 添加艺术效果

选择插入的图片，单击【图片工具】➤【格式】选项卡下【调整】组中【艺术效果】按钮右侧的下拉按钮艺术效果，在弹出的下拉列表中选择任意一个选项，即可改变图片的艺术效果。

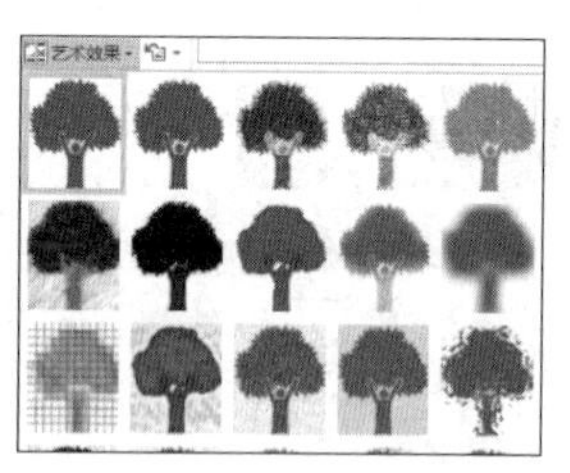

2.8.2 插入联机图片

插入联机图片是Word 2013的新增功能，可以从各种联机来源中查找和插入图片。

1 插入联机图片

将光标定位于需要插入图片的位置，然后单击【插入】选项卡下【插图】选项组中的【联机图片】按钮。弹出【插入图片】对话框，在【必应Bing图像搜索】文本框中输入要搜索的图片类型，这里输入“玫瑰花”，单击【搜索】按钮。

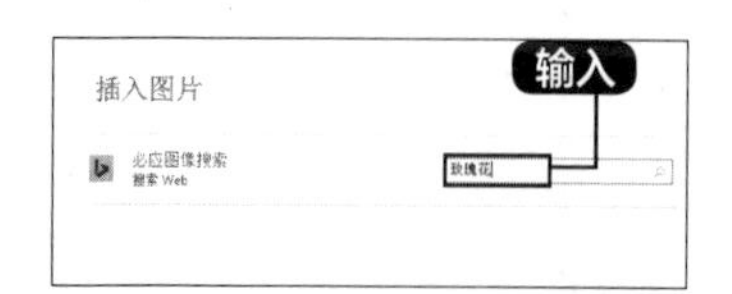

2 选择图片

显示搜索结果，选择需要的图片，单击【插入】按钮。

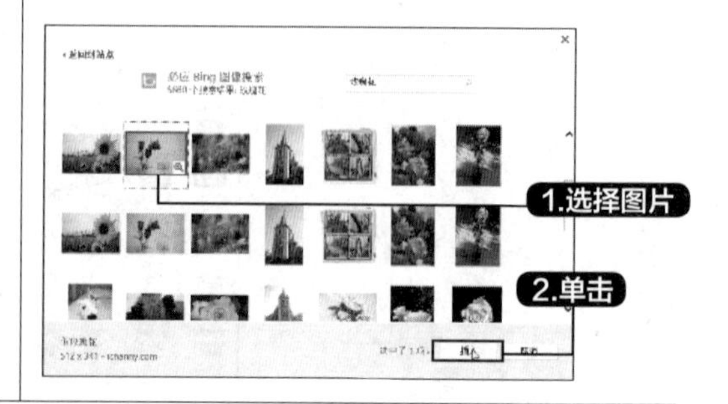

2.9 插入表格

本节视频教学时间 / 4分钟

表格是由多个行或列的单元格组成的，用户可以在单元格中添加文字或图片。在编辑文档的过程中，经常会用到数据的记录、计算与分析，此时表格是最理想的选择，因为表格可以使文本结构化、数据清晰化。

2.9.1 插入表格

Word 2013提供了多种插入表格的方法，用户可根据需要选择。

1. 创建快速表格

可以利用Word 2013提供的内置表格模型来快速创建表格，但提供的表格类型有限，只适用于建立特定格式的表格。

1 选择【快速表格】

新建Word文档，将鼠标光标定位至需要插入表格的地方。单击【插入】选项卡下【表格】组中的【表格】按钮，在弹出的下拉列表中选择【快速表格】选项，在弹出的子菜单中选择需要表格类型，这里选择“带格式列表”。

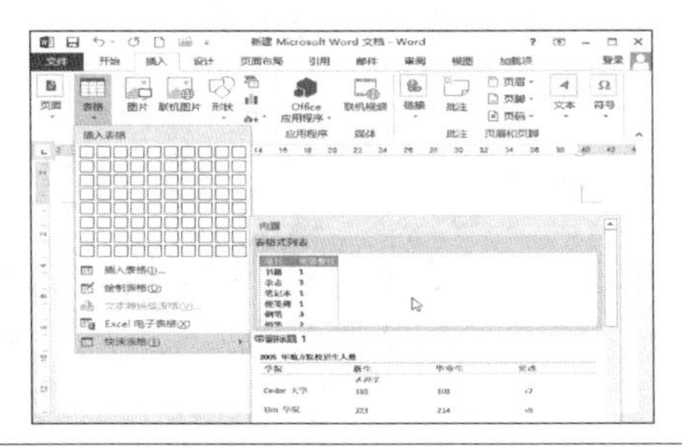

2 插入表格

即可插入选择的表格类型，并根据需要替换模板中的数据。

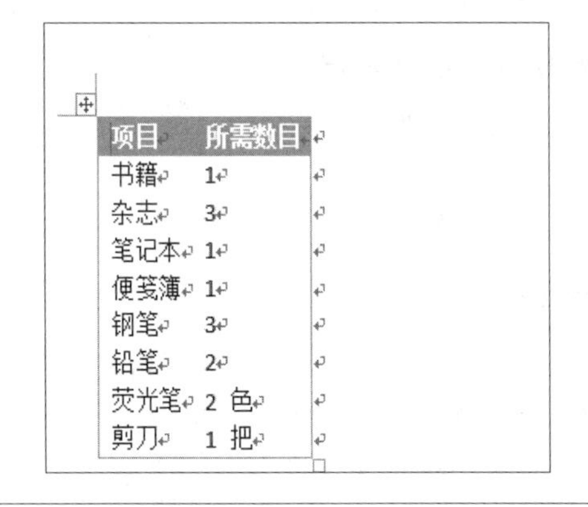

项目	所需数目
书籍	1
杂志	3
笔记本	1
便笺簿	1
钢笔	3
铅笔	2
荧光笔	2 色
剪刀	1 把

2. 使用表格菜单创建表格

使用表格菜单适合创建规则的、行数和列数较少的表格。最多可以创建8行10列的表格。

将鼠标光标定位在需要插入表格的地方。单击【插入】选项卡下【表格】组中的【表格】按钮，在【插入表格】区域内选择要插入表格的行数和列数，即可在指定位置插入表格。选中的单元格将以橙色显示，并在名称区域显示选中的行数和列数。

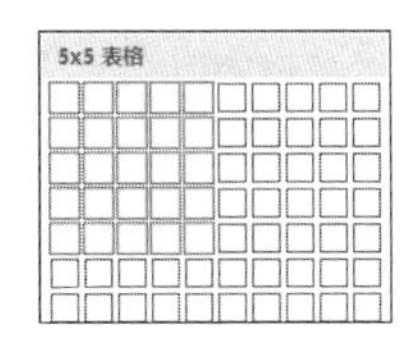

3. 使用【插入表格】对话框创建表格

使用表格菜单创建表格固然方便，可是由于菜单所提供的单元格数量有限，因此只能创建有限的行数和列数。而使用【插入表格】对话框，则不受数量限制，并且可以对表格的宽度进行调整。

将鼠标光标定位至需要插入表格的地方。单击【插入】选项卡下【表格】组中的【表格】按钮，在其下拉菜单中选择【插入表格】选项，在弹出的【插入表格】对话框中可以设置表格尺寸。

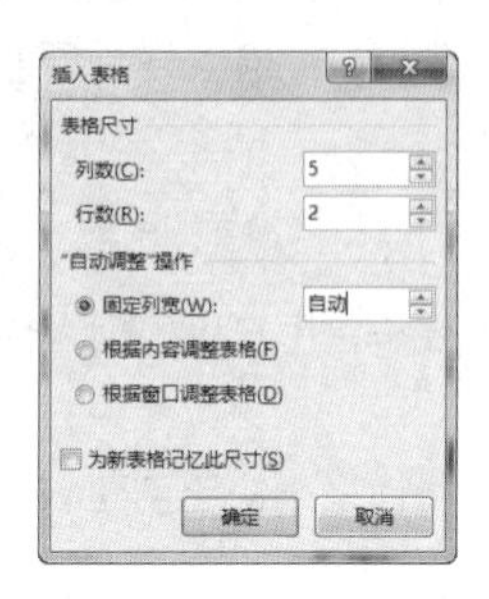

【“自动调整”操作】区域中各个单选项的含义如下所示。

【固定列宽】单选项：设定列宽的具体数值，单位是厘米。当选择为自动时，表示表格将自动在窗口填满整行，并平均分配各列为固定值。

【根据内容调整表格】单选项：根据单元格的内容自动调整表格的列宽和行高。

【根据窗口调整表格】单选项：根据窗口大小自动调整表格的列宽和行高。

2.9.2 绘制表格

当用户需要创建不规则的表格时，以上的方法就不适用了。此时可以使用表格绘制工具来创建表格。

1. 绘制表格

1 选择【绘制表格】

单击【插入】选项卡下【表格】组中的【表格】按钮，在下拉菜单中选择【绘制表格】选项，鼠标指针变为铅笔形状。

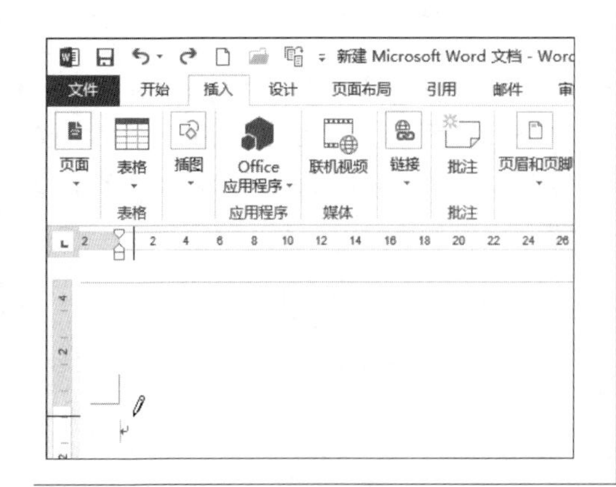

2 绘制外边界

在需要绘制表格的地方单击并拖曳鼠标绘制出表格的外边界，形状为矩形。

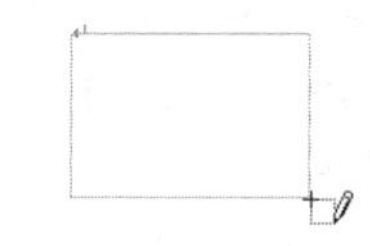

3 绘制线

在该矩形中绘制行线、列线或斜线，直至满意为止。

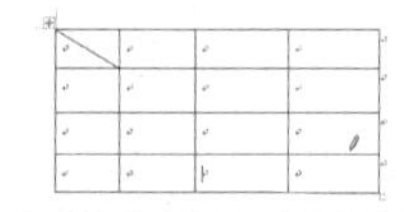

2. 使用橡皮擦修改表格

在建立表格的过程中，可以使用橡皮擦工具将多余的行线或列线擦掉。

1 选择【擦除】

在需要修改的表格内单击，单击【表格工具】➤【布局】选项卡下【绘图】组中的【擦除】按钮 橡皮擦，指针标变为橡皮擦形状。

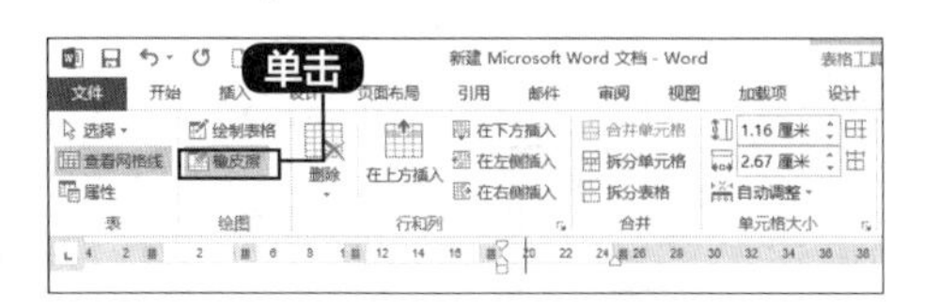

2 单击行线或列线

单击需要擦除的行线或列线即可。

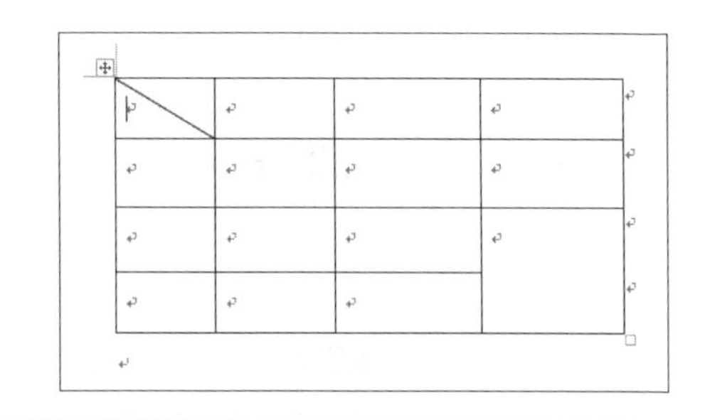

2.10 实战演练——制作教学课件

本节视频教学时间 / 10分钟

教师在教学过程中离不开制作教学课件。一般的教案内容枯燥、烦琐，在这一节中通过在文档中设置页面背景、插入图片等操作，制作更加精美的教学教案，使阅读者心情愉悦。

第1步：设置页面背景颜色

通过对文档背景进行设置，可以使文档更加美观。

1 新建空白文档

新建一个空白文档，保存为“教学课件.docx”，单击【设计】选项卡下【页面背景】组中的【页面颜色】按钮，在弹出的下拉列表中选择“灰色-25%，背景2”选项。

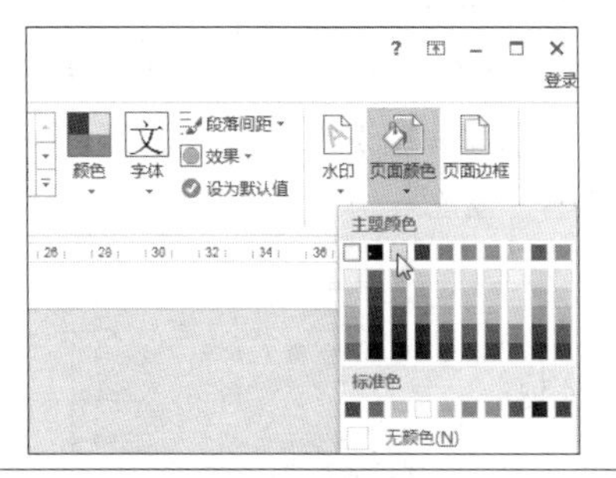

2 设置背景颜色

此时就将文档的背景颜色设置为“灰色”。

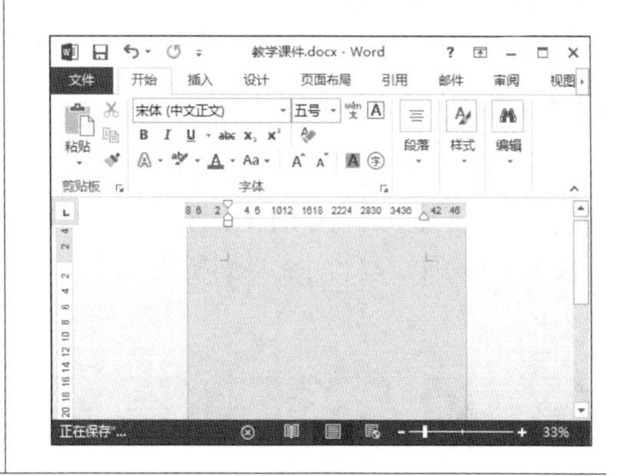

第2步：插入图片及艺术字

插入图片及艺术字的具体步骤如下。

1 选择要插入的图片

单击【插入】选项卡下【插图】组中的【图片】按钮，弹出【插入图片】对话框，在该对话框中选择所需要的图片，单击【插入】按钮。

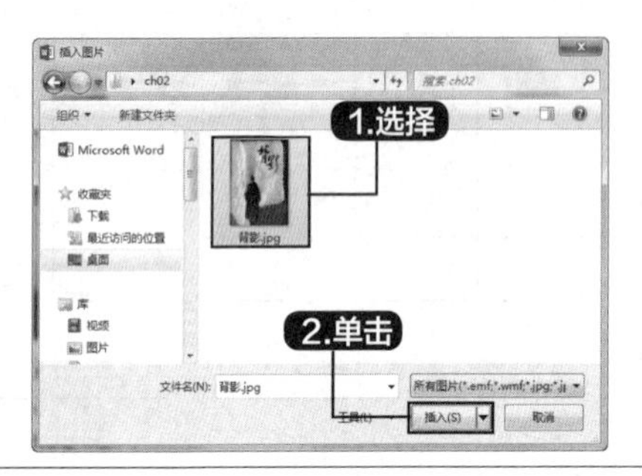

2 调整图片大小

通过上面步骤就将图片插入到文档中，调整图片大小后的效果如下图所示。

3 选择艺术字样式

单击【插入】选项卡下【文本】组中的【艺术字】按钮，在弹出的下拉列表中选择一种艺术字样式。

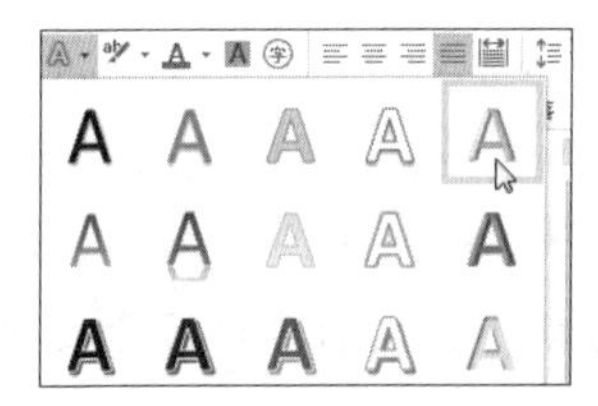

4 输入文字

在“请在此放置你的文字”处输入文字，设置【字号】为“小初”，并调整艺术字的位置。

第3步：设置文本格式

设置完标题后，就需要对正文进行设置，具体步骤如下。

1 输入内容

在文档中输入文本内容（用户不必全部输入，可打开随书光盘中的“素材\ch02\教学课件.txt”文件，复制并粘贴到新建文档中即可）。

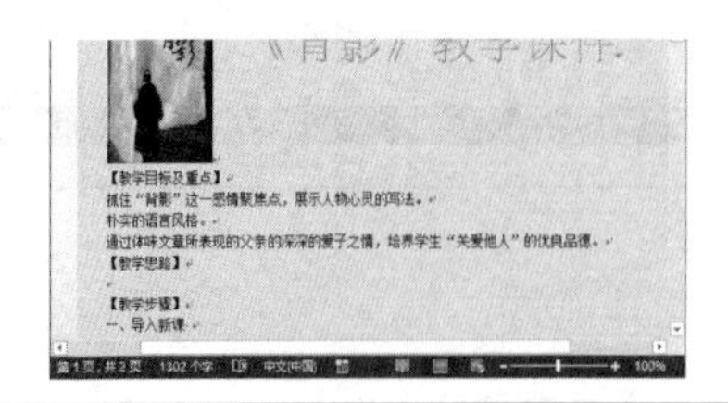

2 设置标题格式

将标题【教学目标及重点】、【教学思路】、【教学步骤】字体格式设置为“华文行楷、四号、蓝色”。

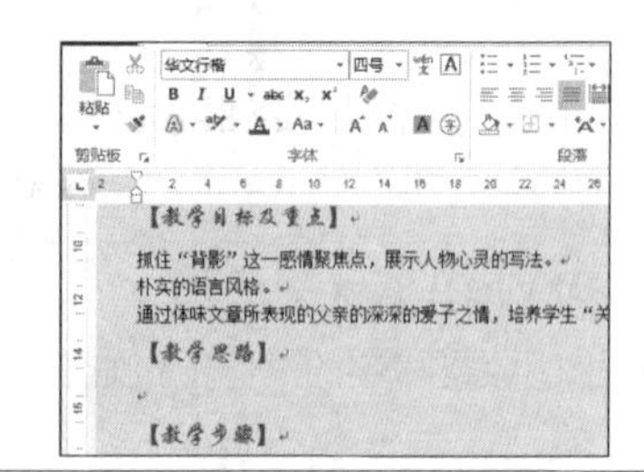

3 设置正文字体格式

将正文字体格式设置为“华文宋体、五号”，首行缩进设置为“2字符”、行距设置为“1.5倍行距”，如下图所示。

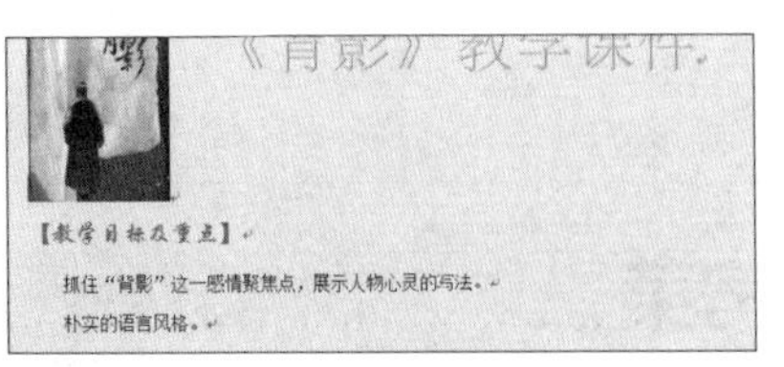

4 设置字体格式

为【教学目标及重点】标题下的正文设置项目符号，如下图所示。

【教学目标及重点】
- 抓住“背影”这一感情聚焦点，展示人物心灵的写法。
- 朴实的语言风格。
- 通过体味文章所表现的父亲的深深的爱子之情，培养学生“关

5 设置编号

为【教学步骤】标题下的正文设置编号，如下图所示。

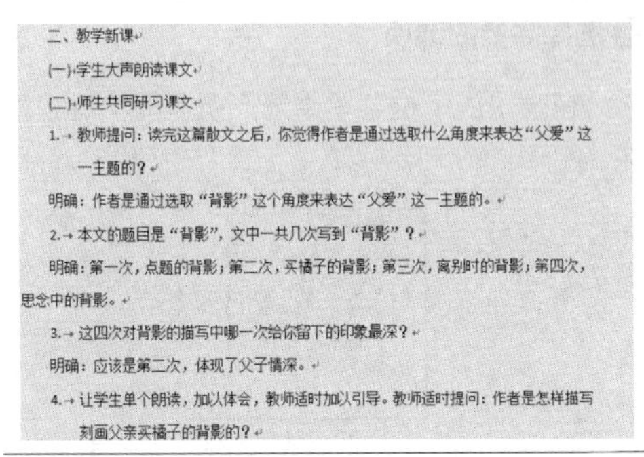

6 设置段落样式

添加编号后，多行文字的段落，其段落缩进会发生变化，使用【Ctrl】键选择文本，然后打开【段落】对话框，将“左侧缩进”设置为“0”，“首行缩进”设置为“2字符”。

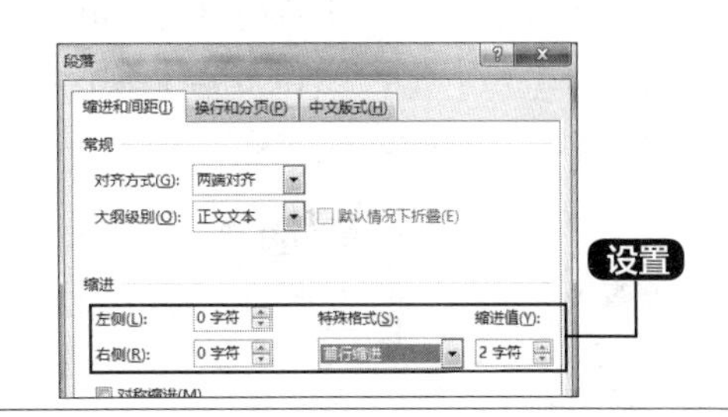

第4步：绘制表格

文本格式设置完后，可以为【教学思路】添加表格，具体步骤如下。

1 插入“3×6”表格

将鼠标光标定位至【教学思路】标题下，插入“3×6”表格，如下图所示。

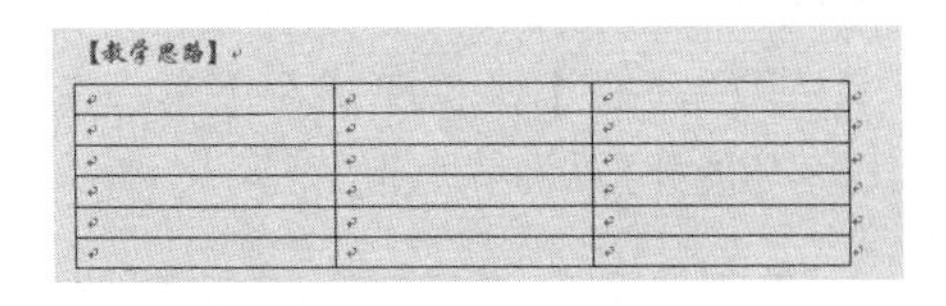

2 设置表格字体样式

调整表格列宽，并在单元格中输入表头和表格内容，并将第1列和第3列设置为“居中对齐”，第2列设置为“左对齐“。

【教学思路】

序号	学习内容	学习时间
1	老师导入新课	5分钟
2	学生朗读课文	10分钟

3 设置表格样式

单击表格左上角的⊞按钮，选中整个表格，单击【表格工具】➤【设计】➤【表格样式】组中的【其他】按钮▾。

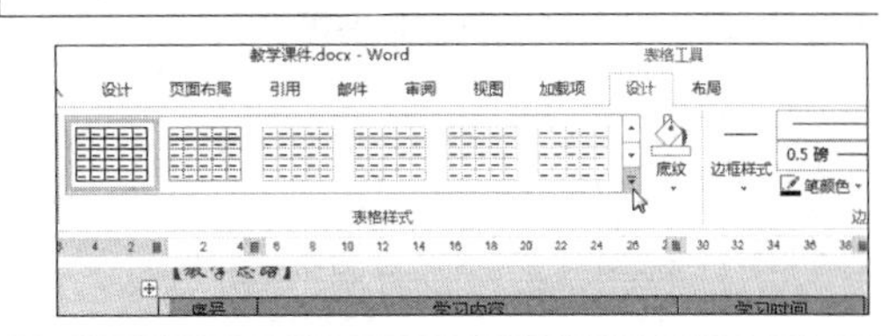

4 应用样式

在展开的表格样式列表中，单击并选择所应用的样式即可，如下图所示。

【教学思路】

序号	学习内容	学习时间
1	老师导入新课	5分钟
2	学生朗读课文	10分钟
3	师生共同研习课文	15分钟
4	学生讨论	10分钟
5	总结梳理，课后反思	5分钟

5 最终效果

此时，教学课件即制作完毕，按【Ctrl+S】组合键保存文档。

高手私房菜

技巧1：自动更改大小写字母

Word 2013提供了更多的单词拼写检查模式，如【句首字母大写】、【全部小写】、【全部大写】、【半角】和【全角】等检查更改模式。

1 单击【更改大小写】按钮

单击需要更改大、小写的单词、句子或段落。在【开始】选项卡的【字体】组中单击【更改大小写】按钮 Aa▾。

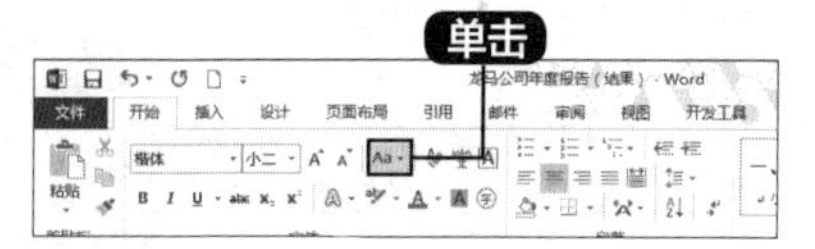

2 选择需要的选项

在弹出的下拉菜单中选择所需要的选项即可。

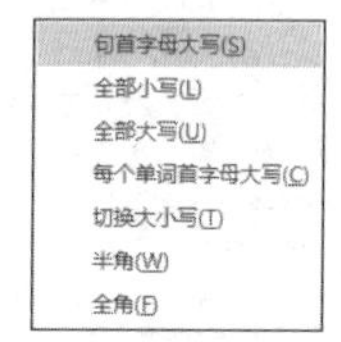

3 效果

更改后的效果如右图所示。

what is your name?

What is your name?

技巧2：使用【Enter】键增加表格行

在Word 2013中可以使用【Enter】键来快速增加表格行。

1 定位鼠标光标

将鼠标光标定位至要增加行位置的前一行右侧，如在下图中需要在【学号】为“10114”的行前添加一行，可将鼠标光标定位至【学号】为“10113”所在行的最右端。

学号	总成绩	名次
10111	605	4
10112	623	1
10113	601	5
10114	598	6

2 增加新的一行

按【Enter】键，即可在【学号】为“10114”的行前快速增加新的行。

学号	总成绩	名次
10111	605	4
10112	623	1
10113	601	5
10114	598	6
10115	583	8
10116	618	2

第3章 Word 2013高级排版应用

重点导读

本章视频教学时间：51分钟 

Word具有强大的排版功能，尤其是处理长文档时，可以快速地对其排版。本章主要介绍Word 2013高级排版应用，主要包括页面设置、使用样式、设置页眉和页脚、插入页码和创建目录等内容。

学习效果图

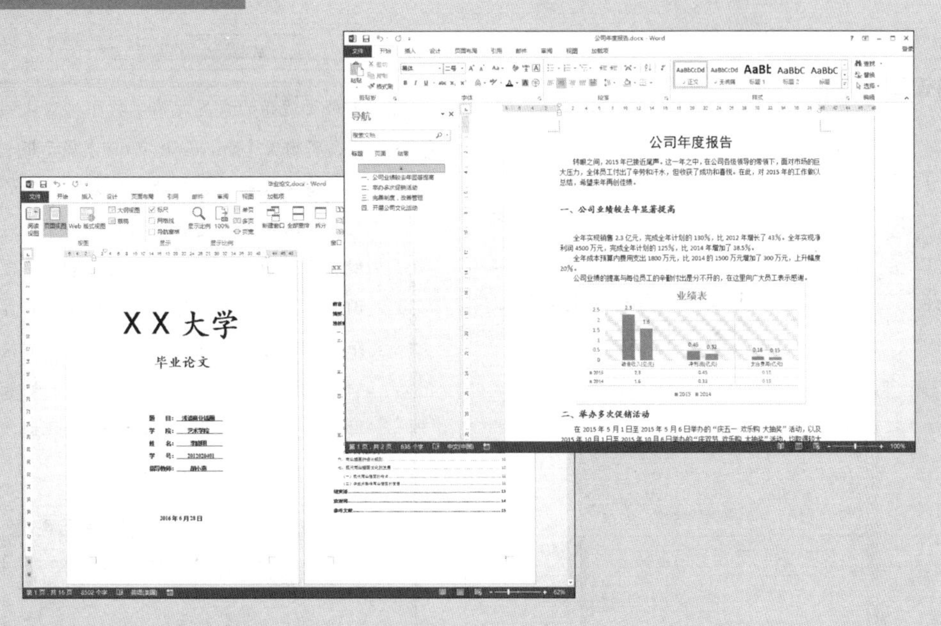

3.1 页面设置

本节视频教学时间 / 9分钟

页面设置是指对文档页面布局的设置，主要包括设置文字方向、页边距、纸张大小和分栏等。Word 2013有默认的页面设置，但默认的页面设置并不一定适合所有的用户，用户可以根据需要对页面进行设置。

3.1.1 设置页边距

页边距有两个作用：一是出于装订的需要；二是形成更加美观的文档。设置页边距，包括上、下、左、右边距以及页眉和页脚距页边界的距离，使用该功能来设置页边距十分精确。

1 选择页边距样式

在【页面布局】选项卡【页面设置】组中单击【页边距】按钮，在弹出的下拉列表中选择一种页边距样式并单击，即可快速设置页边距。

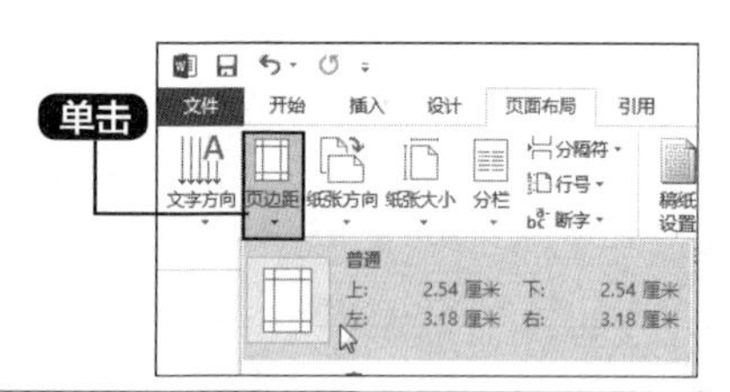

2 选择自定义页边距

除此之外，还可以自定义页边距。单击【页面布局】选项卡下【页面设置】组中的【页边距】按钮，在弹出的下拉列表中单击选择【自定义边距（A）】选项。

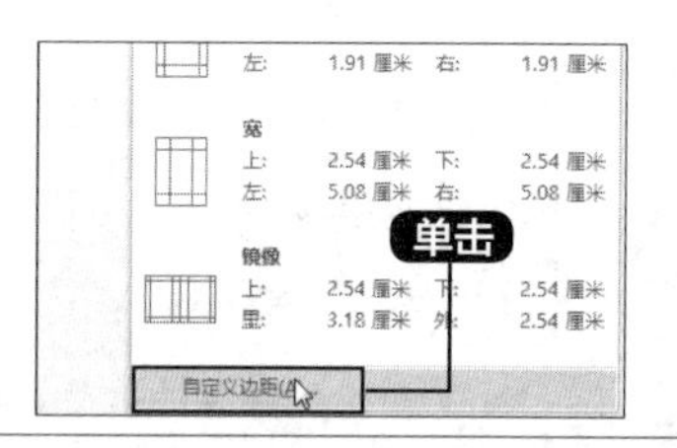

3 设置页边距

弹出【页面设置】对话框，在【页边距】选项卡下【页边距】区域可以自定义设置“上”“下”“左”“右”页边距，如将“上”“下”“左”“右”页边距均设为“1厘米”，在【预览】区域可以查看设置后的效果。

提示

如果页边距的设置超出了打印机默认的范围，将出现【Microsoft Word】提示框，提示“有一处或多处页边距设在了页面的可打印区域之外，选择‘调整’按钮可适当增加页边距。”，单击【调整】按钮自动调整，当然也可以忽略后手动调整。页边距太窄会影响文档的装订，而太宽不仅影响美观还浪费纸张。一般情况下，如果使用A4纸，可以采用Word提供的默认值，具体设置可根据用户的要求设定。

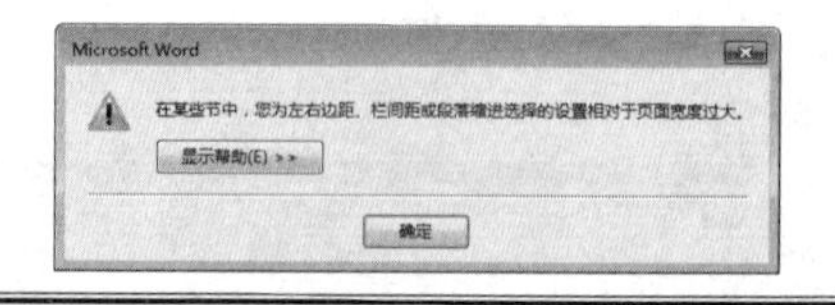

3.1.2 设置页面大小

纸张的大小和纸张方向，也影响着文档的打印效果，因此设置合适的纸张在Word文档制作过程中也是非常重要的。设置纸张包括设置纸张的方向和大小,具体操作步骤如下。

1 选择纸张方向

单击【页面布局】选项卡下【页面设置】组中的【纸张方向】按钮，在弹出的下拉列表中可以设置纸张方向为“横向”或“纵向”，如单击“横向”选项。

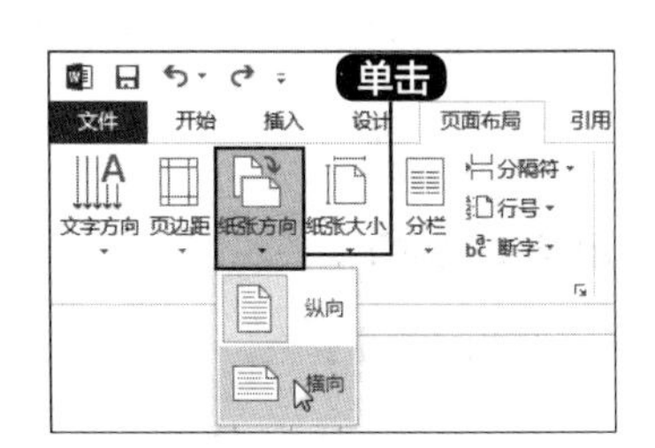

提示：也可以在【页面设置】对话框中的【页边距】选项卡中，在【纸张方向】区域设置纸张的方向。

2 选择纸张大小

单击【页面布局】选项卡【页面设置】组中的【纸张大小】按钮，在弹出的下拉列表中可以选择纸张大小，如单击【A5】选项。

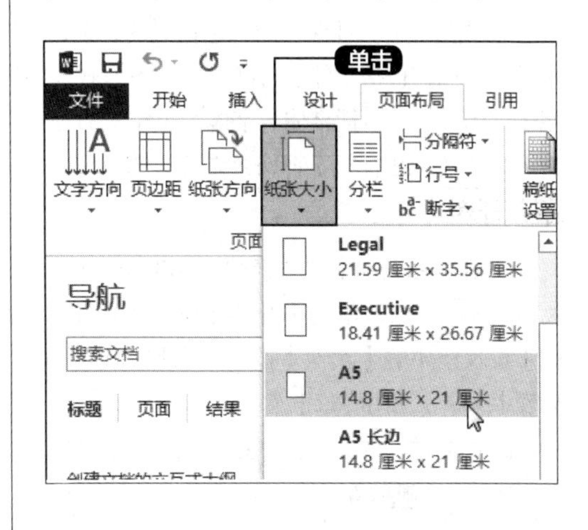

3.1.3 设置分栏

在对文档进行排版时，常需要将文档进行分栏。在Word 2013中可以将文档分为两栏、三栏或更多栏，具体方法如下。

1. 使用功能区设置分栏

选择要分栏的文本后，在【页面布局】选项卡下单击【分栏】按钮，在弹出的下拉列表中选择对应的栏数即可。

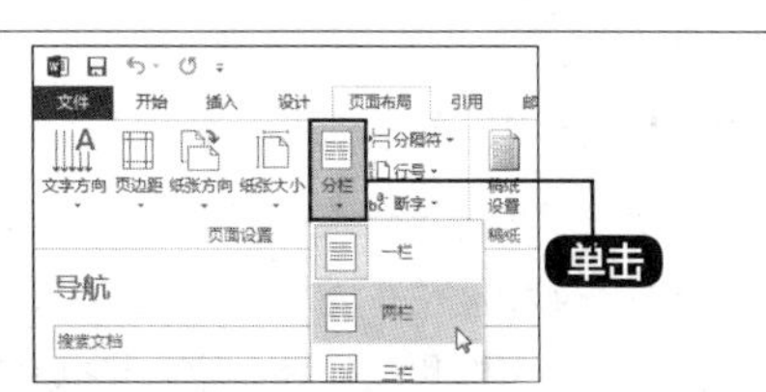

2. 使用【分栏】对话框

在【页面布局】选项卡下单击【分栏】按钮，在弹出的下拉列表中选择【更多分栏】选项，弹出【分栏】对话框，在该对话框中显示了系统预设的5种分栏效果。在【栏数（N）】微调框中输入要分栏的栏数，如输入“5”，然后设置栏宽、分隔线后，在【预览】区域预览效果后，单击【确定】按钮即可。

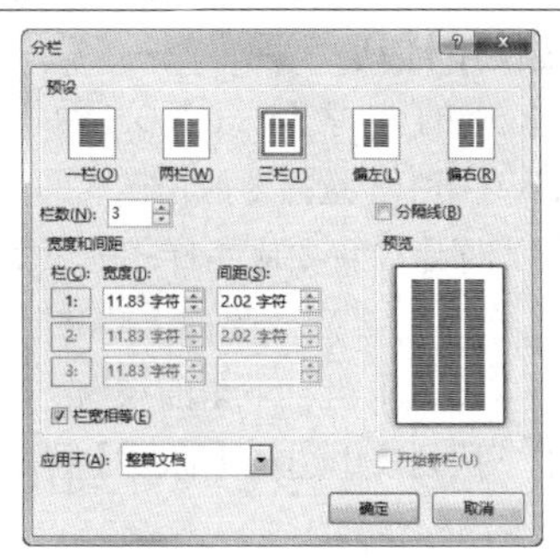

3.2 样式

本节视频教学时间 / 7分钟

样式包含字符样式和段落样式，字符样式的设置以单个字符为单位，段落样式的设置是以段落为单位。

3.2.1 查看和显示样式

样式是被命名并保存的特定格式的集合，它规定了文档中正文和段落等的格式。段落样式应用于整个文档，包括字体、行间距、对齐方式、缩进格式、制表位、边框和编号等。字符样式可以应用于任何文字，包括字体、字体大小和修饰等。

使用【应用样式】窗格查看样式的具体操作如下。

1 打开素材

打开随书光盘中的“素材\ch03\动物与植物.docx”文档，单击【开始】选项卡的【样式】选项组中的【其他】按钮，在弹出的下拉列表中选择【应用样式】选项。

2 【应用样式】窗格

弹出【应用样式】窗格。

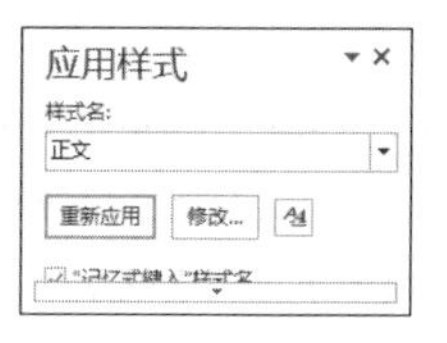

3 显示样式

将鼠标指针置于文档中的任意位置，相对应的样式将会在【样式名】下拉列表框中显示出来。

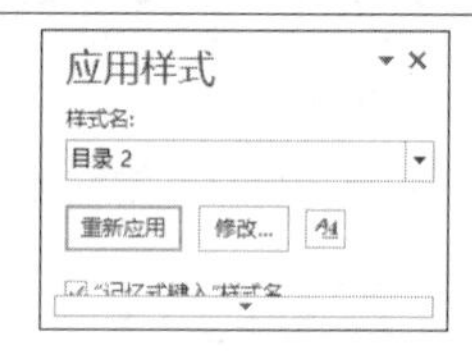

3.2.2 应用样式

从上一节的【显示格式】窗格中可以看出，样式是被命名并保存的特定格式的集合，它规定了文档中正文和段落等的格式。段落样式应用于整个文档，包括字体、行间距、对齐方式、缩进格式、制表位、边框和编号等。字符样式可以应用于任何文字，包括字体、字体大小和修饰等。

1. 快速使用样式

在打开的“素材\ch03\植物与动物.docx”文档中，选择要应用样式的文本（或者将鼠标光标定位置要应用样式的段落内），这里将光标定位至第一段内。单击【开始】选项卡下【样式】组右下角的按钮，从弹出【样式】下拉列表中选择【标题】样式，此时第一段即变为标题样式。

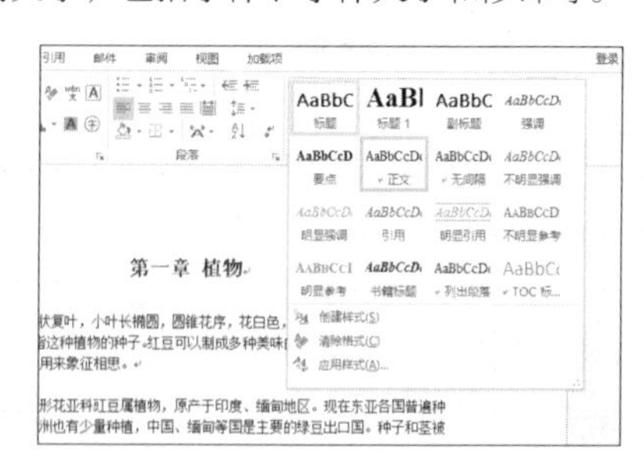

2. 使用样式列表

使用样式列表也可以应用样式。

1 选中文本

选中需要应用样式的文本。

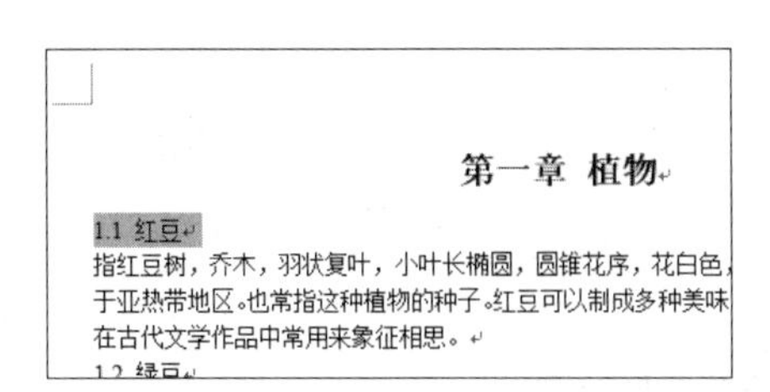

2 选择需要的样式

在【开始】选项卡的【样式】组中单击【样式】按钮，弹出【样式】窗格，在【样式】窗格的列表中单击需要的样式选项即可，如单击【目录1】选项。

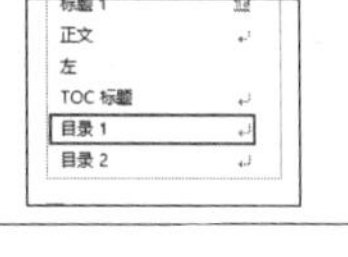

3 应用样式

单击右上角的【关闭】按钮，关闭【样式】窗格，即可将样式应用于文档，效果如右图所示。

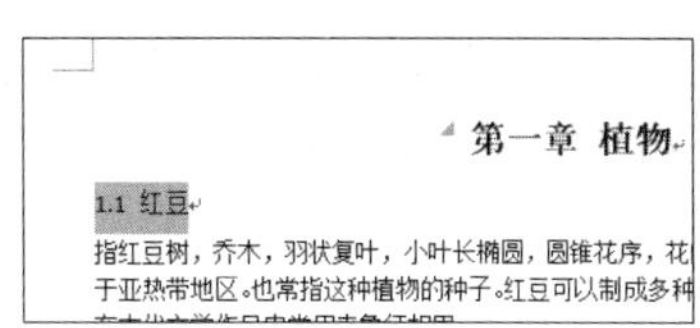

3.2.3 自定义样式

当系统内置的样式不能满足需求时，用户还可以自行创建样式，具体操作步骤如下。

1 打开【样式】窗格

打开随书光盘中的“素材\ch03\植物与动物.docx”文档，选中需要应用样式的文本，或者将插入符移至需要应用样式的段落内的任意一个位置，然后在【开始】选项卡的【样式】组中单击【样式】按钮，弹出【样式】窗格。

2 新建样式

单击【新建样式】按钮，弹出【根据格式设置创建新样式】窗口。

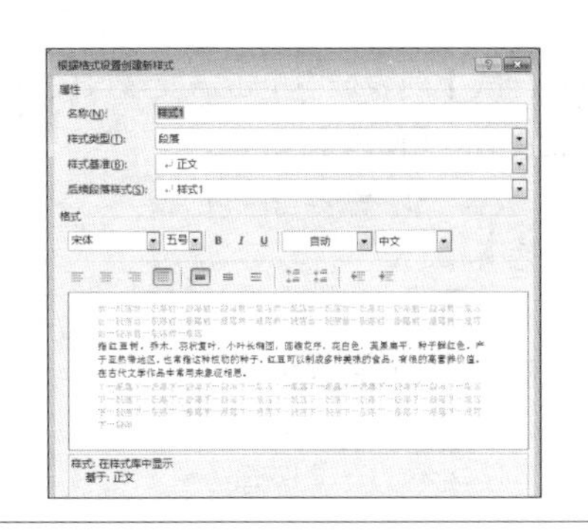

3 设置样式

在【名称】文本框中输入新建样式的名称，例如输入“内正文”，在【属性】区域分别在【样式类型】、【样式基准】和【后续段落样式】下拉列表中选择需要的样式类型或样式基准，并在【格式】区域根据需要设置字体格式，并单击【倾斜】按钮 *I* 。

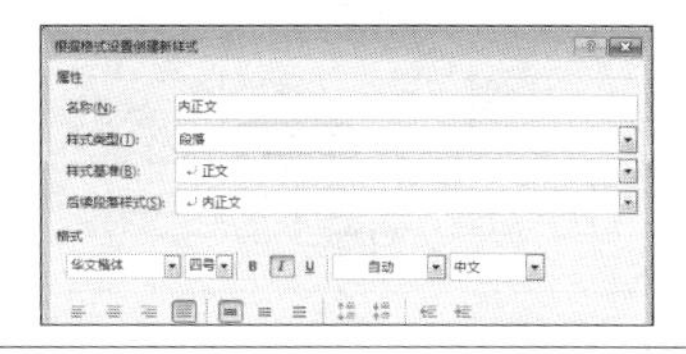

4 选择【段落】选项

单击左下角的【格式】按钮，在弹出的下拉列表中选择【段落】选项。

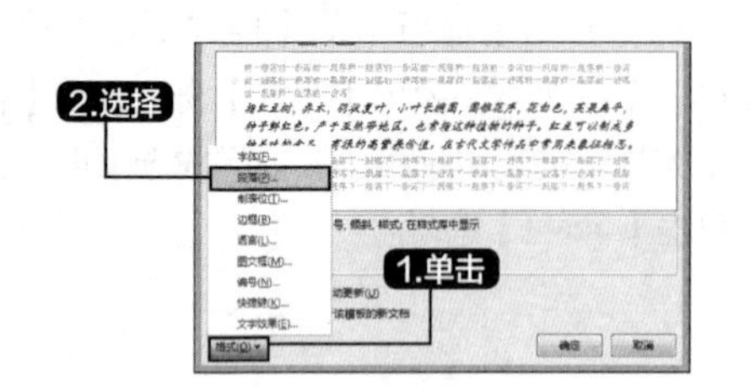

5 设置段落

在弹出的【段落】对话框中设置“首行缩进，2字符”，单击【确定】按钮。

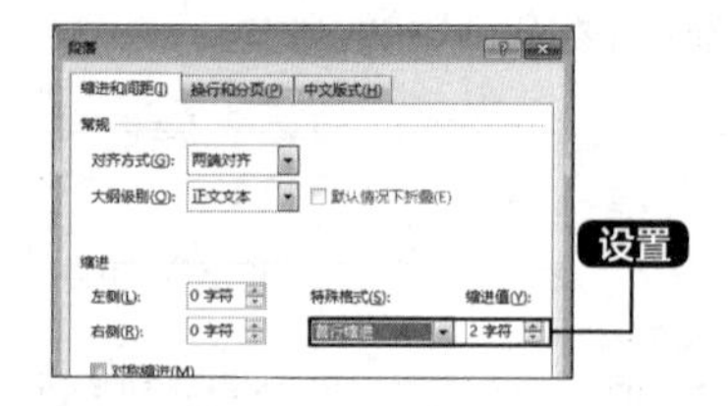

6 浏览效果

返回【根据格式设置创建新样式】对话框，在中间区域浏览效果，单击【确定】按钮。

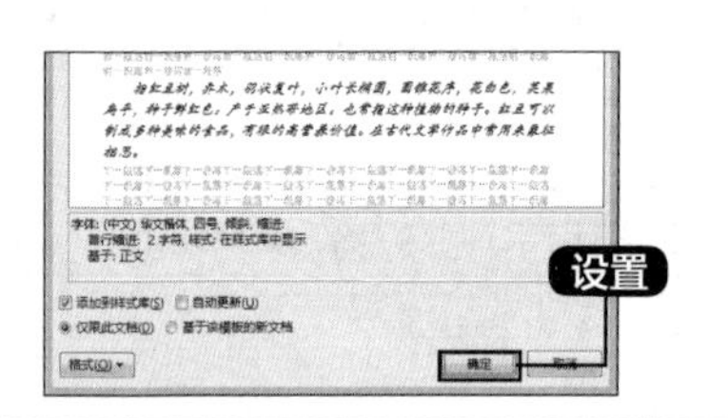

7 设置后效果

在【样式】窗格中可以看到创建的新样式，在文档中显示设置后的效果。

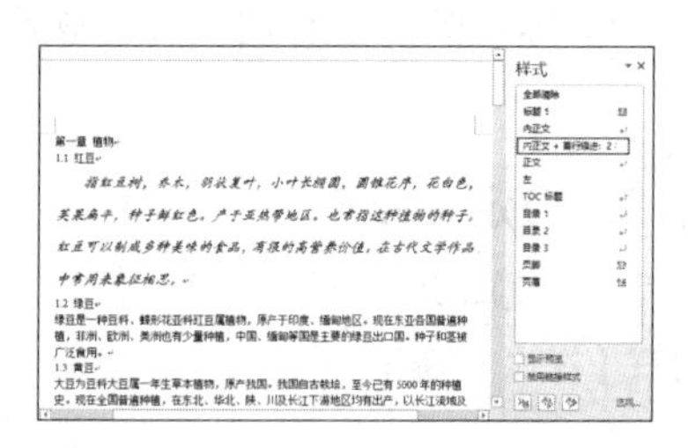

8 应用其他段落

选择其他要应用该样式的段落，单击【样式】窗格中的【内正文】样式，即可将该样式应用到新选择的段落。

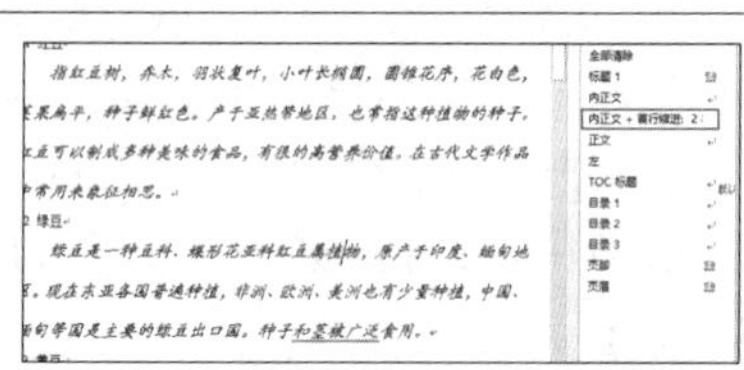

3.2.4 修改样式

当样式不能满足编辑需求时，则可以进行修改，具体操作步骤如下。

1 选择【管理样式】按钮

在【样式】窗格中单击下方的【管理样式】按钮。

2 单击【修改】按钮

弹出【管理样式】对话框，在【选择要编辑的样式】列表框中单击需要修改的样式名称，然后单击【修改】按钮。

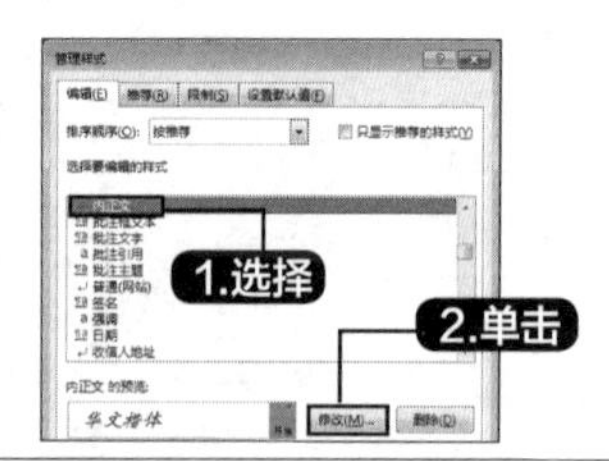

3 设置样式

弹出【修改样式】对话框，参照新建样式的步骤3~6，分别设置字体、字号、加粗、段间距、对齐方式和缩进量等选项。单击【修改样式】对话框中的【确定】按钮，完成样式的修改。

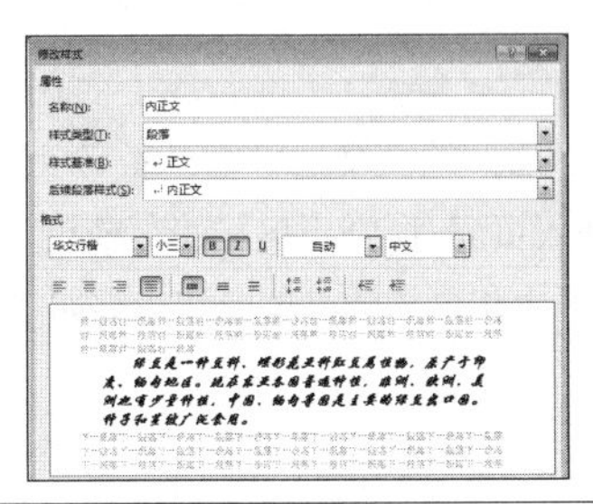

4 修改后效果

最后单击【管理样式】窗口中的【确定】按钮返回，修改后的效果如图所示。

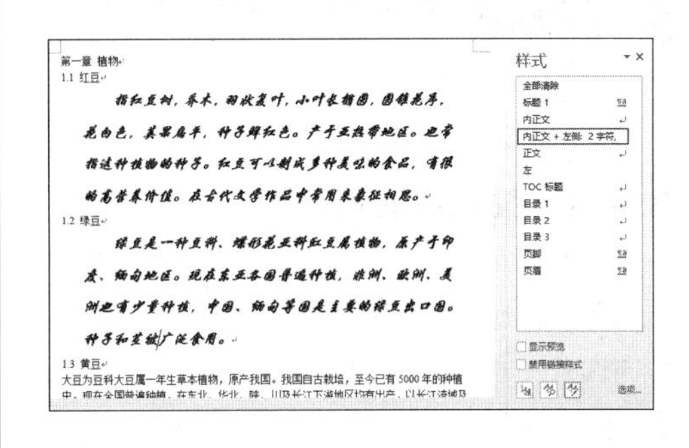

3.2.5 清除样式

当需要清除某段文字的样式时，选择该段文字，单击【开始】选项卡的【样式】组中的【其他】按钮，在弹出的下拉列表中选择【清除样式】选项。

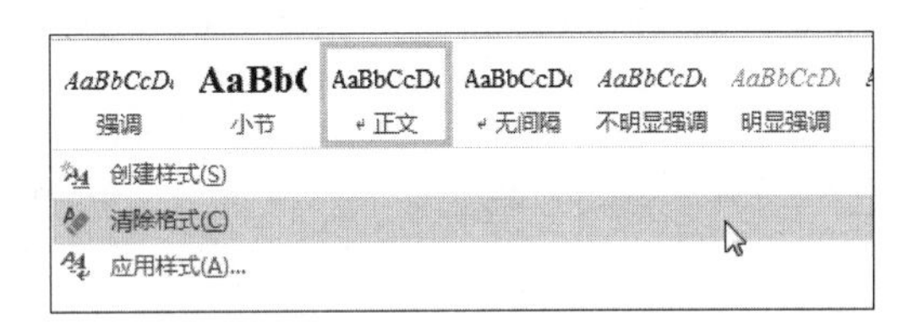

3.3 格式刷的使用

本节视频教学时间 / 2分钟

在Word中格式刷具有快速复制段落格式的功能，可以将一个段落的格式迅速地复制到另一个段落中。

1 选择文本

选择要引用格式的文本，单击【开始】选项卡下【剪贴板】组中的【格式刷】按钮，文档中的鼠标指针将变为形状。

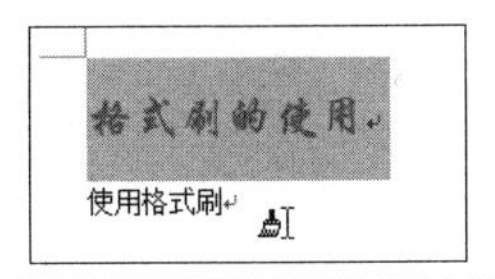

2 应用格式

选中要改变段落格式的段落，即可将格式应用至所选段落。

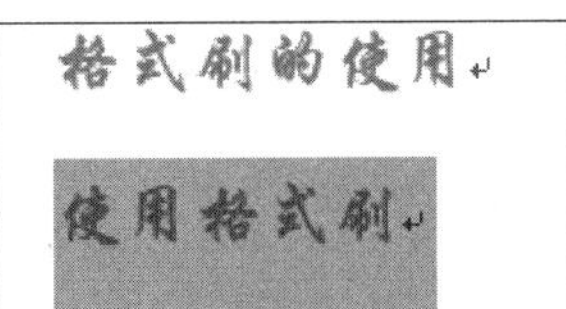

3.4 设置页眉和页脚

本节视频教学时间 / 5分钟 

Word 2013提供了丰富的页眉和页脚模板，使用户插入页眉和页脚变得更为快捷。

3.4.1 插入页眉和页脚

在页眉和页脚中可以输入创建文档的基本信息，例如在页眉中输入文档名称、章节标题或者作者名称等信息，在页脚中输入文档的创建时间、页码等，插入页眉/页脚不仅能使文档更美观，还能向读者快速传递文档要表达的信息。在Word 2013中插入页眉和页脚的具体操作步骤如下。

1. 插入页眉

插入页眉的具体操作步骤如下。

1 打开素材

打开随书光盘中的“素材\ch03\植物与动物.docx”文档，单击【插入】选项卡【页眉和页脚】组中的【页眉】按钮 页眉▾，弹出【页眉】下拉列表。

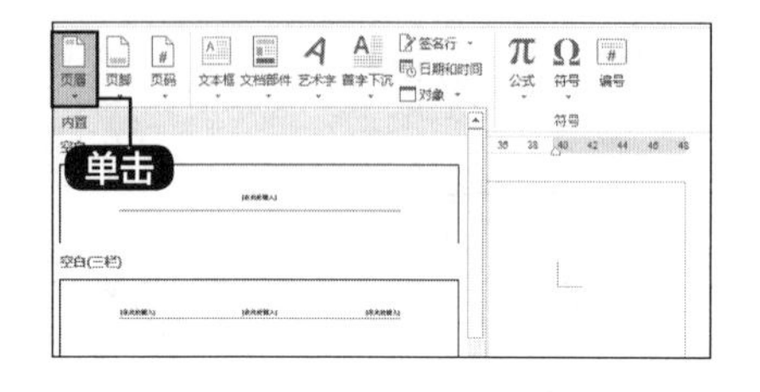

2 选择页眉

选择需要的页眉，如选择【奥斯汀】选项，Word 2013会在文档每一页的顶部插入页眉，并显示【文档标题】文本域。

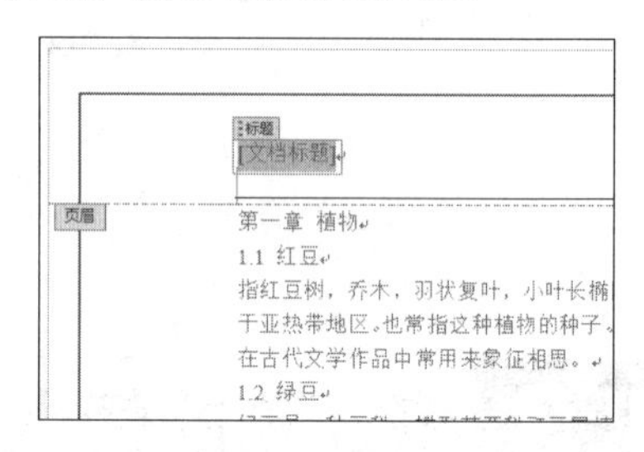

3 输入页眉

在页眉的文本域中输入文档的标题和页眉，单击【设计】选项卡下【关闭】组中的【关闭页眉和页脚】按钮。

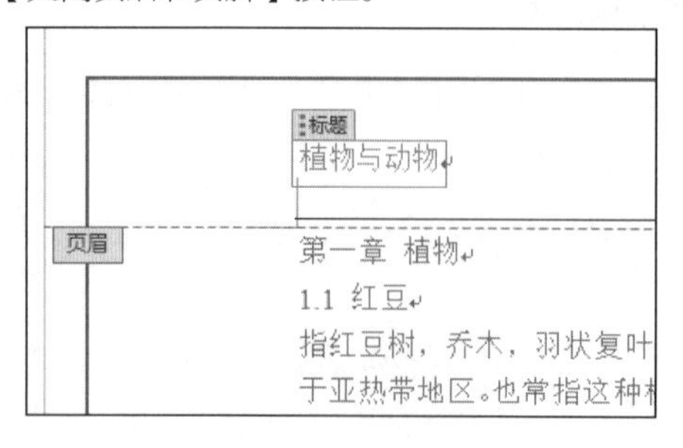

4 效果

插入页眉的效果如下图所示。

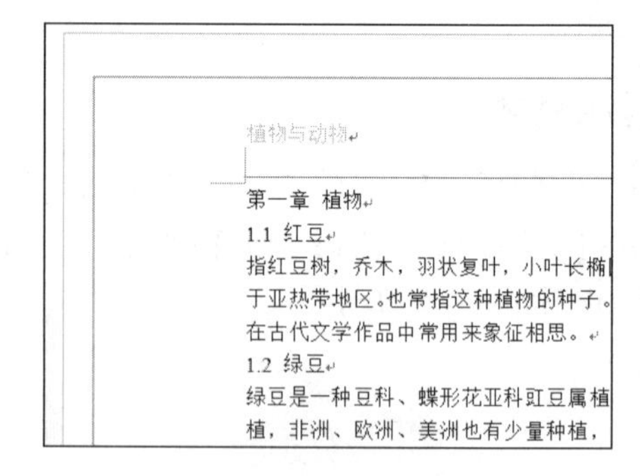

2. 插入页脚

插入页脚的具体操作步骤如下。

1 选择页脚

在【设计】选项卡中单击【页眉和页脚】组中的【页脚】按钮 页脚▾，弹出【页脚】下拉列表，这里选择【怀旧】选项。

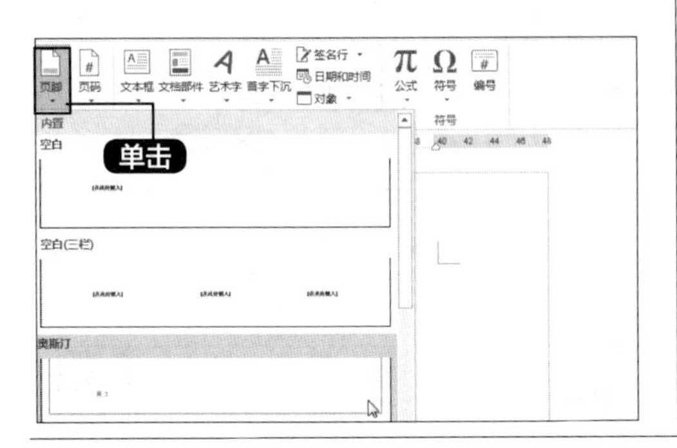

2 输入页脚内容

文档自动跳转至页脚编辑状态，输入页脚内容。

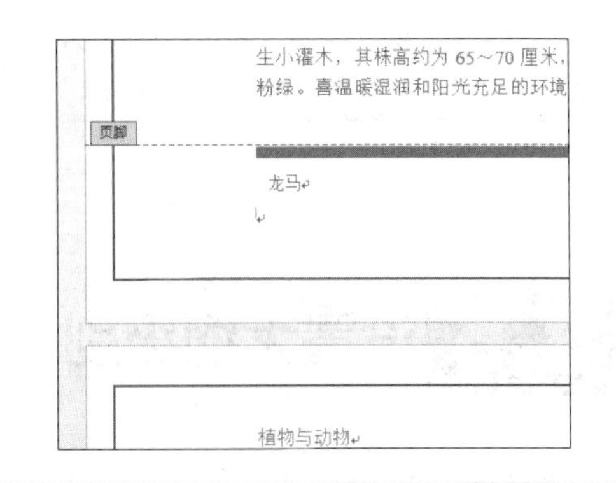

3 效果

单击【设计】选项卡下【关闭】组中的【关闭页眉和页脚】按钮，即可看到插入页脚的效果。

3.4.2 插入页码

在文档中插入页码，可以更方便地查找文档。在文档中插入页码的具体步骤如下。

1 设置页码格式

打开随书光盘中的“素材\ch03\植物与动物.docx”文档，单击【插入】选项卡【页眉和页脚】组中的【页码】按钮 页码▾，在弹出的下拉列表中选择【设置页码格式】选项。

2 设置页码格式

弹出【页码格式】对话框，单击【编号格式】选择框后的▾按钮，在弹出的下拉列表中选择一种编号格式。在【页码编号】组中单击选中【续前节】单选项，单击【确定】按钮即可。

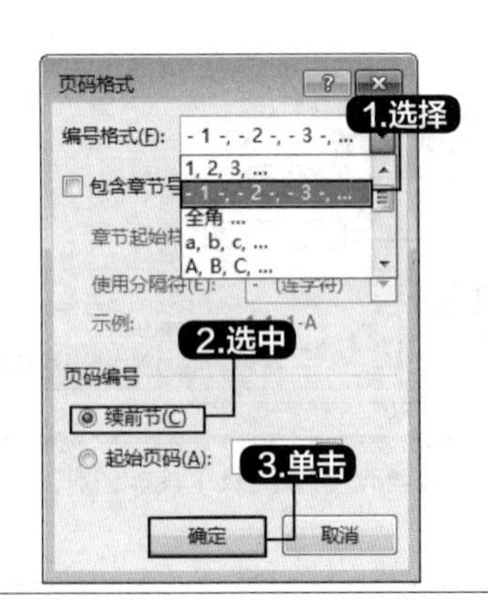

提示

【包含章节号】复选框：可以将章节号插入到页码中，可以选择章节起始样式和分隔符。

【续前节】单选项：接着上一节的页码连续设置页码。

【起始页码】单选项：选中此单选项后，可以在后方的微调框中输入起始页码数。

3 插入页码

单击【插入】选项卡的【页眉和页脚】选项组中的【页码】按钮。在弹出的下拉列表中选择【页面底端】选项组下的【普通数字1】选项，即可插入页码。

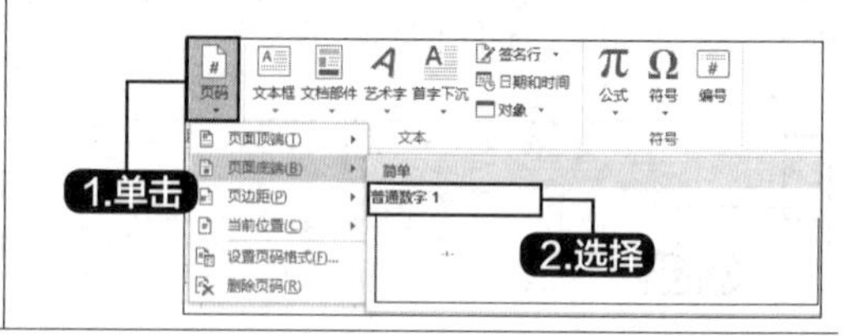

3.5 设置大纲级别

本节视频教学时间 / 4分钟

在Word 2013中设置段落的大纲级别是提取文档目录的前提，此外，设置段落的大纲级别不仅能够通过【导航】窗格快速地定位文档，还可以根据大纲级别展开和折叠文档内容。设置段落的大纲级别通常用两种方法。

1. 在【引用】选项卡下设置

在【引用】选项卡下设置大纲级别的具体操作步骤如下。

1 打开素材

在打开的“素材\ch03\公司年度报告.docx”文档中，选择“一、公司业绩较去年显著提高”文本。单击【引用】选项卡下【目录】组中的【添加文字】按钮右侧的下拉按钮 添加文字 。在弹出的下拉列表中选择【1级】选项。

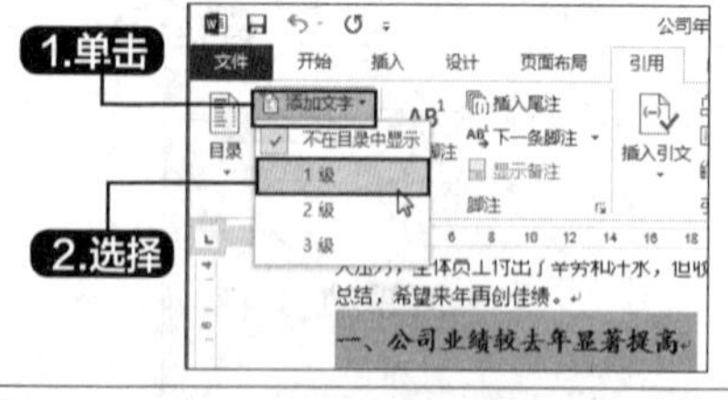

2 打开导航窗格

在【视图】选项卡下的【显示】组中单击选中【导航窗格】复选框，在打开的【导航】窗格中即可看到设置大纲级别后的文本。

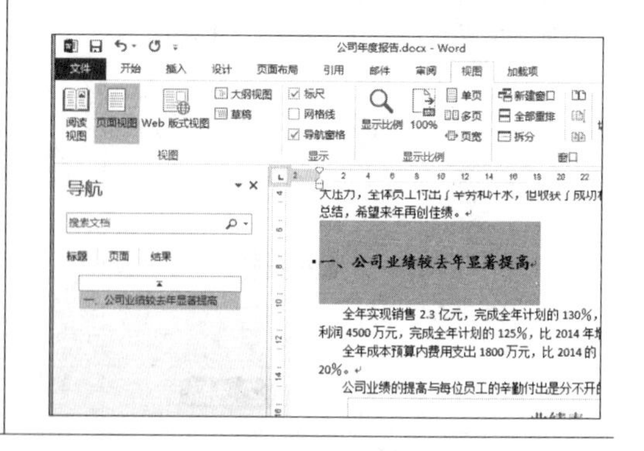

提示

如果要设置为【2级】段落级别，只需要在下拉列表中选择【2级】选项即可。

2. 使用【段落】对话框设置

使用【段落】对话框设置大纲级别的具体操作步骤如下。

1 打开素材

在打开的"素材\ch03\公司年度报告.docx"文档中选择"二、举办多次促销活动"文本并单击鼠标右键，在弹出的快捷菜单中选择【段落】菜单命令。

二、举办多次促销活动

在 2015 年 5 月 1 日至 2015 年 5 月 6 日举办的"庆五一·欢
2015 年 10 月 1 日至 2015 年 10 月 6 日举办的"庆双节·欢乐购·
成功，分别累积销售 2000 万元和 2100 万元。

三、完善制度，改善管理

在过去的一年中，公司先后整理出了各类管理体系。修订、

2 进行设置

打开【段落】对话框，在【缩进和间距】选项卡下的【常规】组中单击【大纲级别】文本框后的下拉按钮，在弹出的下拉列表中选择【1级】选项，单击【确定】按钮，即可完成设置。

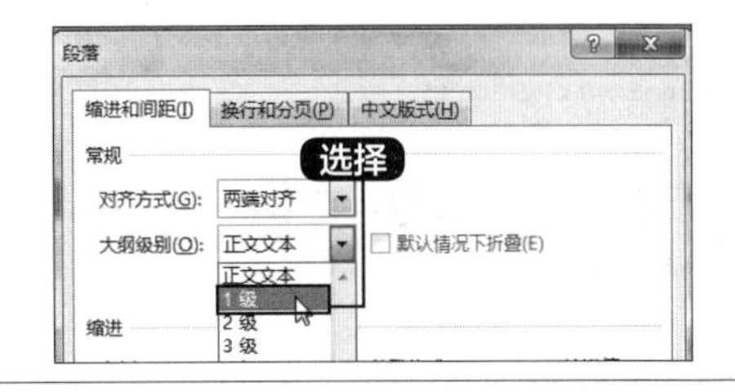

3.6 创建目录和索引

本节视频教学时间 / 5分钟

对于长文档来说，查看文档中的内容时，不容易找到需要的文本内容，这时就需要为其创建一个目录，方便查找。

3.6.1 创建目录

插入文档的页码并为目录段落设置大纲级别是提取目录的前提条件。设置段落级别并提取目录的具体操作步骤如下。

1 打开素材

打开随书光盘中的"素材\ch03\动物与植物.docx"文档，将光标定位在"第一章 植物"段落任意位置，单击【引用】选项卡下【目录】组中的【添加文字】按钮 添加文字，在弹出的下拉列表中选择【1级】选项。

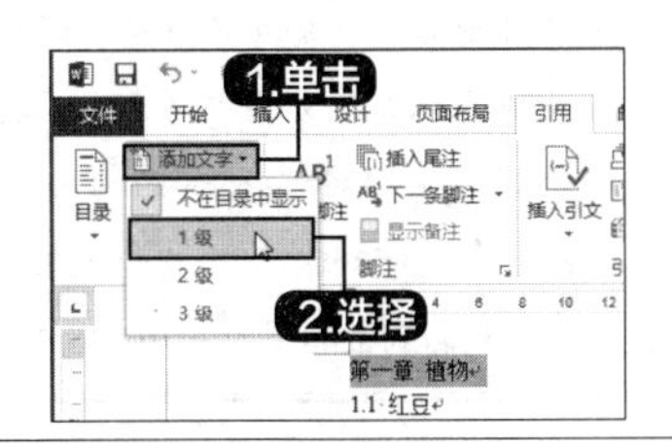

2 添加文字

将光标定位在"1.1 红豆"段落任意位置，单击【引用】选项卡下【目录】组中的【添加文字】按钮，在弹出的下拉列表中选择【2级】选项。

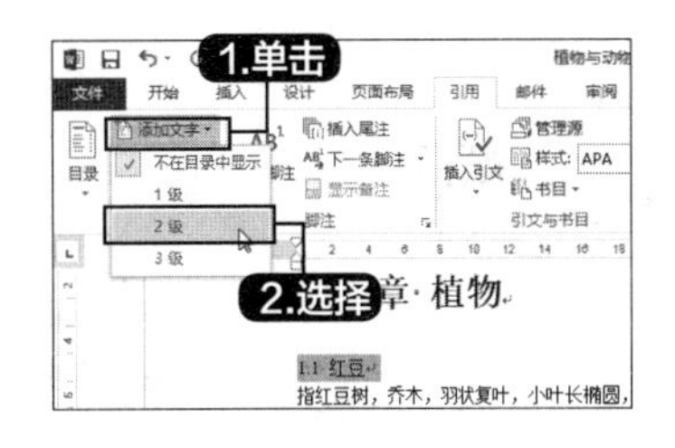

提示

在Word 2013中设置大纲级别可以在设置大纲级别的文本位置折叠正文或低级别的文本，还可以将级别显示在【导航窗格】中便于定位，最重要的是便于提取目录。

3 使用格式刷

使用【格式刷】快速设置其他标题级别。

第一章 植物

1.1 红豆

指红豆树，乔木，羽状复叶，小叶长椭圆，圆锥花序，花白色，荚果扁平，种子鲜红色。产于亚热带地区。也常指这种植物的种子。红豆可以制成多种美味的食品，有很的高营养价值。在古代文学作品中常用来象征相思。

1.2 绿豆

绿豆是一种豆科、蝶形花亚科豇豆属植物，原产于印度、缅甸地区。现在东亚各国普遍种植，非洲、欧洲、美洲也有少量种植，中国、缅甸等国是主要的绿豆出口国。种子和茎被广泛食用。

1.3 黄豆

大豆为豆科大豆属一年生草本植物，原产我国。我国自古栽培，至今已有5000年的种植史。现在全国普遍种植，在东北、华北、陕、川及长江下游地区均有出产，以长江流域及西南栽培较多，以东北大豆质量最优。

4 自定义目录

为文档插入页码，然后将光标移至“第一章”文字前面，按【Ctrl+Enter】组合键插入空白页，然后将光标定位在第1页中，单击【引用】选项卡下【目录】组中的【目录】按钮，在弹出的下拉列表中选择【自定义目录】选项。

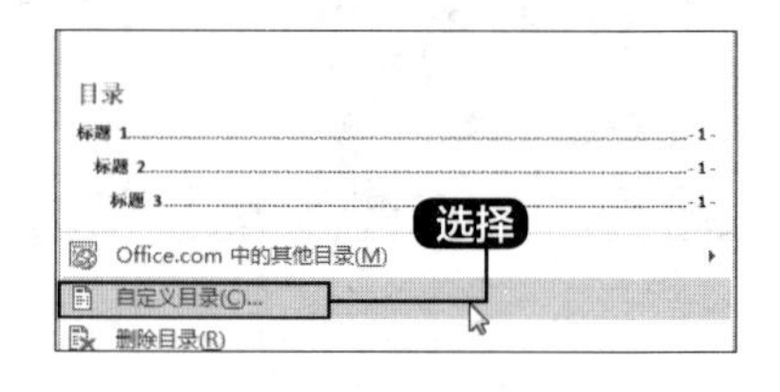

提示

单击【目录】按钮，在弹出的下拉列表中单击目录样式可快速将目录添加至文档中。

5 进行设置

在弹出的【目录】对话框中，选择【格式】下拉列表中的【正式】选项，在【显示级别】微调框中输入或者选择显示级别为“2”，在预览区域可以看到设置后的效果。

6 建立目录

各选项设置完成后单击【确定】按钮，此时就会在指定的位置建立目录。

提示

提取目录时，Word会自动将插入的页码显示在标题后。在建立目录后，还可以利用目录快速地查找文档中的内容。将鼠标指针移动到目录中要查看的内容上，按【Ctrl】键，鼠标指针就会变为形状，单击鼠标即可跳转到文档中的相应标题处。

3.6.2 创建索引

通常情况下，索引项中可以包含各章的主题、文档中的标题或子标题、专用术语、缩写和简称、同义词及相关短语等。

1 打开素材

打开随书光盘中的“素材\ch03\动物与植物.docx”文档，选中需要标记索引项的文本，单击【引用】选项卡下【索引】组中的【标记索引项】按钮。

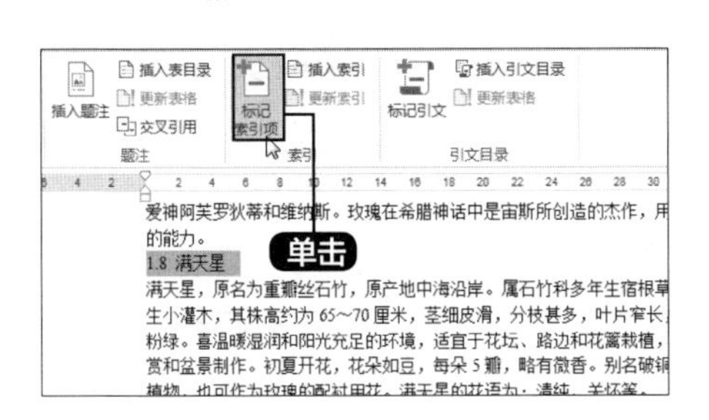

2 设置标记

在弹出的【标记索引项】对话框中设置【主索引项】、【次索引项】和【所属拼音项】等索引信息，设置完成单击【标记】按钮。

3 查看效果

单击【关闭】按钮，即可查看添加索引的效果。

提示

用户还可以单击【标记全部】按钮，对文档内相同的内容添加标记。

3.7 实战演练——排版毕业论文

本节视频教学时间 / 17分钟

设计毕业论文时需要注意的是文档中同一类别的文本的格式要统一，层次要有明显的区分，要对同一级别的段落设置相同的大纲级别。还需要将需要单独显示的页面单独显示，本节根据需要制作毕业论文。

第1步：设计毕业论文首页

在制作毕业论文的时候，首先需要为论文添加首页来描述个人信息。

1 打开素材

打开随书光盘中的“素材\ch03\毕业论文.docx”文档，将鼠标光标定位至文档最前的位置，按【Ctrl+Enter】组合键，插入空白页面。

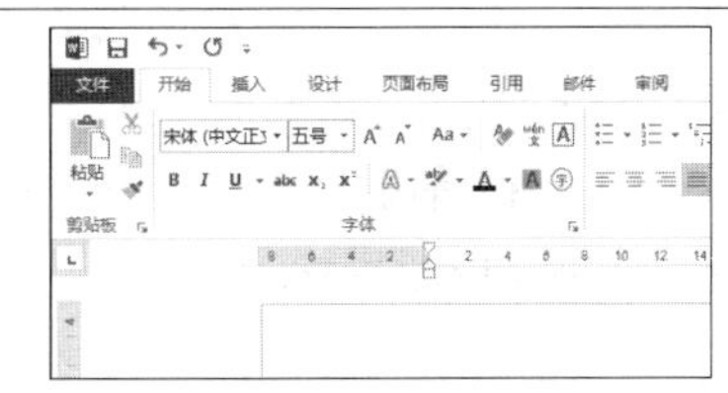

2 输入信息

选择新创建的空白页，在其中输入学校信息、个人介绍信息和指导教师名称等信息。

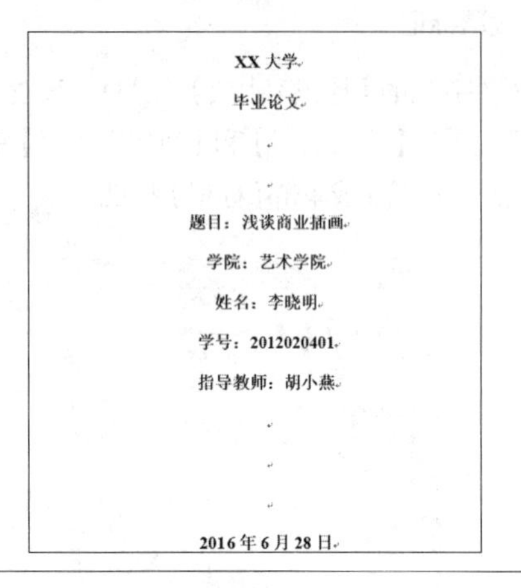
XX 大学

毕业论文

题目：浅谈商业插画

学院：艺术学院

姓名：李晓明

学号：2012020401

指导教师：胡小燕

2016 年 6 月 28 日

3 设置不同格式

分别选择不同的信息，并根据需要为不同的信息设置不同的格式，使所有的信息占满论文首页。

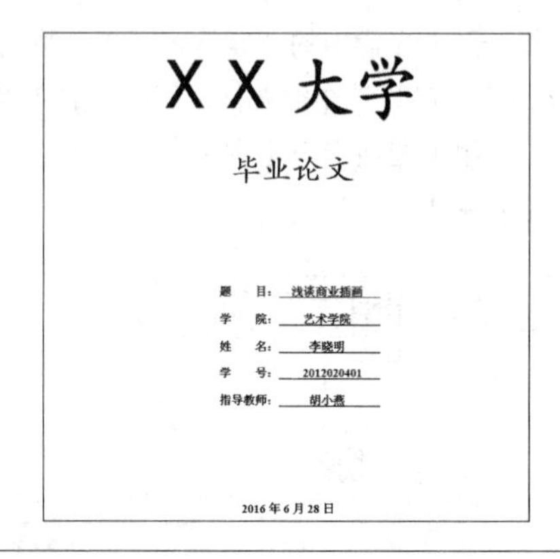
XX 大学

毕业论文

题　　目：浅谈商业插画

学　　院：艺术学院

姓　　名：李晓明

学　　号：2012020401

指导教师：胡小燕

2016 年 6 月 28 日

第2步：设计毕业论文格式

在撰写毕业论文的时候，学校会统一毕业论文的格式，需要根据提供的格式统一样式。

1 弹出【样式】窗格

选中需要应用样式的文本，或者将插入符移至需要应用样式的段落内的任意一个位置，然后在【开始】选项卡的【样式】组中单击【样式】按钮，弹出【样式】窗格。

2 新建样式

单击【新建样式】按钮，弹出【根据格式设置创建新样式】窗口。

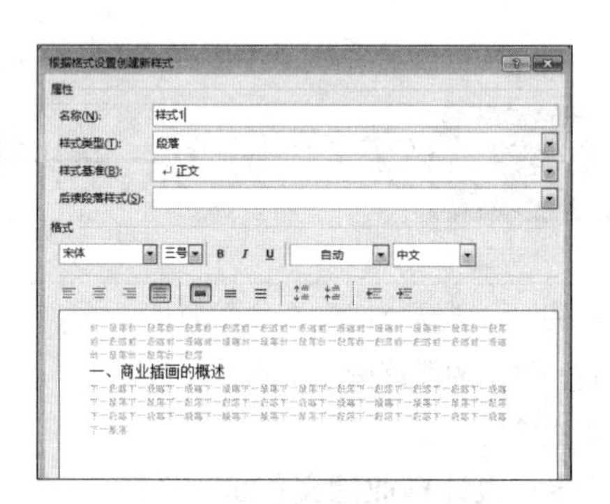

3 进行设置

在【名称】文本框中输入新建样式的名称，例如输入“论文标题1”，在【属性】区域分别根据学校规定设置字体样式。

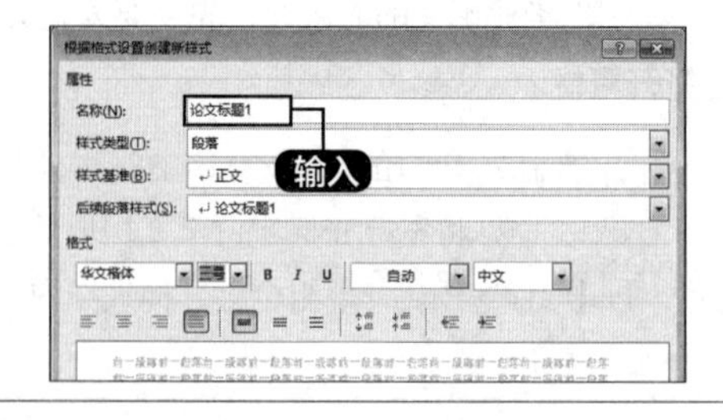

4 选择【段落】选项

单击左下角的【格式】按钮，在弹出的下拉列表中选择【段落】选项。

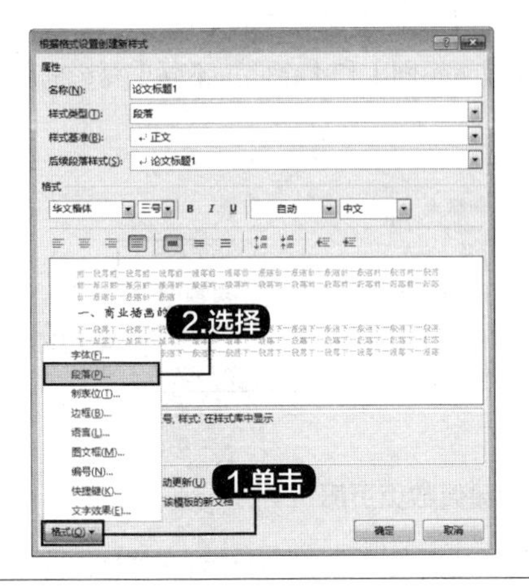

5 设置段落样式

弹出【段落】对话框，根据要求设置段落样式，在【缩进和间距】选项卡下的【常规】组中单击【大纲级别】文本框后的下拉按钮，在弹出的下拉列表中选择【1级】选项，单击【确定】按钮。

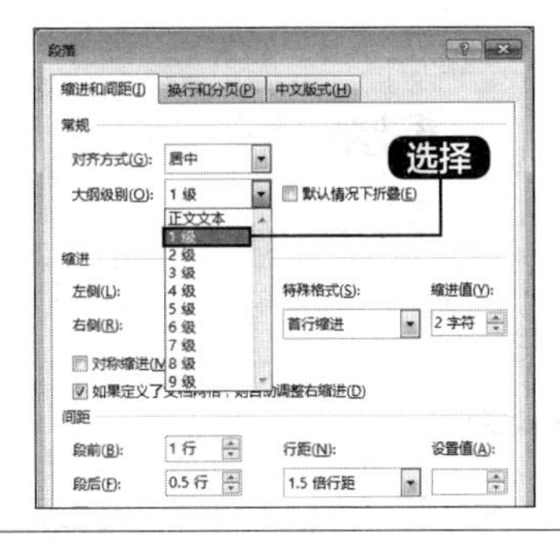

6 确定

返回【根据格式设置创建新样式】对话框，在中间区域浏览效果，单击【确定】按钮。

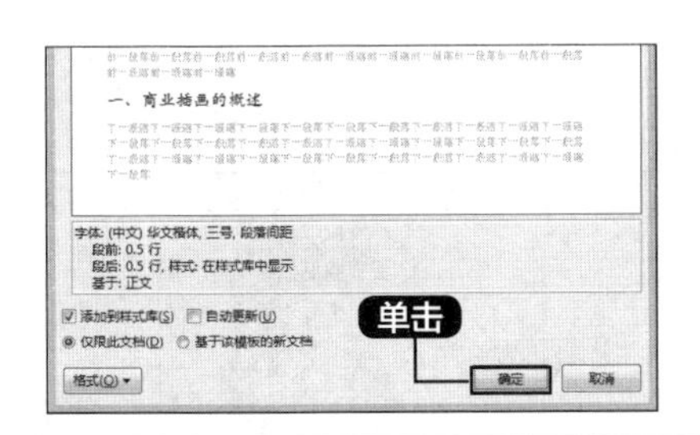

7 设置后效果

在【样式】窗格中可以看到创建的新样式，在文档中显示设置后的效果。

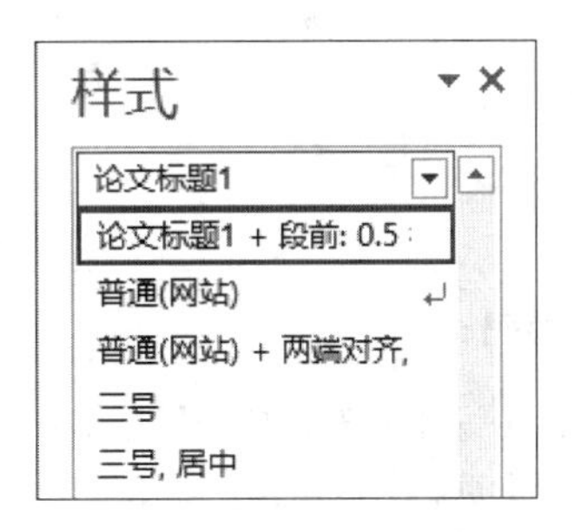

8 应用其他段落

选择其他需要应用该样式的段落，单击【样式】窗格中的【论文标题1】样式，即可将该样式应用到新选择的段落。

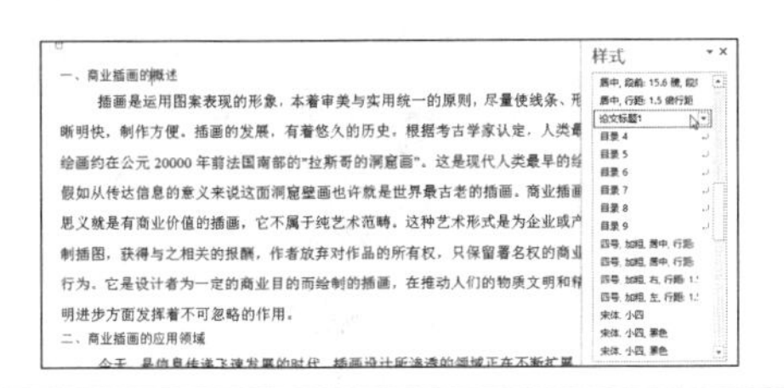

9 设计其他样式

使用同样的方法为其他标题及正文设计样式。最终效果如下图所示。

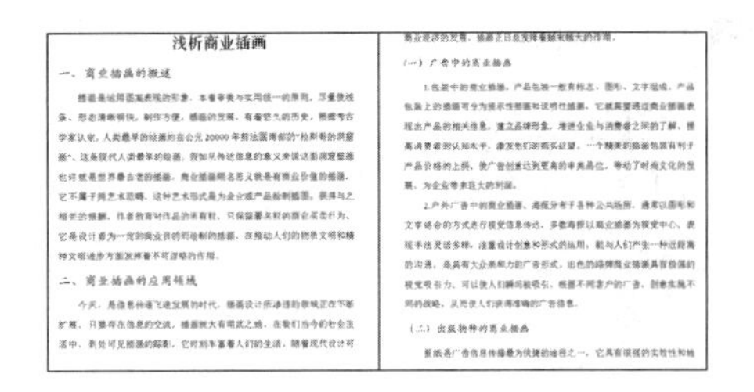

第3步：设置页眉并插入页码

在毕业论文中可能需要插入页眉，是文档看起来更美观，还需要插入页码。

1 选择页眉样式

单击【插入】选项卡【页眉和页脚】组中的【页眉】按钮 页眉▾，在弹出【页眉】下拉列表中选择【空白】页眉样式。

2 设置首页不同和奇偶页不同

在【设计】选项卡的【选项】组中单击选中【首页不同】和【奇偶页不同】复选框。

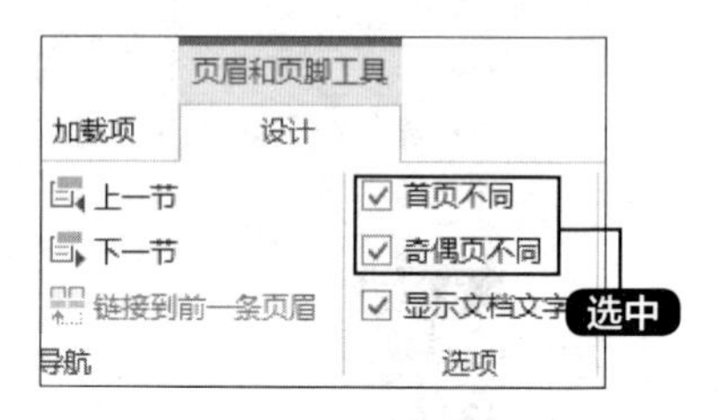

3 输入内容

在奇数页页眉中输入内容，并根据需要设置字体样式。

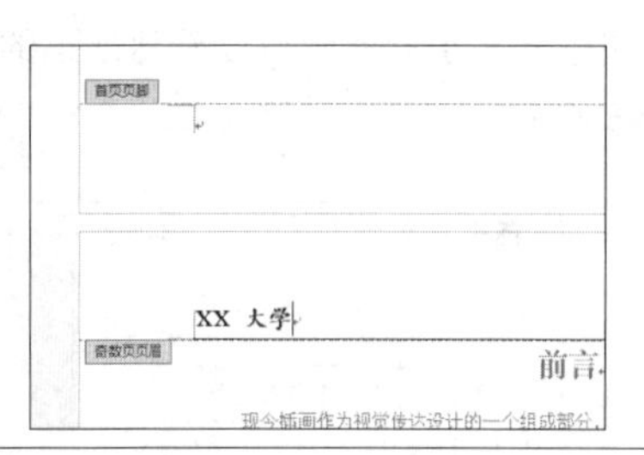

4 创建偶数页页眉

创建偶数页页眉，并设置字体样式。

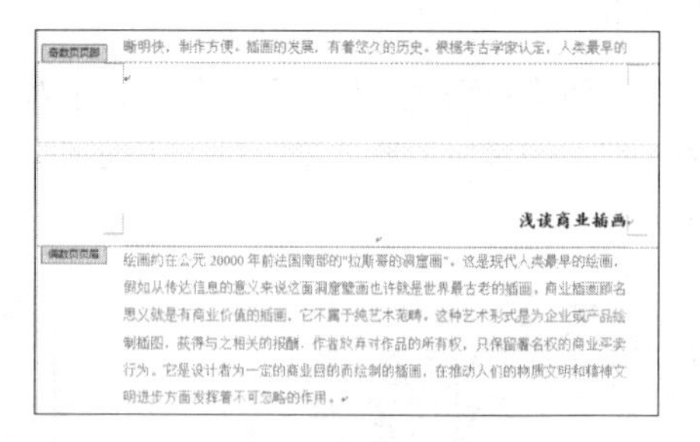

5 插入页码

单击【设计】选项卡下【页眉和页脚】选项组中的【页码】按钮，在弹出的下拉列表中选择一种页码格式，完成页码插入。单击【关闭页眉和页脚】按钮。

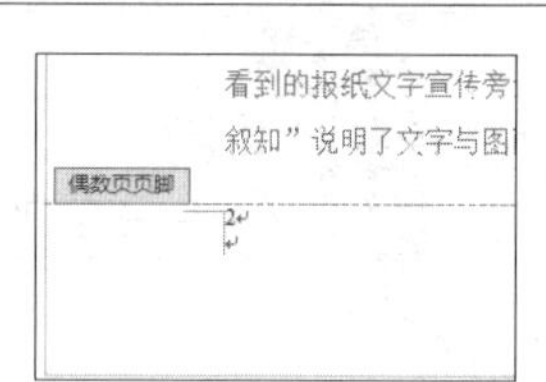

第4步：提取目录

格式设置完后，即可提取目录，具体步骤如下。

1 输入“目录”

将鼠标光标定位至文档第2页最前的位置，单击【插入】选项卡下【页面】组中的【空白页】按钮。添加一个空白页，在空白页中输入“目录”文本，并根据需要设置文字样式。

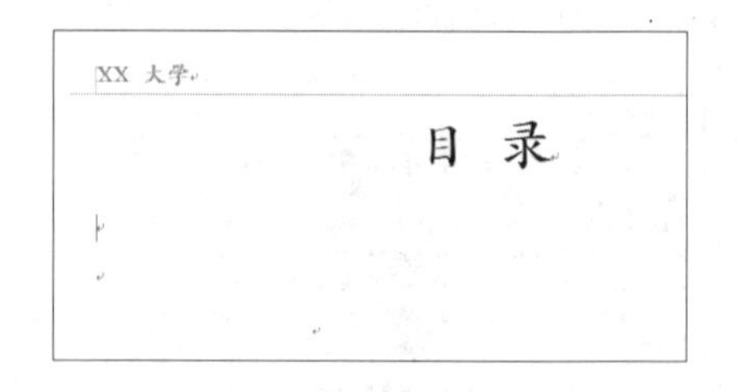

2 自定义目录

单击【引用】选项卡的【目录】组中的【目录】按钮，在弹出的下拉列表中选择【自定义目录】选项。

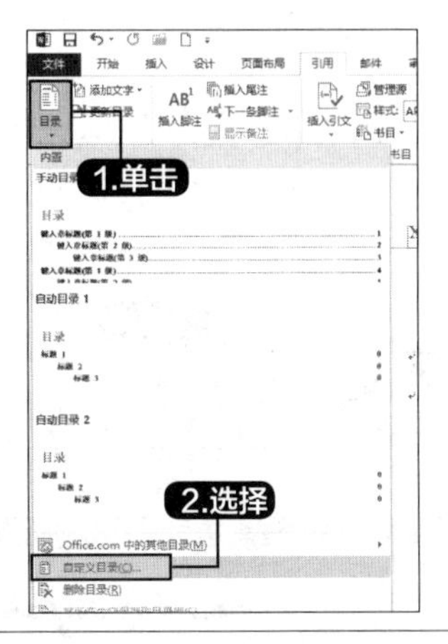

3 进行设置

在弹出的【目录】对话框中，在【格式】下拉列表中选择【正式】选项，在【显示级别】微调框中输入或者选择显示级别为“3”，在预览区域可以看到设置后的效果，各选项设置完成后单击【确定】按钮。

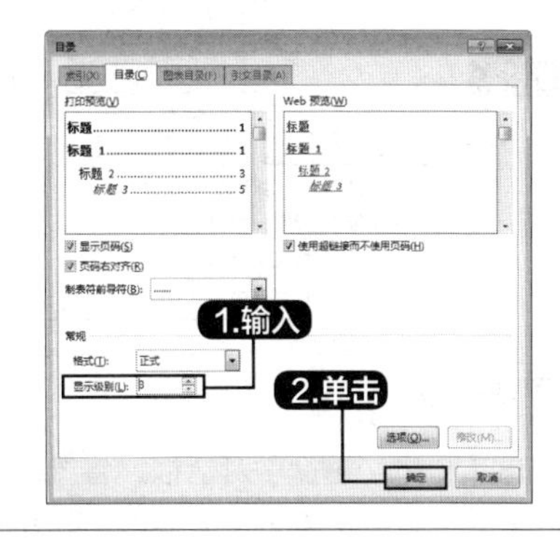

4 建立目录

此时就会在指定的位置建立目录。

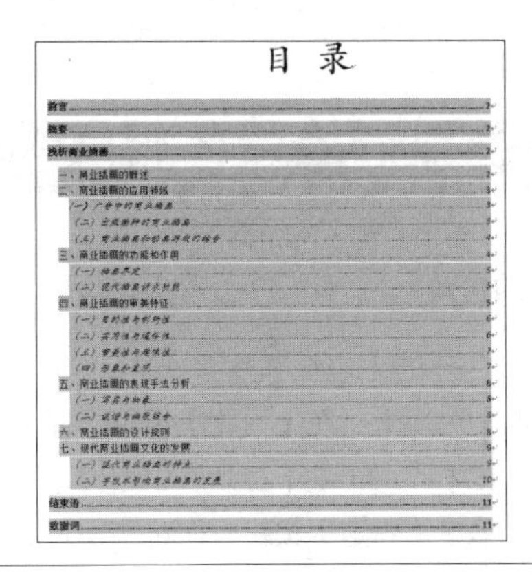

5 进行调整

根据需要，设置目录字体大小和段落间距，至此就完成了毕业论文的排版。

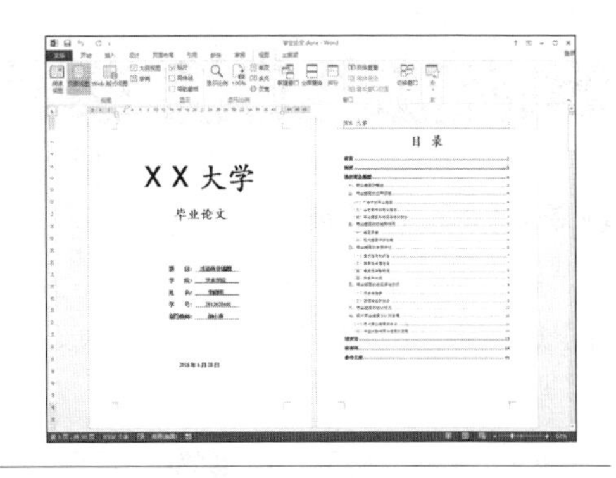

高手私房菜

技巧1：指定样式的快捷键

在创建样式时，可以为样式指定快捷键，只需要选择要应用样式的段落并按快捷键即可应用样式。

1 选择【修改】选项

在【样式】窗格中单击要指定快捷键的样式后的下拉按钮，在弹出的下拉列表中选择【修改】选项。

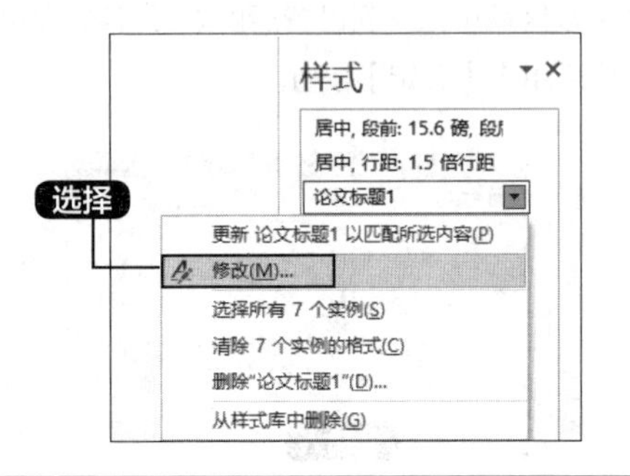

2 修改样式

打开【修改样式】对话框，单击【格式】按钮，在弹出的列表中选择【快捷键】选项。

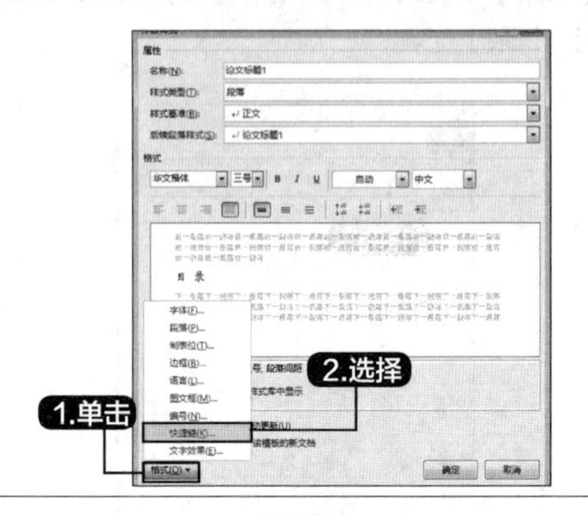

3 设置快捷键

弹出【自定义键盘】对话框，将鼠标光标定位至【请按新快捷键】文本框中，并在键盘上按要设置的快捷键，这里按【Alt+C】组合键，单击【指定】按钮。即完成了指定样式快捷键的操作。

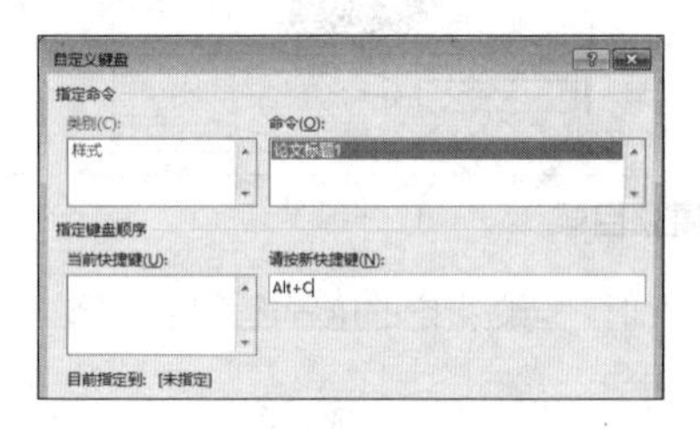

技巧52：删除页眉分割线

在添加页眉时，经常会看到自动添加的分割线，可以将自动添加的分割线删除。

1 单击【页面边框】按钮

双击页眉，进入页眉编辑状态。单击【设计】选项卡下【页面背景】组中的【页面边框】按钮。

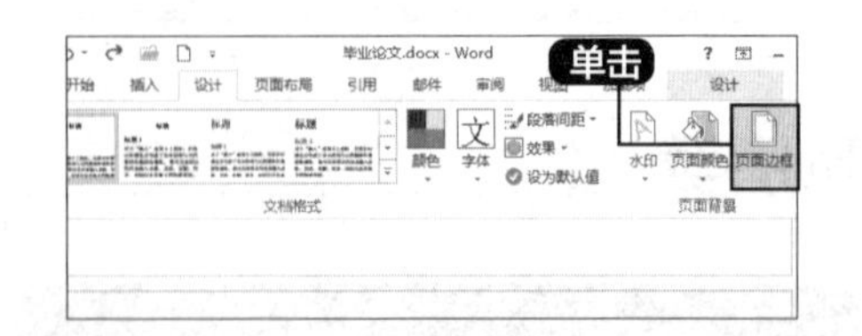

2 进行设置

在打开的【边框和底纹】对话框中选择【边框】选项卡，在【设置】组下选择【无】选项，在【应用于】下拉列表中选择【段落】选项，单击【确定】按钮，即可删除页眉中的分割线。

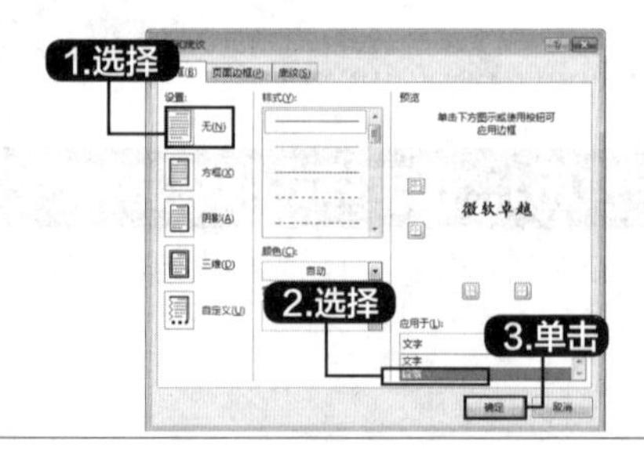

第 4 章

Excel 2013基本表格制作

重点导读

本章视频教学时间：2小时16分钟 

Excel 2013 是微软公司推出的Office 2013 办公系列软件中的一个重要组件，主要用于电子表格的处理，可以高效地完成各种表格的设计，进行复杂的数据计算和分析，大大提高数据处理的效率。

学习效果图

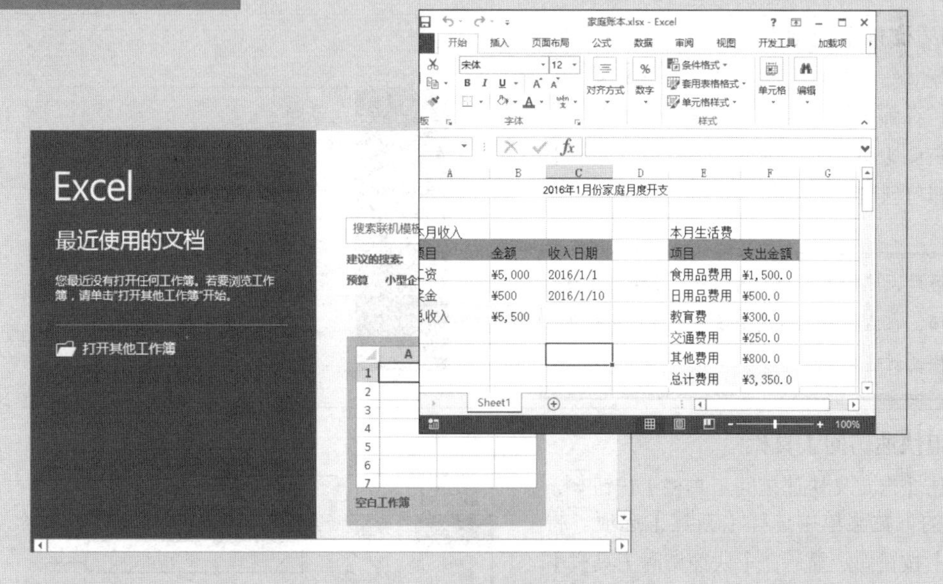

4.1 创建工作簿

本节视频教学时间 / 4分钟

工作簿是指在Excel中用来存储并处理工作数据的文件，在Excel 2013中，其扩展名是.xlsx。通常所说的Excel文件指的就是工作簿文件。在使用Excel时，首先需要创建一个工作簿，具体创建方法有以下几种。

1. 启动自动创建

1 单击空白工作簿

启动Excel 2013后，在打开的界面单击右侧的【空白工作簿】选项。

2 自动创建工作簿

系统会自动创建一个名称为“工作簿1”的工作簿。

2. 使用【文件】选项卡

如果已经启动Excel，可以单击【文件】选项卡，在弹出的下拉菜单中选择【新建】选项。在右侧【新建】区域单击【空白工作簿】选项，即可创建一个空白工作簿。

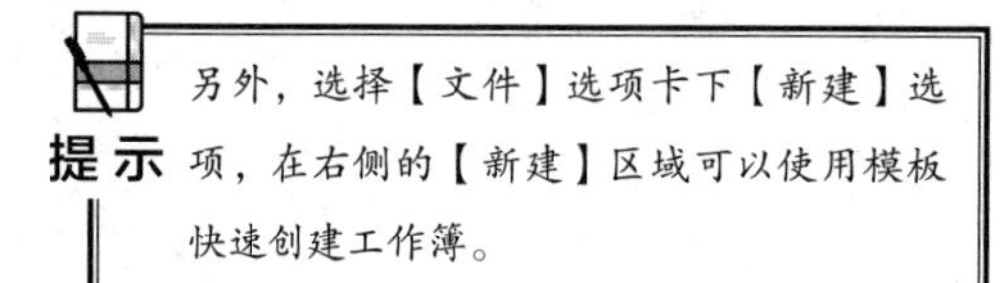

提示　另外，选择【文件】选项卡下【新建】选项，在右侧的【新建】区域可以使用模板快速创建工作簿。

3. 使用快速访问工具栏

单击【自定义快速访问工具栏】按钮，在弹出的下拉菜单中选择【新建】选项。将【新建】按钮固定显示在【快速访问工具栏】中，然后单击【新建】按钮，即可创建一个空白工作簿。

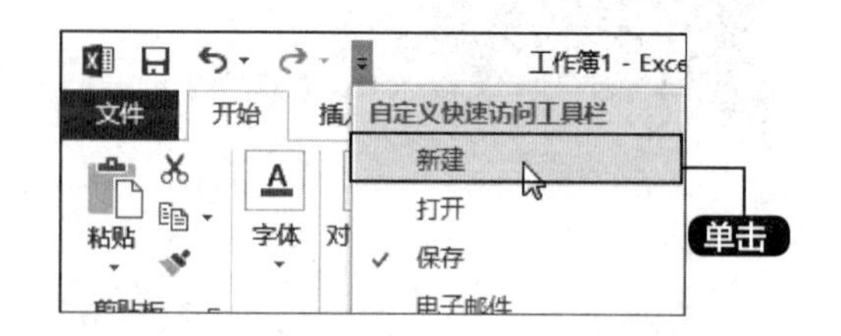

4. 使用快捷键

在打开的工作簿中，按【Ctrl+N】组合键即可新建一个空白工作簿。

4.2 工作表的基本操作

本节视频教学时间 / 5分钟

工作表是工作簿里的一个表。Excel 2013的一个工作簿默认有1张工作表，用户可以根据需要添加工作表，每一个工作簿最多可以包括255张工作表。在工作表的标签上显示了系统默认的工作表名称为Sheet1、Sheet2、Sheet3。本节主要介绍工作表的基本操作方法。

4.2.1 新建工作表

创建新的工作簿时， Excel 2013默认只有1张工作表，在使用Excel 2013过程中，有时候需要使用更多的工作表，则需要新建工作表。新建工作表的具体操作步骤如下。

1 单击新工作表

在打开的Excel文件中，单击【新工作表】按钮 ⊕ 。

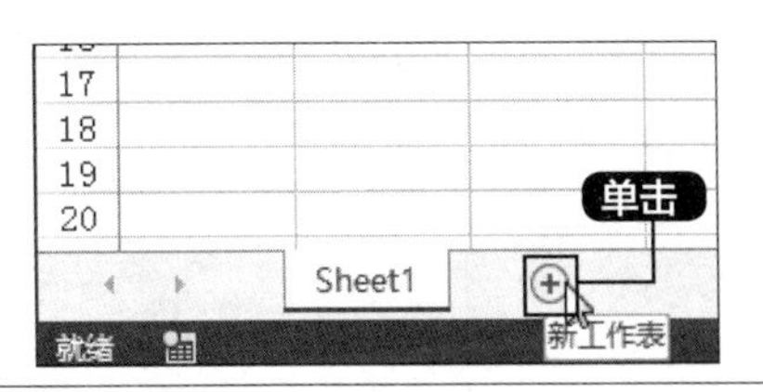

2 创建一个新工作表

即可创建一个新工作表，如下图所示。

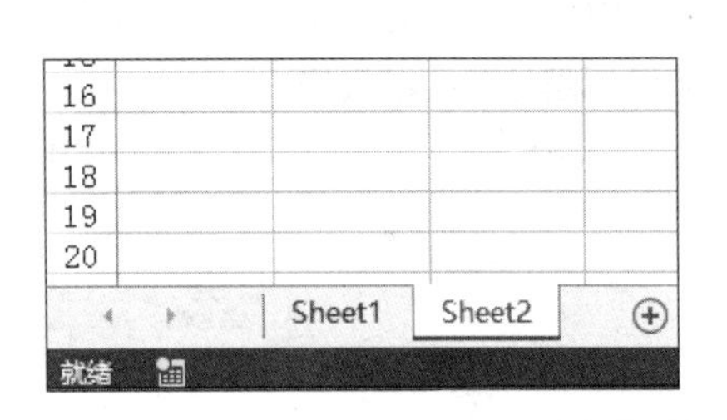

4.2.2 插入工作表

除了新建工作表外，还可插入新的工作表来满足多工作表的需求。下面介绍几种插入工作表的方法。

1. 使用【插入】按钮

1 插入工作表

在打开的Excel文件中，单击【开始】选项卡下【单元格】组中【插入】按钮下方的下拉按钮，在弹出的下拉列表中选择【插入工作表】选项。

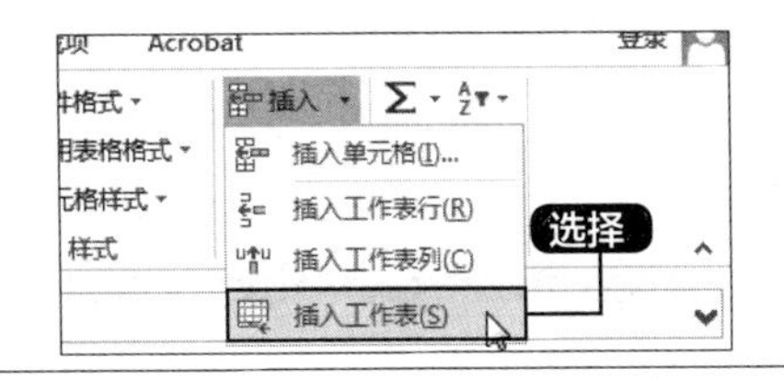

2 创建新工作表

即可创建一张新工作表。

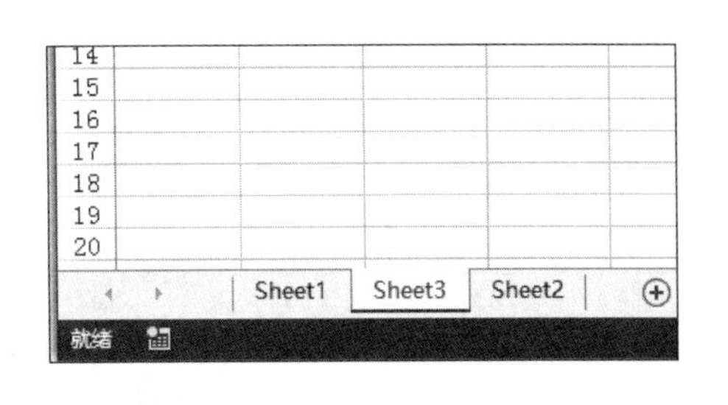

2. 使用快捷菜单插入工作表

1 选择插入菜单项

在Sheet1工作表标签上单击鼠标右键，在弹出的快捷菜单中选择【插入】菜单项。

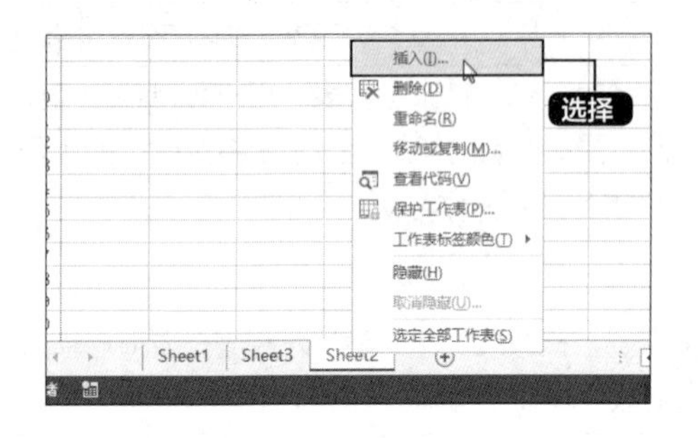

2 选择工作表图标

弹出【插入】对话框，选择【工作表】图标，单击【确定】按钮。

3 插入一张新工作表

这样即可在当前工作表之前插入一张新工作表。

4.2.3 选择单个或多个工作表

在操作Excel表格之前必须先选择它。本节介绍3种情况下选择工作表的方法。

1. 用鼠标选定Excel表格

用鼠标选定Excel表格是最常用、最快速的方法，只需在Excel表格最下方的工作表标签上单击即可。

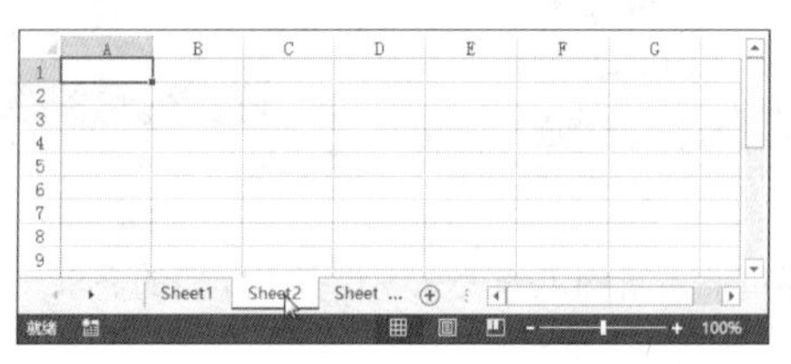

2. 选定连续的Excel表格

1 单击表签

在Excel表格下方的第1张工作表标签上单击，选定该Excel表格。

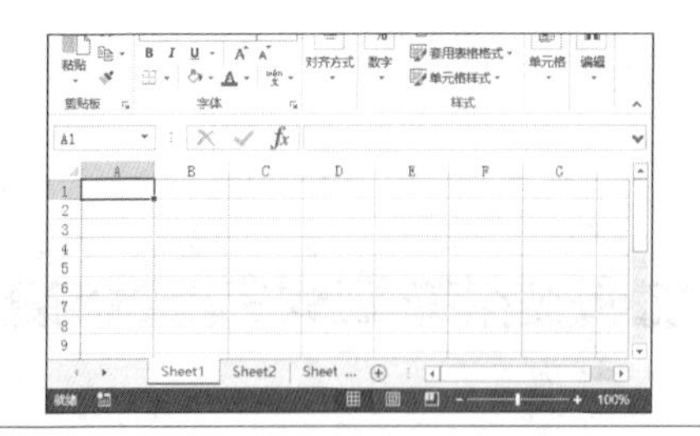

2 选定最后一张表格

按住【Shift】键的同时选定最后一张表格的标签，即可选定连续的Excel表格。此时，工作簿标题栏上会多了“工作组”字样。

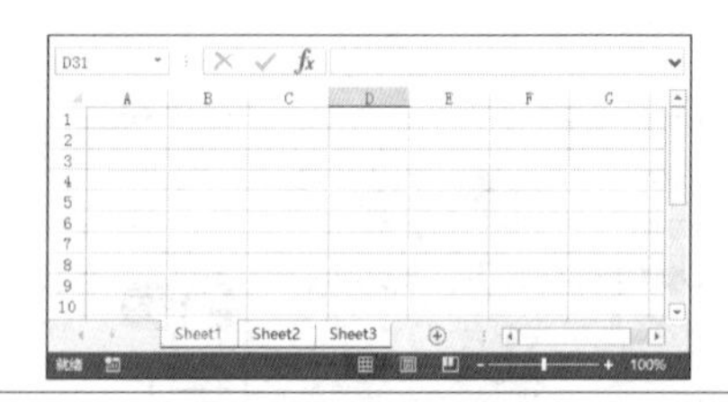

3. 选择不连续的工作表

要选定不连续的Excel表格，按住【Ctrl】键的同时选择相应的Excel表格即可。

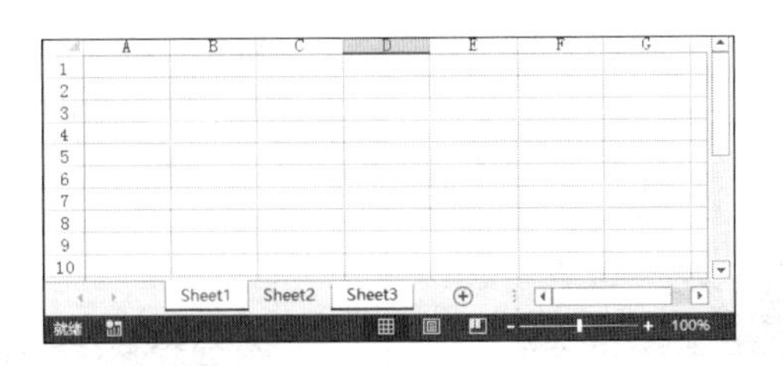

4.2.4 重命名工作表

每个工作表都有自己的名称，默认情况下以Sheetl、Sheet2、Sheet3……命名工作表。用户可以对工作表进行重命名操作，以便更好地管理工作表。

重命名工作表的方法有以下两种。

1. 在标签上直接重命名

1 双击工作表

双击要重命名的工作表的标签Sheet1（此时该标签以高亮显示），进入可编辑状态。

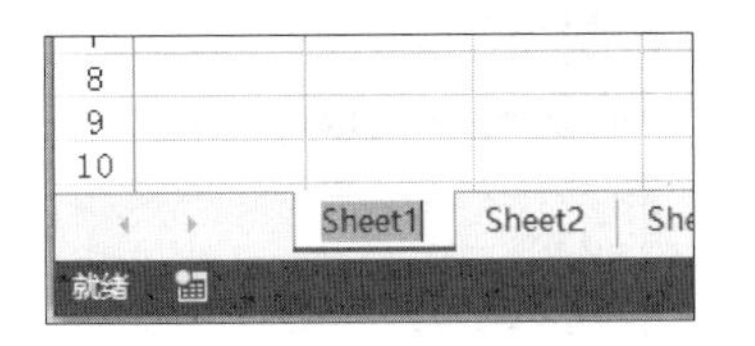

2 重命名

输入新的标签名，即可完成对该工作表的重命名操作。

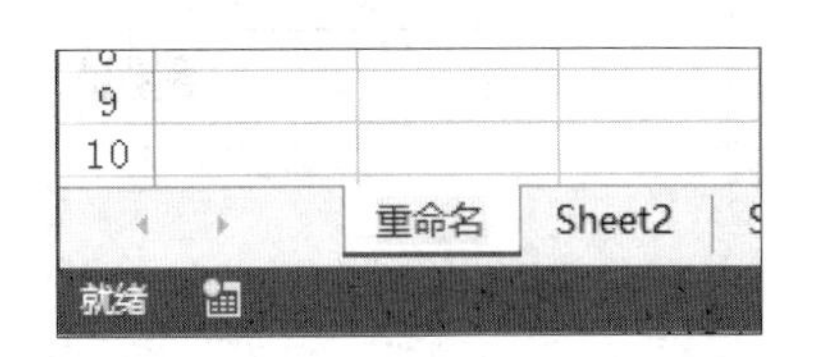

2. 使用快捷菜单重命名

1 选择重命名

在要重命名的工作表标签上单击鼠标右键，在弹出的快捷菜单中选择【重命名】菜单项。

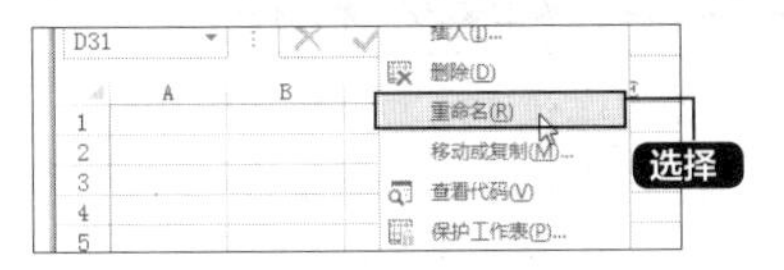

2 工作表的重命名

此时工作表标签会高亮显示，在标签上输入新的标签名，即可完成对工作表的重命名。

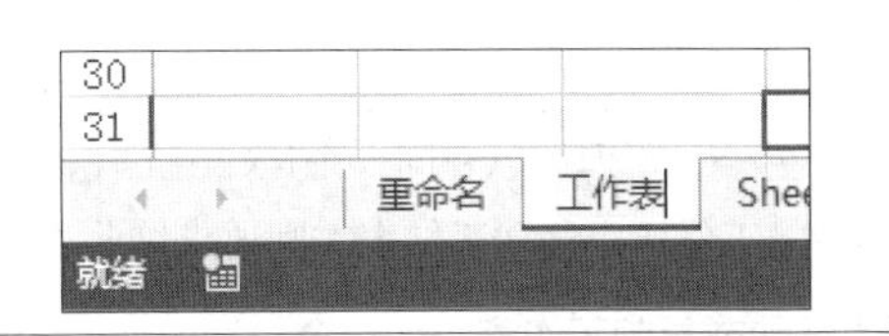

4.2.5 移动或复制工作表

复制和移动工作表的具体步骤如下。

1. 移动工作表

移动工作表最简单的方法是使用鼠标操作，在同一个工作簿中移动工作表的方法有以下两种。

(1)直接拖曳法

1 选择工作表的标签

选择要移动的工作表的标签，按住鼠标左键不放。

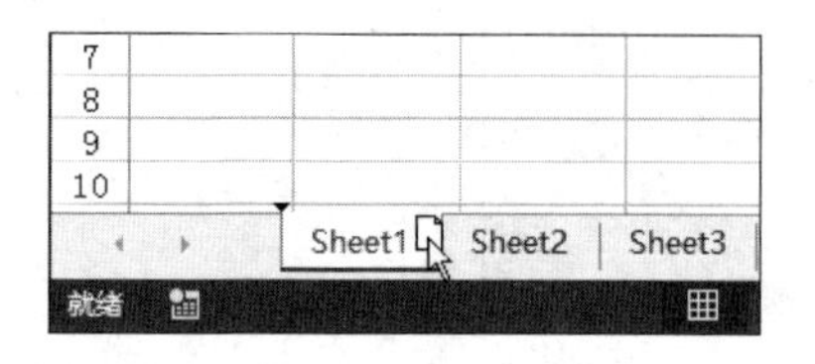

2 工作表移动到新的位置

拖曳鼠标让指针到工作表的新位置，黑色倒三角会随鼠标指针移动而移动，释放鼠标左键，工作表即被移动到新的位置。

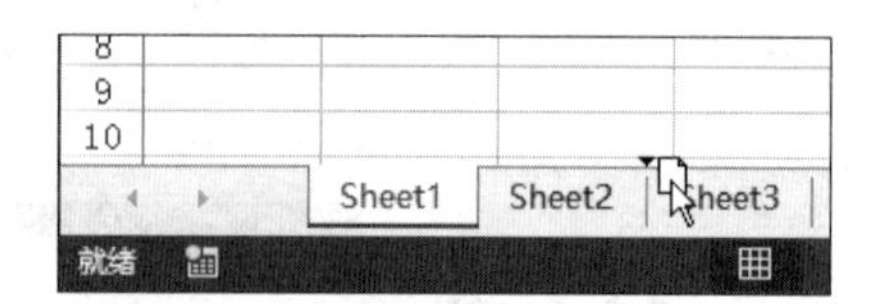

(2)使用快捷菜单法

1 移动或复制菜单项

在要移动的工作表标签上单击鼠标右键，在弹出的快捷菜单中选择【移动或复制】菜单项。

2 移动或复制工作表

在弹出的【移动或复制工作表】对话框中选择要插入的位置。

3 移动工作表

单击【确定】按钮，即可将当前工作表移动到指定的位置。

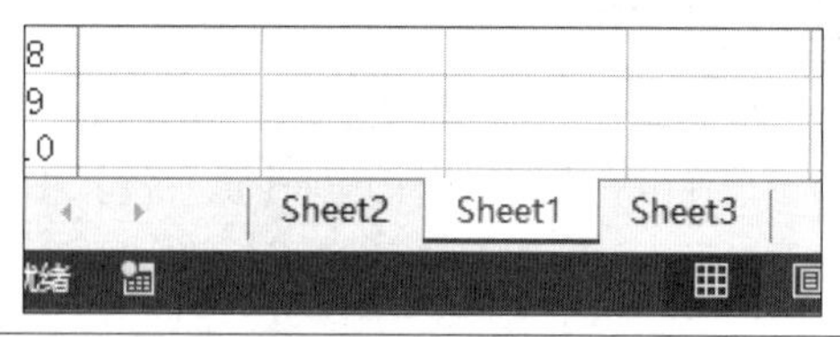

另外，不但可以在同一个Excel工作簿中移动工作表，还可以在不同的工作簿中移动。若要在不同的工作簿中移动工作表，则要求这些工作簿必须是打开的。具体的操作步骤如下。

1 移动或复制工作表

在要移动的工作表标签上单击鼠标右键，在弹出的快捷菜单中选择【移动或复制】菜单项，弹出【移动或复制工作表】对话框，在【将选定工作表移至工作簿】下拉列表中选择要移动的目标位置。

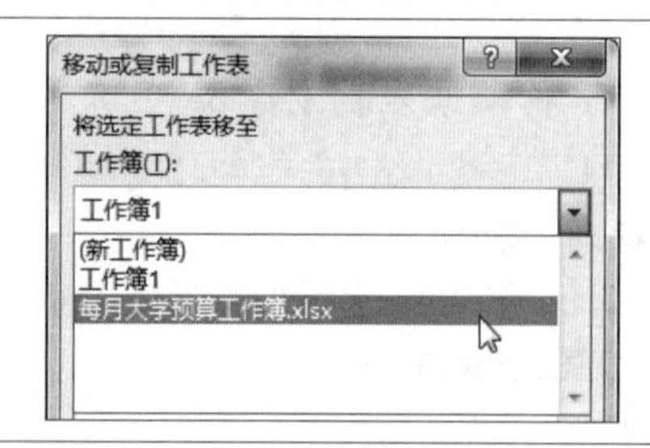

2 选择要插入的位置

在【下列选定工作表之前】列表框中选择要插入的位置。

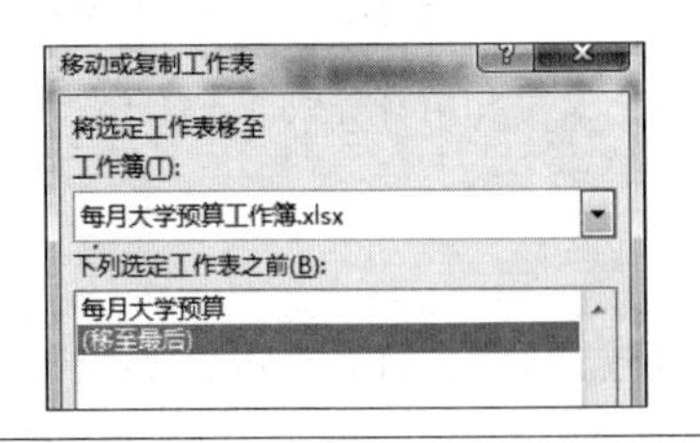

3 移动到指定的位置

单击【确定】按钮，即可将当前工作表移动到指定的位置。

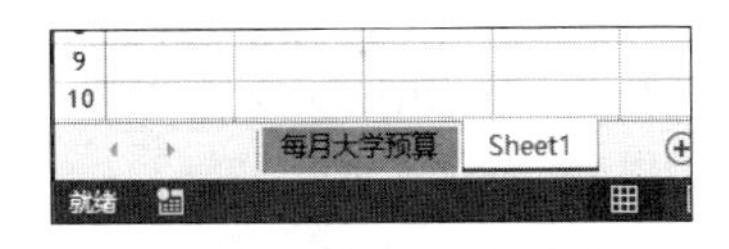

2. 复制工作表

用户可以在一个或多个Excel工作簿中复制工作表，有以下两种方法。

(1)使用鼠标复制

用鼠标复制工作表的步骤与移动工作表的步骤相似，只是在拖动鼠标的同时按住【Ctrl】键即可。

1 选择要复制的工作表

选择要复制的工作表，按住【Ctrl】键的同时单击该工作表。

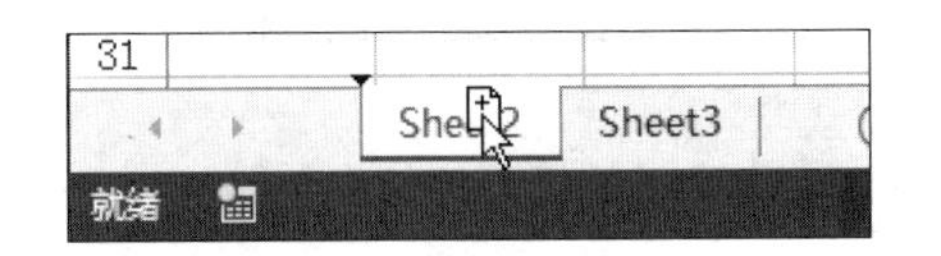

2 复制的工作表

拖曳鼠标指针到工作表的新位置，黑色倒三角会随鼠标指针移动而移动，释放鼠标左键，工作表即被复制到新的位置。

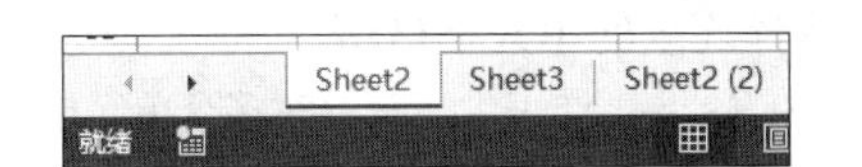

(2)使用快捷菜单复制

1 选择要复制的工作表

选择要复制的工作表，在工作表标签上单击鼠标右键，在弹出的快捷菜单中选择【移动或复制】菜单项。在弹出的【移动或复制工作表】对话框中选择要复制的目标工作簿和插入的位置，然后选中【建立副本】复选框。

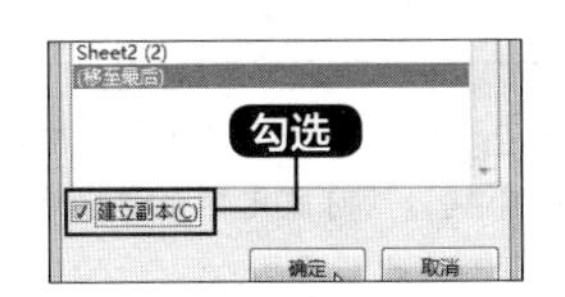

2 单击确定

单击【确定】按钮，即可完成复制工作表的操作。

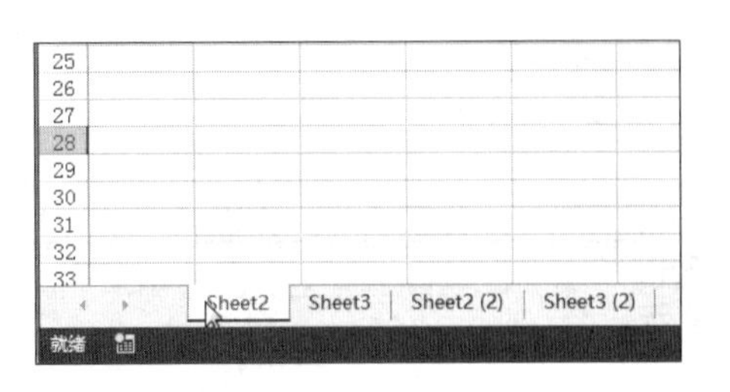

4.3 单元格的基本操作

本节视频教学时间 / 14分钟 

单元格是工作表中行列交汇处的区域，它可以保存数值、文字和声音等数据。在Excel中，单元格是编辑数据的基本元素。

4.3.1 选择单元格

对单元格进行编辑操作，首先要选择单元格或单元格区域。注意，启动Excel并创建新的工作簿时，单元格A1处于自动选定状态。

1. 选择一个单元格

单击某一单元格，若单元格的边框线变成青粗线，则此单元格处于选定状态。当前单元格的地址显示在名称框中，在工作表格区内，鼠标指针会呈白色“✜”字形状。

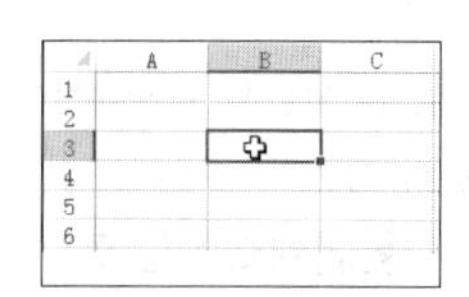

提示

在名称框中输入目标单元格的地址，如“B7”，按【Enter】键即可选定第B列和第7行交汇处的单元格。此外，使用键盘上的上、下、左、右4个方向键，也可以选定单元格。

2. 选择连续的单元格区域

在Excel工作表中，若要对多个单元格进行相同的操作，可以先选择单元格区域。

1 单击单元格A2

单击该区域左上角的单元格A2，按住【Shift】键的同时单击该区域右下角的单元格C6。

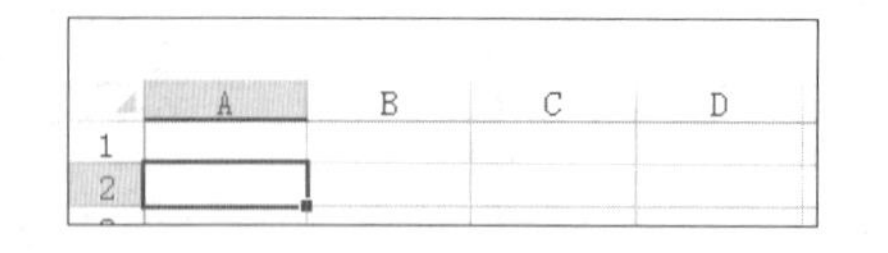

2 选定单元格区域A2:C6

此时即可选定单元格区域A2:C6，结果如图所示。

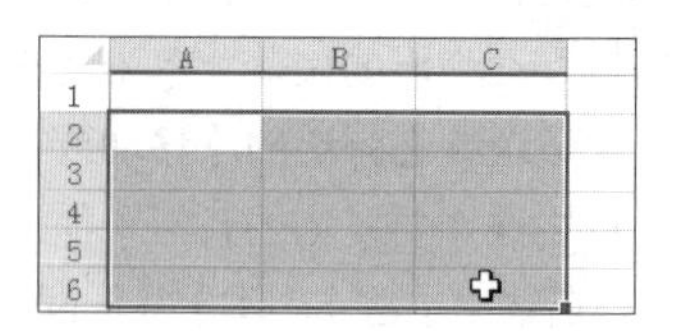

提示

将鼠标指针移到该区域左上角的单元格A2上，按住鼠标左键不放，向该区域右下角的单元格C6拖曳，或在名称框中输入单元格区域名称“A2:C6”，按【Enter】键，均可选定单元格区域A2:C6。

3. 选择不连续的单元格区域

选择不连续的单元格区域也就是选择不相邻的单元格或单元格区域，具体操作步骤如下。

1 拖动单元格

选择第1个单元格区域（例如，单元格区域A2:C3）后。按住【Ctrl】键不放，拖动鼠标选择第2个单元格区域（例如，单元格区域C6:E8）。

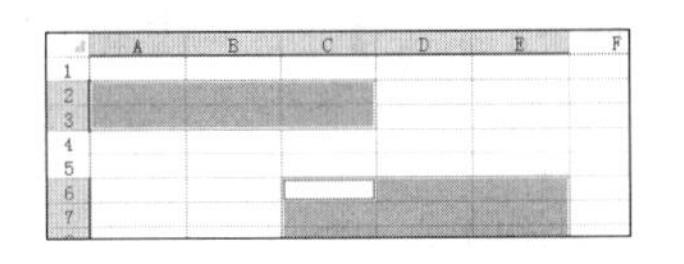

2 选择单元格区域

使用同样的方法可以选择多个不连续的单元格区域。

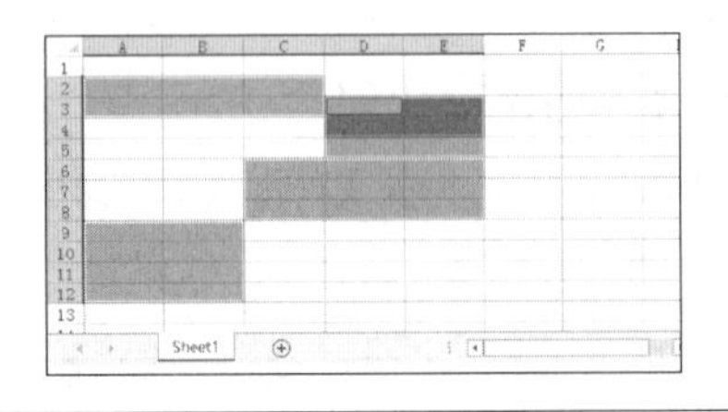

4. 选择所有单元格

选择所有单元格，即选择整个工作表，方法有以下两种。

1 单击工作表左上角行号与列标相交处的【选定全部】按钮 ◢，即可选定整张工作表。

2 按【Ctrl+A】组合键可选整个表格。

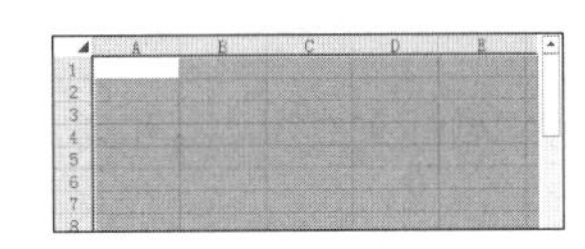

4.3.2 合并与拆分单元格

合并与拆分单元格是最常用的单元格操作，它不仅可以满足用户编辑表格中数据的需求，也可以使工作表整体更加美观。

1. 合并单元格

合并单元格是指在Excel工作表中，将两个或多个选定的相邻单元格合并成一个单元格。如选择单元格区域A1:C1，单击【开始】选项卡下【对齐方式】组中【合并后居中】按钮，即可合并且居中显示单元格。

2. 拆分单元格

在Excel工作表中，还可以将合并后的单元格拆分成多个单元格。

选择合并后的单元格，单击【开始】选项卡下【对齐方式】组中【合并后居中】按钮右侧的下拉按钮，在弹出的列表中选择【取消单元格合并】选项。该表格即被取消合并，恢复成合并前的单元格。

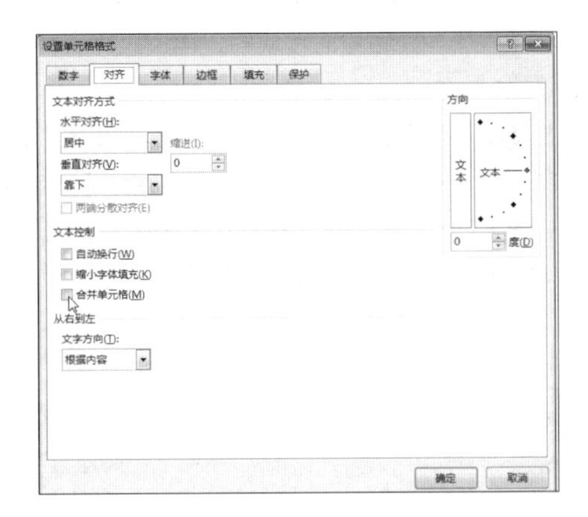

提示

在合并后的单元格上单击鼠标右键，在弹出的快捷菜单中选择【设置单元格格式】选项，弹出【设置单元格格式】对话框，在【对齐】选项卡下撤销选中【合并单元格】复选框，然后单击【确定】按钮，也可拆分合并后的单元格。

4.3.3 选择行和列

将指针放在行标签或列标签上，当出现向右的箭头➡或向下的箭头⬇时，单击鼠标左键，即可选中该行或该列。

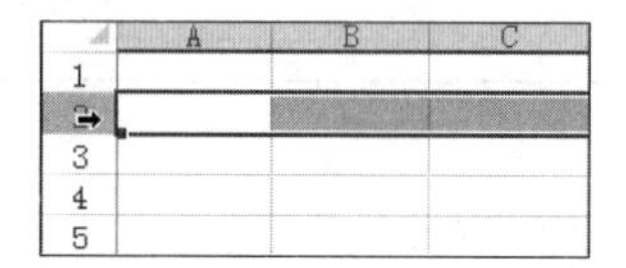
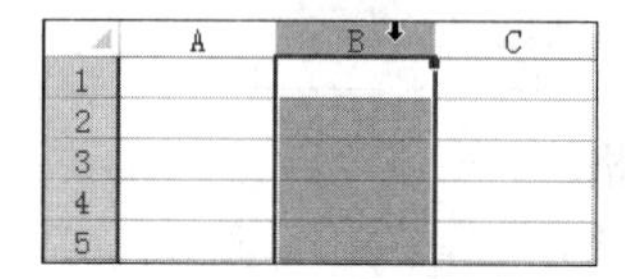

在选择多行或多列时，如果按【Shift】键再进行选择，那么就可选中连续的多行或多列；如果按【Ctrl】键再选，可选中不连续的行或列。

4.3.4 插入\删除行和列

在Excel工作表中，用户可以根据需要插入或删除行和列，其具体步骤如下。

1. 插入行与列

在工作表中插入新行，当前行则向下移动，而插入新列，当前列则向右移动。如选中第4行后，单击鼠标右键，在弹出的快捷菜单中选择【插入】菜单项，即可插入行或列。

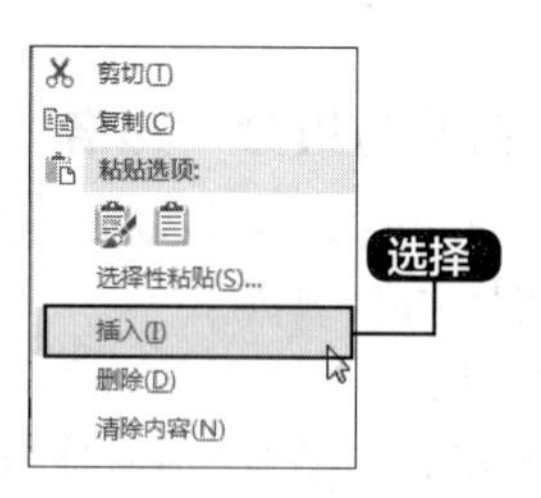

2. 删除行与列

工作表中多余的行或列，可以将其删除。删除行和列的方法有多种，最常用的有以下3种。

1 选择要删除的行或列，单击鼠标右键，在弹出的快捷菜单中选择【删除】菜单项，即可将其删除。

2 选择要删除的行或列，单击【开始】选项卡下【单元格】组中的【删除】按钮右侧的下拉箭头，在弹出的下拉列表中选择【删除单元格】选项，即可将选中的行或列删除。

3 选择要删除的行或列中的一个单元格，单击鼠标右键，在弹出的快捷菜单中选择【删除】菜单项，在弹出的【删除】对话框中选中【整行】或【整列】单选项，然后单击【确定】按钮即可。

4.3.5 调整行高和列宽

在Excel工作表中，使用鼠标可以快速调整行高和列宽，其具体操作步骤如下。

在Excel工作表中，当单元格的宽度或高度不足时，会导致数据显示不完整，这时就需要调整列宽和行高。

1. 调整单行或单列

如果要调整行高，将鼠标指针移动到两行的列号之间，当指针变成✛形状时，按住鼠标左键向上拖动可以使行变小，向下拖动则可使行变高。拖动时将显示出以点和像素为单位的宽度提示。如果要调整列宽，将鼠标指针移动到两列的列标之间，当指针变成✛形状时，按住鼠标左键向左拖动可以使列变窄，向右拖动则可使列变宽。

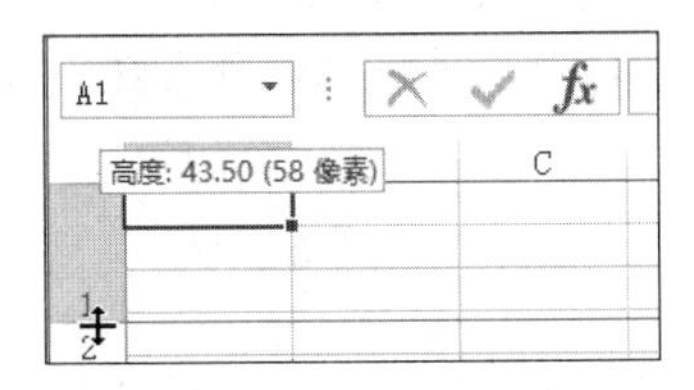

2. 调整多行或多列

如果要调整多行或多列的宽度，选择要更改的行或列，然后拖动所选行号或列标的下侧或右侧边界，调整行高或列宽。

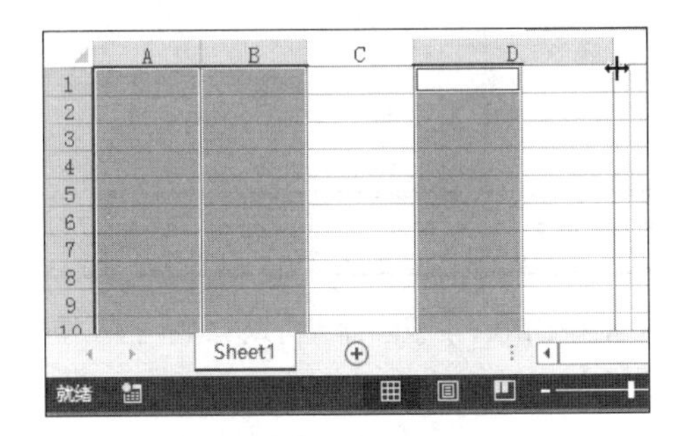

3. 调整整个工作表的行或列

如果要调整工作表中所有列的宽度，单击【全选】按钮◢，然后拖动任意列标题的边界调整行高或列宽。

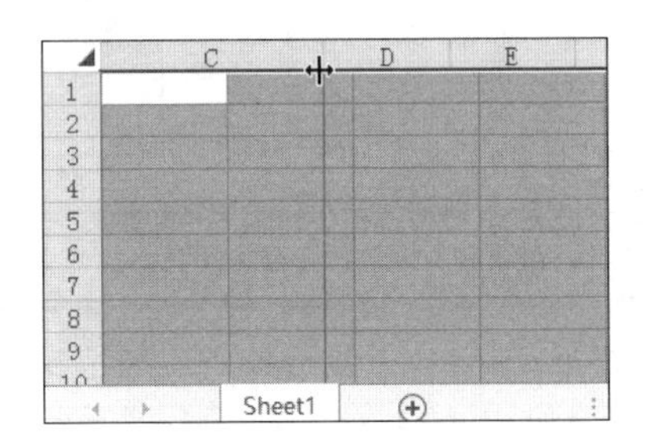

4. 自动调整行高与列宽

除了手动调整行高与列宽外，还可以将单元格设置为根据单元格内容自动调整行高或列宽。在工作表中，选择要调整的行或列，如这里选择E列。在【开始】选项卡中，单击【单元格】组中的【格式】按钮，在弹出的下拉菜单中选择【自动调整行高】或【自动调整列宽】菜单命令即可。

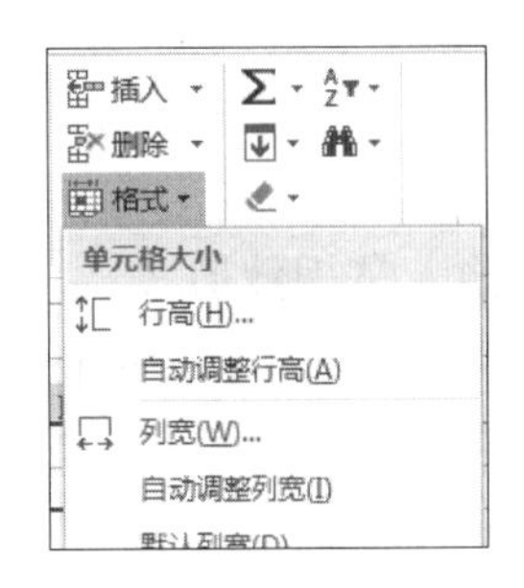

4.4 输入和编辑数据

本节视频教学时间 /33分钟

对于单元格中输入的数据，Excel会自动地根据数据的特征进行处理并显示出来。本节介绍Excel如何输入和编辑数据。

4.4.1 输入文本数据

单元格中的文本包括汉字、英文字母、数字和符号等。每个单元格最多可包含32 767个字符。例如，在单元格中输入“5个小孩”，Excel会将它显示为文本形式；若将“5”和“小孩”分别输入到不同的单元格中，Excel则会把“小孩”作为文本处理，而将“5”作为数值处理。

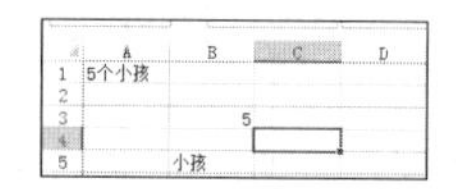

	A	B	C	D
1	5个小孩			
2				
3		5		
4				
5		小孩		

选择要输入的单元格，从键盘上输入数据后按【Enter】键，Excel会自动识别数据类型，并将单元格对齐方式默认设置为“左对齐”。

如果单元格列宽容纳不下文本字符串，多余字符串会在相邻单元格中显示，若相邻的单元格中已有数据，就截断显示。

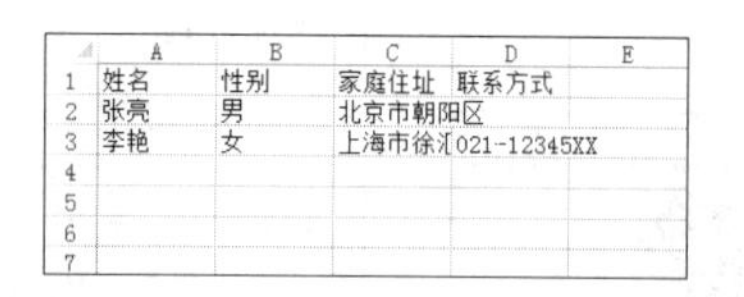

	A	B	C	D	E
1	姓名	性别	家庭住址	联系方式	
2	张亮	男	北京市朝阳区		
3	李艳	女	上海市徐汇	021-12345XX	
4					
5					
6					
7					

提示

被截断不显示的部分仍然存在，只需改变列宽即可显示出来。

如果在单元格中输入的是多行数据，在换行处按【Alt+Enter】组合键，可以实现换行。换行后在一个单元格中将显示多行文本，行的高度也会自动增大。

	A	B	C
1	姓名	性别	家庭住址
2	张亮	男	北京市朝 阳区
3	李艳	女	上海市徐 汇区吴中 东路

4.4.2 输入常规数值

数值型数据是Excel中使用最多的数据类型。在输入数值时，数值将显示在活动单元格和编辑栏中。单击编辑栏左侧的【取消】按钮✕，可将输入但未确认的内容取消。如果要确认输入的内容，则可按【Enter】键或单击编辑栏左侧的【输入】按钮✓。

提示

数字型数据可以是整数、小数或科学计数（如6.09E+13）。在数值中可以出现的数学符号包括负号（-）、百分号（%）、指数符号（E）和美元符号（$）等。

在单元格中输入数值型数据后按【Enter】键，Excel会自动将数值的对齐方式设置为“右对齐”。

	A	B
1	姓名	成绩
2	张亮	80
3	李彦宇	95
4	刘云	67
5	赵荣	75
6		
7		
8		

在Excel工作表中输入数值类数据的规则如下。

1 输入分数时，为了与日期型数据区分，需要在分数之前加一个零和一个空格。例如，在A1中输入“1/4”，则显示“1月4日”；在B1中输入“0 1/4”，则显示“1/4”，值为0.25。

B1 | fx 0.25

	A	B	C	D
1	1月4日	1/4		
2				
3				
4				
5				
6				

2 如果输入以数字0开头的数字串，Excel将自动省略0。如果要保持输入的内容不变，可以先输入中文标点单引号“ ’ ”，再输入数字或字符。

	A	B	C	D
1	1月4日	1/4		
2				
3	’ 0123456			
4				
5				
6				
7				
8				

3 若单元格容纳不下较长的数字，则会用科学计数法显示该数据。

A1 | fx 821546826591

	A	B	C	D	E
1	8.21547E+11				
2	8.21547E+11				
3	1.25846E+11				
4					
5					

4.4.3 输入日期和时间

在工作表中输入日期或时间时，需要用特定的格式定义。日期和时间也可以参加运算。Excel内置了一些日期与时间的格式。当输入的数据与这些格式相匹配时，Excel会自动将它们识别为日期或时间数据。

1. 输入日期

在输入日期时，可以用左斜线或短线分隔日期的年、月、日。例如，可以输入“2014/4/ 20”或者“2014-4-20”；如果要输入当前的日期，按【Ctrl+；】组合键即可。

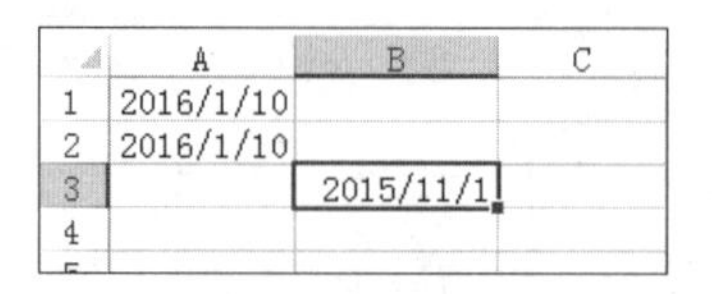

	A	B	C
1	2016/1/10		
2	2016/1/10		
3		2015/11/1	
4			

2. 输入时间

在输入时间时，小时、分、秒之间用冒号（：）作为分隔符。如果按12小时制输入时间，需要在时间的后面空一格再输入字母am（上午）或pm（下午）。例如，输入“10:00 pm”，按【Enter】键的时间结果是10:00 PM。如果要输入当前的时间，按【Ctrl+Shift+；】组合键即可。

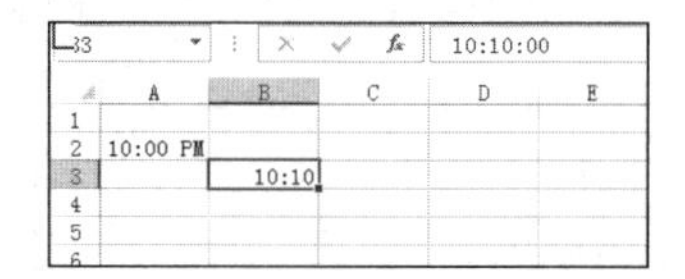

B3　fx　10:10:00

	A	B	C	D	E
1					
2	10:00 PM				
3		10:10			
4					
5					

日期和时间型数据在单元格中靠右对齐。如果Excel不能识别输入的日期或时间格式，输入的数据将被视为文本并在单元格中靠左对齐。

	A	B	C	D
1	正确格式	6:05:15	2015/10/15	
2				10:30 PM
3	错误格式		2015/10/30	10:00AM
4				
5				

提示　特别需要注意的是：若在单元格中首次输入的是日期，则单元格就自动格式化为日期格式，以后如果输入一个普通数值，系统仍然会换算成日期显示。

4.4.4 输入货币型数据

输入的数据为金额时，需要设置单元格格式为“货币”，如果输入的数据不多，可以直接在单元格中输入带有货币符号的金额。

在单元格中按组合键【Shift+4】，出现货币符号，继续输入金额数值。

	A	B
1	$123456	
2		
3		
4		
5		
6		

提示

这里的数字“4”为键盘中字母上方的数字键，而并非小键盘中的数字键，在英文输入放下，按组合键【Shift+4】，会出现“$”符号，在中文输入法下，则出现“¥”符号。

4.4.5 快速填充数据

利用Excel 的自动填充功能，可以方便快捷地输入有规律的数据。有规律的数据是指等差、等比、系统预定义的数据填充序列和用户自定义的序列。

选中某个单元格，其右下角的绿色的小方块即为填充柄。

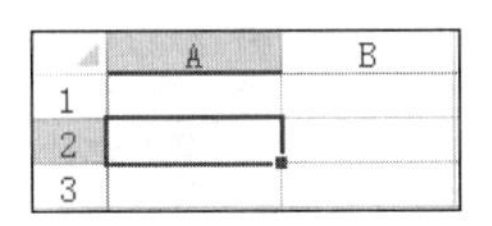

当鼠标指针指向填充柄时，会变成黑色的加号。

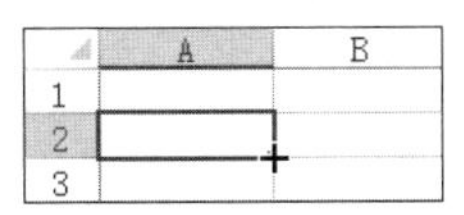

使用填充柄可以在表格中输入相同的数据，相当于复制数据。具体的操作步骤如下。

1 选定单元格

选定单元格A1，输入“填充”。

2 填充

将鼠标指针指向该单元格右下角的填充柄，然后拖曳指针至单元格A4，结果如图所示。

使用填充柄还可以填充序列数据，如等差或等比序列。首先选取序列的第1个单元格并输入数据，再在序列的第2个单元格中输入数据，之后利用填充柄填充，前两个单元格内容的差就是步长。下面举例说明。

1 填充柄

分别在单元格A1和A2中输入“20160101”和“20160102”。选中单元格A1和A2，将鼠标指针指向该单元格右下角的填充柄。

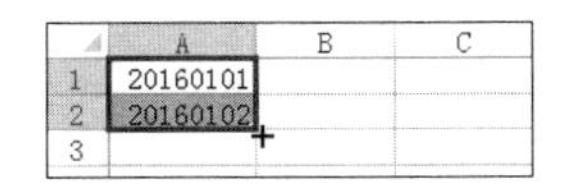

2 等差序列的填充

待鼠标指针变为**+**时，拖曳指针至单元格A5，即可完成等差序列的填充，如下图所示。

4.4.6　编辑数据

如果输入的数据格式不正确，也可以对数据进行编辑。一般是对单元格或单元格区域中的数据格式进行修改。

1 设置单元格格式

使用鼠标右键单击需要编辑数据的单元格，在弹出的快捷菜单中选择【设置单元格格式】选项。

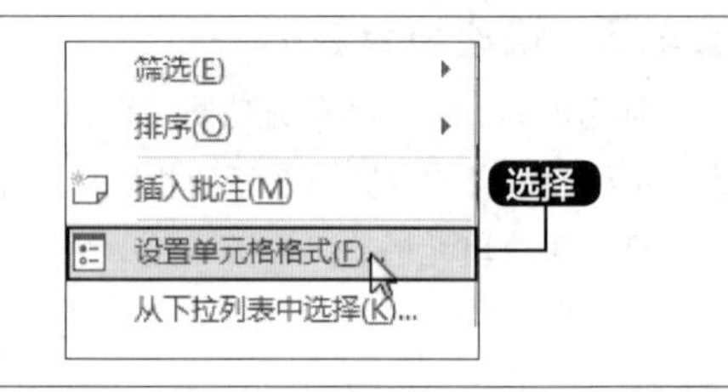

2 设置单元格

弹出【设置单元格】对话框，在左侧【分类】区域选择需要的格式，在右侧设置相应的格式。如单击【分类】区域的【数值】选项，在右侧设置小数位数为“2”位，然后单击【确定】按钮。

3 格式

编辑后的格式如下图所示。

	A	B
1	商品名称	价格
2	笔记本	8.00
3	圆珠笔	3.00
4	钢笔	15.00

提示　选中要修改的单元格或单元格区域，按【Ctrl+1】组合键，同样可以调出【设置单元格格式】对话框，在对话框中可以进行数据格式的设置。

4.5 设置单元格

本节视频教学时间 /26分钟 

设置单元格包括设置数字格式、对齐方式以及边框和底纹等，设置单元格的格式不会改变数据的值，只影响数据的显示及打印效果。

4.5.1　设置对齐方式

Excel 2013允许为单元格数据设置的对齐方式有左对齐、右对齐和合并居中对齐等。

	A	B	C
1	工号	姓名	工龄
2			
3			
4			

提示　在默认情况下，单元格的文本是左对齐，数字是右对齐。

【开始】选项卡中的【对齐方式】选项组中，对齐按钮的功能如下。

1【顶端对齐】按钮

单击该按钮，可使选定的单元格或单元格区域内的数据沿单元格的顶端对齐。

2【垂直居中】按钮

单击该按钮，可使选定的单元格或单元格区域内的数据在单元格内上下居中。

3【底端对齐】按钮

单击该按钮，可使选定的单元格或单元格区域内的数据沿单元格的底端对齐。

4【方向】按钮

单击该按钮，将弹出下拉菜单，可根据各个菜单项左侧显示的样式进行选择。

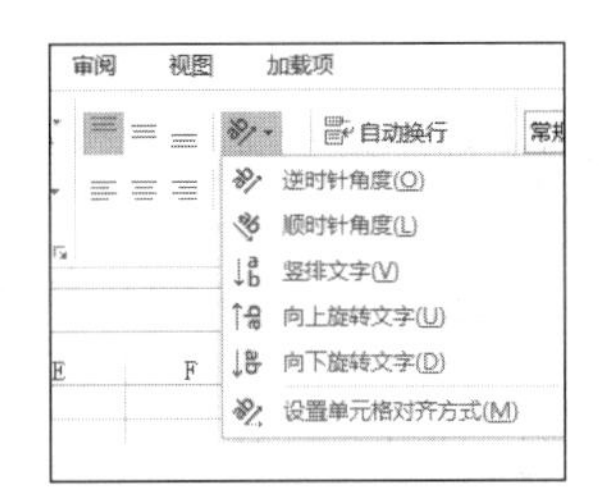

5【左对齐】按钮

单击该按钮，可使选定的单元格或单元格区域内的数据在单元格内左对齐。

6【居中】按钮

单击该按钮，可使选定的单元格或单元格区域内的数据在单元格内水平居中显示。

7【右对齐】按钮

单击该按钮，可使选定的单元格或单元格区域内的数据在单元格内右对齐。

8【减少缩进量】按钮

单击该按钮，可以减少边框与单元格文字间的边距。

9【增加缩进量】按钮

单击该按钮，可以增加边框与单元格文字间的边距。

10【自动换行】按钮

单击该按钮，可以使单元格中的所有内容以多行的形式全部显示出来。

11【合并后居中】按钮

单击该按钮，可以使选定的各个单元格合并为一个较大的单元格，并将合并后的单元格内容水平居中显示。

单击此按钮右边的▾按钮，可弹出如图所示的菜单，用来设置合并的形式。

4.5.2 设置边框和底纹

在Excel 2013 中，单元格四周的灰色网格线默认是不能被打印出来的。为了使表格更加规范、美观，可以为表格设置边框和底纹。

1. 设置边框

设置边框主要有以下两种方法。

1 选中要添加边框的单元格区域，单击【开始】选项卡下【字体】组中【边框】按钮▾右侧的下拉按钮，在弹出的列表中选择【所有边框】选项，即可为表格添加所有边框。

2 按【Ctrl+1】组合键，打开【设置单元格格式】对话框，选择【边框】选项卡，在【线条样式】列表框中选择一种样式，然后在【颜色】下拉列表中选择颜色，在【预置】区域单击【外边框】选项。使用同样方法设置【内边框】选项，单击【确定】按钮，即可添加边框。

2. 设置底纹

为了使工作表中某些数据或单元格区域更加醒目，可以为这些单元格或单元格区域设置底纹。

选择要添加背景的单元格区域，按【Ctrl+1】组合键，打开【设置单元格格式】对话框，选择【填充】选项卡，选择要填充的背景色。也可以单击【填充效果】按钮，在弹出的【填充效果】对话框中设置背景颜色的填充效果，然后单击【确定】按钮，返回【设置单元格格式】对话框，单击【确定】按钮，工作表的背景就变成指定的底纹样式了。

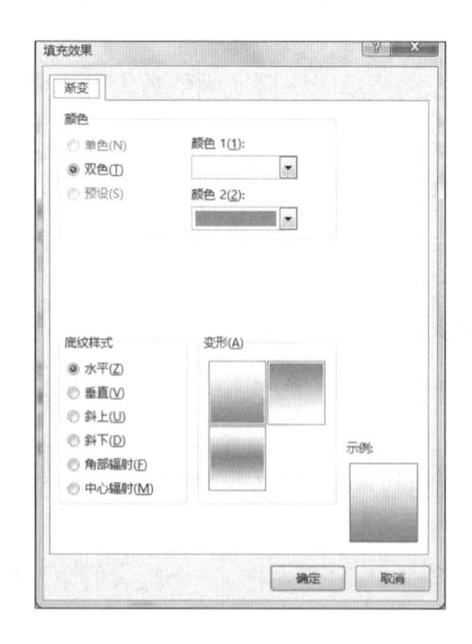

4.5.3 设置单元格样式

单元格样式是一组已定义的格式特征，使用Excel 2013中的内置单元格样式可以快速改变文本样式、标题样式、背景样式和数字样式等。同时，用户也可以创建自己的自定义单元格样式。

1 选择单元格区域

打开随书光盘中的“素材\ch04\设置单元格样式.xlsx”文件，选择要套用格式的单元格区域A1:E15，

单击【开始】选项卡下【样式】组中【单元格样式】按钮 单元格样式 右侧的下拉按钮。

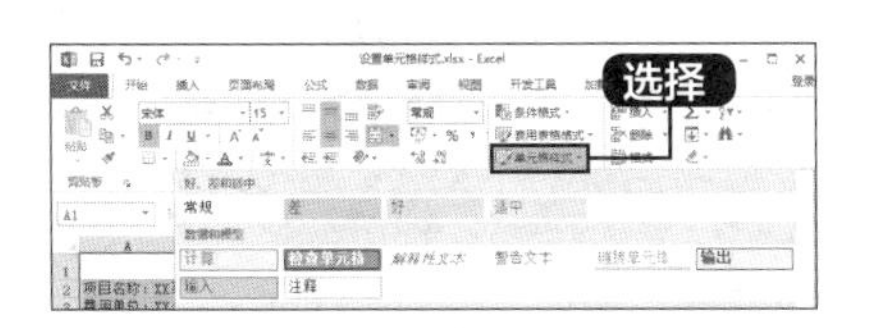

2 改变单元格中文本的样式

在弹出的下拉菜单的【数据和模型】中选择一种样式，即可改变单元格中文本的样式。

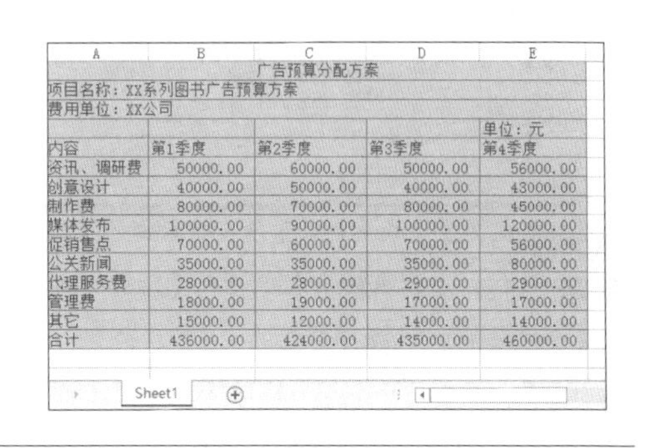

广告预算分配方案				
项目名称：XX系列图书广告预算方案				
费用单位：XX公司				
				单位：元
内容	第1季度	第2季度	第3季度	第4季度
资讯、调研费	50000.00	60000.00	50000.00	56000.00
创意设计	40000.00	50000.00	40000.00	43000.00
制作费	80000.00	70000.00	80000.00	45000.00
媒体发布	100000.00	90000.00	100000.00	120000.00
促销售点	70000.00	60000.00	70000.00	56000.00
公关新闻	35000.00	35000.00	35000.00	80000.00
代理服务费	28000.00	28000.00	29000.00	29000.00
管理费	18000.00	19000.00	17000.00	17000.00
其它	15000.00	12000.00	14000.00	14000.00
合计	436000.00	424000.00	435000.00	460000.00

4.5.4 快速套用表格样式

Excel预置有60种常用的格式，用户可以自动地套用这些预先定义好的格式，以提高工作的效率。自动套用表格格式的具体步骤如下。

1 套用表格格式

打开随书光盘中的“素材\ch04\设置表格样式.xlsx”文件，选择要套用格式的单元格区域A4:G18，单击【开始】选项卡下【样式】组中的【套用表格格式】按钮 套用表格格式，在弹出的下拉菜单中选择【浅色】选项中的一种。

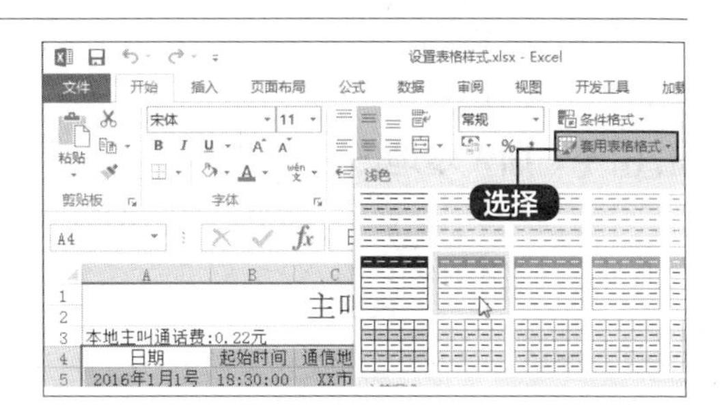

2 套用表格式对话框

在弹出的【套用表格式】对话框中单击【确定】按钮。

3 套用该浅色样式

套用的浅色样式，如下图所示。

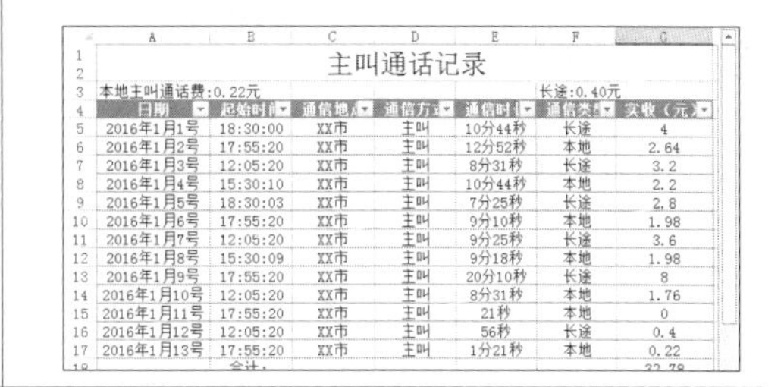

主叫通话记录

本地主叫通话费:0.22元　长途:0.40元

日期	起始时	通信地	通信方	通信时	通信类	实收（元
2016年1月1号	18:30:00	XX市	主叫	10分44秒	长途	4
2016年1月2号	17:55:20	XX市	主叫	12分52秒	本地	2.64
2016年1月3号	12:05:20	XX市	主叫	8分31秒	长途	3.2
2016年1月4号	15:30:10	XX市	主叫	10分44秒	本地	2.2
2016年1月5号	18:30:03	XX市	主叫	7分25秒	长途	2.8
2016年1月6号	17:55:20	XX市	主叫	9分10秒	本地	1.98
2016年1月7号	12:05:20	XX市	主叫	9分25秒	长途	3.6
2016年1月8号	15:30:09	XX市	主叫	9分18秒	本地	1.98
2016年1月9号	17:55:20	XX市	主叫	20分10秒	长途	8
2016年1月10号	12:05:20	XX市	主叫	8分31秒	本地	1.76
2016年1月11号	17:55:20	XX市	主叫	21秒	本地	0
2016年1月12号	12:05:20	XX市	主叫	56秒	长途	0.4
2016年1月13号	17:55:20	XX市	主叫	1分21秒	本地	0.22

4 选择表格样式

在此样式中单击任意一个单元格，功能区就会出现【表格工具】➤【设计】选项卡，单击【表格样式】选项组中的任意一种样式，即可更改样式。

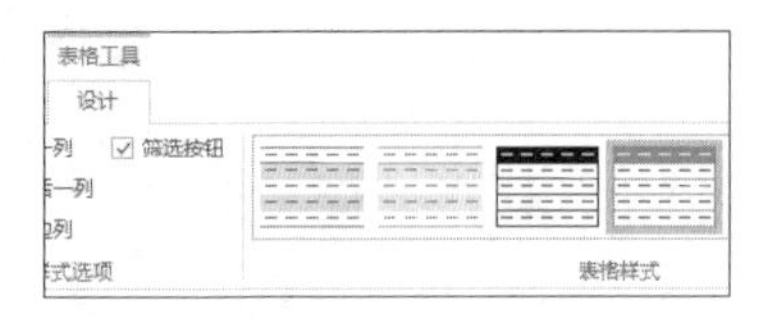

提示

也可单击【表格样式】选项组右侧的下拉按钮，在弹出的列表中选择【清除】选项，即可删除表格样式。

5 将表格转换为普通区域

在单元格中单击鼠标右键，在弹出的快捷菜单中选择【表格】➤【转换为区域】选项，弹出【Microsoft Excel】提示框，单击【是】按钮，即可将表格转换为普通区域，效果如图所示。

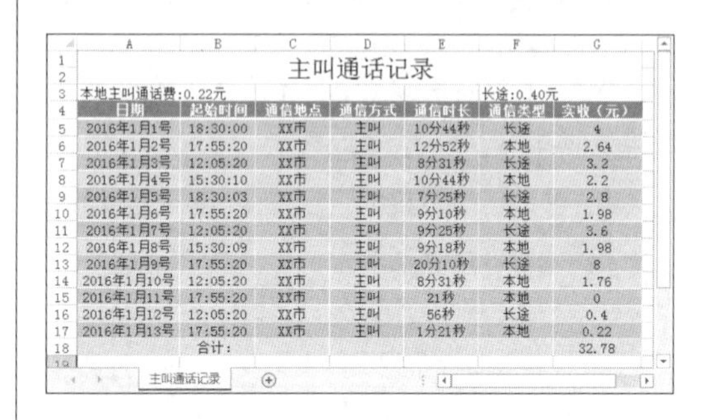

主叫通话记录

本地主叫通话费:0.22元　　长途:0.40元

日期	起始时间	通信地点	通信方式	通信时长	通信类型	实收（元）
2016年1月1号	18:30:00	XX市	主叫	10分44秒	长途	4
2016年1月2号	17:55:20	XX市	主叫	12分52秒	本地	2.64
2016年1月3号	12:05:20	XX市	主叫	8分31秒	长途	3.2
2016年1月4号	15:30:10	XX市	主叫	10分44秒	本地	2.2
2016年1月5号	18:30:03	XX市	主叫	7分25秒	长途	2.8
2016年1月6号	17:55:20	XX市	主叫	9分10秒	本地	1.98
2016年1月7号	12:05:20	XX市	主叫	9分25秒	长途	3.6
2016年1月8号	15:30:09	XX市	主叫	9分18秒	本地	1.98
2016年1月9号	17:55:20	XX市	主叫	20分10秒	长途	8
2016年1月10号	12:05:20	XX市	主叫	8分31秒	本地	1.76
2016年1月11号	17:55:20	XX市	主叫	21秒	本地	0
2016年1月12号	12:05:20	XX市	主叫	56秒	长途	0.4
2016年1月13号	17:55:20	XX市	主叫	1分21秒	本地	0.22
	合计:					32.78

主叫通话记录

4.6 使用插图

本节视频教学时间 / 3分钟

在工作表中，用户可以插入图片、剪贴画和自选图形等，使工作表更加生动形象。本节主要介绍在Excel中插入图片、剪贴画和形状的方法。

4.6.1 插入本地图片

在工作表中插入图片，可以使工作表更加生动形象。用户可以根据需要，将电脑磁盘中存储的图片导入到工作表中。

1 单击按钮

将鼠标光标定位于需要插入图片的位置。单击【插入】选项卡下【插图】组中的【图片】按钮。

2 插入图片

弹出【插入图片】对话框，在【查找范围】列表框中选择图片的存放位置，选择要插入的图片，单击【插入】按钮，即可完成图片插入。

提示

图片插入到Excel工作表后，可选择插入的图片，功能区会出现【图片工具】➢【格式】选项，在此选项卡下可以编辑插入的图片。

4.6.2 插入联机图片

用户可以通过“联机图片”搜索网络中的图片，并插入到Excel工作表中，具体操作步骤如下。

1 联机图片按钮

选择要插入剪贴画的位置，单击【插入】选项卡下【插图】组中的【联机图片】按钮联机图片。

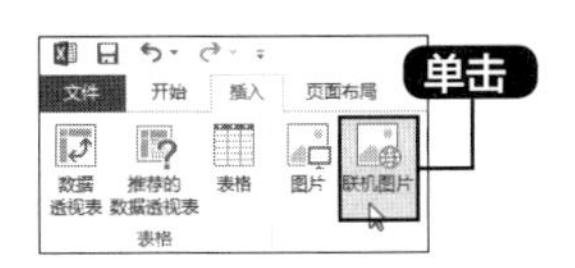

2 搜索

弹出【插入图片】对话框，在【Office.com剪贴画】右侧的搜索框中输入“树”，单击【搜索】按钮 。

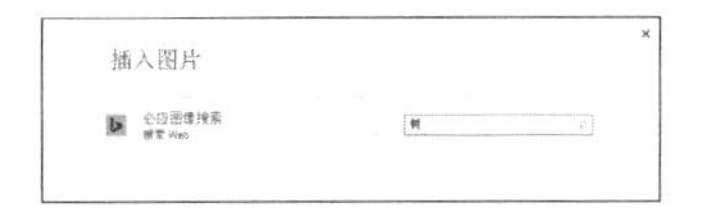

3 选择需要插入的图片

即可显示搜索到的有关“树”的剪贴画，选择需要插入的图片，单击【插入】按钮。

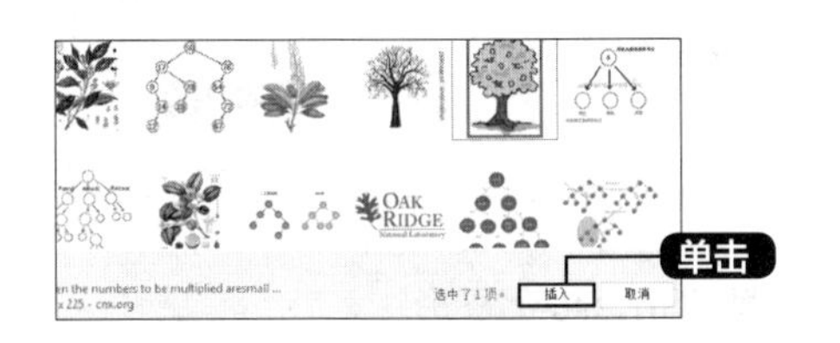

4 下载图片到工作表中

Excel会下载该图片并插入到工作表中。

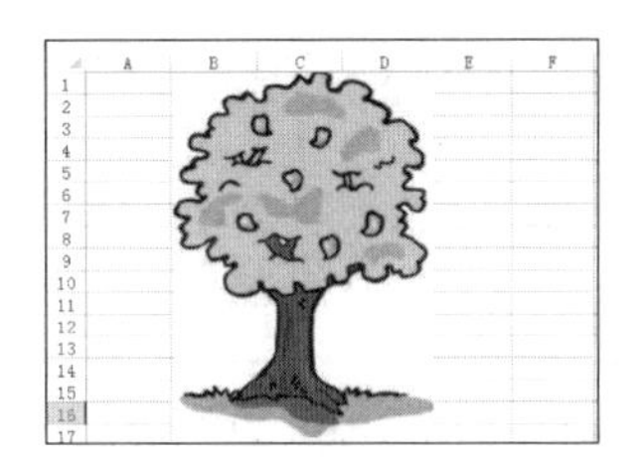

4.6.3 插入自选图形

利用Excel 2013系统提供的形状，可以绘制出各种形状。Excel 2013内置多种图形，分别为线条、矩形、基本形状、箭头总汇、公式形状、流程图、星与旗帜和标注，用户可以根据需要从中选择适当的图形。

在Excel工作表中绘制形状的具体步骤如下。

1 插入图形

选择要插入剪贴画的位置，单击【插入】选项卡下【插图】组中的【形状】按钮形状，弹出【形状】下拉列表，选择“笑脸”形状。

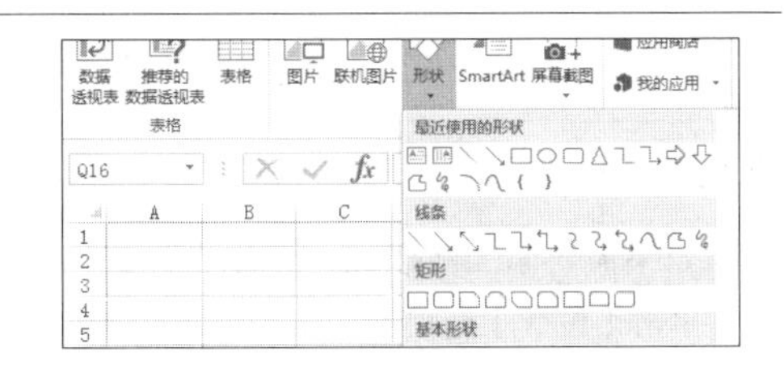

2 形状的绘制

在工作表中选择要绘制形状的起始位置，按住鼠标左键并拖曳至合适位置，松开鼠标左键，即可完成形状的绘制。

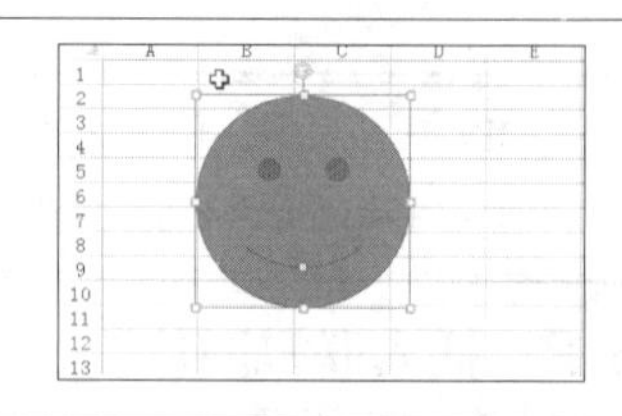

提示

在工作表区域插入图形后，会显示【格式】选项卡，在其中可以设置形状的样式。

SmartArt图形是数据信息的艺术表示形式，可以在多种不同的布局中创建SmartArt图形。SmartArt图形主要应用在创建组织结构图、显示层次关系、演示过程或者工作流程的各个步骤或阶段、显示过程、程序或其他事件流以及显示各部分之间的关系等方面。配合形状的使用，可以更加快捷地制作精美的文档。

SmartArt图形主要分为列表、流程、循环、层次结构、关系、矩阵、棱锥图和图片等几大类。下面以创建组织结构图为例来介绍插入SmartArt图形的方法，具体操作步骤如下。

1 插入剪贴画

选择要插入剪贴画的位置，单击【插入】选项卡下【插图】组中的【插入SmartArt图形】按钮。弹出【选择SmartArt图形】对话框，选择【层次结构】选项，在右侧的列表框中单击选择【组织结构图】选项，单击【确定】按钮。

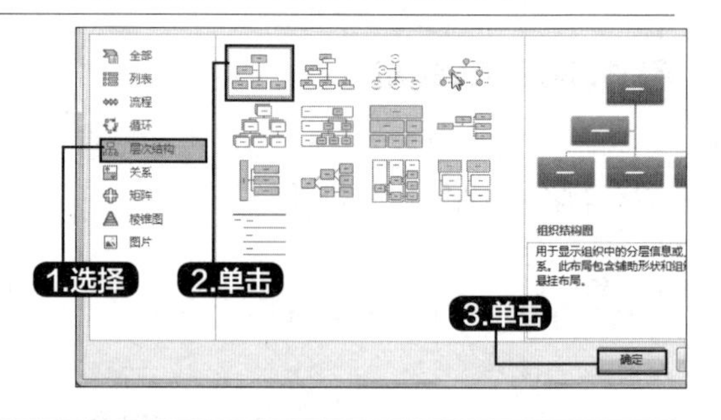

2 在工作表中插入SmartArt图形

即可在工作表中插入SmartArt图形。

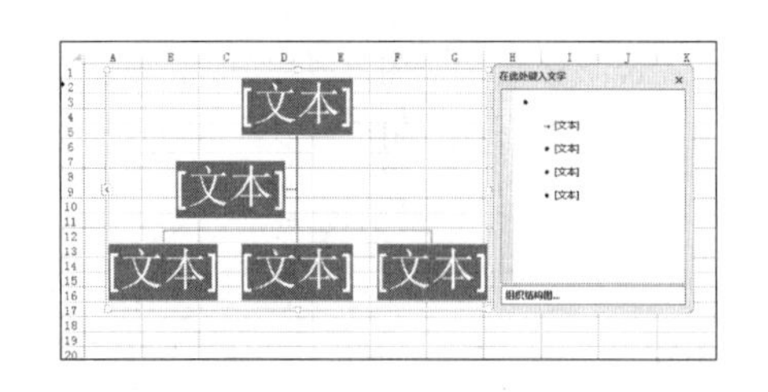

3 编辑SmartArt图形

在【文本】窗格可输入和编辑SmartArt图形中显示的文字SmartArt图形会自动更新显示的内容。输入如图所示的文字。

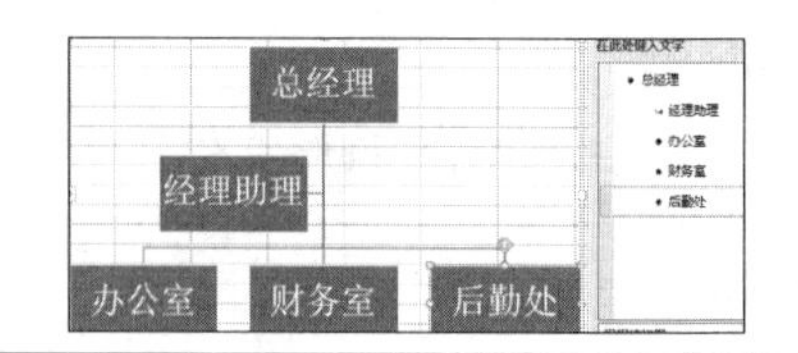

4 创建图形

如果需要添加新职位，可以在选择图形后，单击【设计】选项卡下【创建图形】组中的【添加形状】右侧的下拉按钮，在弹出的下拉列表中选择相应的命令即可。

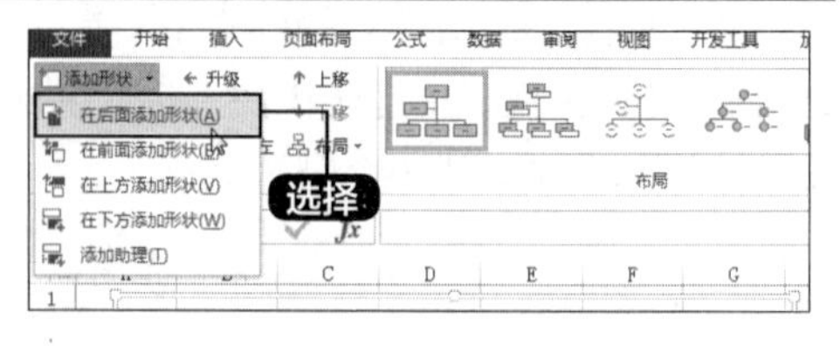

提示

如果要删除形状，只需要选择要删除的形状，按【Delete】键即可。

4.7 插入图表

本节视频教学时间 / 43分钟

图表操作包括创建图表、编辑图表和美化图表等。

4.7.1 创建图表

Excel 2013 可以创建嵌入式图表和工作表图表，嵌入式图表就是与工作表数据在一起或者与其他嵌入式图表在一起的图表，而工作表图表是特定的工作表，只包含单独的图表。

1. 使用快捷键创建图表

按【Alt+F1】组合键可以创建嵌入式图表，按【F11】键可以创建工作表图表。

2. 使用功能区创建图表

Excel 2013 功能区中包含了大部分常用的命令，使用功能区也可以方便地创建图表。

1 二维柱形图

打开随书光盘中的“素材\ch04\学校支出明细表.xlsx”文件，选择单元格区域A2:E9。在【插入】选项卡下的【图表】组中，单击【柱形图】按钮 ，在弹出的下拉列表框中选择【二维柱形图】中的【簇状柱形图】选项。

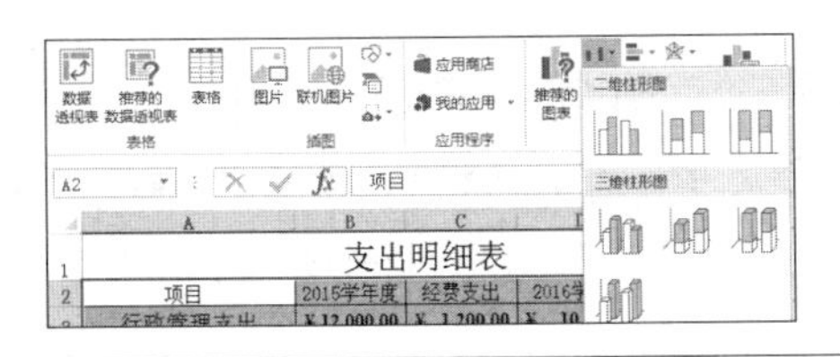

2 柱形图表

即可在该工作表中生成一个柱形图表，效果如下图所示。

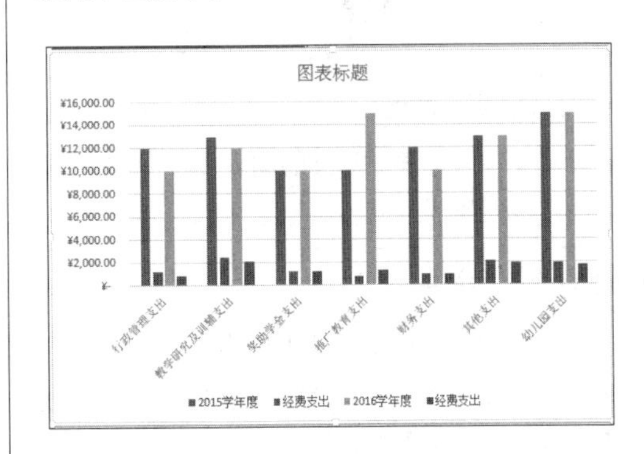

3. 使用图表向导创建图表

使用图表向导创建图表的具体操作步骤如下。

1 簇状柱形图

打开随书光盘中的“素材\ch04\学校支出明细表.xlsx”文件，选择单元格区域A2:E9。单击【插入】选项卡下【图表】组右下角的 按钮，弹出【插入图表】对话框，在【所有图表】列表中单击【柱形图】选项，选择右侧的【簇状柱形图】中的一种。

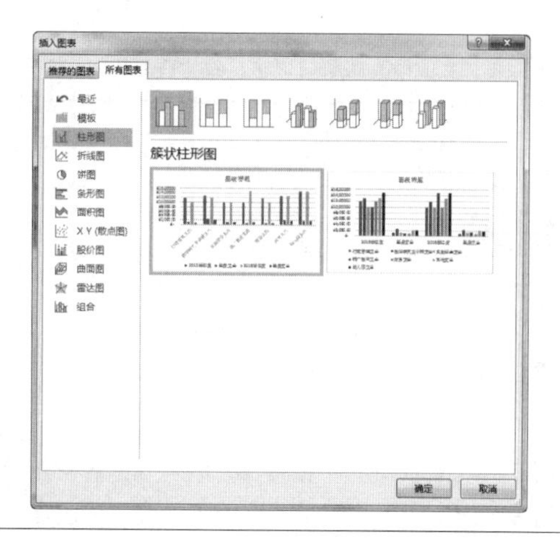

2 效果图

单击【确定】按钮，在该工作表中生成一个柱形图表，效果如下图所示。

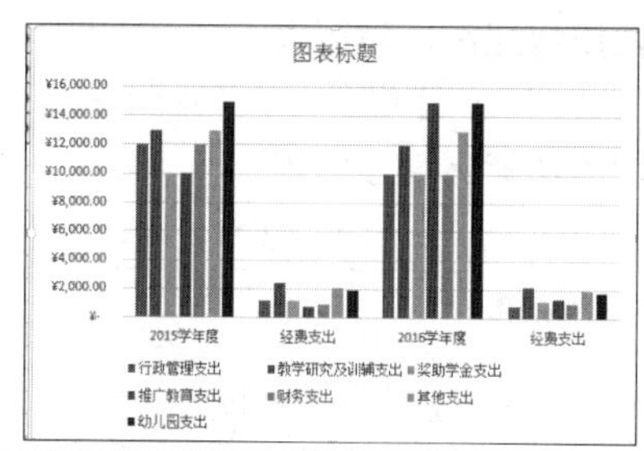

4.7.2 编辑图表

创建完图表之后，如果对创建的图表不是很满意，可以对图表进行编辑和修改。

1. 更改图表类型

如果创建图表时选择的图表类型不能直观地表达工作表中的数据，则可以更改图表的类型，具体操作步骤如下。

1 更改图标类型

选择图表，在【设计】选项卡下【类型】组中，单击【更改图标类型】按钮，弹出【更改图表类型】对话框，【所有图表】选项卡下，选择【柱形图】中的【三维百分比堆积柱形图】选项。

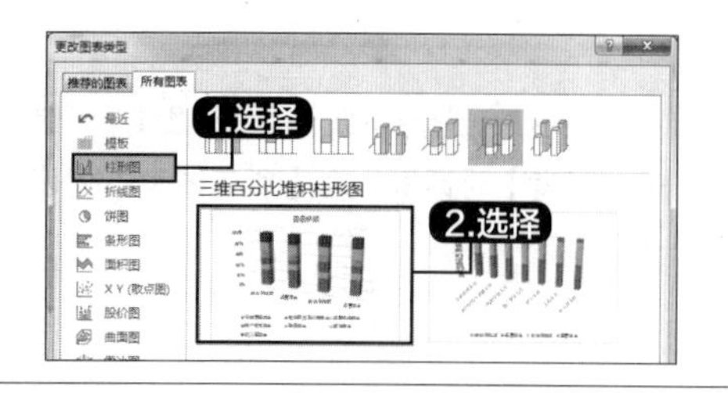

2 三维百分比堆积柱形图

在【所有图表】选项卡下，选择【柱形图】中的【三维百分比堆积柱形图】选项。

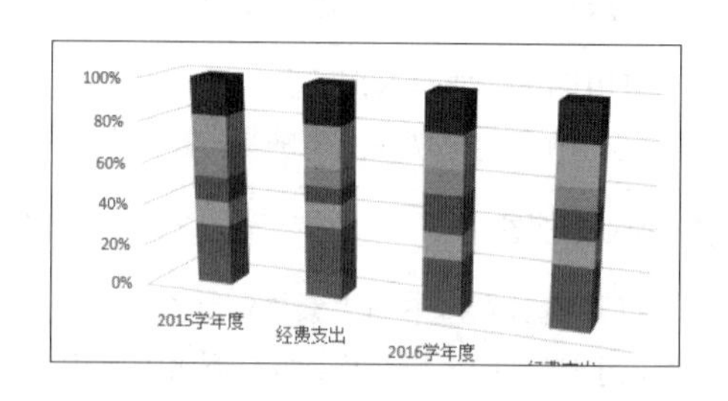

2. 添加图表元素

为创建的图表添加标题的具体操作步骤如下。

1 支出明细表

接着上面的操作，选择图表，将“图表标题”改为“支出明细表”。

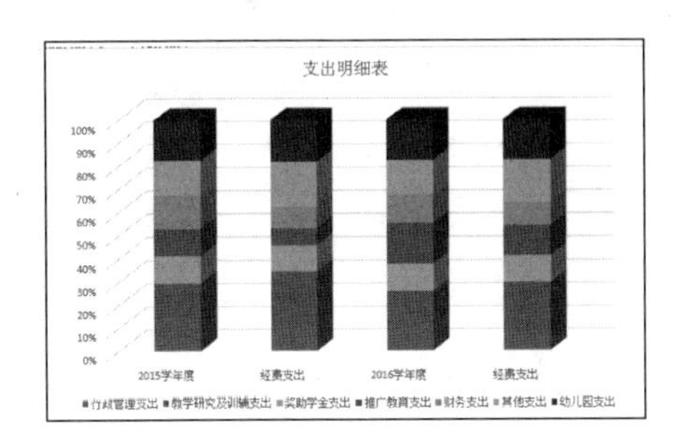

2 显示图例项标示

单击【设计】选项卡下【图表布局】组中的【添加图表元素】按钮。在弹出的下拉列表中选择【数据表】子菜单中的【显示图例项标示】选项。

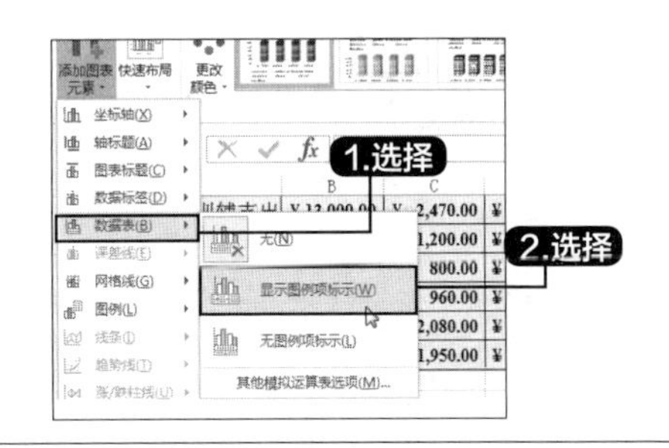

3 效果图

即可在图表中已添加数据表，效果如下图所示。

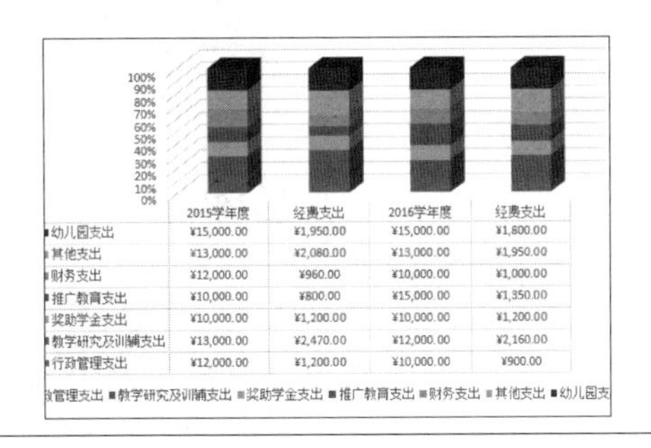

4.7.3 美化图表

美化图表不仅可以使图表看起来更美观，还可以突出显示图表中的数据，具体操作步骤如下。

1 更改图表的显示外观

选择图表，在【设计】选项卡下的【图表样式】组中，选择需要的图表样式，即可更改图表的显示外观。

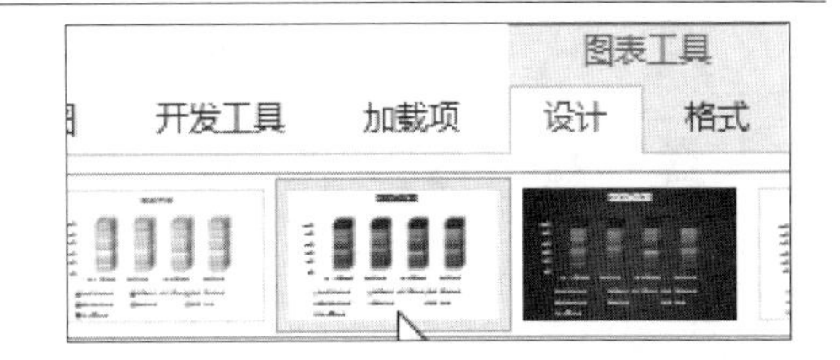

2 自定义设置图表的填充样式

单击【格式】选项卡下【形状样式】选项组右下角的按钮，打开【设置图标格式】窗格， 在【填充线条】选项卡下的【填充】组下根据需要自定义设置图表的填充样式。

3 设置后的图表效果

设置完成，即可看到设置后的图表效果。

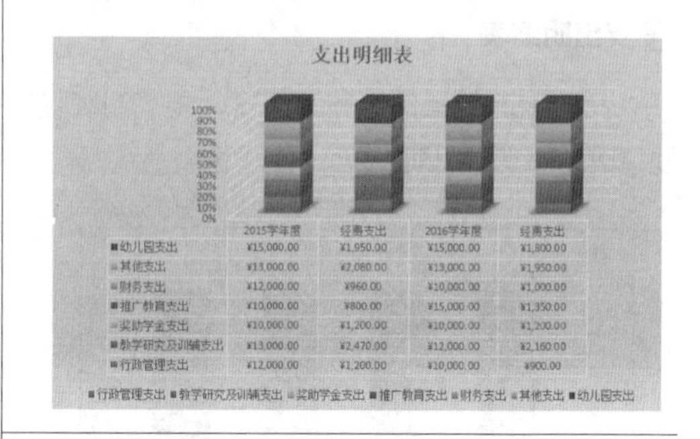

4 标题文字

选择图表中的标题文字。

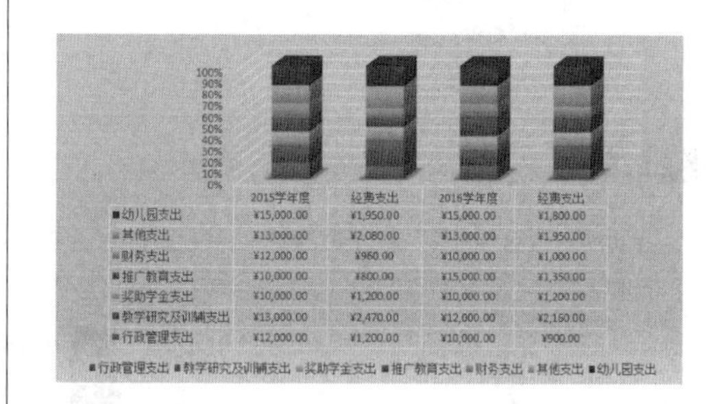

5 设置艺术字样式

在【格式】选项卡中，单击【艺术字样式】选项组中的按钮，在弹出的艺术字样式下拉列表中选择需要设置的样式。

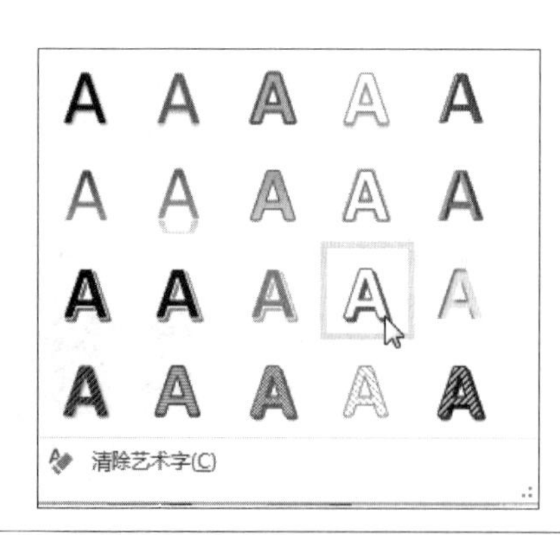

6 效果图

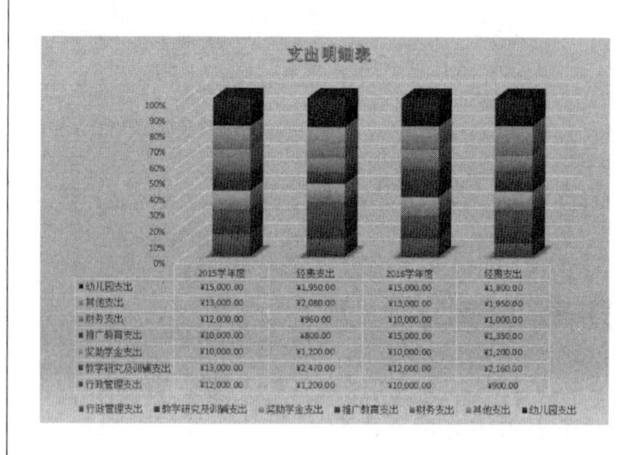

4.7.4 插入迷你图

迷你图是一种小型图表，可放在工作表内的单个单元格中。由于其尺寸已经过压缩，因此，迷你图能够以简明且非常直观的方式显示大量数据集所反映出的图案。使用迷你图可以显示一系列数值的趋势，如季节性增长或降低、经济周期或突出显示最大值和最小值。将迷你图放在它所表示的数据附近时会产生最大的效果。要创建迷你图，必须先选择要分析的数据区域，然后选择要放置迷你图的位置。创建迷你图的具体操作步骤如下。

1 创建迷你图

打开随书光盘中的“素材\ch04\月销量对比图.xlsx”文件。单击单元格F4，在【插入】选项卡下【迷你图】组中，单击【折线图】按钮 折线图，弹出【创建迷你图】对话框。

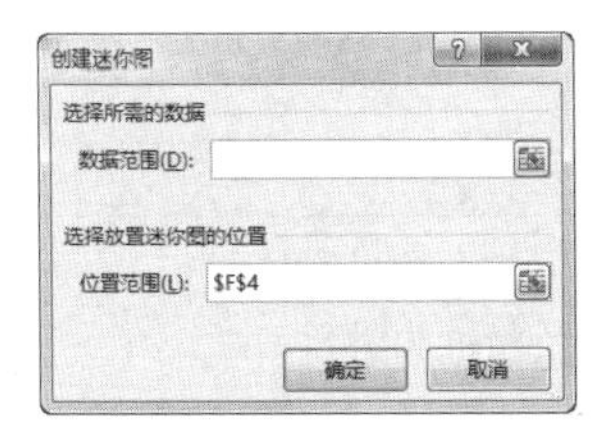

2 数据范围

单击【数据范围】文本框右侧的按钮，选择单元格区域B4:E4，单击按钮返回，可以看到B4:E4数据源已添加到【数据范围】中。

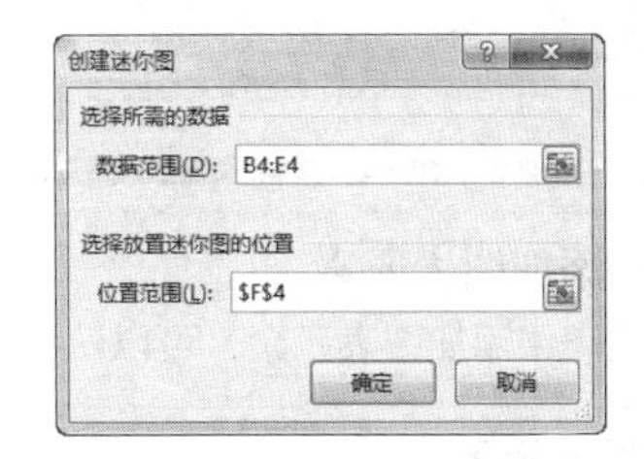

3 效果图

单击【确定】按钮，即可在单元格F4 中创建折线迷你图，使用填充功能创建其他迷你图，效果如下图所示。

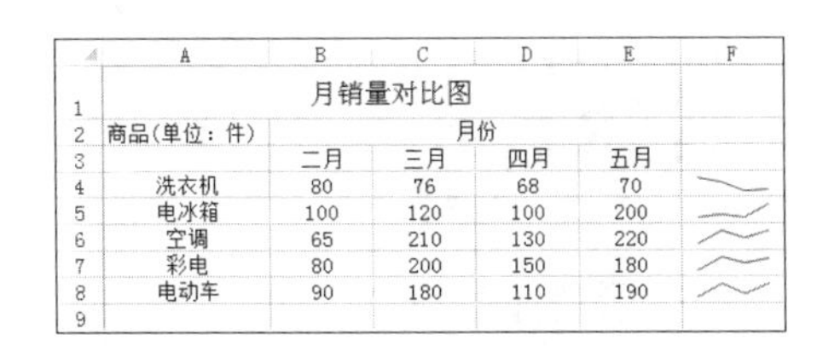

	A	B	C	D	E	F
1		月销量对比图				
2	商品(单位：件)	月份				
3		二月	三月	四月	五月	
4	洗衣机	80	76	68	70	
5	电冰箱	100	120	100	200	
6	空调	65	210	130	220	
7	彩电	80	200	150	180	
8	电动车	90	180	110	190	
9						

4 设置迷你图

创建迷你图之后，在【迷你图工具】➤【设计】选项卡下【显示】组中可以选择迷你图显示点，在【样式】组中可以设置迷你图颜色和标记颜色。

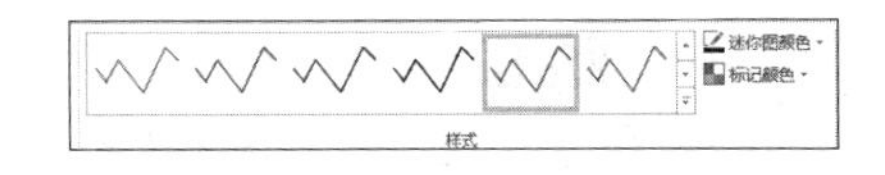

4.8 实战演练——制作损益分析表

本节视频教学时间 / 5分钟

损益表又称为利润表，是指反映企业在一定会计期的经营成果及其分配情况的会计报表，是一段时间内公司经营业绩的财务记录，反映了这段时间的销售收入、销售成本、经营费用及税收状况，报表结果为公司实现的利润或形成的亏损。

第1步：创建柱形图表

柱形图把每个数据显示为一个垂直柱体，高度与数值相对应，值的刻度显示在垂直轴线的左侧。创建柱形图可以设置多个数据系列，每个数据系列以不同的颜色表示。具体操作步骤如下。

1 打开素材

打开随书光盘中的“素材\ch04\损益分析表.xlsx”文件，选择单元格区域A3:F11。

损益分析表					
编制单位：XX物资有限公司	2014年11月5日		单位：　万元		
投资公司	2014年9月实绩		2014年10月实绩		实绩
	毛利润	收益额	毛利润	收益额	收益差异
香书房产	892	500	860.0	450.0	-50
仙水国贸	168	-200	760	320	520
方阔电器	590	300	530.0	230.0	-70
仙水能源	230	-200	280.00	-120.00	80
佳上花园	350	120	480.00	-50.00	-170
仙水建材	360	110	270	-30.0	-140
仙水进出口	630	320	330	80.0	-240
合计		950		880.0	-70

Sheet1　就绪　平均值: 269.7368421　求和: 10250　77%

2 插入柱形图

单击【插入】选项卡下【图表】组中的【柱形图】按钮，在弹出的列表中选择【簇状柱形图】选项，即可插入柱形图，并将图表调整到合适大小。

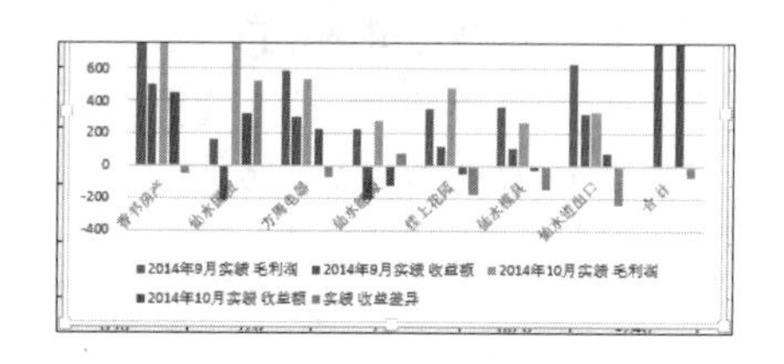

第2步：添加图表元素

在图表中添加图表元素，可以使图表更加直观、明了地表达数据内容。

1 添加图表元素

选择图表，单击【图表工具】➤【设计】选项卡下【图表布局】组中的【添加图表元素】按钮右下角的下拉按钮，在弹出的列表中选【数据标签】➤【数据标签内】选项。

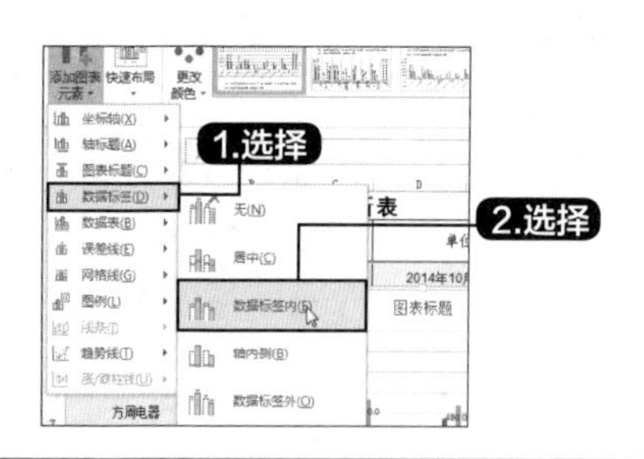

2 将数据标签插入到图表

即可将数据标签插入到图表中。

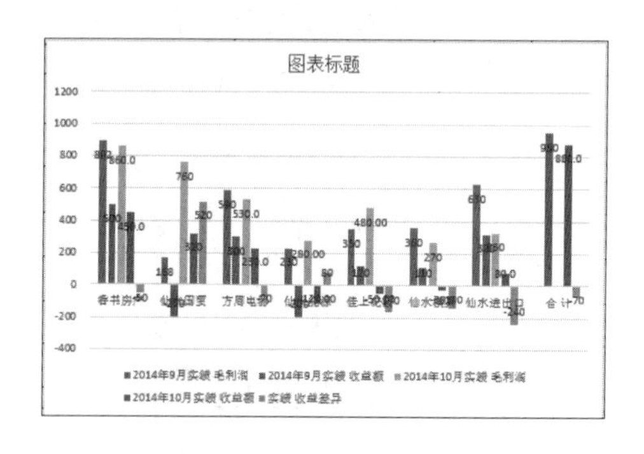

3 将图例移至图表右侧

选择图表，单击【图表工具】➤【设计】选项卡下【图表布局】组中的【添加图表元素】按钮右下角的下拉按钮，在弹出的列表中选择【图例】➤【右侧】选项，即可将图例移至图表右侧。

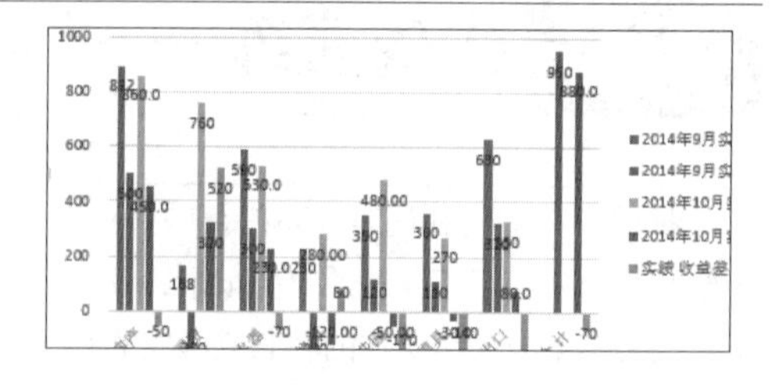

4 在图表中显示数据表

选择图表，单击【图表工具】➢【设计】选项卡下【图表布局】选项组中的【添加图表元素】按钮右下角的下拉按钮，在弹出的列表中选择【数据表】➢【无图例项标示】选项，即可在图表中显示数据表。

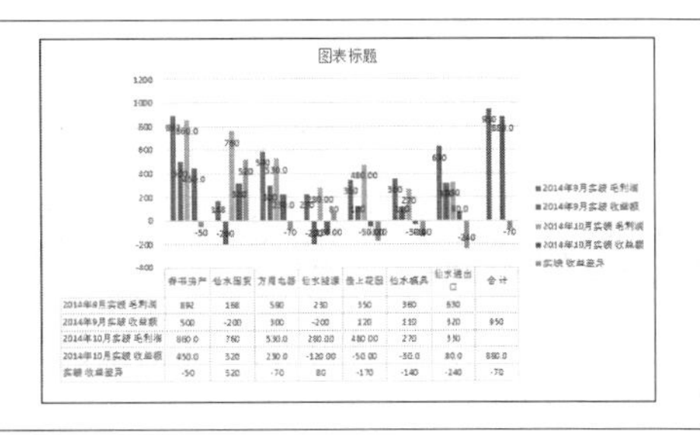

第3步：设置图表形状样式

为了使图表美观，可以设置图表的形状样式。Excel 2013提供了多种图表样式。具体操作步骤如下。

1 形状样式

选择图表，单击【图表工具】➢【格式】选项卡下【形状样式】组中的按钮，在弹出的列表中选择一种样式应用于图表，效果如图所示。

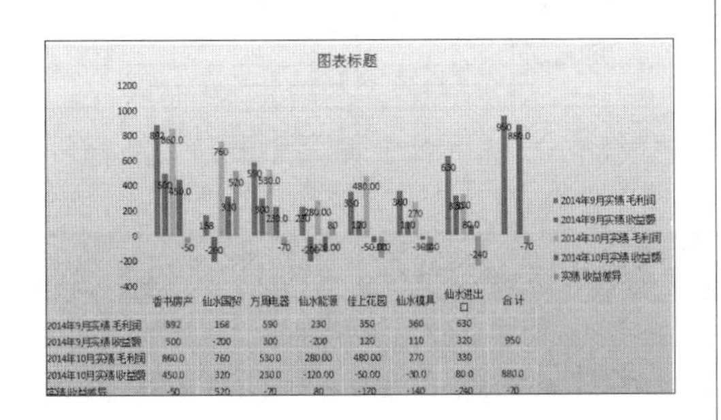

2 选择绘图区

选择绘图区，单击【图表工具】➢【格式】选项卡下【形状样式】组中的【形状填充】按钮 形状填充 右侧的下拉按钮，在弹出的列表中选择【纹理】➢【新闻纸】选项，应用于图表，效果如图所示。

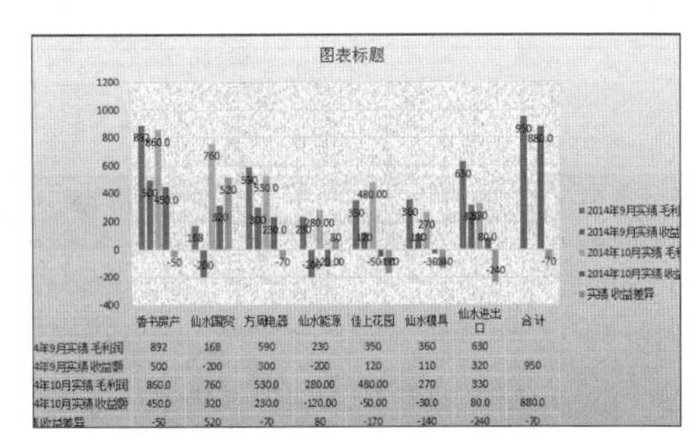

3 设置字体的大小和样式

在【图表标题】文本框中输入“损益分析图”字样，并设置字体的大小和样式，效果如右图所示。

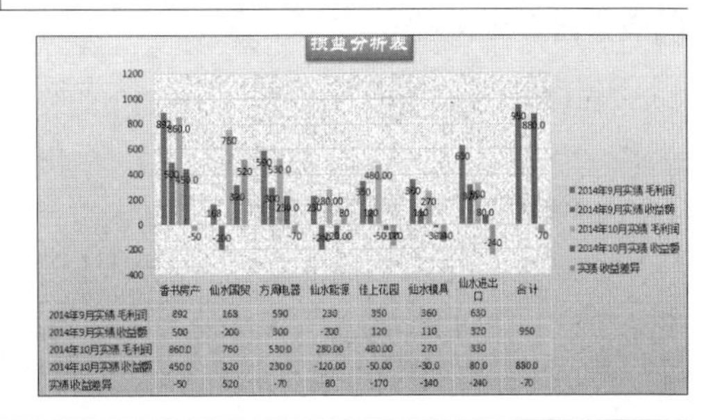

至此，一份完整的损益分析表就制作完成了。

高手私房菜

技巧1：删除最近使用过的工作簿记录

Excel 2013可以记录开最近使用过的Excel工作簿，用户也可以将这些记录信息删除。

1 单击文件选项卡

在Excel 2013程序中，单击【文件】选项卡，在弹出的列表中选择【打开】选项，即可看到右侧【最近使用的工作簿】列表下，显示了最近打开的工作簿信息。

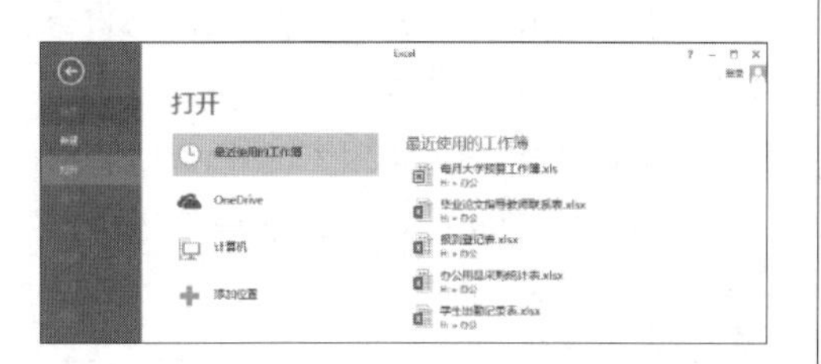

2 将该记录信息删除

在要删除的记录信息上单击鼠标右键，在弹出的快捷菜单中，选择【从列表中删除】菜单命令，即可将该记录信息删除。

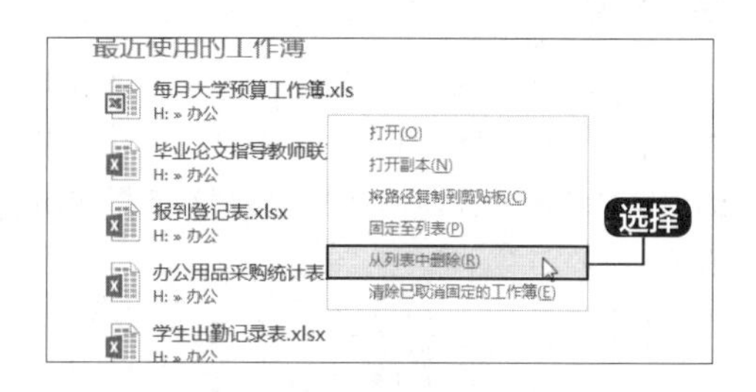

如果用户要删除全部的打开信息，可选择【消除已取消固定的工作簿】命令，即可快速删除。

技巧2：创建组合图表

一般情况下，在工作表中制作的图表都是某一种类型的，如线形图、柱形图等，这样的图表只能单一的体现出数据的大小或着是变化趋势。如果希望在一个图表中既可以清晰地表示出某项数据的大小，又可以显示出其他数据的变化趋势，这时，就可以使用组合图表来达到目的。

1 创建自定义组合图

打开随书光盘中的“素材\ch04\销售业绩表.xlsx”文件，选中A2:E7单元格区域，单击【插入】选项卡下【图表】组中的【插入组合图】按钮，在弹出的下拉列表中选择【创建自定义组合图】选项。

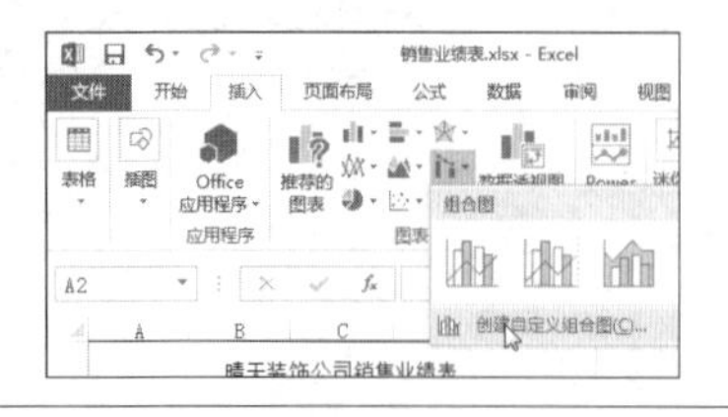

2 带数据标记的折线图

弹出【插入图表】对话框，在【所有图表】选项卡下【组合】组中，设置“三分店”下拉列表中选择【带数据标记的折线图】，单击【确定】按钮，即可插入组合图表。

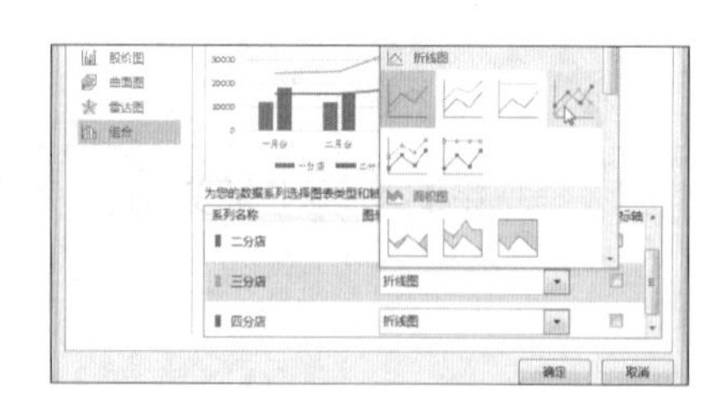

第5章 公式与函数的应用

重点导读

本章视频教学时间：2小时41分钟 

对于大量的数据，如果逐个计算、处理，会浪费大量的人力和时间，灵活使用公式和函数可以大大提高数据分析的能力和效率。本章主要介绍公式与函数的使用方法，通过对各种函数类型的学习，可以熟练掌握常用函数的使用技巧和方法，并能够举一反三，灵活运用。

学习效果图

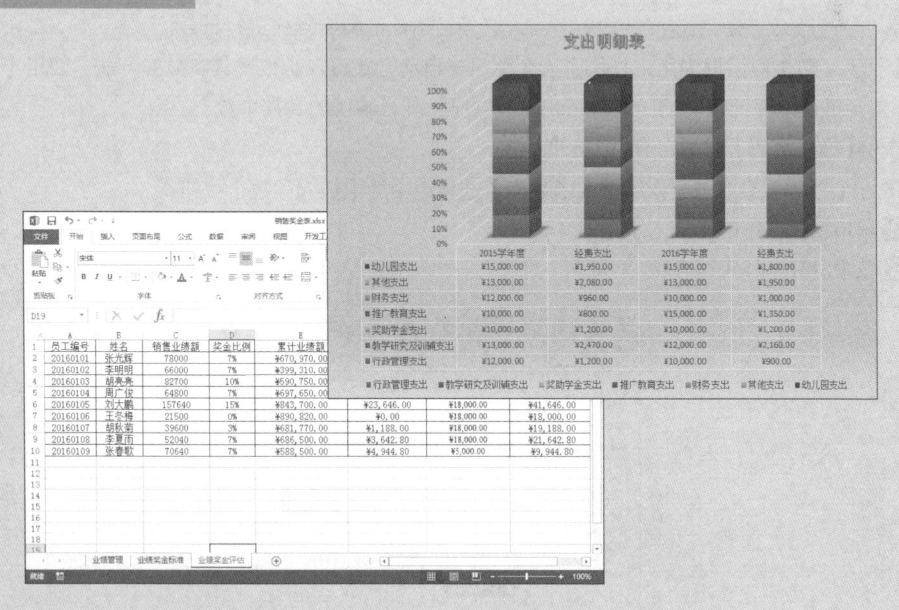

5.1 认识公式与函数

本章视频 · 教学时间 / 10分钟

公式与函数是Excel 的重要组成部分，有着非常强大的计算功能，为用户分析和处理工作表中的数据提供了很大的方便。

5.1.1 公式的概念

公式就是一个等式，是由一组数据和运算符组成的序列。使用公式时必须以等号“=”开头，后面紧接数据和运算符。下图为应用公式的两个例子。

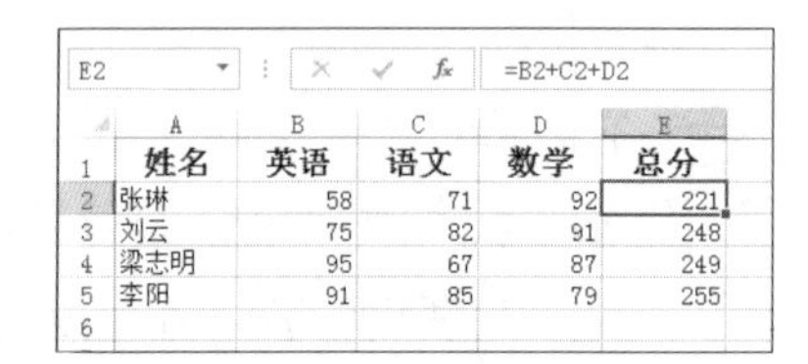
E2 =B2+C2+D2

	A	B	C	D	E
1	姓名	英语	语文	数学	总分
2	张琳	58	71	92	221
3	刘云	75	82	91	248
4	梁志明	95	67	87	249
5	李阳	91	85	79	255
6					

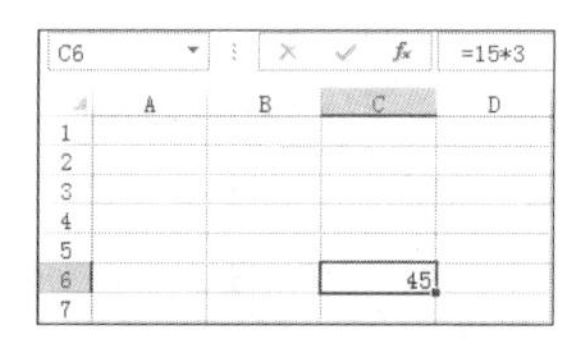

例子中体现了Excel公式的语法，即公式是由等号“=”、数据和运算符组成，数据可以是常数、单元格引用、单元格名称和工作表函数等。

5.1.2 函数的概念

Excel中所提到的函数其实是一些预定义的公式，它们使用一些被称为参数的特定数值按特定的顺序或结构进行计算。每个函数描述都包括一个语法行，它是一种特殊的公式，所有的函数必须以等号“=”开始，它是预定义的内置公式，必须按语法的特定顺序进行计算。

【插入函数】对话框为用户提供了一个使用半自动方式输入函数及其参数的方法。使用【插入函数】对话框可以保证正确的函数拼写，以及顺序正确且确切的参数个数。

打开【插入函数】对话框有以下3种方法。

1. 在【公式】选项卡中，单击【函数库】选项组中的【插入函数】按钮。
2. 单击编辑栏中的【插入】按钮 。
3. 按【Shift+F3】组合键。

5.1.3 函数的分类和组成

Excel 2013提供了丰富的内置函数，按照函数的应用领域分为13大类，用户可以根据需要直接进行调用，函数类型及其作用如下表所示。

函数类型	作 用
财务函数	进行一般的财务计算
日期和时间函数	可以分析和处理日期及时间
数学与三角函数	可以在工作表中进行简单的计算
统计函数	对数据区域进行统计分析
查找与引用函数	在数据清单中查找特定数据或查找一个单元格引用
数据库函数	分析数据清单中的数值是否符合特定条件
文本函数	在公式中处理字符串
逻辑函数	进行逻辑判断或者复合检验
信息函数	确定存储在单元格中数据的类型
工程函数	用于工程分析
多维数据集函数	用于从多维数据库中提取数据集和数值
兼容函数	这些函数已由新函数替换，新函数可以提供更好的精确度，且名称更好地反映其用法
Web函数	通过网页链接直接用公式获取数据

在Excel中，一个完整的函数式通常由3部分构成，分别是标识符、函数名称、函数参数，其格式如下。

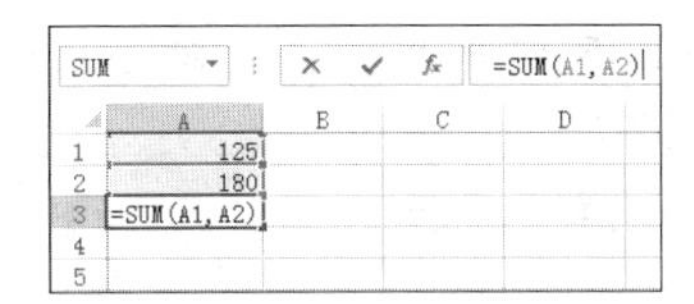

1. 标识符

在单元格中输入计算函数时，必须先输入“=”，这个“=”称为函数的标识符。如果不输入“=”，Excel通常将输入的函数式作为文本处理，不返回运算结果。

2. 函数名称

函数标识符后面的英文是函数名称。大多数函数名称是对应英文单词的缩写。有些函数名称是由多个英文单词（或缩写）组合而成的，例如，条件求和函数SUMIF是由求和函数SUM和条件函数IF组成的。

3. 函数参数

函数参数主要有以下几种类型。

1 常量参数

常量参数主要包括数值（如123.45）、文本（如计算机）和日期（如2013-5-25）等。

2 逻辑值参数

逻辑值参数主要包括逻辑真（TRUE）、逻辑假（FALSE）以及逻辑判断表达式（例如，单元格A3不等于空表示为“A3<>()”）的结果等。

3 单元格引用参数

单元格引用参数主要包括单个单元格的引用和单元格区域的引用等。

4 名称参数

在工作簿文档中各个工作表中自定义的名称，可以作为本工作簿内的函数参数直接引用。

5 其他函数式

用户可以用一个函数式的返回结果作为另一个函数式的参数。对于这种形式的函数式，通常称为“函数嵌套”。

6 数组参数

数组参数可以是一组常量（如2、4、6），也可以是单元格区域的引用。

5.2 快速计算

本节视频教学时间 / 3分钟 

在Excel 2013中，不使用功能区中的选项，也可以快速地完成单元格的计算。

5.2.1 自动显示计算结果

自动计算的功能就是对选定的单元格区域查看各种汇总数值。使用自动求和功能的步骤如下。

1 选择【求和】菜单项

打开随书光盘中的“素材\ch05\快速计算.xlsx”文件，选择单元格区域C2:C6。在状态栏上单击鼠标右键，在弹出的快捷菜单中选择【求和】菜单项。

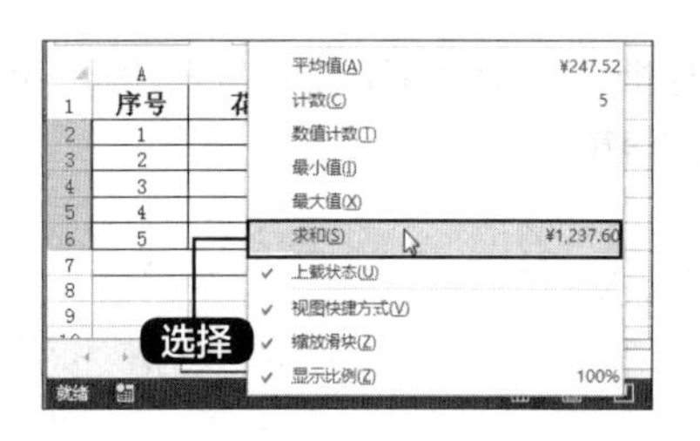

2 求和结果

此时任务栏中即可显示汇总求和的结果。

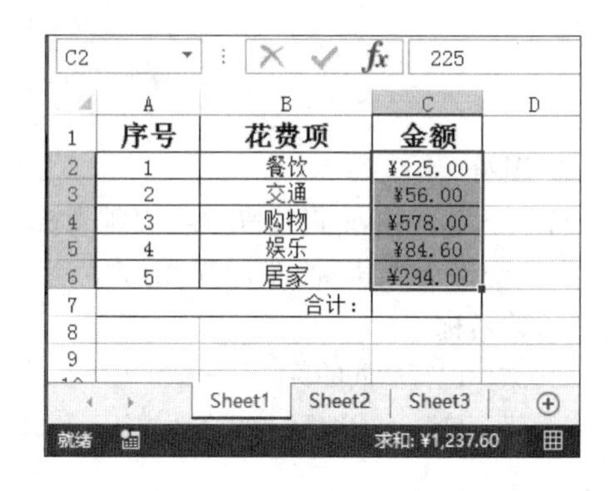

5.2.2 自动求和

在日常工作中，最常用的计算是求和，Excel将它设定成工具按钮 Σ ，放在【开始】选项卡的【编辑】组中，该按钮可以自动设定对应的单元格区域的引用地址。具体的操作步骤如下。

1 打开素材

打开随书光盘中的“素材\ch05\快速计算.xlsx”文件，选择单元格C7。

	A	B	C
1	序号	花费项	金额
2	1	餐饮	¥225.00
3	2	交通	¥56.00
4	3	购物	¥578.00
5	4	娱乐	¥84.60
6	5	居家	¥294.00
7		合计：	

2 自动求和

在【公式】选项卡中，单击【函数库】组中的【自动求和】按钮Σ自动求和。

3 显示函数格式和参数

求和函数SUM即会出现在单元格C7中，并且有默认参数C2:C6，表示求该区域的数据总和，单元格区域C2:C6被闪烁的虚线框包围，在此函数的下方会自动显示有关该函数的格式及参数。

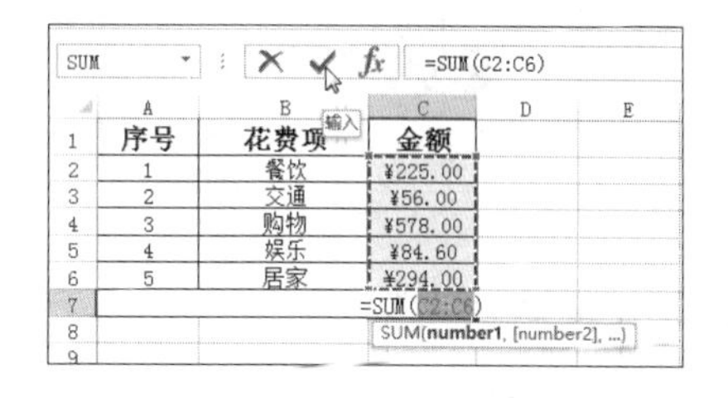

4 计算结果

如果要使用默认的单元格区域，可以单击编辑栏上的【输入】按钮✔，或者按【Enter】键，即可在C7单元格中计算出C2:C6单元格区域中数值的和。

	A	B	C	D
1	序号	花费项	金额	
2	1	餐饮	¥225.00	
3	2	交通	¥56.00	
4	3	购物	¥578.00	
5	4	娱乐	¥84.60	
6	5	居家	¥294.00	
7		合计：	¥1,237.60	
8				
9				

提示

使用【自动求和】按钮Σ自动求和，不仅可以一次求出一组数据的总和，而且可以在多组数据中自动求出每组的总和。

5.3 公式的输入与编辑

本节视频教学时间 /6分钟 

输入公式时，以等号“=”作为开头，以提示Excel单元格中含有公式而不是文本。在公式中可以包含各种算术运算符、常量、变量、函数、单元格地址等。本节主要介绍公式的输入与编辑。

5.3.1 输入公式

在单元格中输入公式的方法可分为手动输入和单击输入。

1. 手动输入

在选定的单元格中输入“=”，并输入公式“3+5”。输入时字符会同时出现在单元格和编辑栏中，按【Enter】键后该单元格会显示出运算结果“8”。

2. 单击输入

单击输入公式更简单、快捷，也不容易出错。例如，在单元格C1中输入公式“=A1+B1”，可以按照以下步骤进行单击输入。

1 输入

分别在A1、B1单元格中输入“3”和“5”，选择C1单元格，输入“=”。

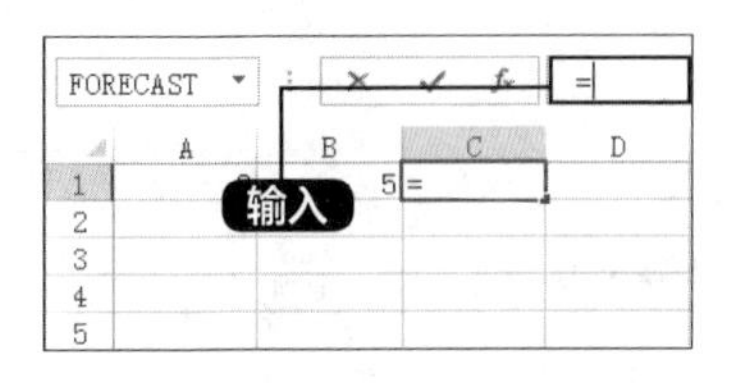

2 单元格引用

单击单元格A1，单元格周围会显示一个活动虚框，同时单元格引用会出现在单元格C1和编辑栏中。

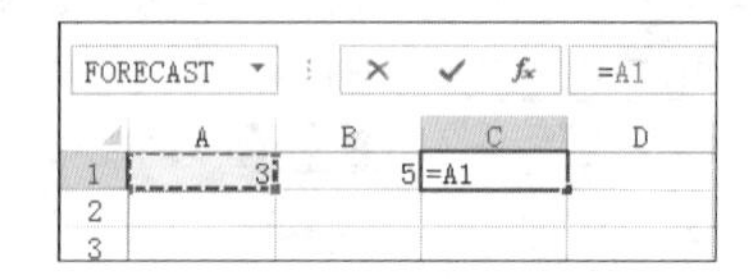

3 输入“加号（+）”

输入“加号（+）”，单击单元格B1。单元格B1的虚线边框会变为实线边框。

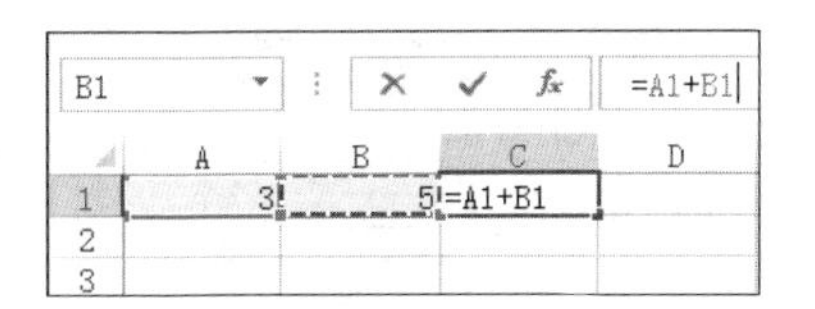

4 效果

按【Enter】键后，效果如下图所示。

5.3.2 编辑公式

在进行数据运算时，如果发现输入的公式有误，可以对其进行编辑，具体操作步骤如下。

1 输入公式

新建一个文档，在C1单元格中输入公式“=A1+B1”，按【Enter】键计算出结果。

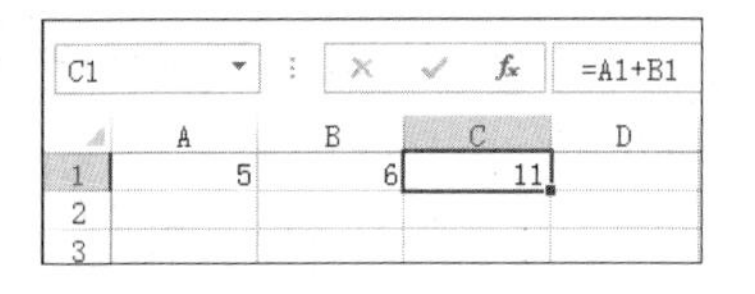

2 修改公式

选择C1单元格，在编辑栏中对公式进行修改，如将“=A1+B1”改为“=A1*B1”。按【Enter】键完成修改，结果如下图所示。

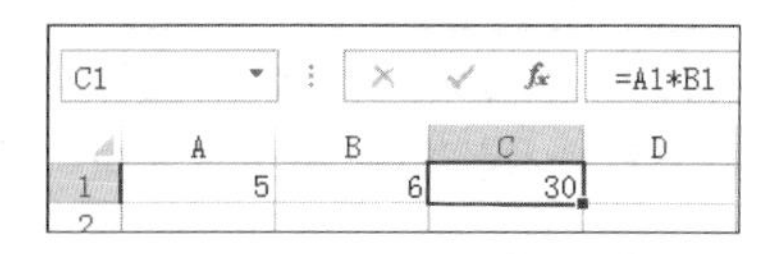

5.3.3 审核公式

利用Excel提供的审核功能，可以方便地检查工作表中涉及公式的单元格之间的关系。

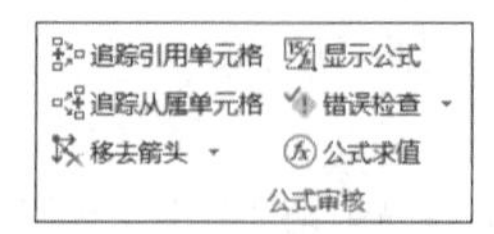

当公式使用引用单元格或从属单元格时，检查公式的准确性或查找错误的根源会很困难，而Excel提供了帮助检查公式的功能。可以使用【追踪引用单元格】和【追踪从属单元格】按钮，以追踪箭头显示或追踪单元格之间的关系。追踪单元格的具体操作步骤如下。

1 输入公式

新建一个文档，分别在A1、B1单元格中输入“45”和“51”，在C1单元格中输入公式“=A1+B1”，按【Enter】键计算出结果。

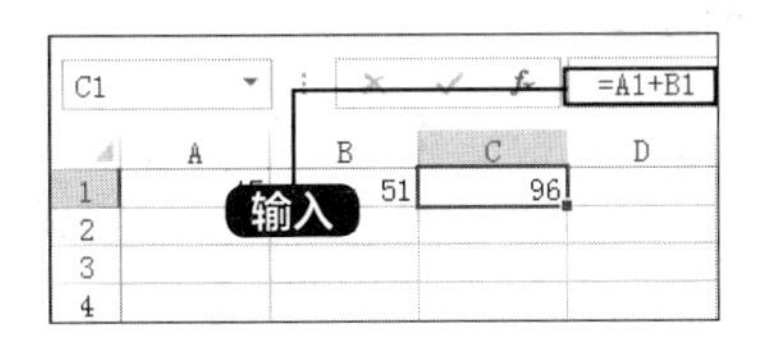

2 追踪引用单元格

选中C1单元格，单击【公式】选项卡下【公式审核】组中的【追踪引用单元格】按钮 追踪引用单元格 。

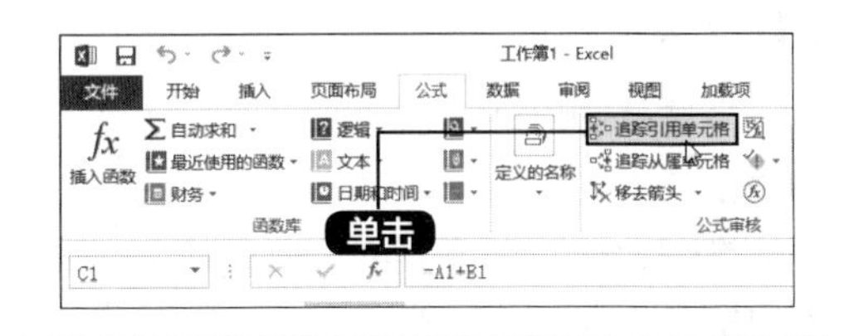

3 追踪从属单元格

在C1单元格中按【Ctrl+C】组合键，在D1单元格中按【Ctrl+V】组合键完成复制。选中C1单元格，单击【公式】选项卡下【公式审核】选项组中的【追踪从属单元格】按钮。

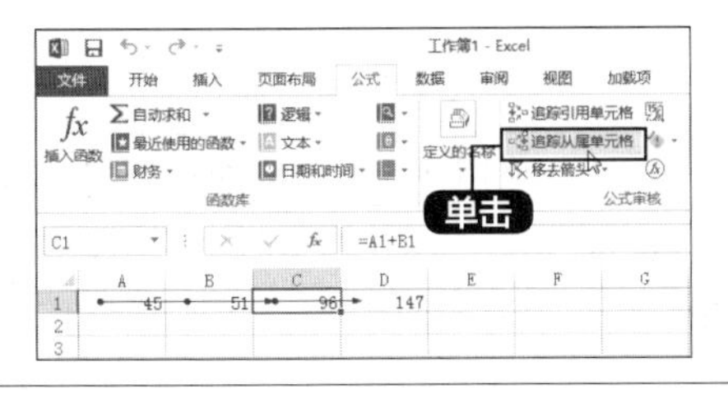

4 移去箭头

要移去工作表上的所有追踪箭头，单击【公式】选项卡下【公式审核】组中的【移去箭头】按钮，或单击【移去箭头】按钮右侧的下拉按钮，在弹出的下拉菜单汇总选择移去箭头的不同方式即可。

提示

使用Excel提供的审核功能，还可以进行错误检查和监视窗口等，这里不再一一赘述。

5.3.4 使用公式计算字符

公式中不仅可以进行数值计算，还可以进行字符计算，具体操作步骤如下。

1 新建文档

新建一个文档，输入如图所示内容。

	A	B	C	D
1	100	200	150	
2	祝福	我的	家乡	
3				
4				

2 输入公式

选择单元格D1，在编辑栏中输入“=(A1+B1)/C1”。

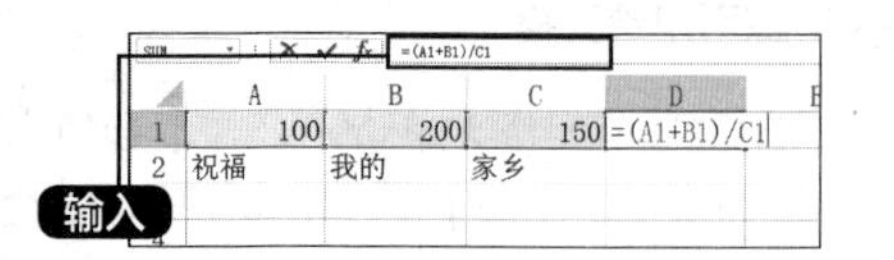

3 计算结果

按【Enter】键，在单元格D1中即可计算出公式的结果并显示为“2”。

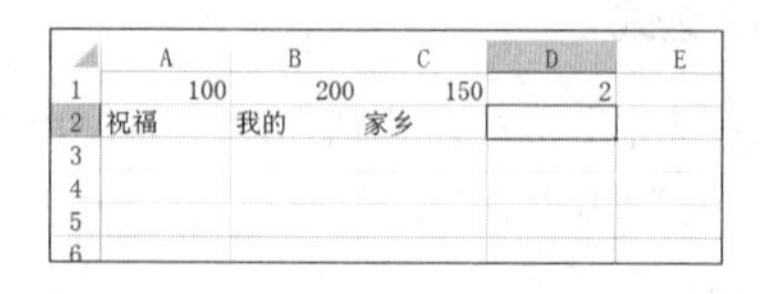

4 输入公式

选择单元格D2，在编辑栏中输入“=”；单击单元格A2，在编辑栏中输入“&”；单击单元格B2，输入“&”；单击单元格C2，编辑栏中显示“=A2&B2&C2”。

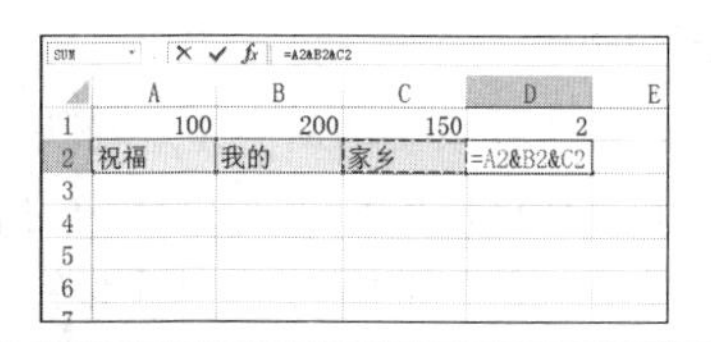

5 计算结果

按【Enter】键，在单元格D2中会显示“祝福我的家乡”，这是公式“=A2&B2&C2”的计算结果。

	A	B	C	D	E
1	100	200	150	2	
2	祝福	我的	家乡	祝福我的家乡	
3					
4					
5					

5.4 函数

本节视频教学时间 / 2小时10分钟 

Excel 函数是一些已经定义好的公式，大多数函数是经常使用的公式的简写形式。函数通过参数接收数据并返回结果。大多数情况下返回的是计算的结果，也可以返回文本、引用、逻辑值或数组等。

5.4.1 函数的输入与编辑

本节主要讲述如何输入和编辑函数，具体操作步骤如下。

1. 函数的输入

手动输入和输入普通的公式一样，这里不再介绍。下面介绍使用函数向导输入函数，具体的操作步骤如下。

1 新建文档

启动Excel 2013，新建一个空白文档，在单元格A1中输入“-100”。

	A	B	C
1	-100		
2			
3			
4			
5			
6			

2 选择函数

选择B1单元格，单击【公式】选项卡下【函数库】组中的【插入函数】按钮，弹出【插入函数】对话框。在对话框的【或选择类别】列表框中选择【数学与三角函数】选项，在【选择函数】列表框中选择【ABS】选项（绝对值函数），列表框下方会出现关于该函数的简单提示，单击【确定】按钮。

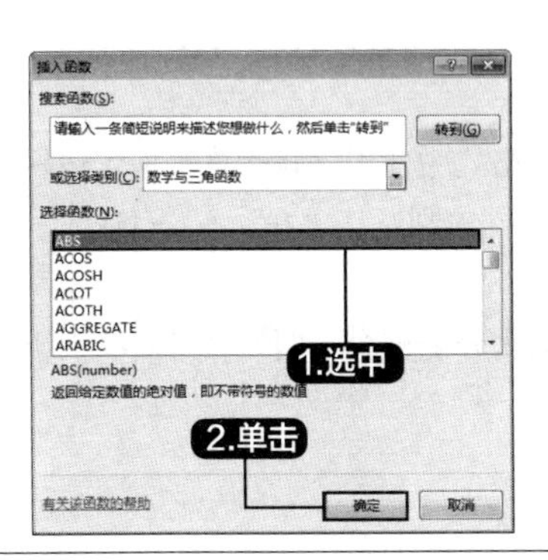

3 输入单元格

弹出【函数参数】对话框，在【Number】文本框中输入“A1”，单击【确定】按钮。

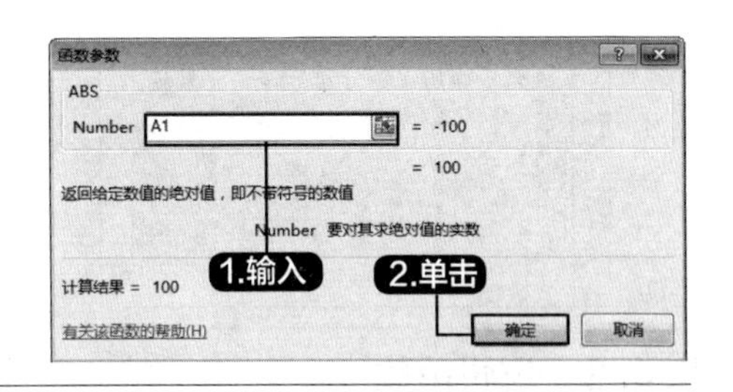

4 显示结果

单元格A1的绝对值即可求出，并显示在单元格B1中。

	A	B	C
1	-100	100	
2			
3			
4			

2. 函数的编辑

如果要编辑函数表达式，可以选定编辑函数所在的单元格，将光标定位在编辑栏中的错误处，利用【Delete】键或【Backspace】键删除错误的内容，输入正确的内容即可。如果是函数的参数输入有误，选定函数所在单元格，单击编辑栏中的【插入函数】按钮，再次打开【函数参数】对话框，重新输入正确的函数参数即可。

5.4.2 文本函数

文本函数是在公式中处理文字串的函数，主要用于查找、提取文本中的特定字符，转换数据类型，以及结合相关的文本内容等。本节主要介绍LEN函数，其作用为返回文本字符串中的字符数。

正常的手机号码是有11位数字组成的，验证信息登记表中的手机号码的位数是否正确，可以使用LEN函数。

LEN函数

语法：LEN (text)

参数：text表示要查找其长度的文本，或包含文本的列。空格作为字符计数。

1 输入公式

打开随书光盘中的“素材\ch05\信息登记表.xlsx”文件，选择D2单元格，在公式编辑栏中输入“=LEN(C2)”，按【Enter】键即可验证该员工手机号码的位数。

D2 =LEN(C2)

	A	B	C	D
1	姓名	学历	手机号码	验证
2	赵江	本科	136XXXX5678	11
3	刘艳云	大专	150XXXX123	
4	张建国	硕士	158XXXX6699	
5	杨树	本科	151XXXX15240	
6	王凡	本科	137XXXX1234	
7	周凯	大专	187XXXX520	
8	赵英丽	大专	136XXXX4567	
9	张扬天	本科	186XXXX12500	

2 快速填充

利用快速填充功能，完成对其他员工手机号码位数的验证。

姓名	学历	手机号码	验证
赵江	本科	136XXXX5678	11
刘艳云	大专	150XXXX123	10
张建国	硕士	158XXXX6699	11
杨树	本科	151XXXX15240	12
王凡	本科	137XXXX1234	11
周凯	大专	187XXXX520	10
赵英丽	大专	136XXXX4567	11
张扬天	本科	186XXXX12500	12

提示

如果要返回是否为正确的手机号码位数，可以使用IF函数结合LEN函数来判断，公式为“=IF(LEN(C2)=11,"正确","不正确")”。

5.4.3 逻辑函数

逻辑函数是根据不同条件进行不同处理的函数，条件格式中使用比较运算符指定逻辑式，并用逻辑值表示结果。本节主要介绍的IF函数是根据指定的条件来判断其“真”（TRUE）、“假”（FALSE），从而返回其相对应的内容。

在对员工进行绩效考核评定时，可以根据员工的业绩来分配奖金。例如，当业绩大于或等于10 000时，给予奖金2 000元，否则给予奖金1 000元。

IF函数

语法：IF(logical_test,value_if_true,value_if_false)

参数：

logical_test：表示逻辑判决表达式。

value_if_true：表示当判断条件为逻辑“真”（TRUE）时，显示该处给定的内容。如果忽略，返回“TRUE”。

value_if_false：表示当判断条件为逻辑“假”（FALSE）时，显示该处给定的内容。如果忽略，返回“FALSE”。

1 输入公式

打开随书光盘中的“素材\ch05\员工业绩表.xlsx”文件，在单元格C2中输入公式“=IF(B2>=10000,2000,1000)”，按【Enter】键即可计算出该员工的奖金。

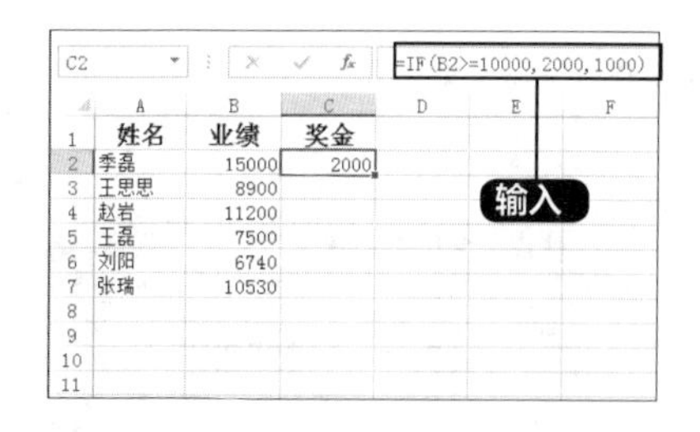

=IF(B2>=10000,2000,1000)

姓名	业绩	奖金
季磊	15000	2000
王思思	8900	
赵岩	11200	
王磊	7500	
刘阳	6740	
张瑞	10530	

2 快速填充

利用填充功能，填充其他单元格，计算其他员工的奖金。

姓名	业绩	奖金
季磊	15000	2000
王思思	8900	1000
赵岩	11200	2000
王磊	7500	1000
刘阳	6740	1000
张瑞	10530	2000

5.4.4 财务函数

使用财务函数可以进行常用的财务计算，如确定贷款的支付额、投资的未来值或净现值，以及债券或息票的价值，财务函数可以帮助使用者缩短工作时间，增大工作效率。本节主要介绍RATE函数来返回未来款项的各期利率。

通过RATE函数，可以计算出贷款后的年利率和月利率，从而选择更合适的还款方式。

RATE函数

语法：RATE(nper,pmt,pv,fv,type,guess)

参数：

nper：是总投资（或贷款）期。

pmt：是各期所应付给（或得到）的金额。

pv：是一系列未来付款当前值的累积和。

fv：是未来值，或在最后一次支付后希望得到的现金余额。

type：是数字0或1，用以指定各期的付款时间是在期初还是期末，0为期末，1为期初。

guess：为预期利率（估计值），如果省略预期利率，则假设该值为10%，如果函数RATE不收敛，则需要改变guess的值。在通常情况下，当guess位于0和1之间时，函数RATE是收敛的。

1 输入公式

打开随书光盘中的“素材\ch05\贷款利率.xlsx”文件，在B4单元格中输入公式“=RATE(B2,C2,A2)”，按【Enter】键，即可计算出贷款的年利率。

2 输入公式

在单元格B5中输入公式“=RATE(B2*12,D2,A2)”，即可计算出贷款的月利率。

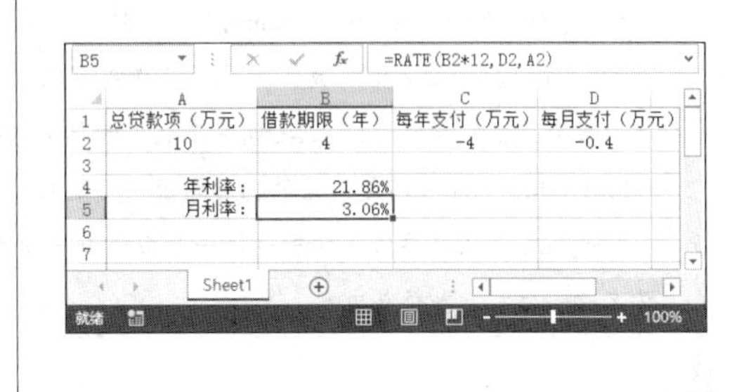

5.4.5 时间与日期函数

日期和时间函数主要用来获取相关的日期和时间信息，经常用于日期的处理。其中，“=NOW()”可以返回当前系统的时间、“=YEAR()”可以返回指定日期的年份等，本节主要介绍DATE函数，表示特定日期的连续序列号。

某公司从2016年开始销售饮品，在2016年1月到2016年5月进行了各种促销活动，领导想知道各种促销活动的促销天数，此时可以利用DATE函数计算。

DATE函数

语法：DATE(year,month,day)

参数：year为指定的年份数值（小于9999），month为指定的月份数值（不大于12），day为指定的天数。

1 输入公式

打开随书光盘中的“素材\ch05\产品促销天数.xlsx”文件，选择单元格H4，在其中输入公式“=DATE(E4,F4,G4)-DATE(B4,C4,D4)”，按【Enter】键，即可计算出“促销天数”。

饮品名称	促销开始时间			促销结束时间			促销天数
	年	月	日	年	月	日	
饮品1	2016	1	1	2016	3	12	71
饮品2	2016	1	5	2016	2	28	
饮品3	2016	2	12	2016	4	30	
饮品4	2016	2	18	2016	3	28	
饮品5	2016	3	6	2016	5	1	

2 快速填充

利用快速填充功能，完成其他单元格的操作。

饮品名称	促销开始时间			促销结束时间			促销天数
	年	月	日	年	月	日	
饮品1	2016	1	1	2016	3	12	71
饮品2	2016	1	5	2016	2	28	54
饮品3	2016	2	12	2016	4	30	78
饮品4	2016	2	18	2016	3	28	39
饮品5	2016	3	6	2016	5	1	56

5.4.6 查找与引用函数

Excel提供的查找和引用函数可以在单元格区域查找或引用满足条件的数据，特别是在数据比较多的工作表中，用户不需要指定具体的数据位置，让单元格数据的操作变得更加灵活。本节主要介绍CHOOSE函数，用于从给定的参数中返回指定的值。

使用CHOOSE函数可以根据工资表生成员工工资单，具体操作步骤如下。

CHOOSE函数

语法：CHOOSE(index_num, value1, [value2], ...)

参数：index_num必要参数，数值表达式或字段，它的运算结果是一个数值，且是属于1~254之间的数字。或者为公式或包含1~254之间某个数字的单元格的引用。

value1,value2,...Value1是必需的，后续值是可选的。这些值参数的个数在1~254之间，函数CHOOSE基于index_num，从这些值参数中选择一个数值或一项要执行的操作。参数可以为数字、单元格引用、已定义名称、公式、函数或文本。

1 输入公式

打开随书光盘中的“素材\ch05\工资条.xlsx”文件，在A9单元格中输入公式“=CHOOSE(MOD(ROW(A1),3)+1,"",A$1,OFFSET(A$1,ROW(A2)/3,))”，按【Enter】键确认。

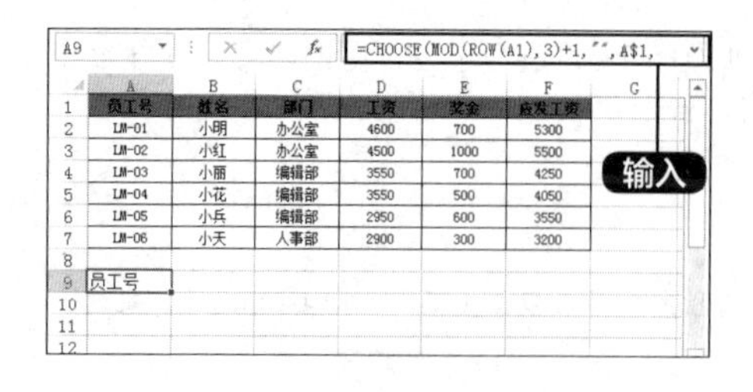

员工号	姓名	部门	工资	奖金	应发工资
LM-01	小明	办公室	4600	700	5300
LM-02	小红	办公室	4500	1000	5500
LM-03	小丽	编辑部	3550	700	4250
LM-04	小花	编辑部	3550	500	4050
LM-05	小兵	编辑部	2950	600	3550
LM-06	小天	人事部	2900	300	3200
员工号					

提示

在公式“=CHOOSE(MOD(ROW(A1),3)+1,"",A$1,OFFSET(A$1,ROW(A2)/3,))”中MOD(ROW(A1),3)+1表示单元格A1所在的行数除以3的余数结果加1后，作为index_num参数，Value1为“”，Value2为“A$1”，Value3为“OFFSET(A$1,ROW(A2)/3,)”。OFFSET(A$1,ROW(A2)/3,)返回的是在A$1的基础上向下移动ROW(A2)/3行的单元格内容。公式中以3为除数求余是因为工资表中每个员工占有3行位置，第1行为工资表头，第2行为员工信息，第3行为空行。

2 快速填充

利用填充功能，填充单元格区域A9:F9。

	A	B	C	D	E	F	G
1	员工号	姓名	部门	工资	奖金	应发工资	
2	LM-01	小明	办公室	4600	700	5300	
3	LM-02	小红	办公室	4500	1000	5500	
4	LM-03	小丽	编辑部	3550	700	4250	
5	LM-04	小花	编辑部	3550	500	4050	
6	LM-05	小兵	编辑部	2950	600	3550	
7	LM-06	小天	人事部	2900	300	3200	
8							
9	员工号	姓名	部门	工资	奖金	应发工资	
10							
11							
12							

3 再次填充

再次利用填充功能，填充单元格区域A10:F25。

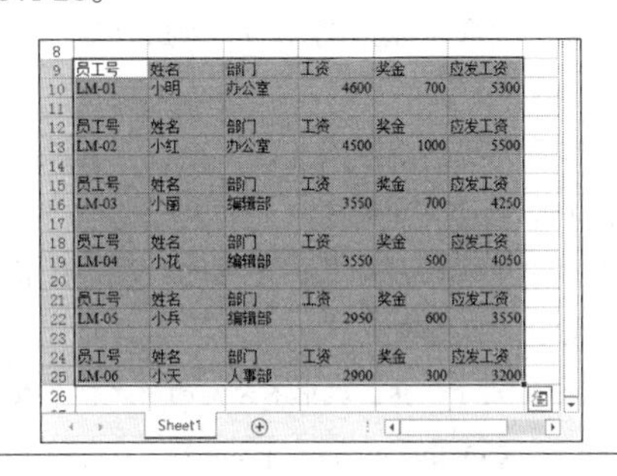

	A	B	C	D	E	F
8						
9	员工号	姓名	部门	工资	奖金	应发工资
10	LM-01	小明	办公室	4600	700	5300
11						
12	员工号	姓名	部门	工资	奖金	应发工资
13	LM-02	小红	办公室	4500	1000	5500
14						
15	员工号	姓名	部门	工资	奖金	应发工资
16	LM-03	小丽	编辑部	3550	700	4250
17						
18	员工号	姓名	部门	工资	奖金	应发工资
19	LM-04	小花	编辑部	3550	500	4050
20						
21	员工号	姓名	部门	工资	奖金	应发工资
22	LM-05	小兵	编辑部	2950	600	3550
23						
24	员工号	姓名	部门	工资	奖金	应发工资
25	LM-06	小天	人事部	2900	300	3200
26						

5.4.7 数学与三角函数

数学与三角函数主要用于在工作表中进行数学运算，使用数学与三角函数可以使数据的处理更加方便和快捷。本节主要讲述SUMIF函数，可以对区域中符合指定条件的值求和。例如，假设在含有数字的某一列中，需要对大于5的数值求和，就可以采用如下公式。

=SUMIF(B2:B25,">5")

在记录日常消费的工作表中，可以使用SUMIF函数计算出每月生活费用的支付总额，具体操作步骤如下。

SUMIF函数

语法：SUMIF (range, criteria, sum_range)

参数：

range：用于条件计算的单元格区域，每个区域中的单元格都必须是数字或名称、数组或包含数字的引用，空值和文本值将被忽略。

criteria：用于确定对单元格求和的条件，其形式可以为数字、表达式、单元格引用、文本或函数。例如，条件可以表示为32、">32"、B5、32、"32"或TODAY()等。

sum_range：要求和的实际单元格（如果要对未在range参数中指定的单元格求和）。如果省略sum_range参数，Excel会对在范围参数中指定的单元格（即应用条件的单元格）求和。

1 打开素材

打开随书光盘中的“素材\ch05\生活费用明细表.xlsx”文件。

	A	B	C	D	E
1	支付项目	项目类型	金额		
2	衣服	生活费用	500		
3	坐车	交通费用	100		
4	买电脑	其他	3500		
5	零食	生活费用	150		
6	日用品	生活费用	200		
7	化妆品	生活费用	350		
8	辅导班费用	其他	800		
9	饭钱	生活费用	800		
10	房租	生活费用	1500		
11	火车票	交通费用	80		
12				生活费用支付总额	
13					

2 计算总额

选择E12单元格，在公式编辑栏中输入公式“=SUMIF(B2:B11,"生活费用",C2:C11)”，按【Enter】键即可计算出该月生活费用的支付总额。

	A	B	C	D	E
4	买电脑	其他	3500		
5	零食	生活费用	150		
6	日用品	生活费用	200		
7	化妆品	生活费用	350		
8	辅导班费用	其他	800		
9	饭钱	生活费用	800		
10	房租	生活费用	1500		
11	火车票	交通费用	80		
12				生活费用支付总额	3500

5.4.8 其他函数

前面介绍了Excel中一些常用的函数，下面介绍其他常用的函数。

1. 统计函数

统计函数可以帮助Excel 用户从复杂的数据中筛选有效的数据。由于筛选的多样性， Excel 中提供了多种统计函数。

常用的统计函数有【COUNTA】函数、【AVERAGE】函数（返回其参数的算术平均值）和【ACERAGEA】函数（返回所有参数的算术平均值）等。使用COUNTA函数统计参加运动会的人数，空白单元格为没有人参加，具体的操作步骤如下。

COUNTA函数

功能：用于计算区域中不为空的单元格个数。

语法：COUNTA(value1,[value2], ...)

参数：

value1：必要。表示要计算值的第一个参数。

value2, ...：可选。表示要计算的值的其他参数，最多可包含255个参数。

1 打开素材

打开随书光盘中的“素材\ch05\运动会100米跑步成绩表.xlsx”文件。

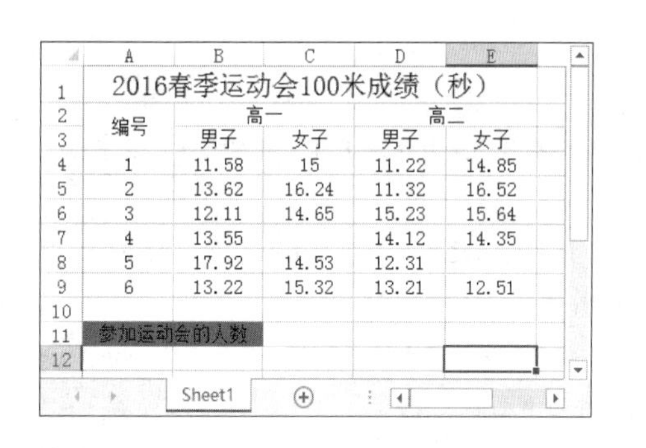

2016春季运动会100米成绩（秒）				
编号	高一		高二	
	男子	女子	男子	女子
1	11.58	15	11.22	14.85
2	13.62	16.24	11.32	16.52
3	12.11	14.65	15.23	15.64
4	13.55		14.12	14.35
5	17.92	14.53	12.31	
6	13.22	15.32	13.21	12.51
参加运动会的人数				

2 输入公式

在单元格B4中输入公式“=COUNTA(B4:E9)”，按【Enter】键即可返回参加2016秋季运动会100米的人数。

2016春季运动会100米成绩（秒）				
编号	高一		高二	
	男子	女子	男子	女子
1	11.58	15	11.22	14.85
2	13.62	16.24	11.32	16.52
3	12.11	14.65	15.23	15.64
4	13.55		14.12	14.35
5	17.92	14.53	12.31	
6	13.22	15.32	13.21	12.51
参加运动会的人数	22			

2. 工程函数

工程函数可以解决一些数学问题。如果能够合理地使用工程函数，可以极大地简化程序。

常用的工程函数有【DEC2BIN】函数（将十进制转化为二进制）、【BIN2DEC】函数（将二进制转化为十进制）、【IMSUM】函数（两个或多个复数的值）。

3. 信息函数

信息函数是用来获取单元格内容信息的函数。信息函数可以在满足条件时返回逻辑值，从而获取单元格的信息。还可以确定存储在单元格中的内容的格式、位置和错误信息等类型。

常用的信息函数有【CELL】函数（引用区域的左上角单元格样式、位置或内容等信息）和【TYPE】函数（检测数据的类型）。

4. 多维数据集函数

多维数据集函数可用来从多维数据库中提取数据集和数值，并将其显示在单元格中。

常用的多维数据集函数有【CUBEKPI MEMBER】函数（返回重要性能指示器（KPI）属性，并在单元格中显示KPI 名称）、【CUBEMEMBER】函数（返回多维数据集中的成员或元组，用来验证成员或元组存在于多维数据集中）和【CUBEMEMB ERPROPERTY】函数（返回多维数据集中成员属性的值，用来验证某成员名称存在于多维数据集中，并返回此成员的指定属性）等。

5. Web 函数

Web 函数是Excel 2013 版本中新增的一个函数类别，它可以通过网页链接直接用公式获取数据，无需编程，无需启用宏。

常用的Web 函数有【ENCODEURL】函数、【FILTERXML】函数（使用指定的Xpath从XML内容返回特定数据）和【WEBSERVICE】函数（从Web服务返回数据）。

【ENCODEURL】函数是Excel 2013版本中新增的Web 类函数中的一员，它可以将包含中文字符的网址进行编码。当然也不仅局限于网址，对于使用UTF-8 编码方式对中文字符进行编码的场合都适用。将网络地址中的汉字转换为字符编码，这里使用【ENCODEURL】函数进行转换，具体操作步骤如下。

【ENCODEURL】函数

功能：对URL地址（主要是中文字符）进行UTF- 8编码。

语法：ENCODEURL(text)

参数：text表示需要进行UTF- 8编码的字符或包含字符的引用单元格。

1 打开素材

打开随书光盘中的“素材\ch05\Encodeul.xlsx”文件。选择单元格B2，在单元格中输入公式“=ENCODEURL(A2)”，按【Enter】键即可。

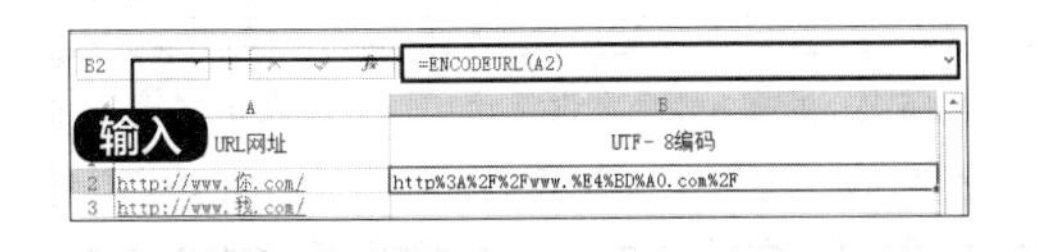

2 快速填充

利用快速填充功能，完成其他单元格的操作。

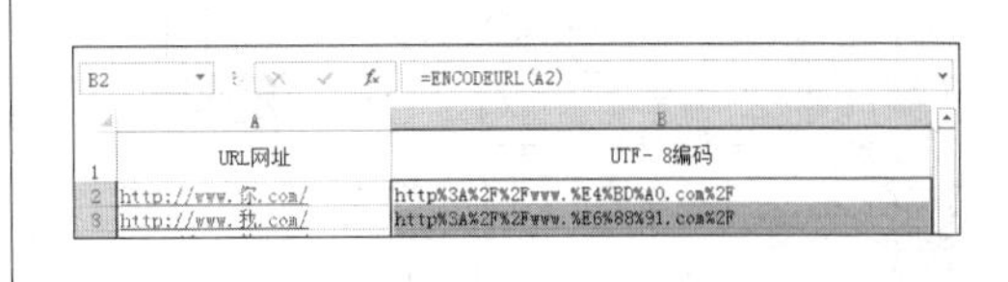

5.5 实战演练——制作销售奖金计算表

本节视频教学时间 / 9分钟

销售奖金计算表是公司根据每位员工每月或每年的销售情况计算月奖金或年终奖的表格。员工合理有效地统计销售业绩好，公司获得的利润就高，相应员工得到的销售奖金也就越多。人事部门合理有效地统计员工的销售奖金是非常必要和重要的，不仅能提高员工的待遇，还能充分调动员工的工作积极性，从而推动公司销售业绩的发展。

第1步：使用【SUM】函数计算累计业绩

1 输入公式

打开随书光盘中的“素材\ch05\销售奖金计算表.xlsx”文件，包含3个工作表，分别为“业绩管理”“业绩奖金标准”和“业绩奖金评估”。单击【业绩管理】工作表。选择单元格C2，在编辑栏中直接输入公式“=SUM(D3:O3)”，按【Enter】键即可计算出该员工的累计业绩。

2 自动填充

利用自动填充功能，将公式复制到该列的其他单元格中。

	员工编号	姓名	累计业绩	1月
3	20160101	张光辉	670970	39300
4	20160102	李明明	399310	20010
5	20160103	胡亮亮	590750	32100
6	20160104	周广俊	697650	56700
7	20160105	刘大鹏	843700	38700
8	20160106	王冬梅	890820	43400
9	20160107	胡秋菊	631770	23400

第2步：使用【VLOOKUP】函数计算销售业绩额和累计业绩额

1 单击工作表

单击“业绩奖金标准”工作表。

2 输入公式

设置自动显示销售业绩额。单击“业绩奖金评估”工作表，选择单元格C2，在编辑栏中直接输入公式“=VLOOKUP(A2,业绩管理!$A$3:$O$11,15,1)”，按【Enter】键确认，即可看到单元格C2中自动显示员工“张光辉”的12月份的销售业绩额。

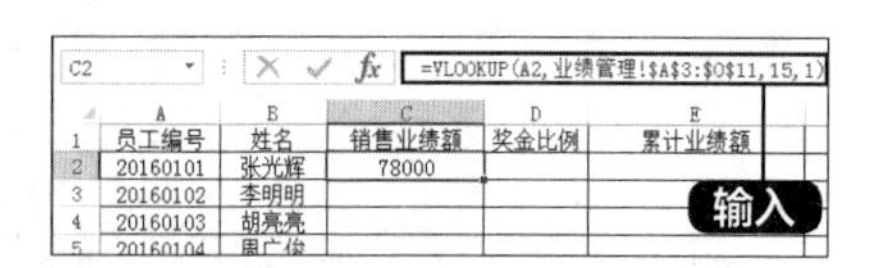

提示

“业绩奖金标准”主要有以下几条：单月销售额在34 999及以下的，没有基本业绩奖；单月销售额在35 000~49 999之间的，按销售额的3%发放业绩奖金；单月销售额在50 000~79 999之间的，按销售额的7%发放业绩奖金；单月销售额在80 000~119 999之间的，按销售额的10%发放业绩奖金；单月销售额在120 000及以上的，按销售额的15%发放业绩奖金，但基本业绩奖金不得超过48 000；累计销售额超过600 000的，公司给予一次性18 000的奖励；累计销售额在600 000及以下的，公司给予一次性5 000的奖励。

提示

公式“=VLOOKUP(A2,业绩管理!$A$3:$O$11,15,1)”中第3格参数设置为“15”，表示取满足条件的记录在“业绩管理!$A$3:$O$11”区域中第15列的值。

3 输入公式

按照同样的方法设置自动显示累计业绩额。选择单元格E2，在编辑栏中直接输入公式“=VLOOKUP(A2,业绩管理!$A$3:$C$11,3,1)”，按【Enter】键确认，即可看到单元格E2中自动显示员工“张光辉”的累计销售业绩额。

4 自动填充

使用自动填充功能，完成其他员工的销售业绩额和累计销售业绩额的计算。

	A	B	C	D	E
1	员工编号	姓名	销售业绩额	奖金比例	累计业绩额
2	20160101	张光辉	78000		¥670,970.00
3	20160102	李明明	66000		¥399,310.00
4	20160103	胡亮亮	82700		¥590,750.00
5	20160104	周广俊	64800		¥697,650.00
6	20160105	刘大鹏	157640		¥843,700.00
7	20160106	王冬梅	21500		¥890,820.00
8	20160107	胡秋菊	39600		¥681,770.00
9	20160108	李夏雨	52040		¥686,500.00

第3步：使用【HLOOKUP】函数计算奖金比例

1 输入公式

选择单元格D2，输入公式“=HLOOKUP(C2,业绩奖金标准!$B$2:$F$3,2)”，按【Enter】键即可计算出该员工的奖金比例。

D2 =HLOOKUP(C2,业绩奖金标准!B

	A	B	C	D	E
1	员工编号	姓名	销售业绩额	奖金比例	累计业绩
2	20160101	张光辉	78000	7%	¥670,970.
3	20160102	李明明	66000		¥399,310.
4	20160103	胡亮亮	82700		¥590,750.
5	20160104	周广俊	64800		¥697,650.
6	20160105	刘大鹏	157640		¥843,700

输入

2 自动填充

使用自动填充功能，完成其他员工的奖金比例计算。

	A	B	C	D
1	员工编号	姓名	销售业绩额	奖金比例
2	20160101	张光辉	78000	7%
3	20160102	李明明	66000	7%
4	20160103	胡亮亮	82700	10%
5	20160104	周广俊	64800	7%
6	20160105	刘大鹏	157640	15%
7	20160106	王冬梅	21500	0%
8	20160107	胡秋菊	39600	3%
9	20160108	李夏雨	52040	7%

提示

公式“=HLOOKUP(C2,业绩奖金标准!$B$2:$F$3,2)”中第3个参数设置为“2”，表示取满足条件的记录在“业绩奖金标准！$B$2:$F$3”区域中第2行的值。

第4步：使用【IF】函数计算基本业绩奖金和累计业绩奖金

1 输入公式

计算基本业绩奖金。在“业绩奖金评估”工作表中选择单元格F2，在编辑栏中直接输入公式“=IF(C2<=400000,C2*D2,"48,000")”，按【Enter】键确认。

F2 =IF(C2<=400000,C2*D2,"48,000")

	C	D	E	F
1	销售业绩额	奖金比例	累计业绩额	基本业绩奖金
2	78000	7%	¥670,970.00	¥5,460.00
3	66000	7%	¥399,310.00	
4	82700	10%	¥590,750.00	
5	64800	7%	¥697,650.00	
6	157640	15%	¥843,700.00	
7	21500	0%	¥890,820.00	

提示

公式“=IF(C2<=400000,C2*D2,"48,000")”的含义为：当单元格数据小于等于400 000时，返回结果为单元格C2乘以单元格D2，否则返回48 000。

2 自动填充

使用自动填充功能，完成其他员工的销售业绩奖金的计算。

3 输入公式

使用同样的方法计算累计业绩奖金。选择单元格G2，在编辑栏中直接输入公式“=IF(E2>600000,18000,5000)”，按【Enter】键确认，即可计算出累计业绩奖金。

G2 =IF(E2>600000,18000,5000)

输入

	E	F	G
1	累计业绩额	基本业绩奖金	累计业绩奖金
2	¥670,970.00	¥5,460.00	¥18,000.00
3	¥399,310.00	¥4,620.00	

4 自动填充

使用自动填充功能，完成其他员工的累计业绩奖金的计算。

	E	F	G
1	累计业绩额	基本业绩奖金	累计业绩奖金
2	¥670,970.00	¥5,460.00	¥18,000.00
3	¥399,310.00	¥4,620.00	¥5,000.00
4	¥590,750.00	¥8,270.00	¥5,000.00
5	¥697,650.00	¥4,536.00	¥18,000.00
6	¥843,700.00	¥23,646.00	¥18,000.00
7	¥890,820.00	¥0.00	¥18,000.00
8	¥681,770.00	¥1,188.00	¥18,000.00
9	¥686,500.00	¥3,642.80	¥18,000.00
10	¥588,500.00	¥4,944.80	¥5,000.00

第5步：计算业绩总奖金额

1 输入公式

在单元格H2中输入公式“=F2+G2”，按【Enter】键确认，计算出业绩总奖金额。

2 自动填充

使用自动填充功能，计算出所有员工的业绩总奖金额。

员工编号	姓名	销售业绩额	奖金比例	累计业绩额	基本业绩奖金	累计业绩奖金	业绩总奖金额
20160101	张光辉	78000	7%	¥670,970.00	¥5,460.00	¥18,000.00	¥23,460.00
20160102	李明明	66000	7%	¥399,310.00	¥4,620.00	¥5,000.00	¥9,620.00
20160103	胡亮亮	82700	10%	¥590,750.00	¥8,270.00	¥5,000.00	¥13,270.00
20160104	周广俊	64800	7%	¥697,650.00	¥4,536.00	¥18,000.00	¥22,536.00
20160105	刘大鹏	157640	15%	¥843,700.00	¥23,646.00	¥18,000.00	¥41,646.00
20160106	王冬梅	21500	0%	¥890,820.00	¥0.00	¥18,000.00	¥18,000.00
20160107	胡秋菊	39600	3%	¥681,770.00	¥1,188.00	¥18,000.00	¥19,188.00
20160108	李夏雨	52040	7%	¥686,500.00	¥3,642.80	¥18,000.00	¥21,642.80
20160109	张春歌	70640	7%	¥588,500.00	¥4,944.80	¥5,000.00	¥9,944.80

至此，销售奖金计算表制作完毕，用户保存该表即可。

技巧：大小写字母转换技巧

与大小写字母转换相关的3个函数为LOWER、UPPER和PROPER。

LOWER函数：将字符串中所有的大写字母转换为小写字母。

UPPER函数：将字符串中所有的小写字母转换为大写字母。

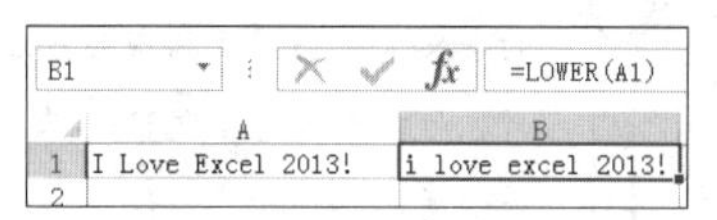

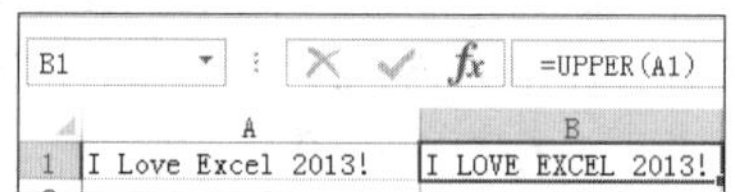

PROPER函数：将字符串的首字母及任何非字母字符后面的首字母转换为大写字母。

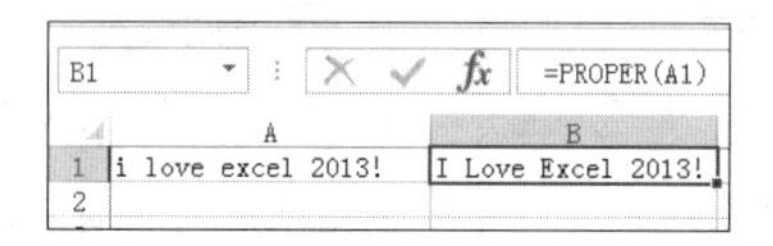

第 6 章

Excel的专业数据分析

重点导读

本章视频教学时间：1小时1分钟

使用Excel 2013可以对表格中的数据进行基础分析。使用排序功能可以将数据表中的内容按照特定的规则排序；使用筛选功能可以将满足用户条件的数据单独显示；设置数据的有效性可以防止输入错误数据；使用条件格式功能可以直观地突出显示重要值；使用合并计算和分类汇总功能可以对数据进行分类或汇总。

学习效果图

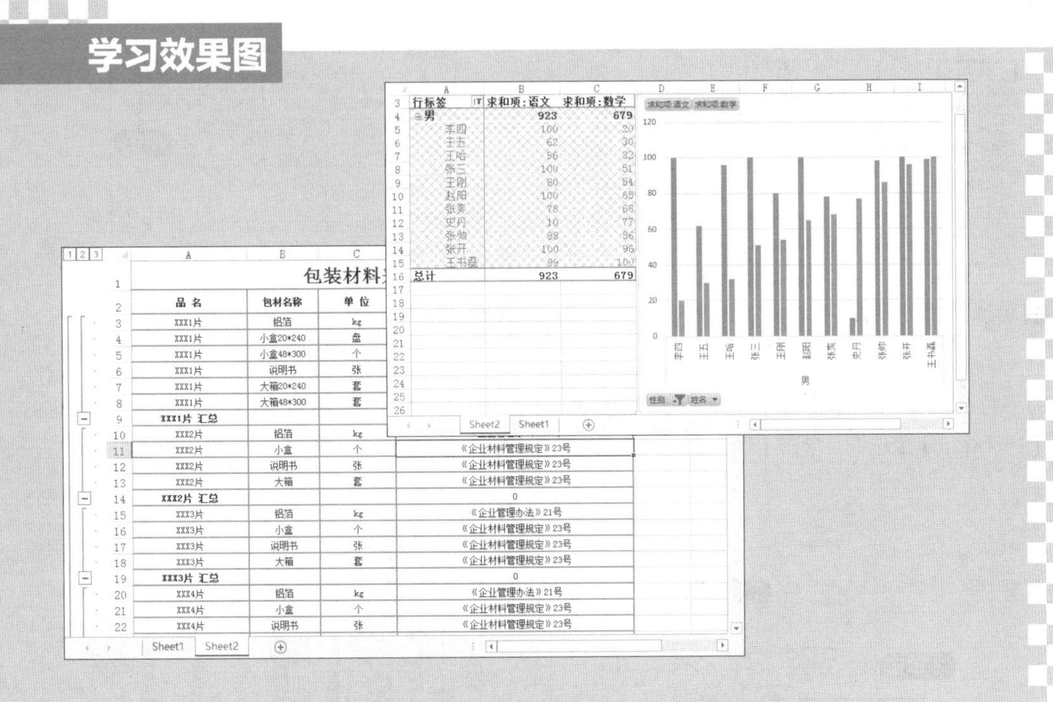

6.1 数据的筛选

本节视频教学时间 / 5分钟

在数据清单中，如果用户要查看一些特定数据，就需要对数据清单进行筛选，即从数据清单中选出符合条件的数据，将其显示在工作表中，不满足筛选条件的数据行将自动隐藏。

6.1.1 自动筛选

通过自动筛选操作，用户就能够筛选掉那些不符合要求的数据。自动筛选包括单条件筛选和多条件筛选。

1. 单条件筛选

所谓的单条件筛选，就是将符合一种条件的数据筛选出来。例如在期中考试成绩表中，将“16计算机”班的学生筛选出来，具体的操作步骤如下。

1 打开素材

打开随书光盘中的“素材\ch06\期中考试成绩表.xlsx”文件，选择数据区域内的任意一个单元格。

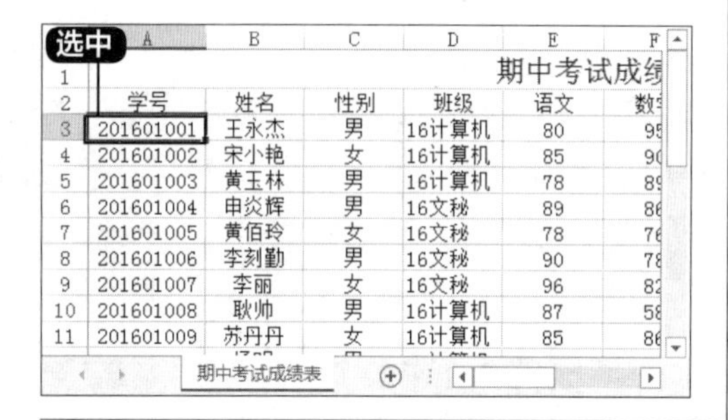

2 自动筛选

在【数据】选项卡中，单击【排序和筛选】组中的【筛选】按钮，进入【自动筛选】状态，此时在标题行每列的右侧出现一个下拉按钮。

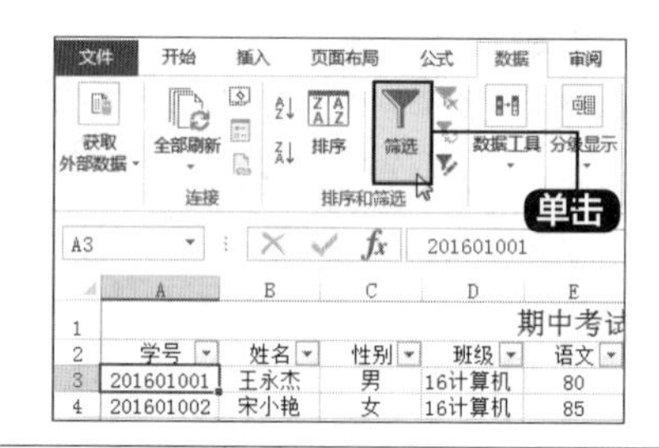

3 选择【16计算机】

单击【班级】列右侧的下拉箭头，在弹出的下拉列表中取消【全选】复选框，再选择【16计算机】复选框，单击【确定】按钮。

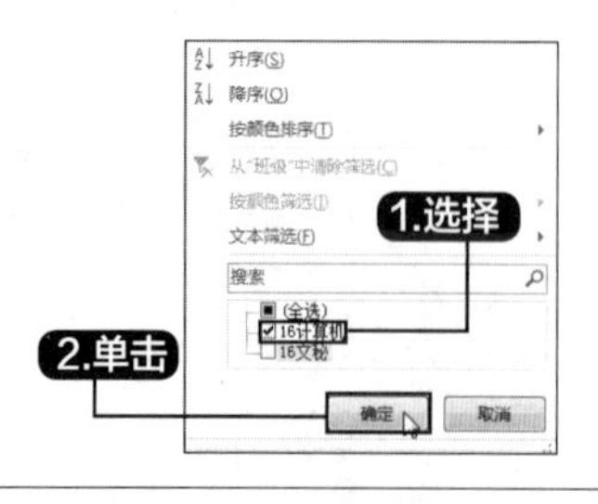

4 筛选结果

经过筛选后的数据清单如图所示，可以看出仅显示了“16计算机”班学生的记录，其他记录被隐藏。

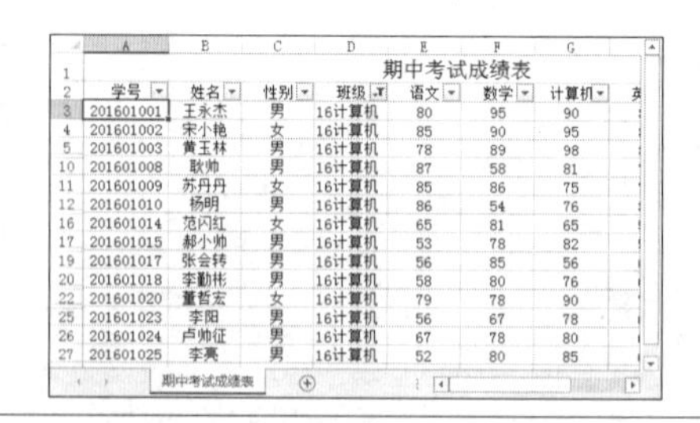

2. 多条件筛选

多条件筛选就是将符合多个条件的数据筛选出来。将期中考试成绩表中英语成绩为60和70分的学生筛选出来的具体操作步骤如下。

1 选择【自动筛选】

打开随书光盘中的“素材\ch06\期中考试成绩表.xlsx”文件，选择数据区域内的任意一个单元格。在【数据】选项卡中，单击【排序和筛选】组中的【筛选】按钮，进入【自动筛选】状态，此时在标题行每列的右侧出现一个下拉箭头。单击【英语】列右侧的下拉箭头，在弹出的下拉列表中取消【全选】复选框，选择“60”和“70”复选框，单击【确定】按钮。

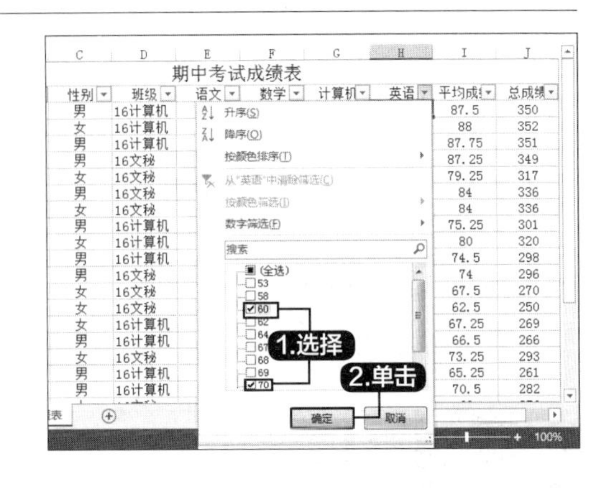

2 筛选结果

筛选后的结果如下图所示。

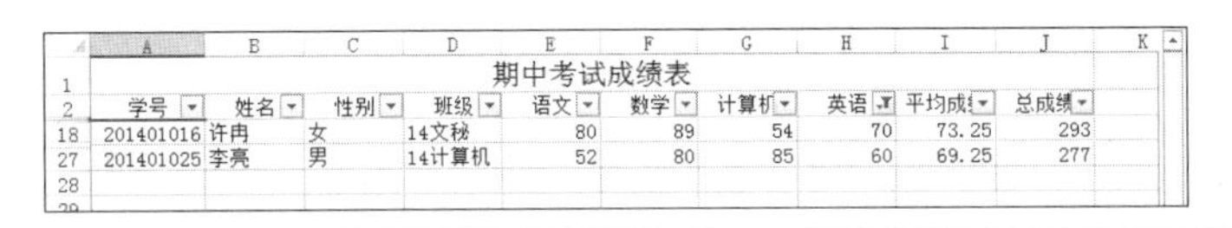

期中考试成绩表

	学号	姓名	性别	班级	语文	数学	计算机	英语	平均成绩	总成绩
18	201401016	许冉	女	14文秘	80	89	54	70	73.25	293
27	201401025	李亮	男	14计算机	52	80	85	60	69.25	277

6.1.2 高级筛选

如果要对字段设置多个复杂的筛选条件，可以使用Excel提供的高级筛选功能。使用高级筛选功能之前应先建立一个条件区域。条件区域用来指定筛选的数据必须满足的条件。在条件区域中要求包含作为筛选条件的字段名，字段名下面必须有两个空行，一行用来输入筛选条件，另一行作为空行用来把条件区域和数据区域分开。

例如将班级为16文秘的学生筛选出来的具体操作步骤如下。

1 输入公式

打开随书光盘中的“素材\ch06\期中考试成绩表.xlsx”文件，在L2单元格中输入“班级”，在L3单元格中输入公式“="16文秘"”，并按【Enter】键。

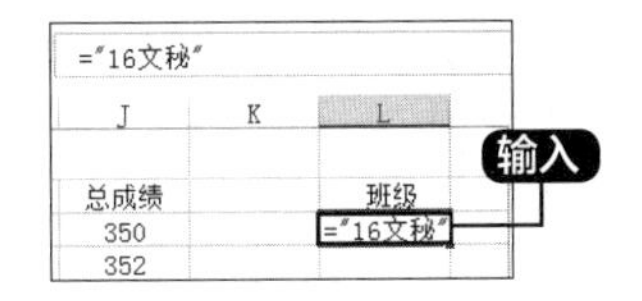

2 单击【高级】按钮

在【数据】选项卡中，单击【排序和筛选】组中的【高级】按钮 高级，弹出【高级筛选】对话框。

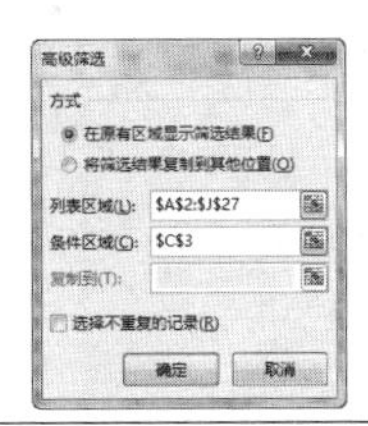

3 设置区域

在对话框中分别单击【列表区域】和【条件区域】文本框右侧的按钮，设置列表区域和条件区域。

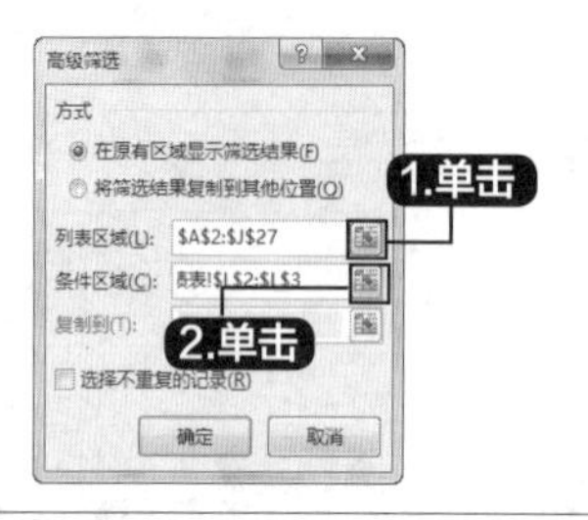

4 筛选数据

设置完毕后，单击【确定】按钮，即可筛选出符合条件区域的数据。

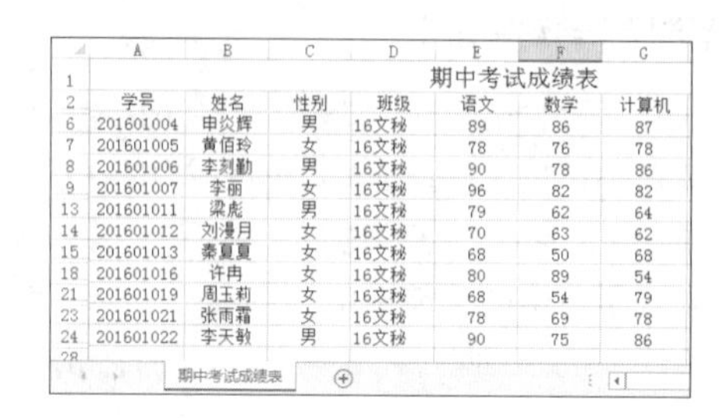

期中考试成绩表

学号	姓名	性别	班级	语文	数学	计算机
201601004	申炎辉	男	16文秘	89	86	87
201601005	黄佰玲	女	16文秘	78	76	78
201601006	李刻勤	男	16文秘	90	78	86
201601007	李丽	女	16文秘	96	82	82
201601011	梁彪	男	16文秘	79	62	64
201601012	刘漫月	女	16文秘	70	63	62
201601013	秦夏夏	女	16文秘	68	50	68
201601016	许冉	女	16文秘	80	89	54
201601019	周玉莉	女	16文秘	68	54	79
201601021	张雨霜	女	16文秘	78	69	78
201601022	李天敏	男	16文秘	90	75	86

6.2 数据的排序

本节视频教学时间 / 4分钟

Excel默认的排序方式是根据单元格中的数据进行排序的。在按升序排序时，Excel使用如下的顺序。

1 数值从最小的负数到最大的正数排序。

2 文本按A~Z顺序。

3 逻辑值False在前，True在后。

4 空格排在最后。

6.2.1 单条件排序

单条件排序可以根据一行或一列的数据对整个数据表按照升序或降序的方法进行排序。

1 打开素材

打开随书光盘中的“素材\ch06\成绩单.xlsx”文件，如要按照总成绩由高到低进行排序，选择总成绩所在E列的任意一个单元格（如E4）。

2 单击【排序】按钮

单击【数据】选项卡下【排序和筛选】组中的【降序】按钮，即可按照总成绩由高到低的顺序显示数据。

期末成绩单

学号	姓名	文化课成绩	体育成绩	总成绩
1008	李夏莲	540	40	580
1004	马军军	530	42	572
1009	胡秋菊	530	41	571
1003	胡悦悦	520	48	568
1001	王亮亮	520	45	565
1005	刘亮亮	520	45	565
1010	李冬梅	520	40	560
1006	陈鹏鹏	510	49	559
1007	张春鸽	510	43	553
1002	李明明	510	42	552

6.2.2 多条件排序

在打开的“成绩单.xlsx”工作簿中，如果希望按照文化课成绩由高到低进行排序，而文化课成绩相等时，则以体育成绩由高到低的方式显示时，就可以使用多条件排序。

1 单击【排序】按钮

在打开的“成绩单.xlsx”文件中，选择表格中的任意一个单元格（如C4），单击【数据】选项卡下【排序和筛选】组中的【排序】按钮。

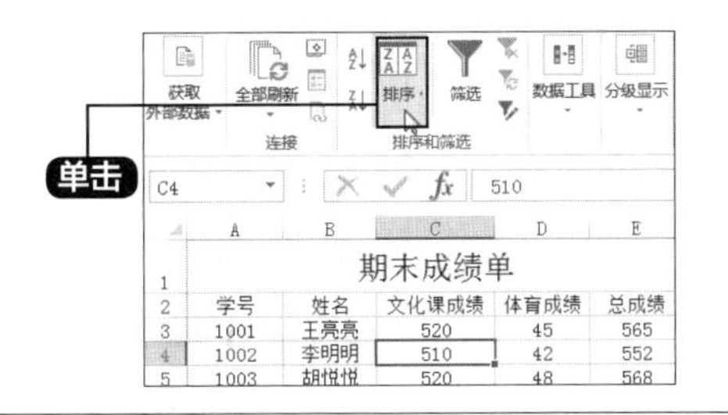

2 进行设置

打开【排序】对话框，单击【主要关键字】后的下拉按钮，在下拉列表中选择【文化课成绩】选项，设置【排序依据】为【数值】，设置【次序】为【降序】。

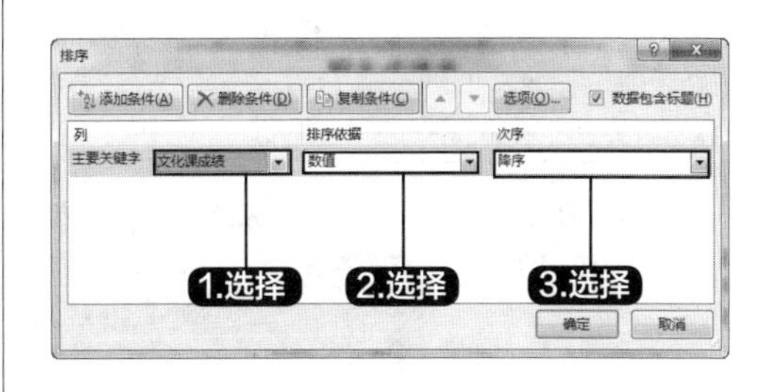

3 添加条件

单击【添加条件】按钮，新增排序条件，单击【次要关键字】后的下拉按钮，在下拉列表中选择【体育成绩】选项，设置【排序依据】为【数值】，设置【次序】为【降序】，单击【确定】按钮。

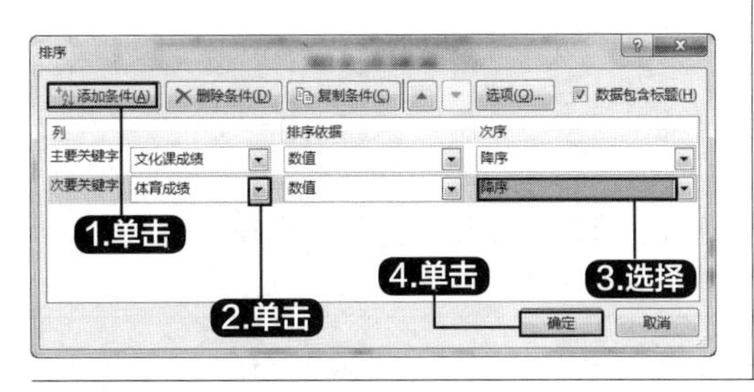

4 排序结果

返回至工作表，就可以看到数据按照文化课成绩由高到低的顺序进行排序，而文化课成绩相等时，则按照体育成绩由高到低进行排序。

期末成绩单

学号	姓名	文化课成绩	体育成绩	总成绩
1008	李夏莲	540	40	580
1004	马军军	530	42	572
1009	胡秋菊	530	41	571
1003	胡悦悦	520	48	568
1001	王亮亮	520	45	565
1005	刘亮亮	520	45	565
1010	李冬梅	520	40	560
1006	陈鹏鹏	510	49	559
1007	张春鸽	510	43	553
1002	李明明	510	42	552

6.2.3 自定义排序

Excel具有自定义排序功能，用户可以根据需要设置自定义排序序列。例如，按照职位高低进行排序时就可以使用自定义排序的方式。

1 设置【排序】对话框

打开随书光盘中的“素材\ch06\职务表.xlsx”文件，选择任意一个单元格，单击【数据】选项卡下【排序和筛选】组中的【排序】按钮。弹出【排序】对话框，在【主要关键字】下拉列表中选择【职务】选项，在【次序】下拉列表中选择【自定义序列】选项。

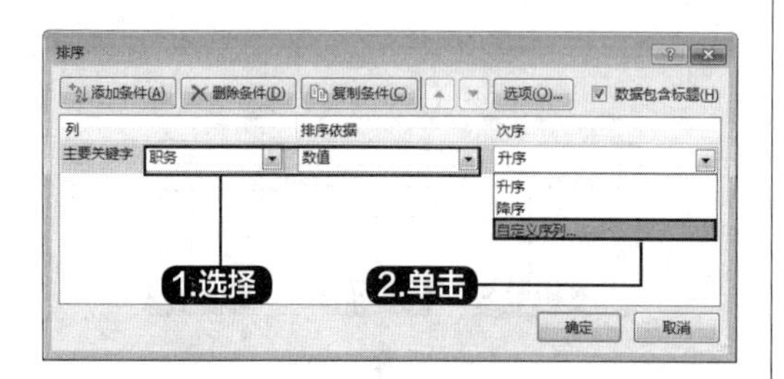

2 添加自定义序列

弹出【自定义序列】对话框，在【输入序列】列表框中输入“销售总裁”“销售副总裁”“销售经理”“销售助理”和“销售代表”文本，单击【添加】按钮，将自定义序列添加至【自定义序列】列表框，单击【确定】按钮。

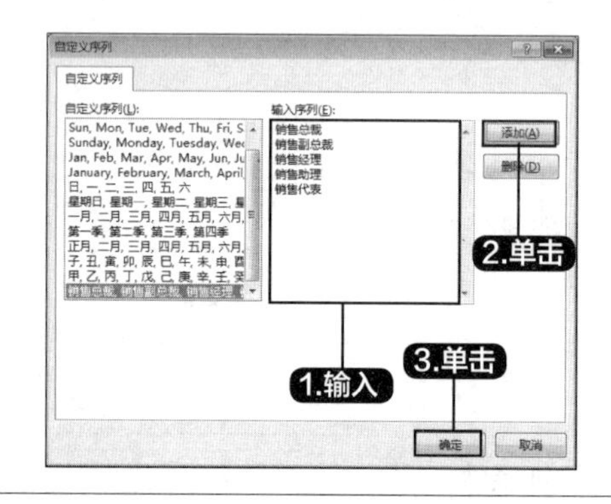

3 确定

返回至【排序】对话框，即可看到【次序】文本框中显示的为自定义的序列，单击【确定】按钮。

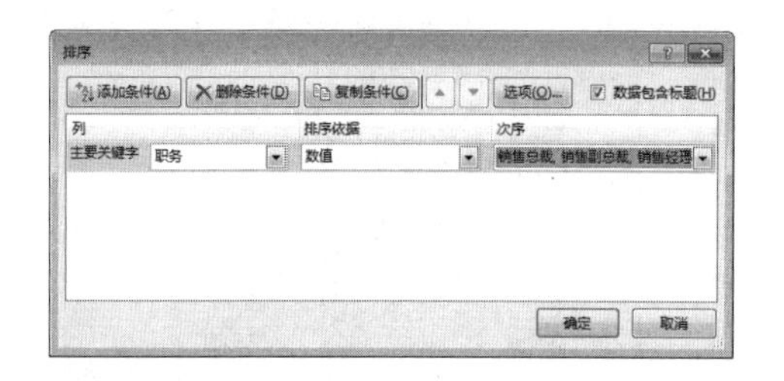

4 查看结果

即可查看按照自定义排序列表排序后的结果。

	A	B	C	D
1		职务表		
2	编号	姓名	职务	基本工资
3	10222	李献伟	销售总裁	¥8,500
4	10218	霍庆伟	销售副总裁	¥6,800
5	10216	郝东升	销售经理	¥5,800
6	10213	贺双双	销售助理	¥4,800
7	10215	刘晓坡	销售助理	¥4,200
8	10217	张可洪	销售助理	¥4,200
9	10220	范娟娟	销售助理	¥4,600
10	10211	石向远	销售代表	¥4,500
11	10212	刘亮	销售代表	¥4,200
12	10214	李洪亮	销售代表	¥4,300
13	10219	朱明哲	销售代表	¥4,200
14	10221	马焕平	销售代表	¥4,100

Sheet1

6.3 使用条件样式

本节视频教学时间 /10分钟 

在Excel 2013中可以使用条件格式，将符合条件的数据突出显示出来。

条件格式是指在设定的条件下，Excel自动应用所选单元格的格式（如单元格的底纹或字体颜色），即在所选的单元格中符合条件的以一种格式显示，不符合条件的以另一种格式显示。

设定条件格式可以让用户基于单元格内容有选择地和自动地应用单元格格式。例如，通过设置使区域内的所有负值有一个浅黄色的背景色。当输入或者改变区域中的值时，如果数值为负数背景就变化，否则就不应用任何格式。

对一个单元格区域应用条件格式的步骤如下。

1 打开素材

打开随书光盘中的“素材\ch06\成绩单.xlsx”文件，选择要设置的区域。单击【开始】选项卡下【样式】组中的【条件格式】按钮，选择【突出显示单元格规则】➤【介于】条件规则。

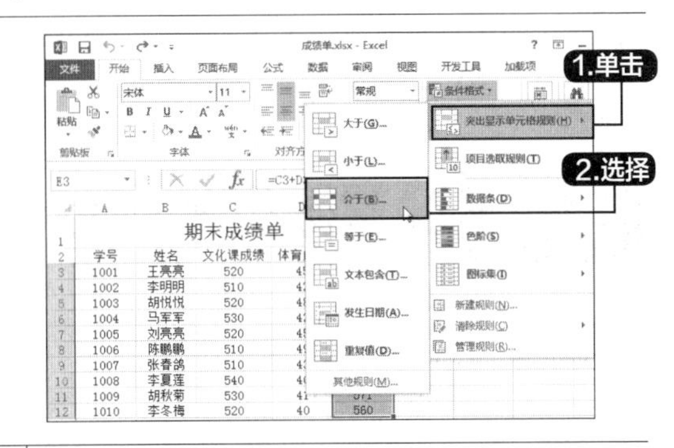

2 确定

弹出【介于】对话框，在【设置为】右侧的文本框中选择“浅红填充色深红色文本”，单击【确定】按钮。

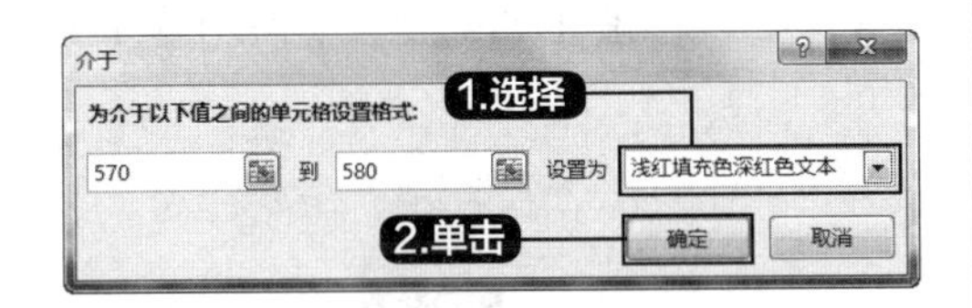

3 效果

效果如下图所示。

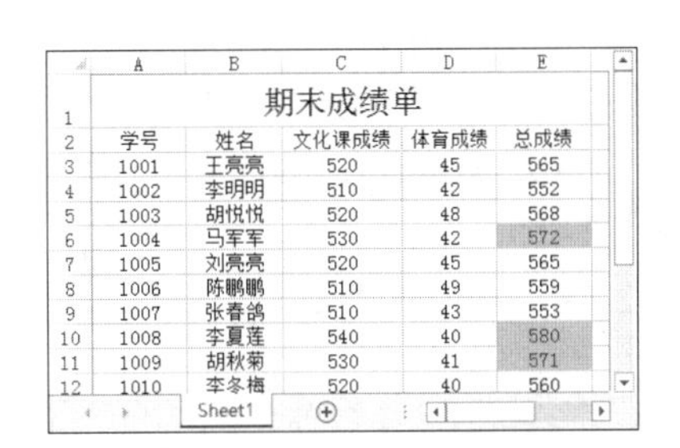

期末成绩单

学号	姓名	文化课成绩	体育成绩	总成绩
1001	王亮亮	520	45	565
1002	李明明	510	42	552
1003	胡悦悦	520	48	568
1004	马军军	530	42	572
1005	刘亮亮	520	45	565
1006	陈鹏鹏	510	49	559
1007	张春鸽	510	43	553
1008	李夏莲	540	40	580
1009	胡秋菊	530	41	571
1010	李冬梅	520	40	560

提示

单击【新建规则】选项，弹出【新建格式规则】对话框，在此对话框中可以根据自己的需要来设定条件规则。

设定条件格式后，可以管理和清除设置的条件格式。

1. 管理条件格式

选择设置条件格式的区域，单击【开始】选项卡下【样式】组中的【条件格式】按钮，在弹出的列表中选择【管理规则】选项。弹出【条件格式规则管理器】对话框，在此列出了所选区域的条件格式，可以在此管理器中新建、编辑和删除设置条件规则。

2. 清除条件格式

除了使用【条件格式规则管理器】删除规则外，还可以通过以下方式删除。

选择设置条件格式的区域，单击【开始】选项卡下【样式】组中的【条件格式】按钮，在弹出的列表中选择【清除规则】➤【清除所选单元格的规则】选项，可清除选择区域中的条件规则；选择【清除规则】➤【清除整个工作表的规则】选项，则清除此工作表中设置的所有条件规则。

6.4 设置数据的有效性

本节视频教学时间 / 10分钟

在向工作表中输入数据时，为了防止用户输入错误的数据，可以为单元格设置有效的数据范围，限制用户只能输入指定范围的数据。例如设置学生学号长度的具体操作步骤如下。

1 选择【数据验证】选项

打开随书光盘中的“素材\ch06\数据有效性.xlsx”文件。选择单元格区域B2:B8，单击【数据】选项卡下【数据工具】组中的【数据验证】按钮，在弹出的下拉列表中选择【数据验证】选项。

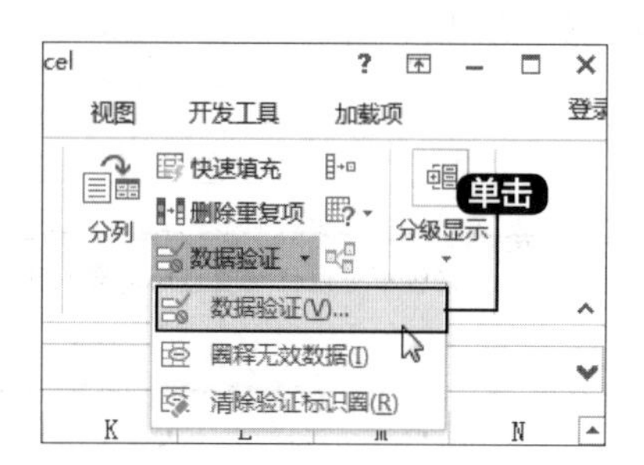

2 进行设置

弹出【数据验证】对话框，选择【设置】选项卡，在【允许】下拉列表中选择【文本长度】，在【数据】下拉列表中选择【等于】，在【长度】文本框中输入“8”，单击【确定】按钮。

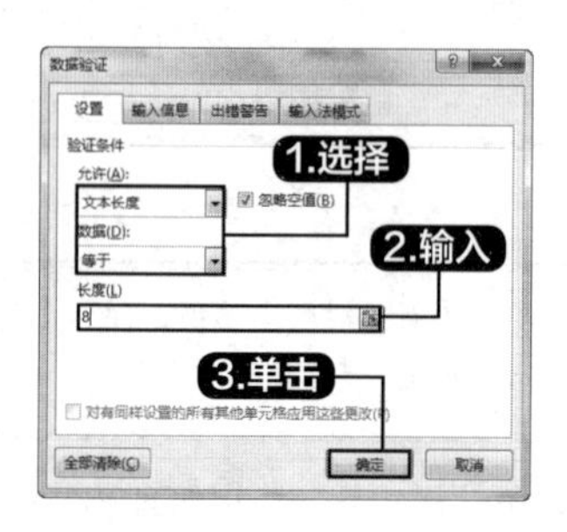

3 弹出错误信息

返回工作表，在单元格区域B2:B8 中输入学号，如果输入小于8 位或者大于8 位的学号，就会弹出【Microsoft Excel】提示框，提示出错信息。

4 输入8位学号

只有输入8 位的学号时，才能正确输入，而不会弹出警告。

	A	B	C	D	E
1	姓名	学号	语文	数学	英语
2	朱清	20160101			
3	张华	20160102			
4	王平	20160103			
5	孙静	20160104			
6	李健	20160105			
7	周明	20160106			
8	刘东	20160107			

6.5 数据的合并运算

本节视频教学时间 / 5分钟

在Excel 2013中，若要汇总多个工作表结果，可以将数据合并到一个主工作表中，以便能够对数据进行更新和汇总。

1 打开素材

打开随书光盘中的“素材\ch06\合并计算.xlsx”文件，选择“工资1”工作表的单元格区域A1:F14。

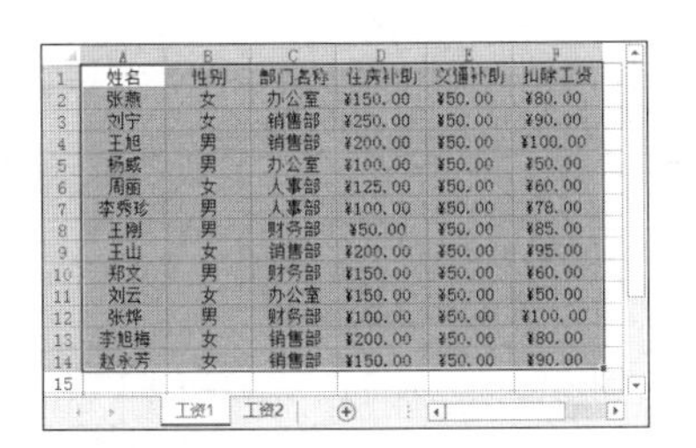

姓名	性别	部门名称	住房补助	交通补助	扣除工资
张燕	女	办公室	¥150.00	¥50.00	¥80.00
刘宁	女	销售部	¥250.00	¥50.00	¥90.00
王旭	男	销售部	¥200.00	¥50.00	¥100.00
杨威	男	办公室	¥100.00	¥50.00	¥50.00
周丽	女	人事部	¥125.00	¥50.00	¥60.00
李秀珍	男	人事部	¥100.00	¥50.00	¥78.00
王刚	男	财务部	¥50.00	¥50.00	¥85.00
王山	女	销售部	¥200.00	¥50.00	¥95.00
郑文	男	财务部	¥150.00	¥50.00	¥60.00
刘云	女	办公室	¥150.00	¥50.00	¥50.00
张烨	男	财务部	¥100.00	¥50.00	¥100.00
李旭梅	女	销售部	¥200.00	¥50.00	¥80.00
赵永芳	女	销售部	¥150.00	¥50.00	¥90.00

2 输入名称

单击【公式】选项卡下【定义的名称】组中的【定义名称】按钮 定义名称 ，弹出【新建名称】对话框，在【名称】文本框中输入“工资1”，单击【确定】按钮。

3 选择“工资2”

选择“工资2”工作表的单元格区域D1:F14。

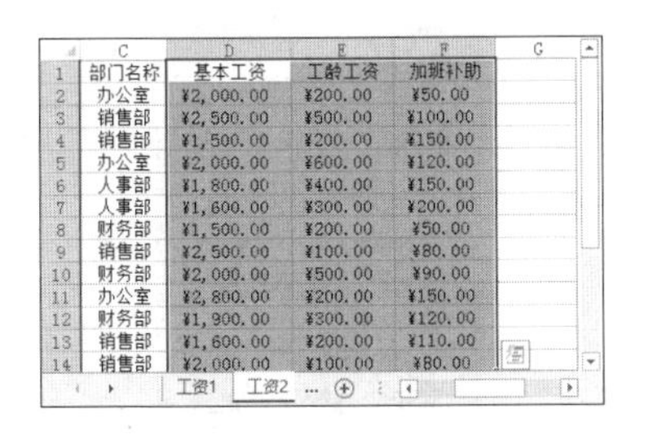

部门名称	基本工资	工龄工资	加班补助
办公室	¥2,000.00	¥200.00	¥50.00
销售部	¥2,500.00	¥500.00	¥100.00
销售部	¥1,500.00	¥200.00	¥150.00
办公室	¥2,000.00	¥600.00	¥120.00
人事部	¥1,800.00	¥400.00	¥150.00
人事部	¥1,600.00	¥300.00	¥200.00
财务部	¥1,500.00	¥200.00	¥50.00
销售部	¥2,500.00	¥100.00	¥80.00
财务部	¥2,000.00	¥500.00	¥90.00
办公室	¥2,800.00	¥200.00	¥150.00
财务部	¥1,900.00	¥300.00	¥120.00
销售部	¥1,600.00	¥200.00	¥110.00
销售部	¥2,000.00	¥100.00	¥80.00

4 输入名称

在【公式】选项卡下【定义的名称】组中的【定义名称】按钮 定义名称 ，弹出的【新建名称】对话框，在【名称】文本框中输入“工资2”，单击【确定】按钮。

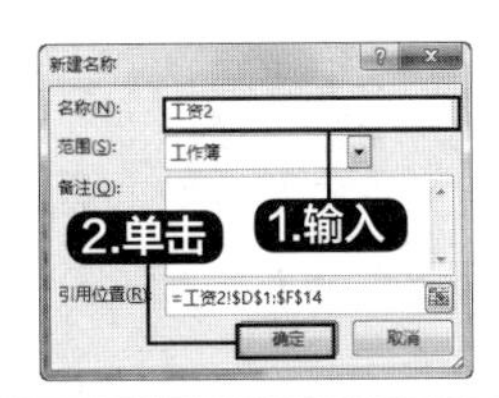

5 设置【合并计算】对话框

选择“工资1”工作表中的单元格G1，单击【数据】选项卡下【数据工具】组中的【合并计算】按钮 合并计算 ，在弹出的【合并计算】对话框中的【引用位置】文本框中输入“工资2”，单击【添加】按钮，把“工资2”添加到【所有引用位置】列表框中。

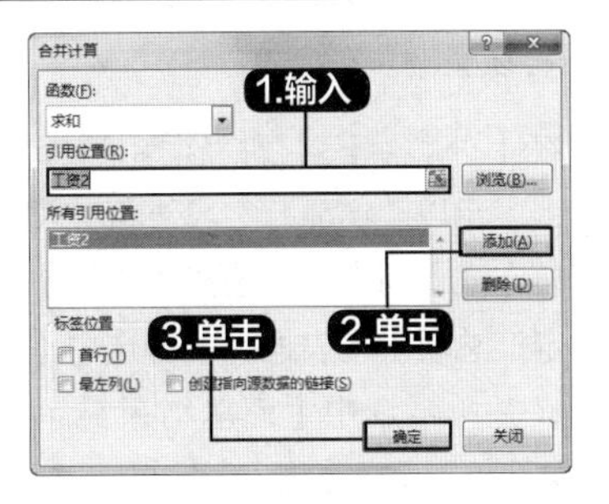

6 合并结果

单击【确定】按钮，即可将名称为“工资2”的区域合并到“工资1”区域中，效果如右图。

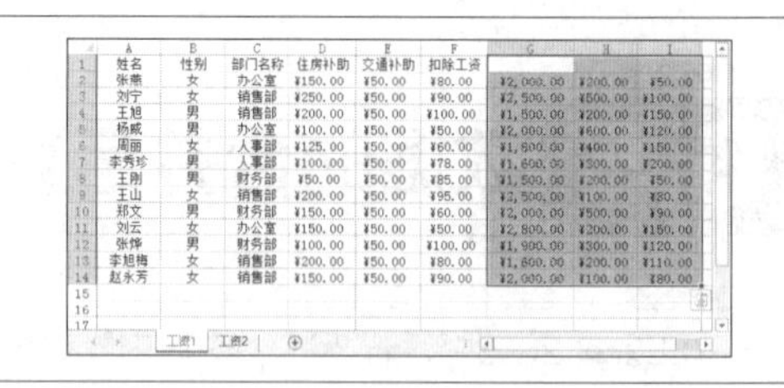

	A	B	C	D	E	F	G	H	I
1	姓名	性别	部门名称	住房补助	交通补助	扣除工资			
2	张燕	女	办公室	¥150.00	¥50.00	¥80.00	¥2,000.00	¥200.00	¥50.00
3	刘宁	女	销售部	¥250.00	¥50.00	¥90.00	¥2,500.00	¥500.00	¥100.00
4	王旭	男	销售部	¥200.00	¥50.00	¥100.00	¥1,500.00	¥200.00	¥150.00
5	杨威	男	办公室	¥100.00	¥50.00	¥50.00	¥2,000.00	¥600.00	¥120.00
6	周丽	女	人事部	¥125.00	¥50.00	¥60.00	¥1,800.00	¥400.00	¥150.00
7	李秀珍	男	人事部	¥100.00	¥50.00	¥78.00	¥1,600.00	¥300.00	¥200.00
8	王刚	男	财务部	¥50.00	¥50.00	¥85.00	¥1,500.00	¥200.00	¥50.00
9	王山	女	销售部	¥200.00	¥50.00	¥95.00	¥2,500.00	¥100.00	¥80.00
10	郑文	男	财务部	¥150.00	¥50.00	¥60.00	¥2,000.00	¥500.00	¥90.00
11	刘云	女	办公室	¥150.00	¥50.00	¥50.00	¥2,800.00	¥200.00	¥150.00
12	张烨	男	财务部	¥100.00	¥50.00	¥100.00	¥1,900.00	¥300.00	¥120.00
13	李旭梅	女	销售部	¥200.00	¥50.00	¥80.00	¥1,800.00	¥200.00	¥110.00
14	赵永芳	女	销售部	¥150.00	¥50.00	¥90.00	¥2,000.00	¥100.00	¥80.00

6.6 数据的分类汇总

本节视频教学时间 / 7分钟

分类汇总是对数据清单中的数据进行分类，在分类的基础上对数据进行汇总。

6.6.1 简单分类汇总

使用分类汇总的数据列表，每一列数据都要有列标题。Excel使用列标题来决定如何创建数据组以及如何计算总和。创建简单分类汇总的具体操作步骤如下。

1 打开素材

打开随书光盘中的“素材\ch06\汇总表.xlsx”文件，选择B列任意一个单元格，单击【数据】选项卡下【排序和筛选】组中的【升序】按钮 。

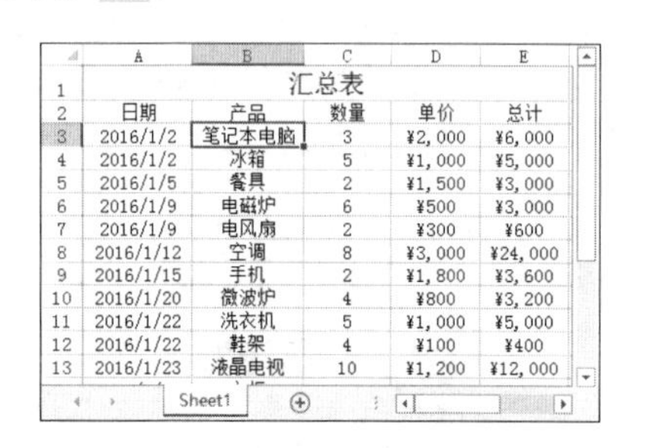

	A	B	C	D	E
1	汇总表				
2	日期	产品	数量	单价	总计
3	2016/1/2	笔记本电脑	3	¥2,000	¥6,000
4	2016/1/2	冰箱	5	¥1,000	¥5,000
5	2016/1/5	餐具	2	¥1,500	¥3,000
6	2016/1/9	电磁炉	6	¥500	¥3,000
7	2016/1/9	电风扇	2	¥300	¥600
8	2016/1/12	空调	8	¥3,000	¥24,000
9	2016/1/15	手机	2	¥1,800	¥3,600
10	2016/1/20	微波炉	4	¥800	¥3,200
11	2016/1/22	洗衣机	5	¥1,000	¥5,000
12	2016/1/22	鞋架	4	¥100	¥400
13	2016/1/23	液晶电视	10	¥1,200	¥12,000

2 单击【分类汇总】对话框

选择数据区域任意一个单元格，单击【数据】选项卡下【分级显示】组中的【分类汇总】按钮 分类汇总 ，弹出【分类汇总】对话框。

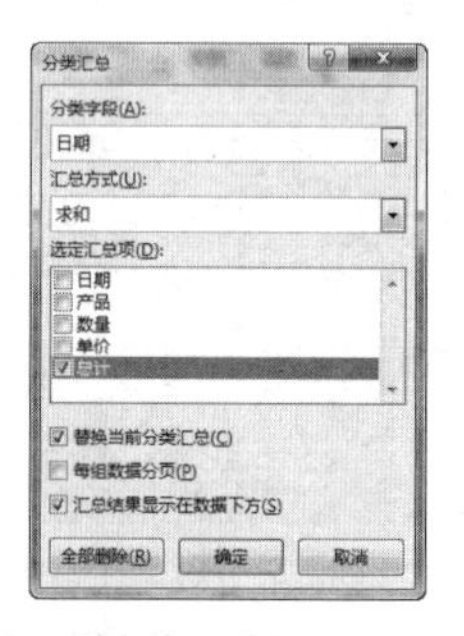

3 进行设置

在【分类字段】列表框中选择【产品】选项，表示以“产品”字段进行分类汇总。在【汇总方式】列表框中选择【求和】选项，在【选定汇总项】列表框中单击选中【总计】复选框，并单击选中【汇总结果显示在数据下方】复选框，单击【确定】按钮。

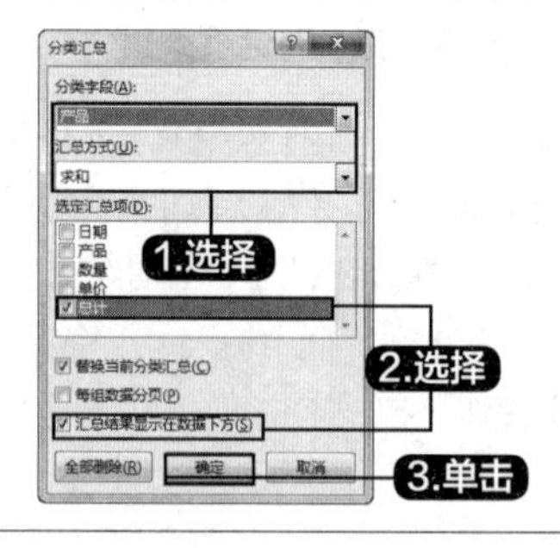

4 分类汇总结果

分类汇总后的效果如右图所示。

	A	B	C	D	E
1		汇总表			
2	日期	产品	数量	单价	总计
3	2016/1/2	笔记本电脑	3	¥2,000	¥6,000
4		笔记本电脑 汇总			¥6,000
5	2016/1/2	冰箱	5	¥1,000	¥5,000
6		冰箱 汇总			¥5,000
7	2016/1/5	餐具	2	¥1,500	¥3,000
8		餐具 汇总			¥3,000
9	2016/1/9	电磁炉	6	¥500	¥3,000
10		电磁炉 汇总			¥3,000
11	2016/1/9	电风扇	2	¥300	¥600

6.6.2 多重分类汇总

在Excel中，可以根据两个或更多个分类项对工作表中的数据进行分类汇总，进行分类汇总时需按照以下方法。

1 先按分类项的优先级对相关字段排序。

2 再按分类项的优先级多次执行分类汇总，后面执行分类汇总时，需撤销选中对话框中的【替换当前分类汇总】复选框。根据购物日期和产品进行分类汇总的步骤如下。

1 单击【排序】按钮

打开随书光盘中的“素材\ch06\汇总表.xlsx”文件，选择数据区域中的任意单元格，单击【数据】选项卡下【排序和筛选】组中的【排序】按钮，弹出【排序】对话框，参照下图所示进行设置，单击【确定】按钮。

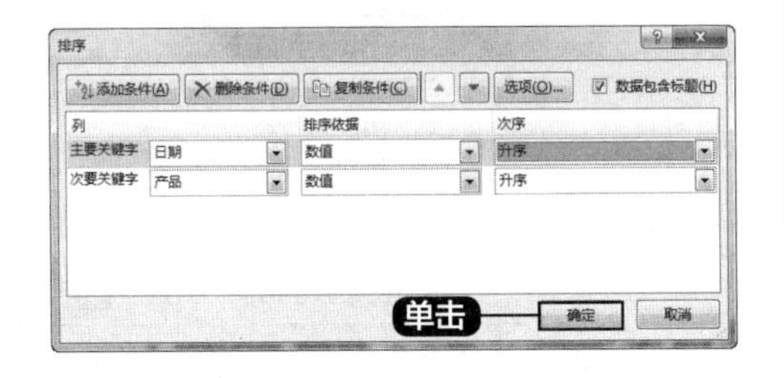

2 排序结果

排序后的工作表如下图所示。

	A	B	C	D	E
1		汇总表			
2	日期	产品	数量	单价	总计
3	2016/1/2	笔记本电脑	3	¥2,000	¥6,000
4	2016/1/2	冰箱	5	¥1,000	¥5,000
5	2016/1/5	餐具	2	¥1,500	¥3,000
6	2016/1/9	电磁炉	6	¥500	¥3,000
7	2016/1/9	电风扇	2	¥300	¥600
8	2016/1/12	空调	8	¥3,000	¥24,000
9	2016/1/15	手机	2	¥1,800	¥3,600
10	2016/1/20	微波炉	4	¥800	¥3,200
11	2016/1/22	洗衣机	5	¥1,000	¥5,000
12	2016/1/22	鞋架	4	¥100	¥400
13	2016/1/23	液晶电视	10	¥1,200	¥12,000
14	2016/1/23	衣柜	10	¥700	¥7,000

Sheet1

3 进行设置

单击【分级显示】选项组中的【分类汇总】按钮，弹出【分类汇总】对话框。在【分类字段】列表框中选择【日期】选项，在【汇总方式】列表框中选择【求和】选项，在【选定汇总项】列表框中单击选中【总计】复选框，并单击选中【汇总结果显示在数据下方】复选框，单击【确定】按钮。

4 结果

分类汇总后的工作表如下图所示。

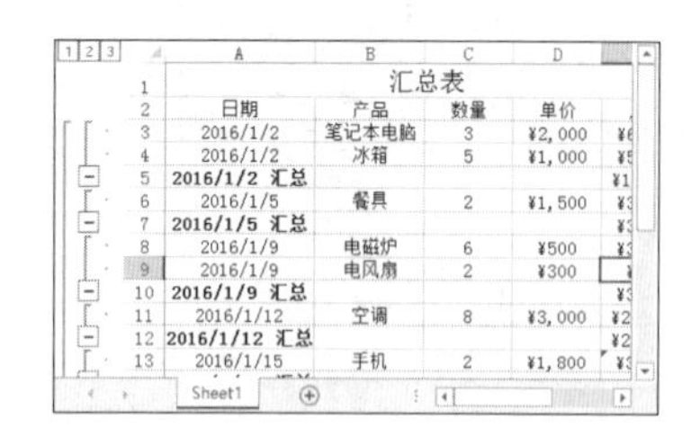

	A	B	C	D
1	汇总表			
2	日期	产品	数量	单价
3	2016/1/2	笔记本电脑	3	¥2,000
4	2016/1/2	冰箱	5	¥1,000
5	2016/1/2 汇总			
6	2016/1/5	餐具	2	¥1,500
7	2016/1/5 汇总			
8	2016/1/9	电磁炉	6	¥500
9	2016/1/9	电风扇	2	¥300
10	2016/1/9 汇总			
11	2016/1/12	空调	8	¥3,000
12	2016/1/12 汇总			
13	2016/1/15	手机	2	¥1,800

5 进行设置

再次单击【分类汇总】按钮，在【分类字段】下拉列表框中选择【产品】选项，在【汇总方式】下拉列表框中选择【求和】选项，在【选定汇总项】列表框中单击选中【总计】复选框，撤销选中【替换当前分类汇总】复选框，单击【确定】按钮。

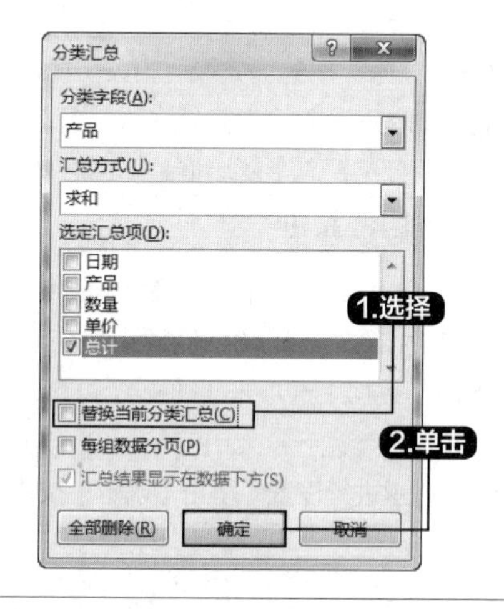

6 结果

此时即建立了两重分类汇总，效果如下图所示。

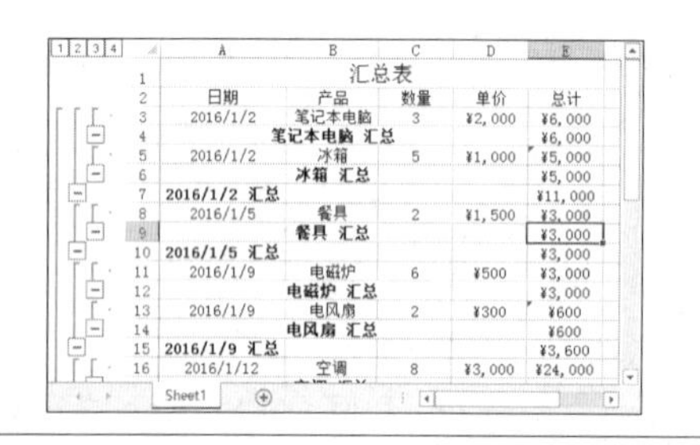

	A	B	C	D	E
1	汇总表				
2	日期	产品	数量	单价	总计
3	2016/1/2	笔记本电脑	3	¥2,000	¥6,000
4		笔记本电脑 汇总			¥6,000
5	2016/1/2	冰箱	5	¥1,000	¥5,000
6		冰箱 汇总			¥5,000
7	2016/1/2 汇总				¥11,000
8	2016/1/5	餐具	2	¥1,500	¥3,000
9		餐具 汇总			¥3,000
10	2016/1/5 汇总				¥3,000
11	2016/1/9	电磁炉	6	¥500	¥3,000
12		电磁炉 汇总			¥3,000
13	2016/1/9	电风扇	2	¥300	¥600
14		电风扇 汇总			¥600
15	2016/1/9 汇总				¥3,600
16	2016/1/12	空调	8	¥3,000	¥24,000

6.7 数据透视表

本节视频教学时间 / 8分钟

数据透视表实际上是从数据库中生成的动态总结报告，其最大的特点就是具有交互性。创建透视表后，可以任意地重新排列数据信息，并且可以根据需要对数据进行分组。

6.7.1 创建数据透视表

使用数据透视表可以深入分析数值数据，创建数据透视表的具体操作步骤如下。

1 打开素材

打开随书光盘中的“素材\ch06\数据透视表.xlsx”文件，选择单元格区域A1:D21，单击【插入】选项卡下【表格】组中【数据透视表】按钮。

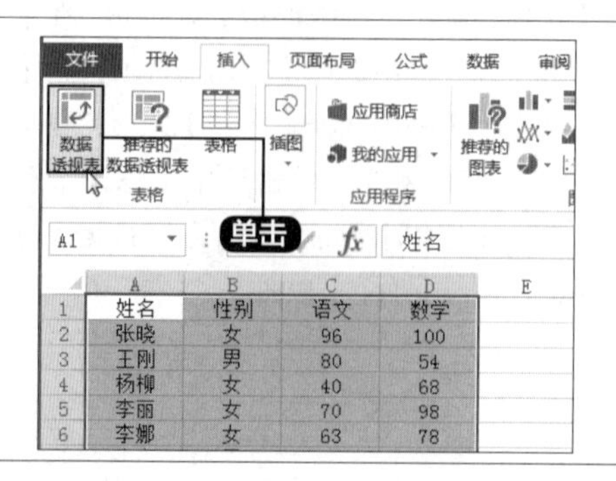

	A	B	C	D
1	姓名	性别	语文	数学
2	张晓	女	96	100
3	王刚	男	80	54
4	杨柳	女	40	68
5	李丽	女	70	98
6	李娜	女	63	78

2 进行设置

弹出【创建数据透视表】对话框。在【请选择要分析的数据】区域单击选中【选择一个表或区域】单选项，在【表/区域】文本框中设置数据透视表的数据源，再在【选择放置数据透视表的位置】区域单击选中【新工作表】单选项，最后单击【确定】按钮。

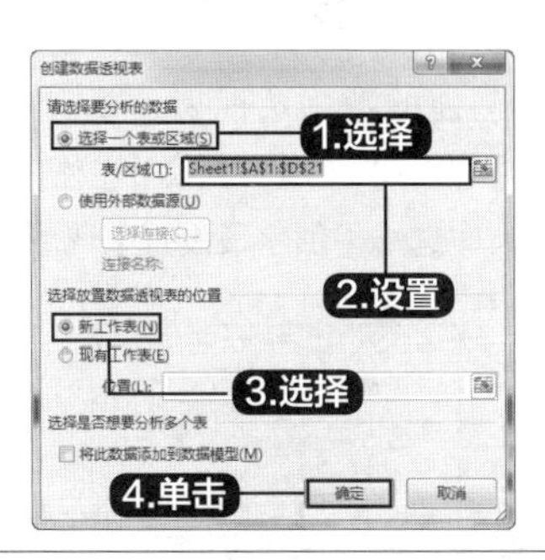

3 出现两个选项卡

弹出数据透视表的编辑界面，工作表中会出现数据透视表，在其右侧是【数据透视表字段】窗格。在功能区会出现【数据透视表工具】的【选项】和【设计】两个选项卡。

4 进行拖曳

将“语文”和“数学”字段拖曳到【Σ值】中，将“性别”和“姓名”字段分别拖曳到【行】标签中，注意顺序，添加报表字段后的效果如右图所示，即可创建的数据透视表。

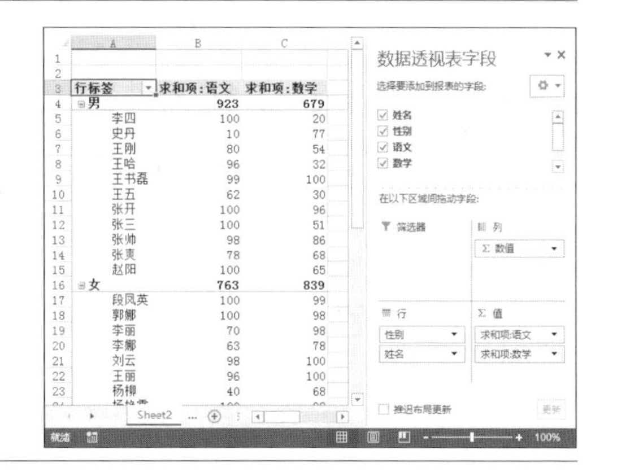

6.7.2 编辑数据透视表

创建数据透视表以后，还可以编辑创建的数据透视表，对数据透视表的编辑包括修改其布局、添加或删除字段、格式化表中的数据以及对透视表进行复制和删除等操作。

1 删除字段

选择创建的数据透视表，单击右侧【行标签】列表中的【姓名】按钮，在弹出的下拉列表中选择【删除字段】选项；或直接撤销选中【选择要添加到报表的字段】区域中的【姓名】复选框。

提示 选择标签中字段名称，并将其拖曳到窗口外，也可以删除该字段。

2 结果

删除数据源后效果如图所示。

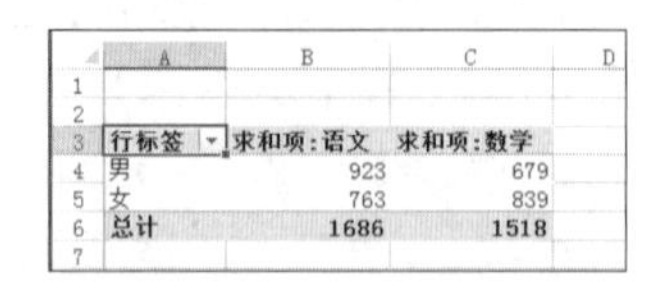

行标签	求和项:语文	求和项:数学
男	923	679
女	763	839
总计	1686	1518

3 进行拖曳

在【选择要添加到报表的字段】列表中单击选中要添加字段前的复选框，将其直接拖曳字段名称到字段列表中，即可完成数据的添加。

除了添加和删除数据，还可以在数据透视表中增加计算类型来更改数据透视表中的数据，具体操作步骤如下所示。

4 选择【值字段设置】选项

选择创建的数据透视表，单击右侧【Σ值】列表中的【求和项：语文】按钮，在弹出的下拉列表中选择【值字段设置】选项。

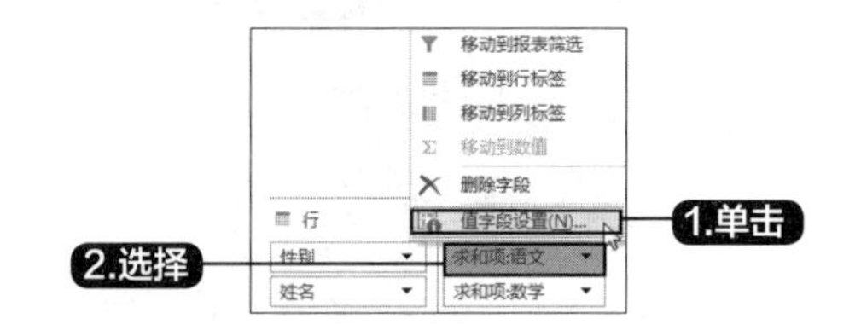

5 选择【平均值】选项

弹出【值字段设置】对话框，可以更改其汇总的方式，此处在【计算类型】列表中选择【平均值】选项，单击【确定】按钮。

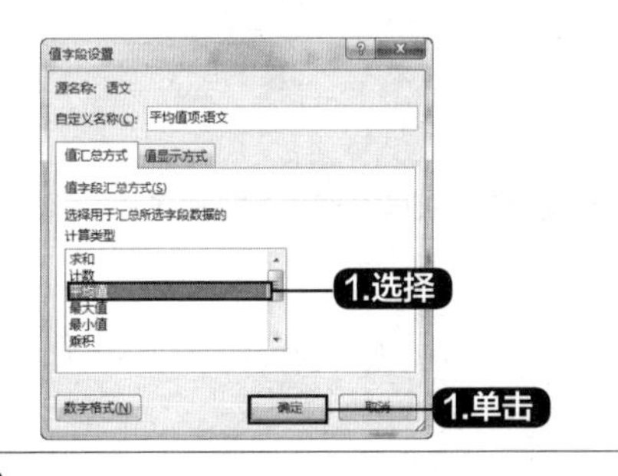

6 结果

即可看到添加求和项后的效果。

行标签	平均值项:语文	求和项:数学
⊟男	83.90909091	679
李四	100	20
史丹	10	77
王刚	80	54
王哈	96	32
王书磊	99	100
王五	62	30
张开	100	96
张三	100	51
张帅	98	86
张爽	78	68
赵阳	100	65
⊟女	84.77777778	839
段凤英	100	99
郭娜	100	98
李丽	70	98

提示 双击添加的“求和项：数学”单元格，将会弹出【值字段设置】对话框，在其中可更改其汇总的方式。

6.7.3 美化数据透视表

创建并编辑好数据透视表后，可以对其进行美化，使其看起来更加美观。

1 改变数据透视表样式

选中上一节创建的数据透视表，单击【数据透视表工具】➤【设计】选项卡下【数据透视表样式】组中的任意选项，即可更改数据透视表样式。

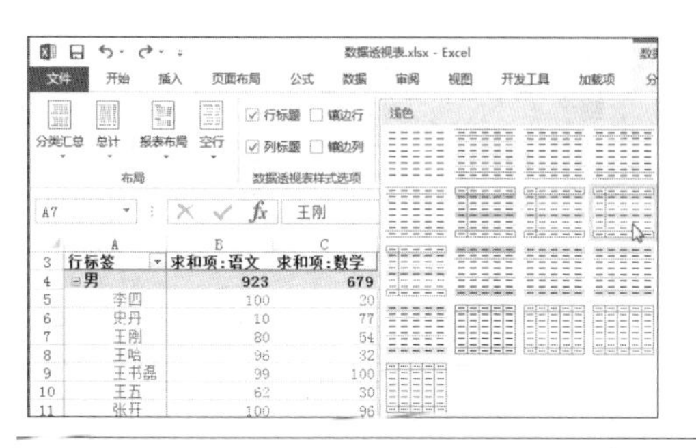

2 设置单元格格式

选中数据透视表中的单元格区域A4:C25，单击鼠标右键，在弹出的快捷菜单中选择【设置单元格格式】选项。

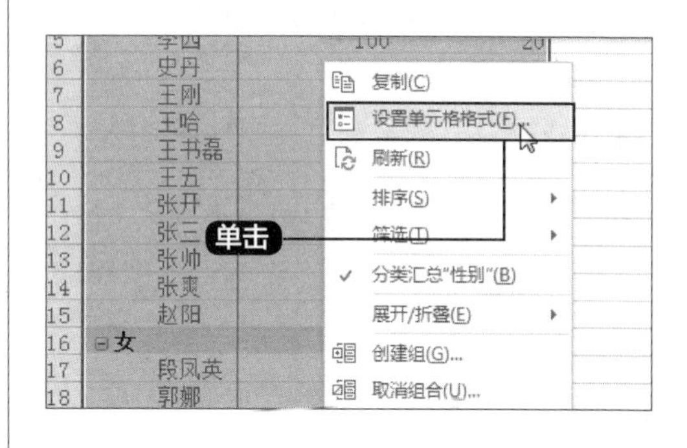

3 进行设置

弹出【设置单元格格式】对话框，单击【填充】选项卡，在【图案颜色】下拉列表中选择“蓝色，着色1，淡色60%”，在【图案样式】下拉列表中选择“细，对角线，剖面线”，然后单击【确定】按钮。

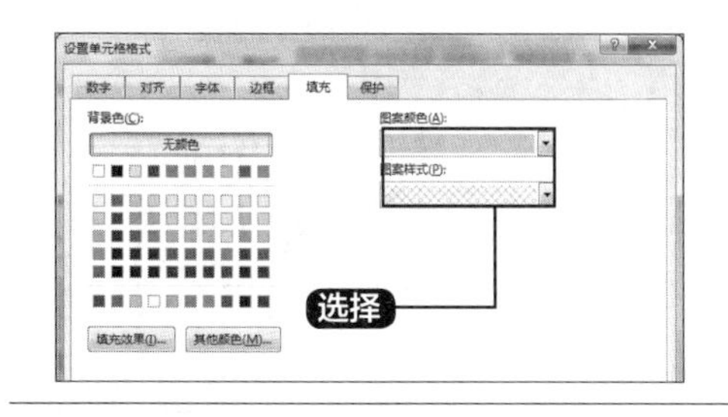

4 结果

即可填充单元格，效果如下图所示。

	A	B	C	D
3	行标签	求和项:语文	求和项:数学	
4	⊟男	923	679	
5	李四	100	20	
6	史丹	10	77	
7	王刚	80	54	
8	王哈	96	32	
9	王书磊	99	100	
10	王五	62	30	
11	张开	100	96	
12	张三	100	51	
13	张帅	98	86	
14	张爽	78	68	
15	赵阳	100	65	
16	⊟女	763	839	

6.8 数据透视图

本节视频教学时间 / 5分钟

与数据透视表一样，数据透视图也是交互式的。创建数据透视图时，筛选的数据透视图将显示在图表区。当改变相关联的数据透视表中的字段布局或数据时，数据透视图也会随之发生变化。

6.8.1 创建数据透视图

创建数据透视图的方法与创建数据透视表类似，具体操作步骤如下。

1 选择任意单元格

在6.7.3小节的数据透视表中，选择任意一个单元格。

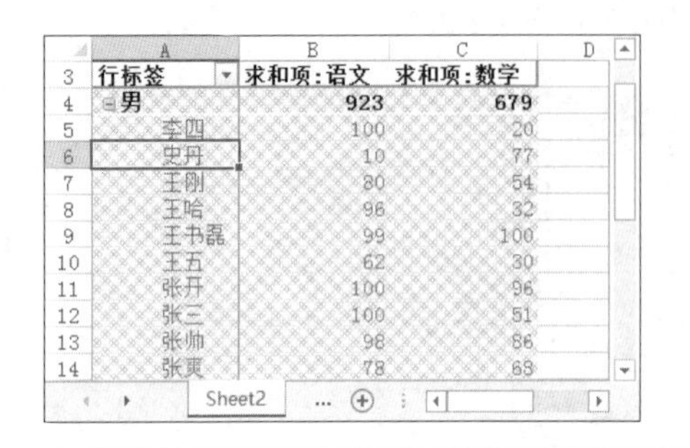

2 选择【数据透视图】

单击【插入】选项卡下【图表】组中【数据透视图】选项，在弹出的下拉列表中选择【数据透视图】选项。

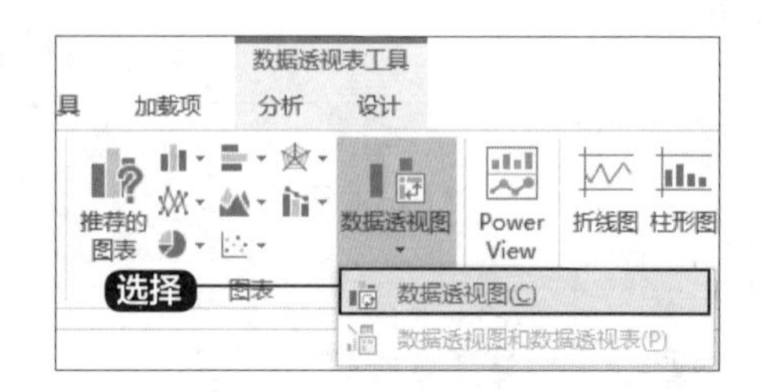

3 选择【簇状柱形图】

弹出【插入图表】对话框，在左侧的【所有图表】列表中单击【柱形图】选项，在右侧选择【簇状柱形图】选项，然后单击【确定】按钮。

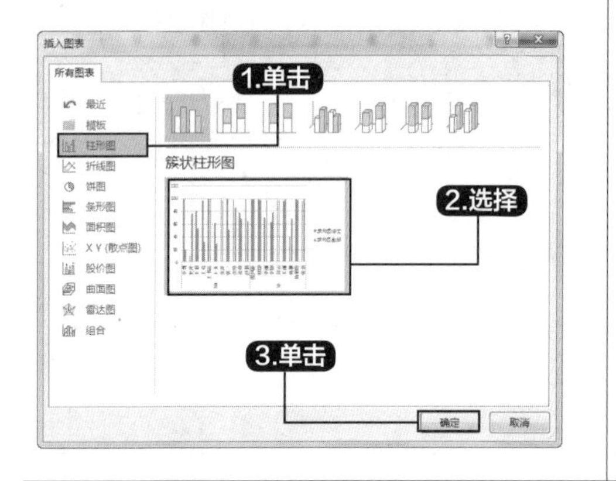

提示

创建数据透视图时，不能使用XY散点图、气泡图和股价图等图表类型。

4 调整位置

即可创建一个数据透视图，当鼠标指针在图表区变为✥形状时，按住鼠标左键拖曳可调整数据透视图到合适位置，如下图所示。

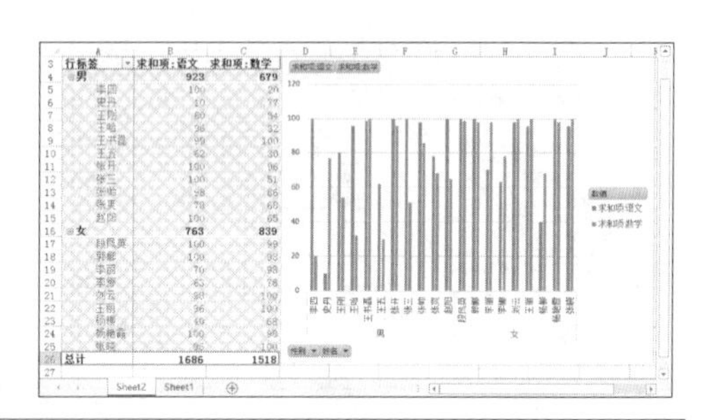

6.8.2 编辑数据透视图

创建数据透视图以后，就可以对其进行编辑了。对数据透视图的编辑包括修改其布局、数据在透视图中的排序、数据在透视图中的显示等。

修改数据透视图的布局，从而重组数据透视图的具体操作步骤如下。

1 选中【女】复选框

单击【图表区】中【性别】后的按钮，在弹出的快捷菜单中撤销选中【女】复选框，然后单击【确定】按钮。

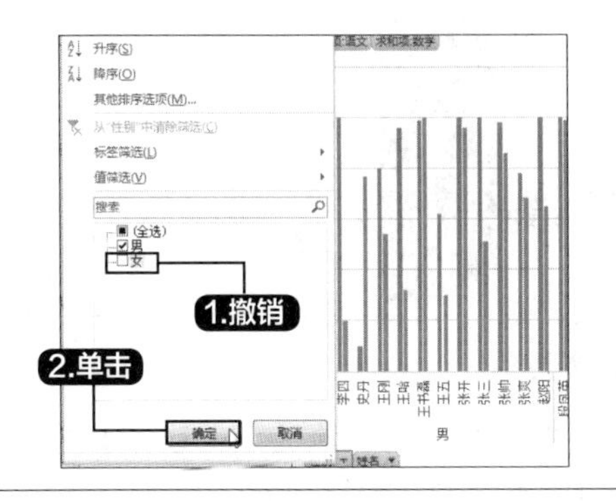

2 选择【其他排序选项】选项

单击【图表区】中【姓名】后的按钮，在弹出的快捷菜单中选择【其他排序选项】选项，然后单击【确定】按钮。

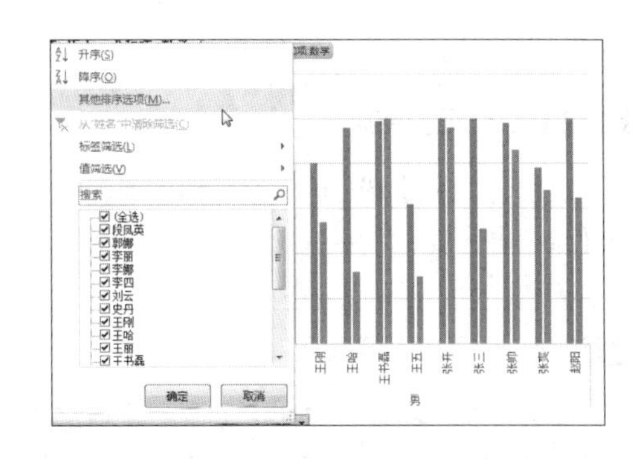

3 选择【平均值：数学】选项

在弹出的【排序（姓名）】对话框中，单击选中【升序排序（A到Z）依据】单选项，在其下拉列表中选择【平均值：数学】选项，单击【确定】按钮。

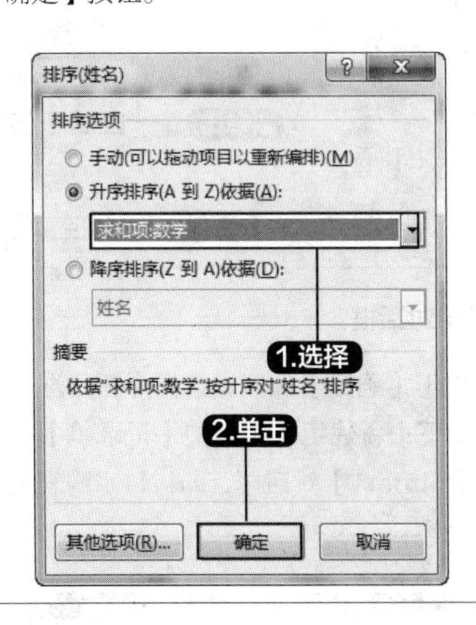

4 效果

效果如下图所示，可以看到数据透视图和数据透视表都按照数学平均值项重新排序。

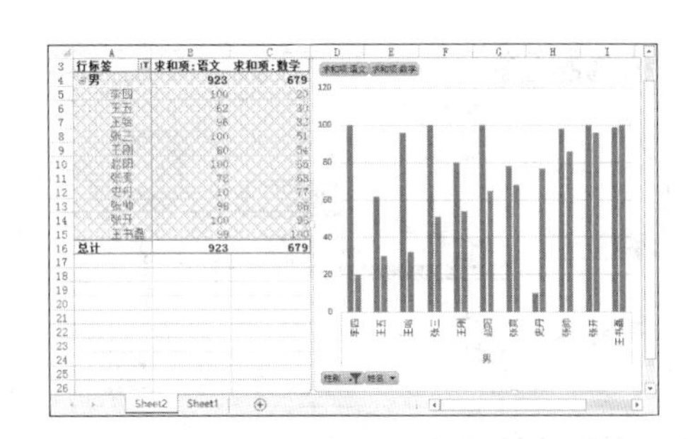

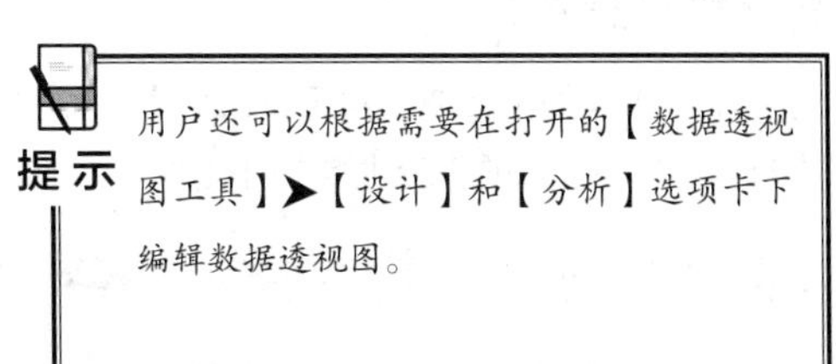

提示

用户还可以根据需要在打开的【数据透视图工具】➤【设计】和【分析】选项卡下编辑数据透视图。

6.9 实战演练——创建材料采购表

本节视频教学时间 / 4分钟

本例介绍材料采购表中数据的汇总操作。通过本例的练习，读者可以掌握利用记录单在数据中添加记录的方法，并对数据进行分类汇总的操作。

第1步：利用记录单输入数据

1 打开素材

打开随书光盘中的“素材\ch06\材料采购表.xlsx”文件。

2 单击【选项】选项

选择【文件】选项卡，在弹出的列表中单击【选项】选项。

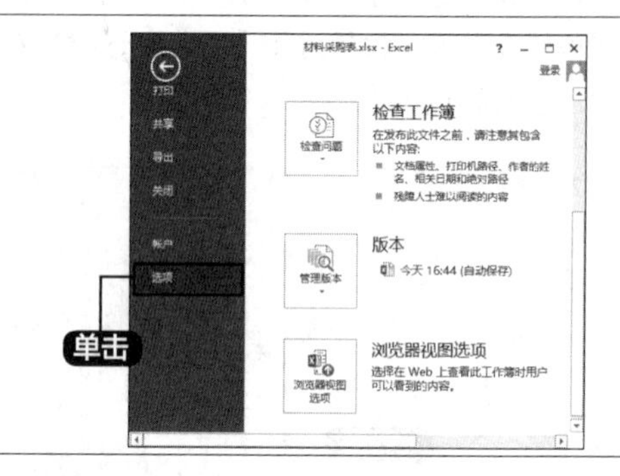

3 选择【记录单】选项

弹出【Excel选项】对话框，选择【自定义功能区】选项，在对话框右侧的【从下列位置选择命令】下拉列表框中选择【不在功能区中的命令】选项，在其下面的列表框中选择【记录单】选项。

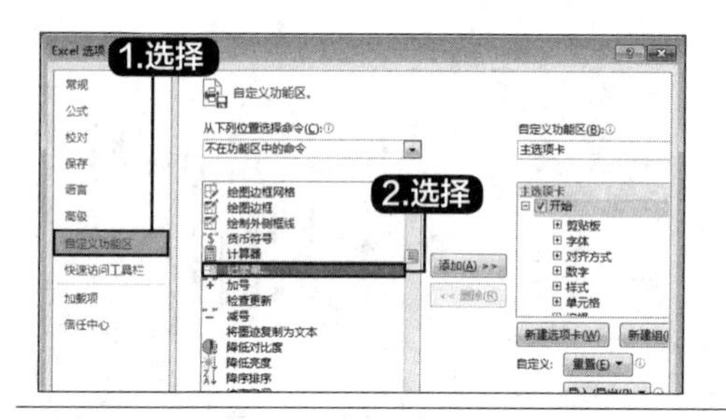

4 新建组

在【自定义功能区】中选择【主选项卡】，并单击【新建选项卡】按钮，之后单击【新建组】按钮。

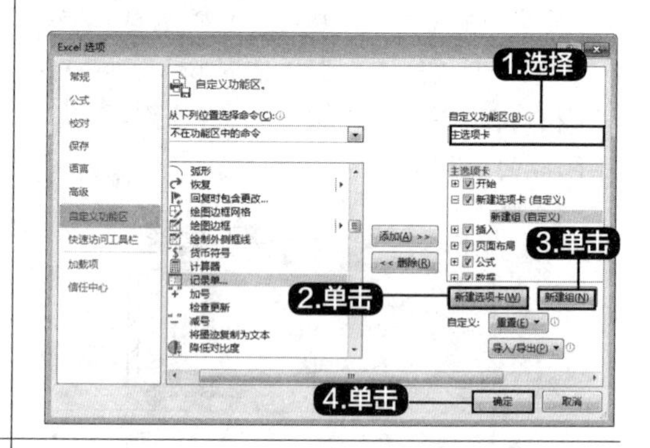

5 添加【记录单】

单击【添加】按钮，将【记录单】添加到【新建选项卡】下的【新建组】列表中。

6 弹出对话框

单击【确定】按钮，选择【新建选项卡】选项卡下【新建组】组中的【记录单】按钮，弹出【Sheet1】对话框，即材料采购表的记录单对话框。

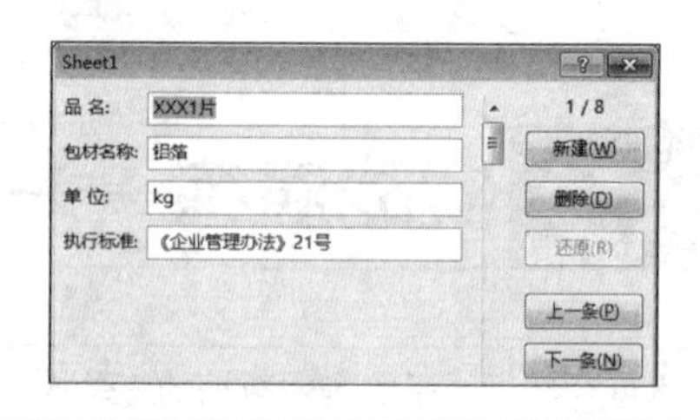

7 新建

单击【新建】按钮可以添加新记录。

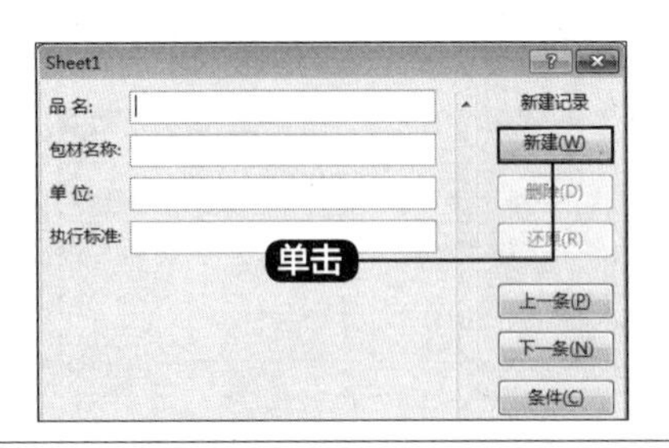

8 继续添加

输入完新记录后，按【Enter】键可以继续添加。

添加完所有记录后，单击【关闭】按钮，查看效果。

第2步：分类汇总

1 选择【分类汇总】

选择【Sheet2】工作表的任意一个单元格，在【数据】选项卡中，单击【分级显示】组中的【分类汇总】按钮，弹出【分类汇总】对话框。

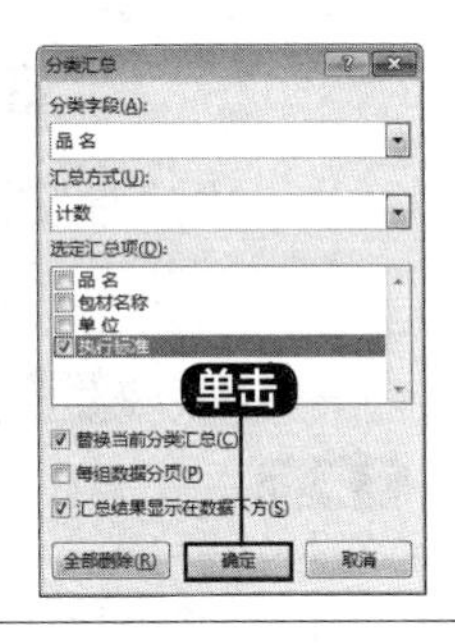

2 选择【求和】

在【分类字段】下拉列表框中选择【品名】选项，表示以品名进行分类汇总，在【汇总方式】下拉列表框中选择【求和】选项，并撤销选择【执行标准】复选框。

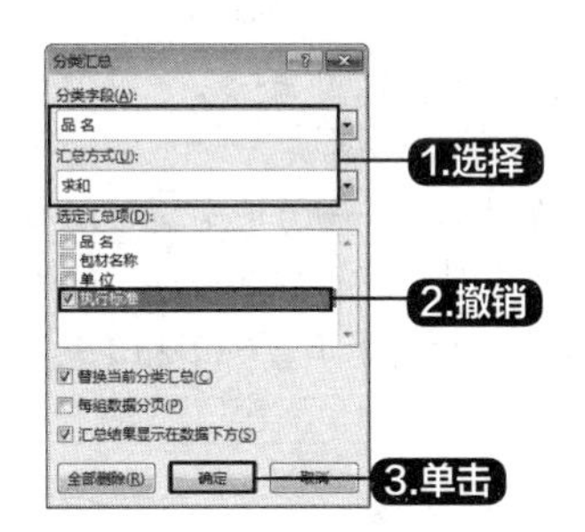

3 结果

单击【确定】按钮，分类汇总的结果如右图所示。

包装材料采购明细

品 名	包材名称	单 位	执行标准
XXX1片	铝箔	kg	《企业管理办法》21号
XXX1片	小盒20*240	盘	《企业材料管理规定》23号
XXX1片	小盒48*300	个	《企业材料管理规定》23号
XXX1片	说明书	张	《企业材料管理规定》23号
XXX1片	大箱20*240	套	《企业材料管理规定》23号
XXX1片	大箱48*300	套	《企业材料管理规定》23号
XXX1片 汇总			0
XXX2片	铝箔	kg	《企业管理办法》21号
XXX2片	小盒	个	《企业材料管理规定》23号

技巧1：格式化数据透视表中的数据

若用户对数据区域的数据格式不满意，可以设置这些数据的数字格式。具体的操作步骤如下。

1 选择【求和】

在需要设置数字格式的单元格上单击鼠标右键，在弹出的快捷菜单中选择【值字段设置】菜单项，弹出【值字段设置】对话框框。

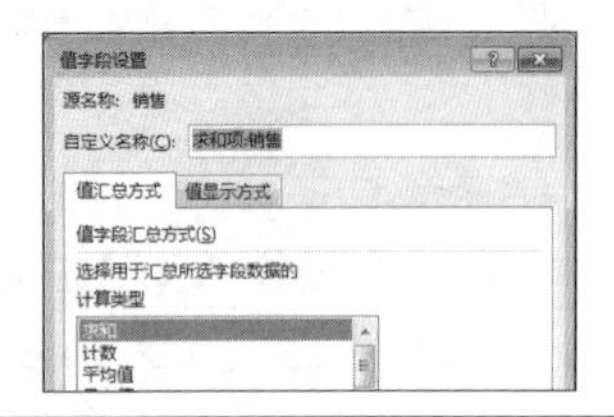

2 设置数字格式

单击【数字格式】按钮，弹出【设置单元格格式】对话框，从中设置数字格式即可。

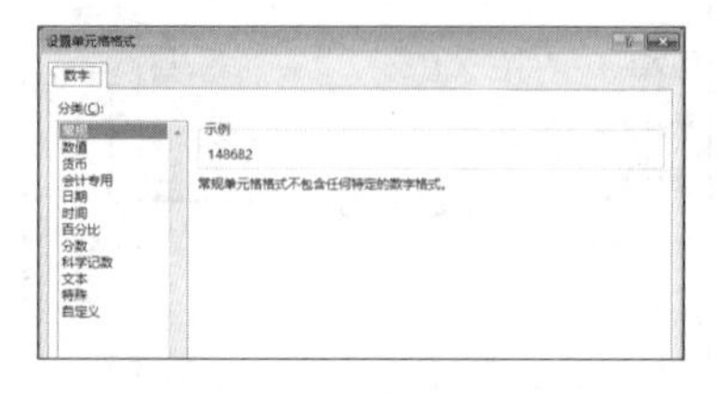

技巧52：用合并计算核对多表中的数据

在下表的两列数据中，要核对“销量A”和“销量B”是否一致。具体的操作步骤如下。

	A	B	C	D
1	物品	销量A	物品	销量B
2	电视机	8759	电视机	8756
3	笔记本	4568	笔记本	4532
4	显示器	15346	显示器	15346
5	台式机	12685	台式机	12605

1 单击【合并计算】

打开随书光盘中的“素材\ch06\技巧.xlsx”文件。选定G2单元格，单击【数据工具】组中的【合并计算】按钮［合并计算］，弹出【合并计算】对话框，添加A1:B5和C1:D5两个单元格区域，并选中【首行】和【最左列】两个复选框。

2 确定

单击【确定】按钮，即可得到合并结果。

G	H	I	J
	销量A	销量B	
电视机	8759	8756	FALSE
笔记本	4568	4532	
显示器	15346	15346	
台式机	12685	12605	

3 输入

在J3单元格中输入“=H3=I3”，按【Enter】键。

4 填充

使用填充柄填充J4:J6单元格区域，若显示“FALSE”，则表示“销量A”和“销量B”中的数据不一致。

G	H	I	J
	销量A	销量B	
电视机	8759	8756	FALSE
笔记本	4568	4532	FALSE
显示器	15346	15346	TRUE
台式机	12685	12605	FALSE

第7章 PPT 2013基本幻灯片制作

重点导读

本章视频教学时间：1小时5分钟 

外出作报告，展示的不仅是技巧，还是精神面貌。有声有色的报告常常会令听众惊叹，并能使报告达到最佳效果。若要做到这一步，制作一个优秀的幻灯片是基础。

学习效果图

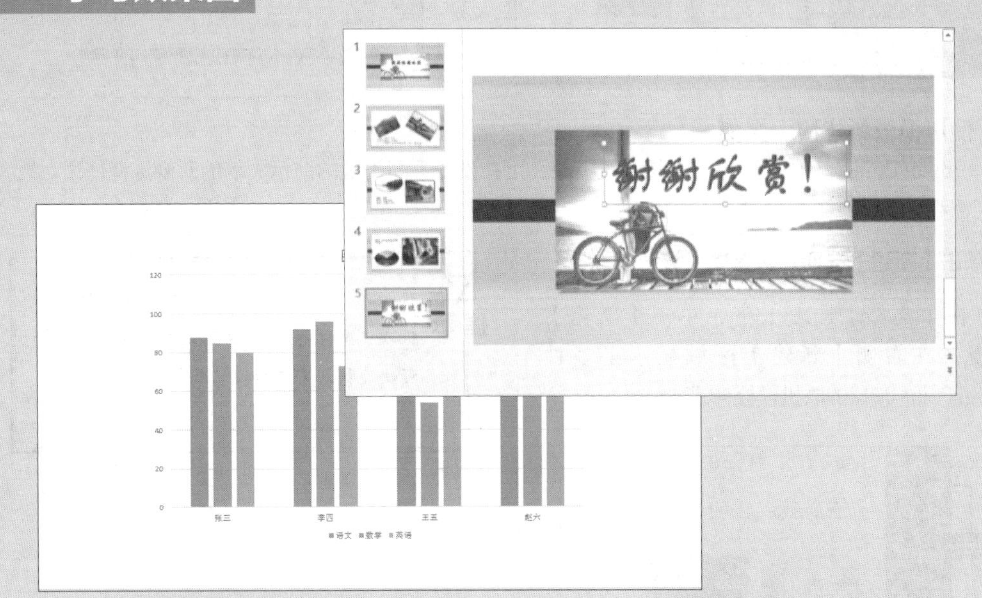

7.1 幻灯片的基本操作

本节视频教学时间 / 7分钟 

在使用PowerPoint 2013创建PPT之前应先掌握幻灯片的基本操作。

7.1.1 创建新的演示文稿

使用PowerPoint 2013不仅可以创建空白演示文稿，还可以使用模板创建演示文稿。

1. 新建空白演示文稿

启动PowerPoint 2013软件之后，PowerPoint 2013会提示创建什么样的PPT演示文稿，并提供模板供用户选择，单击【空白演示文稿】命令即可创建一个空白演示文稿。

1 单击【空白演示文稿】选项

启动PowerPoint 2013，弹出如图所示PowerPoint界面，单击【空白演示文稿】选项。

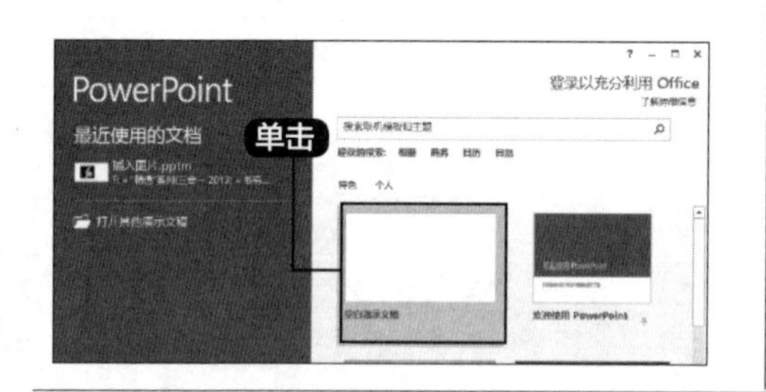

2 新建空白演示文稿

即可新建空白演示文稿。

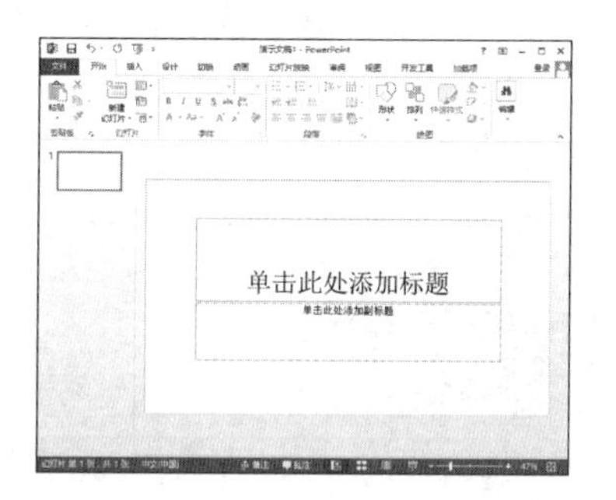

2. 使用模板新建演示文稿

PowerPoint 2013中内置有大量联机模板，可在设计不同类别的演示文稿的时候选择使用，既美观漂亮，又节省了大量时间。

1 单击【新建】选项

在【文件】选项卡下，单击【新建】选项，在右侧【新建】区域显示了多种PowerPoint 2013的联机模板样式。

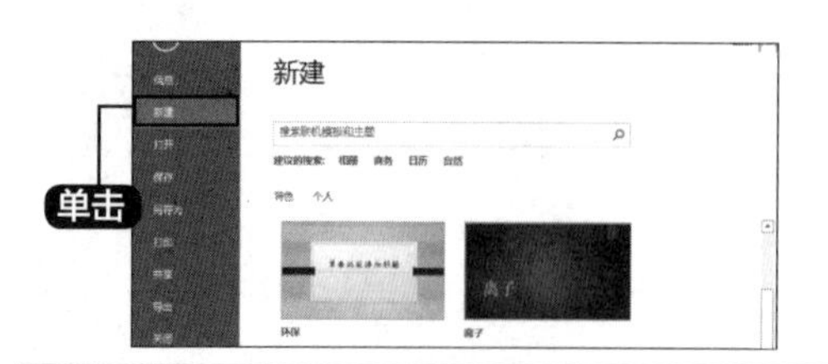

提示

在【新建】选项下的文本框中输入联机模板或主题名称，然后单击【搜索】按钮即可快速找到需要的模板或主题。

2 单击【创建】按钮

选择相应的联机模板，即可弹出模板预览界面。如单击【环保】命令，弹出【环保】模板的预览界面，选择模板类型，在右侧预览框中可查看预览效果，单击【创建】按钮。

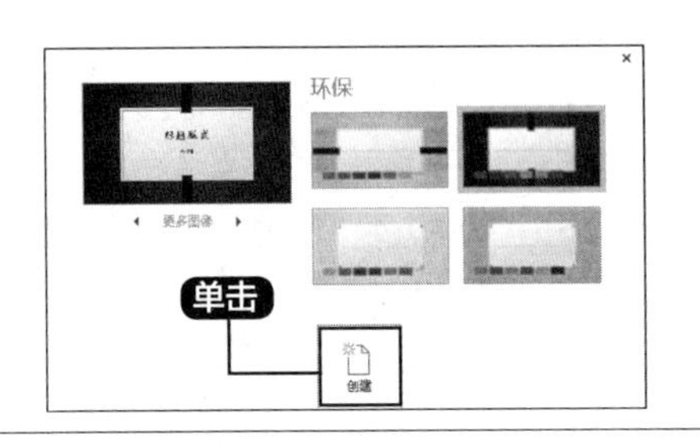

3 显示结果

即可使用联机模板创建演示文稿。

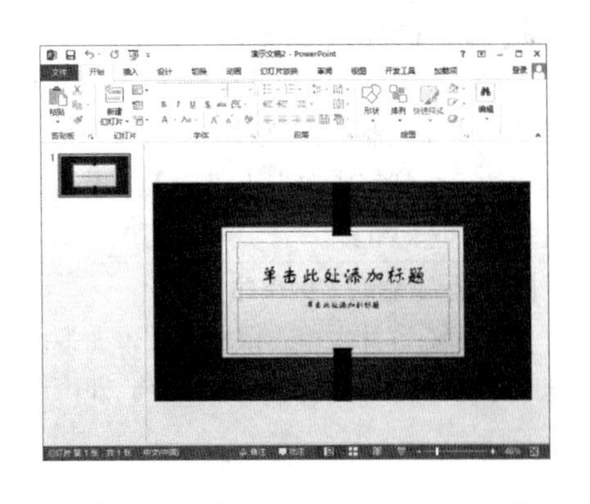

7.1.2 添加幻灯片

添加幻灯片的常见方法有两种，第1种方法是单击【开始】选项卡【幻灯片】组中的【新建幻灯片】按钮，在弹出的列表中选择【标题幻灯片】选项，新建的幻灯片即显示在左侧的【幻灯片】窗格中。

第2种方法是在【幻灯片】窗格中单击鼠标右键，在弹出的快捷菜单中选择【新建幻灯片】菜单命令，即可快速新建幻灯片。

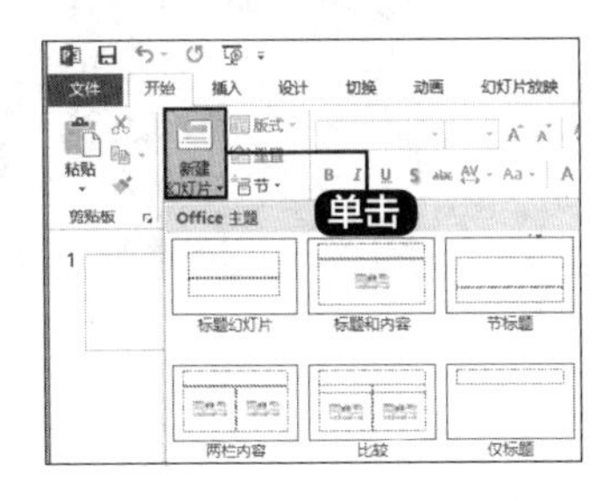

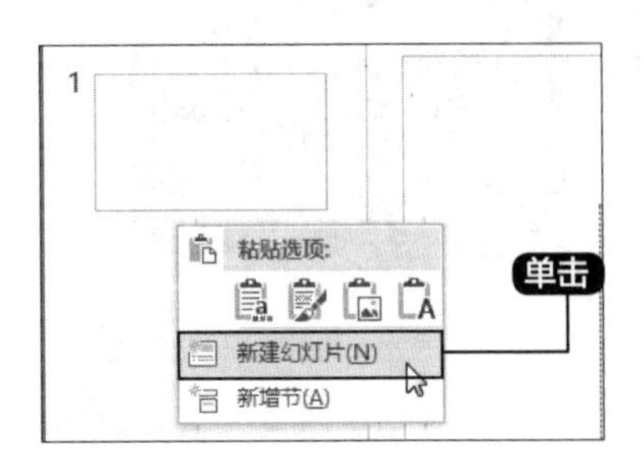

7.1.3 删除幻灯片

在【幻灯片】窗格中选择要删除的幻灯片，按【Delete】键即可快速删除选择的幻灯片页面。也可以选择要删除的幻灯片页面并单击鼠标右键，在弹出的快捷菜单中单击【删除幻灯片】菜单命令。

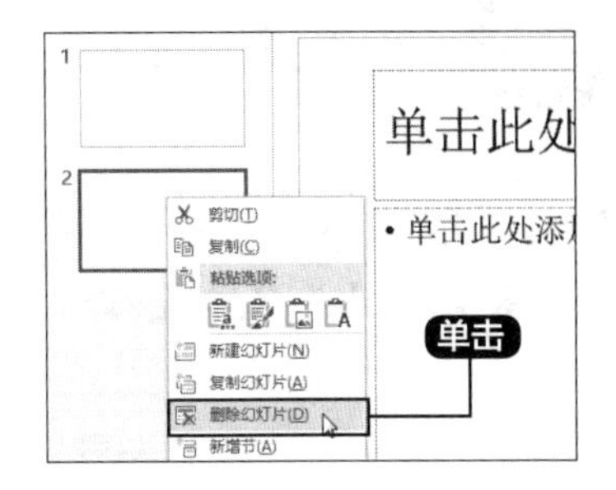

7.1.4 复制幻灯片

用户可以通过以下3种方法复制幻灯片。

1 利用【复制】按钮

选中幻灯片，单击【开始】选项卡下【剪贴板】组中【复制】按钮后的下拉按钮，在弹出的下拉列表中单击【复制】菜单命令，即可复制所选幻灯片。

2 利用【复制】菜单命令

在目标幻灯片上单击鼠标右键，在弹出的快捷菜单中单击【复制】菜单命令，即可复制所选幻灯片。

3 快捷方式

按【Ctrl+C】组合键可执行复制命令，按【Ctrl+V】组合键进行粘贴。

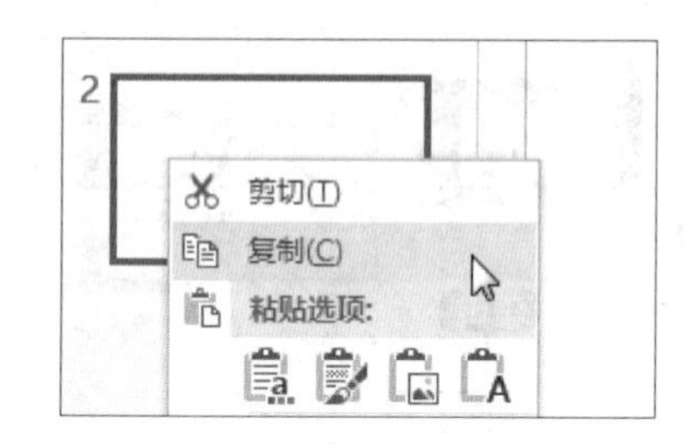

7.1.5 移动幻灯片

用户可以通过移动幻灯片的方法改变幻灯片的位置。单击需要移动的幻灯片并按住鼠标左键，拖曳幻灯片至目标位置，松开鼠标左键即可。此外，通过剪切并粘贴的方式也可以移动幻灯片。

7.2 添加和编辑文本

本节视频教学时间 /8分钟 

本节主要介绍在PowerPoint中添加和编辑文本方法。

7.2.1 使用文本框添加文本

幻灯片中【文本占位符】的位置是固定的，如果想在幻灯片的其他位置输入文本，可以通过绘制一个新的文本框来实现。在插入和设置文本框后，就可以在文本框中进行文本的输入了，在文本框中输入文本的具体操作方法如下。

1 选择【横排文本框】选项

新建一个演示文稿，将幻灯片中的文本占位符删除，单击【插入】选项卡【文本】组中的【文本框】按钮，在弹出的下拉菜单中选择【横排文本框】选项。

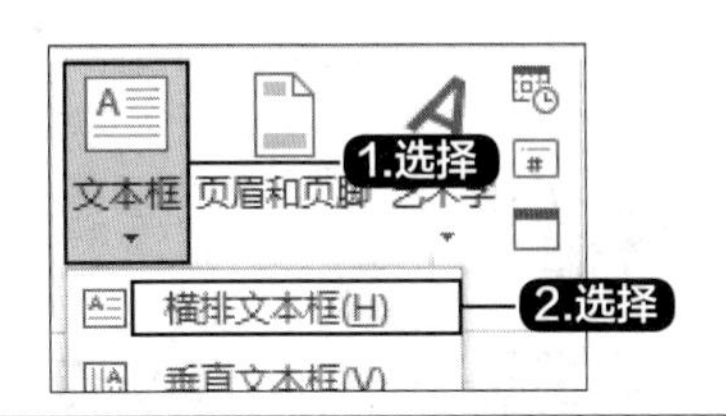

2 创建文本框

将指针移动到幻灯片上，当指针变为向下的箭头时，按住鼠标左键并拖曳即可创建一个文本框。

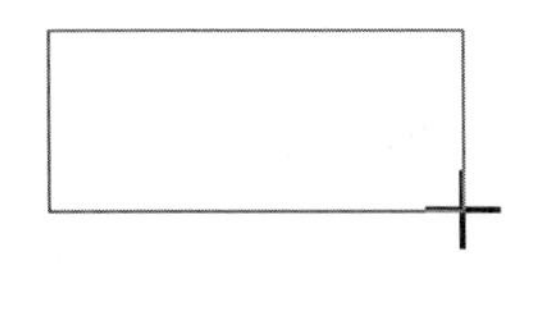

3 输入文本

单击文本框就可以直接输入文本，这里输入“PowerPoint 2013文本框”。

7.2.2 使用占位符添加文本

在普通视图中，幻灯片会出现“单击此处添加标题”或“单击此处添加副标题”等提示文本框。这种文本框统称为【文本占位符】。

在文本占位符中输入文本是最基本、最方便的一种输入方式。在文本占位符上单击即可输入文本。同时，输入的文本会自动替换文本占位符中的提示性文字。

7.2.3 选择文本

如果要更改文本或者设置文本的字体样式，可以选择文本，将鼠标光标定位到要选择文本的起始位置，按住鼠标左键并拖曳鼠标，选择结束，释放鼠标左键即可选择文本。

7.2.4 移动文本

在PowerPoint 2013中文本都是在占位符或者文本框中显示，可以根据需要移动文本的位置，选择要移动文本的占位符或文本框，按住鼠标左键并拖曳，至合适位置释放鼠标左键即可完成移动文本的操作。

7.2.5 复制、粘贴文本

复制和粘贴文本是常用的文本操作，复制并粘贴文本的具体操作步骤如下。

1 复制文本

选择要复制的文本。

2 单击【复制】命令

单击【开始】选项卡下【剪贴板】组中【复制】按钮后的下拉按钮，在弹出的下拉列表中单击【复制】菜单命令。

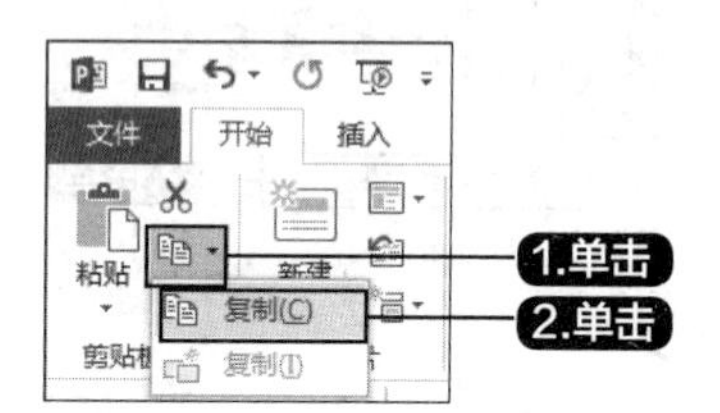

3 单击【保留原格式】命令

选择要粘贴到的幻灯片页面，单击【开始】选项卡下【剪贴板】组中【粘贴】按钮后的下拉按钮，在弹出的下拉列表中单击【保留原格式】菜单命令。

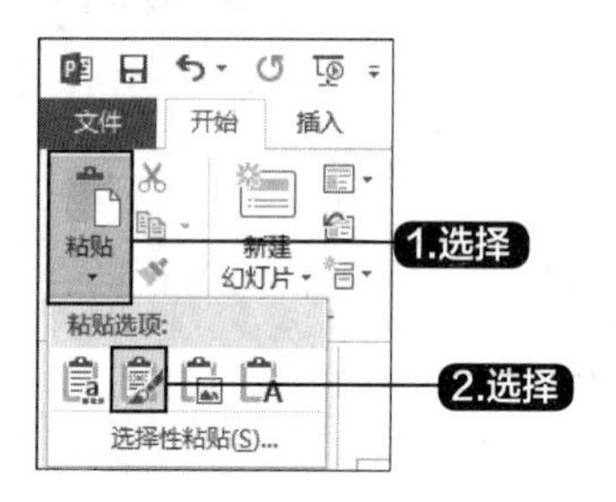

4 完成文本粘贴

即可完成文本的粘贴操作。

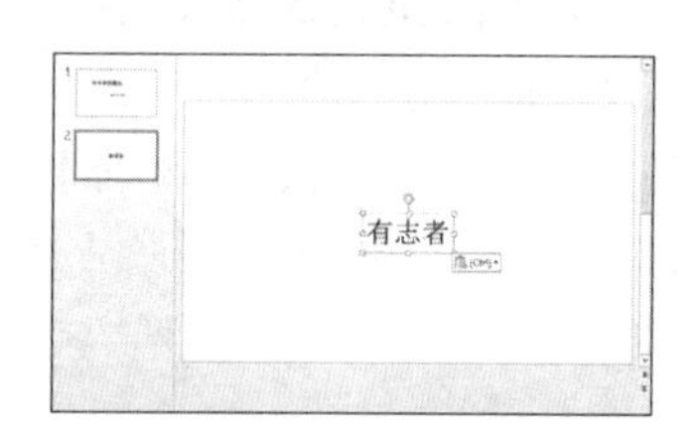

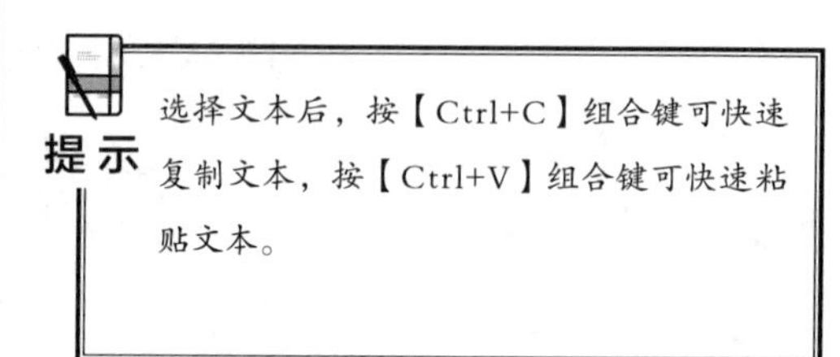

选择文本后，按【Ctrl+C】组合键可快速复制文本，按【Ctrl+V】组合键可快速粘贴文本。

7.2.6 删除/恢复文本

不需要的文本可以按【Delete】键或【Backspace】键将其删除，删除后的内容还可以使用【恢复】按钮恢复。

1 定位鼠标光标

将鼠标光标定位至要删除文本的后方。

2 按【Backspace】键删除字符

在键盘上按【Backspace】键即可删除一个字符。如果要删除多个字符，可按多次【Backspace】键。

提 示

将鼠标光标定位至要删除字符前，可以【Delete】键删除。

3 单击【撤销】恢复字符

如果要恢复删除的字符，可以单击快速访问工具栏中的【撤销】按钮。

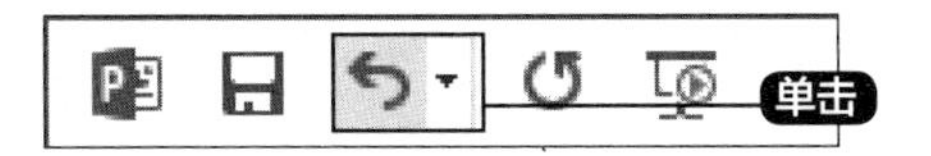

4 显示效果

恢复文本后的效果如下图所示。

提 示

按【Ctrl+Z】组合键，也可恢复删除的文本。

7.3 设置字体格式

本节视频教学时间 / 9分钟

在幻灯片中添加文本后，设置文本的格式，如设置字体及颜色、字符间距和使用艺术字等，不仅可以使幻灯片页面布局更加合理、美观，还可以突出文本内容。

7.3.1 设置字体及颜色

PowerPoint 默认的【字体】为“宋体”，【字体颜色】为“黑色”，在【开始】选项卡下的【字体】组中或【字体】对话框中【字体】选项卡中可以设置字体、字号及字体颜色等，具体操作步骤如下。

1 选择字体

选中修改字体的文本内容，单击【开始】选项卡下【字体】组中的【字体】按钮的下拉按钮，在弹出的下拉列表中选择字体。

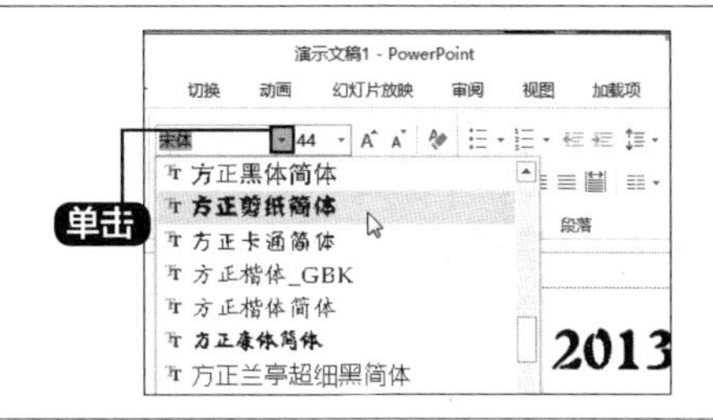

2 选择字号

单击【开始】选项卡下【字体】组中的【字号】按钮的下拉按钮，在弹出的下拉列表中选择字号。

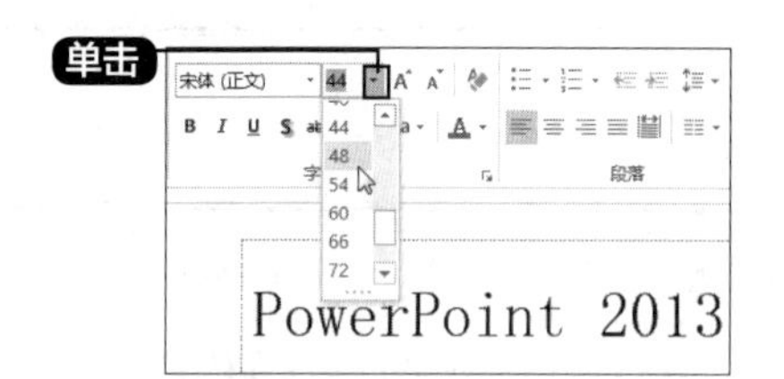

3 选择字体颜色

单击【开始】选项卡下【字体】组中的【字体颜色】按钮的下拉按钮，在弹出的下拉列表中选择颜色即可。

4 通过【字体】设置字体及颜色

另外，也可以单击【开始】选项卡下【字体】组中的【字体】按钮，在弹出的【字体】对话框中也可以设置字体及字体颜色。

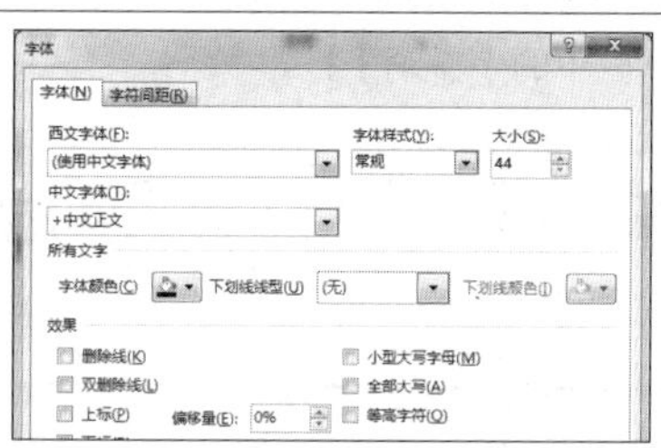

7.3.2 使用艺术字

艺术字与普通文字相比，有更多的颜色和形状可以选择，表现形式多样化，在幻灯片中插入艺术字可以达到锦上添花的效果。利用PowerPoint 2013 中的艺术字功能插入装饰文字，可以创建带阴影的、映像的和三维格式等艺术字，也可以按预定义的形状创建文字。

1 新建文档

新建演示文稿，删除占位符，单击【插入】选项卡下【文本】组中的【艺术字】按钮，在弹出的下拉列表中选择一种艺术字样式。

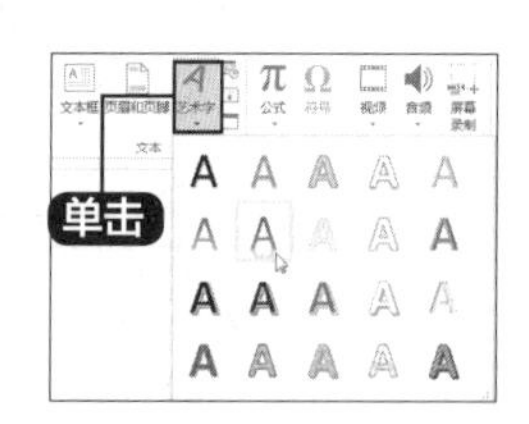

2 插入艺术字文本框

即可在幻灯片页面中插入【请在此放置您的文字】艺术字文本框。

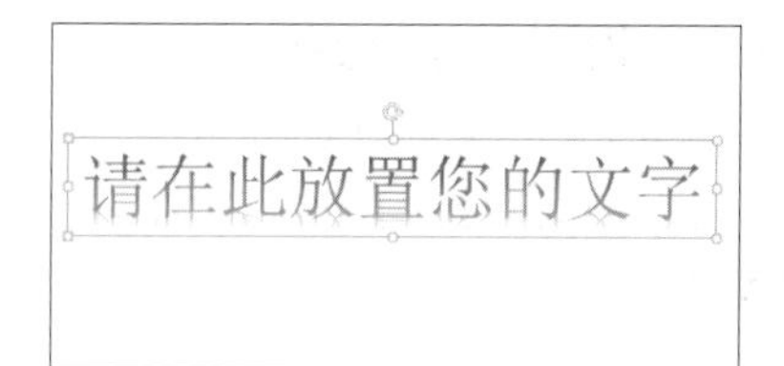

3 完成艺术字的插入

删除文本框中的文字，输入要设置艺术字的文本。在空白位置处单击就完成了艺术字的插入。

4 设置艺术字的样式

选择插入的艺术字，将会显示【格式】选项卡，在【形状样式】、【艺术字样式】选项组中可以设置艺术字的样式。

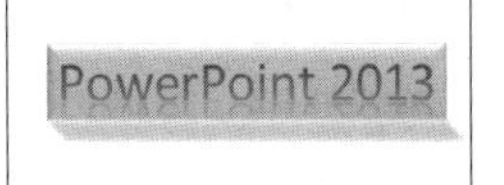

7.4 设置段落格式

本节视频教学时间 / 10分钟

本节主要讲述设置段落格式的方法，包括对齐方式、缩进及间距与行距等方面的设置。对段落的设置主要是通过【开始】选项卡【段落】组中的各命令按钮来进行的。

7.4.1 对齐方式

段落对齐方式包括左对齐、右对齐、居中对齐、两端对齐和分散对齐等。不同的对齐方式可以达到不同的效果。

1 打开素材设置段落样式

打开随书光盘中的“素材\ch07\公司奖励制度.pptx”文件，选中需要设置对齐方式的段落，单击【开始】选项卡【段落】组中的【居中对齐】按钮，效果如图所示。

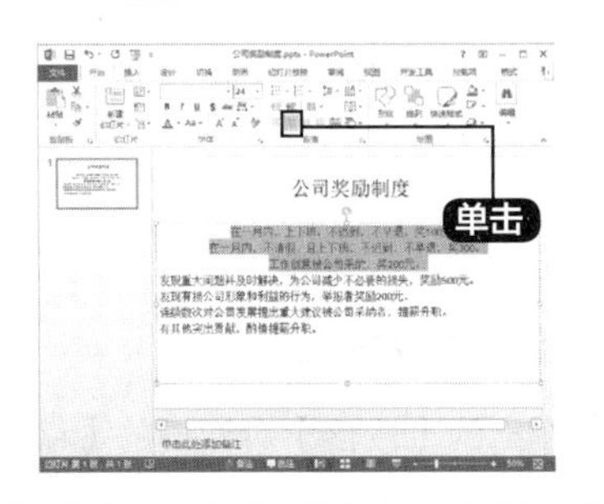

2 设置【段落】对话框

此外，还可以使用【段落】对话框设置对齐方式，将光标定位在段落中，单击【开始】选项卡【段落】组中的【段落】按钮，弹出【段落】对话框，在【常规】区域的【对齐方式】下拉列表中选择【分散对齐】选项，单击【确定】按钮。

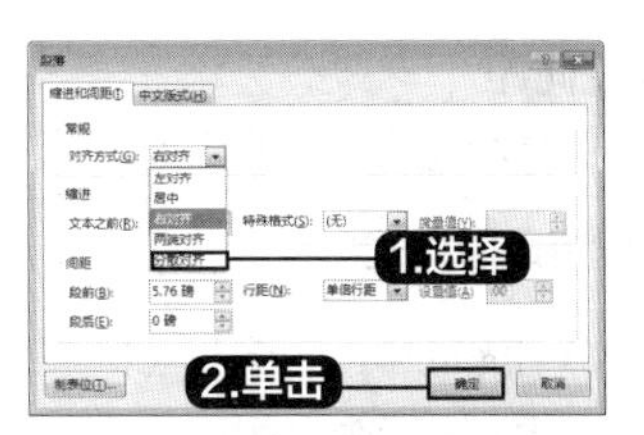

3 显示结果

设置后的效果如图所示。

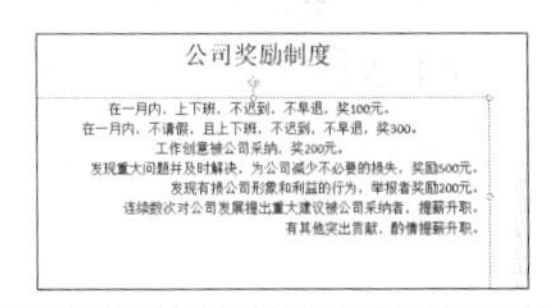

7.4.2 段落文本缩进

段落缩进指的是段落中的行相对于页面左边界或右边界的位置，段落文本缩进的方式有首行缩进、文本之前缩进和悬挂缩进3种。设置段落文本缩进的具体操作步骤如下。

1 打开设置段落样式

打开随书光盘中的“素材\ch07\公司奖励制度.pptx”文件，将光标定位在要设置的段落中，单击【开始】选项卡【段落】组右下角的按钮。

2 设置【段落】对话框

弹出【段落】对话框，在【缩进和间距】选项卡下【缩进】区域中单击【特殊格式】右侧的下拉按钮，在弹出的下拉列表中选择【首行缩进】选项，并设置度量值为“2厘米”，单击【确定】按钮。

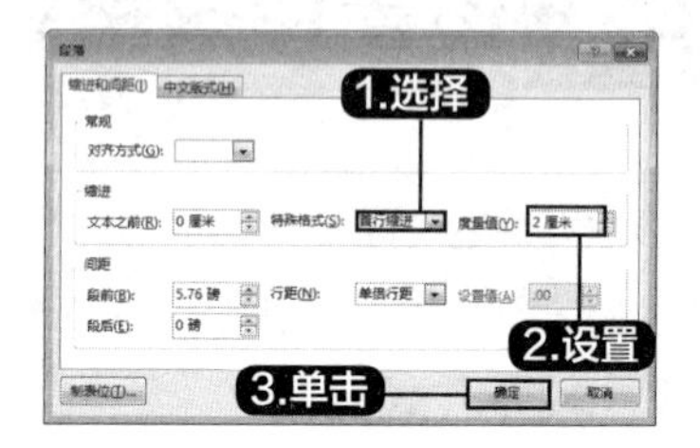

3 显示结果

设置后的效果如图所示。

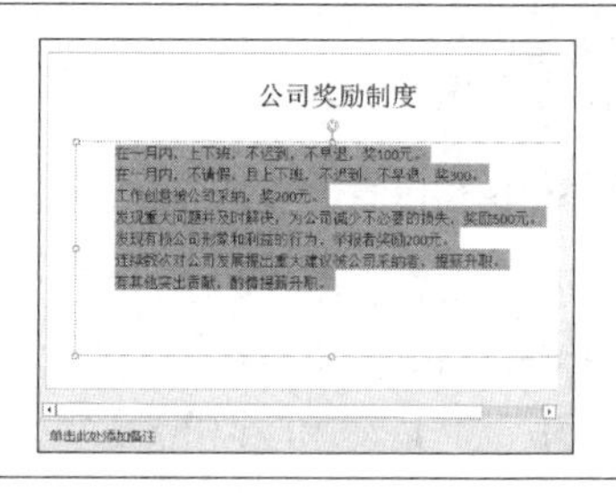

7.4.3 段间距和行距

段落行距包括段前距、段后距和行距等。段前距和段后距指的是当前段与上一段或下一段之间的间距，行距指的是段内各行之间的距离。

1. 设置段间距

段间距是段与段之间的距离。设置段间距的具体操作步骤如下。

1 打开设置段落样式

打开随书光盘中的“素材\ch07\公司奖励制度.pptx”文件，选中要设置的段落，单击【开始】选项卡【段落】组右下角的按钮。

2 设置【段落】对话框

在弹出的【段落】对话框的【缩进和间距】选项卡的【间距】区域中，在【段前】和【段后】微调框中输入具体的数值即可，如输入【段前】为“10”，【段后】为“10”，单击【确定】按钮。

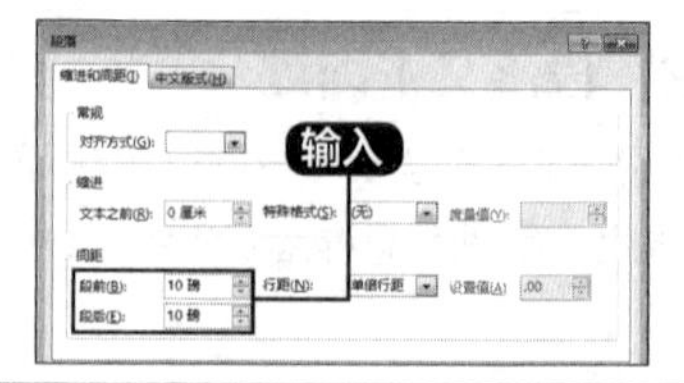

3 显示结果

设置后的效果如图所示。

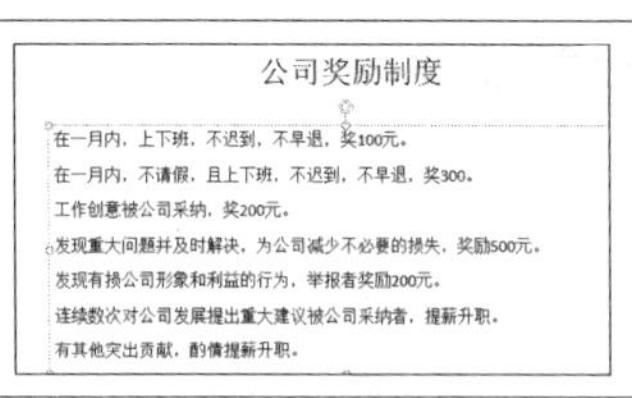

2. 设置行距

设置行距的具体操作步骤如下。

1 打开设置段落样式

打开随书光盘中的“素材\ch07\公司奖励制度.pptx”文件，将鼠标光标定位在需要设置间距的段落中，单击【开始】选项卡【段落】组右下角的按钮。

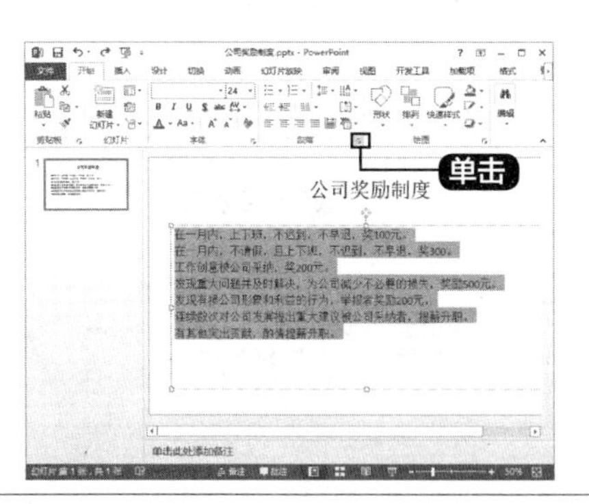

2 设置【段落】对话框

弹出【段落】对话框，在【间距】区域中【行距】下拉列表中选择【1.5倍行距】选项，然后单击【确定】按钮。

3 显示结果

设置后的双倍行距如图所示。

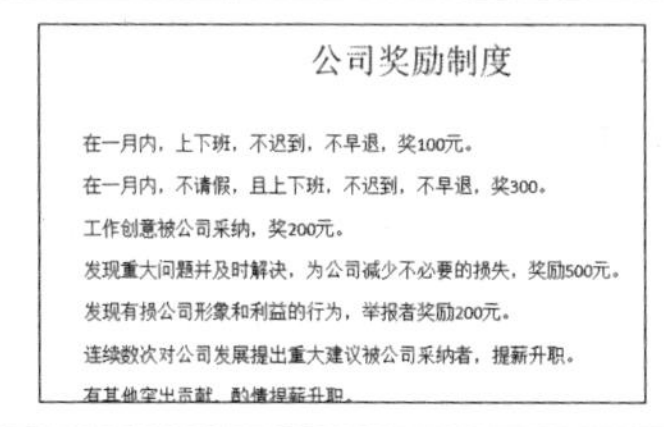

7.4.4 添加项目符号或编号

在PowerPoint 2013演示文稿中，使用项目符号或编号可以演示大量文本或顺序的流程。添加项目符号或编号也是美化幻灯片的一个重要手段，精美的项目符号、统一的编号样式可以使单调的文本内容变得更生动、专业。

1. 添加编号

添加编号的具体操作步骤如下。

1 打开设置段落样式

打开随书光盘中的“素材\ch07\公司奖励制度.pptx”文件，选中幻灯片中需要添加编号的文本内容，单击【开始】选项卡下【段落】组中的【编号】按钮右侧的下拉按钮，在弹出的下拉列表中，单击【项目符号和编号】选项。

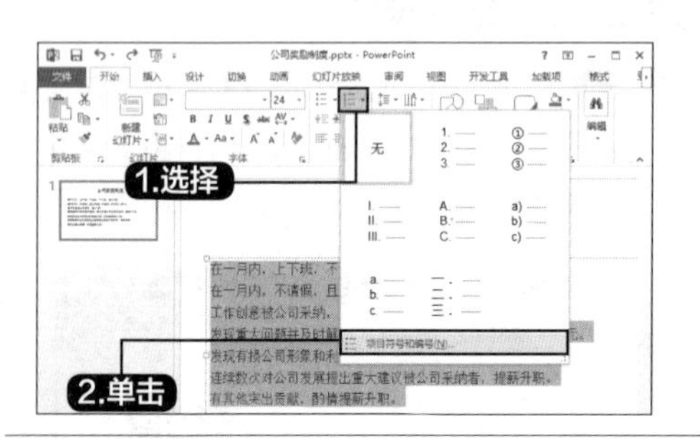

2 选择相应的编号

弹出【项目符号和编号】对话框，在【编号】选项卡下，选择相应的编号，单击【确定】按钮。

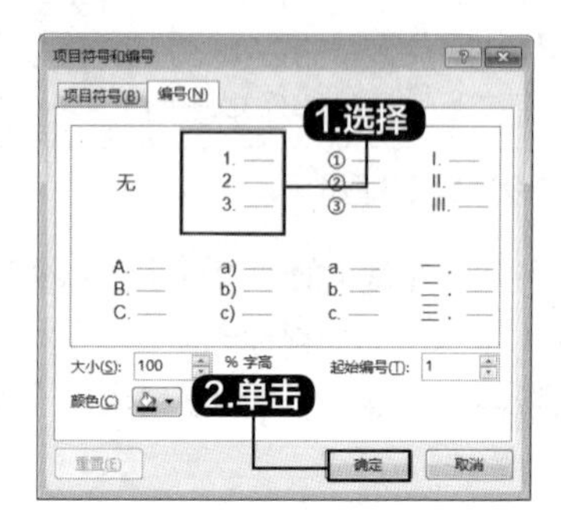

3 显示结果

添加编号后效果如图所示。

公司奖励制度

1. 在一月内，上下班，不迟到，不早退，奖100元。
2. 在一月内，不请假，且上下班，不迟到，不早退，奖300。
3. 工作创意被公司采纳，奖200元。
4. 发现重大问题并及时解决，为公司减少不必要的损失，奖励500元。
5. 发现有损公司形象和利益的行为，举报者奖励200元。
6. 连续数次对公司发展提出重大建议被公司采纳者，提薪升职。
7. 有其他突出贡献，酌情提薪升职。

2. 添加项目符号

添加项目编号的具体操作步骤如下。

1 打开素材

打开随书光盘中的“素材\ch07\公司奖励制度.pptx”文件，选中需要添加项目符号的文本内容。

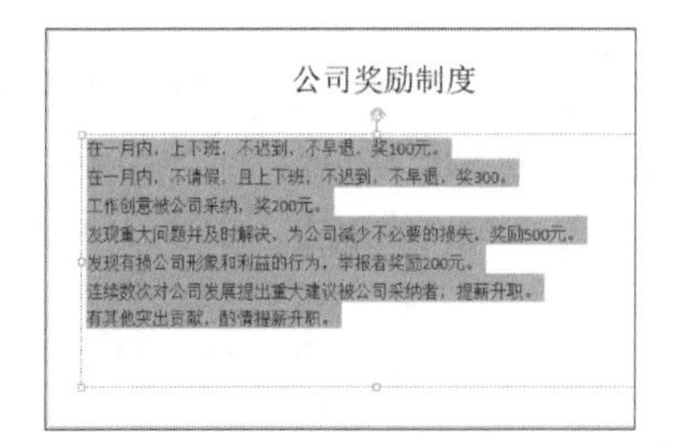

2 设置【段落】对话框

单击【开始】选项卡下【段落】组中的【项目符号】按钮右侧的下拉按钮，弹出项目符号下拉列表，选择相应的项目符号，即可将其添加到文本中。

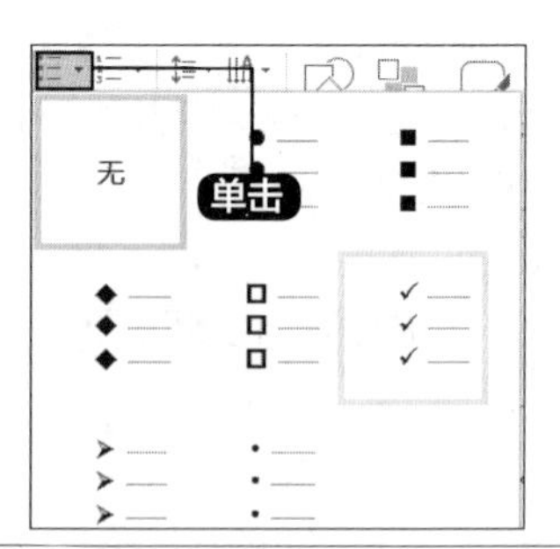

3 显示结果

添加项目符号后的效果如右图所示。

公司奖励制度

- 在一月内，上下班，不迟到，不早退，奖100元。
- 在一月内，不请假，且上下班，不迟到，不早退，奖300。
- 工作创意被公司采纳，奖200元。
- 发现重大问题并及时解决，为公司减少不必要的损失，奖励500元。
- 发现有损公司形象和利益的行为，举报者奖励200元。
- 连续数次对公司发展提出重大建议被公司采纳者，提薪升职。

7.4.5 文字方向

可以根据需要设置文字的方向，如设置文字横排、竖排、所有文字旋转90°、所有文字旋转270°以及堆积等，设置文字方向的具体操作步骤如下。

1 打开素材

打开随书光盘中的“素材\ch07\公司奖励制度.pptx”文件，选择要设置文字方向的文本内容。

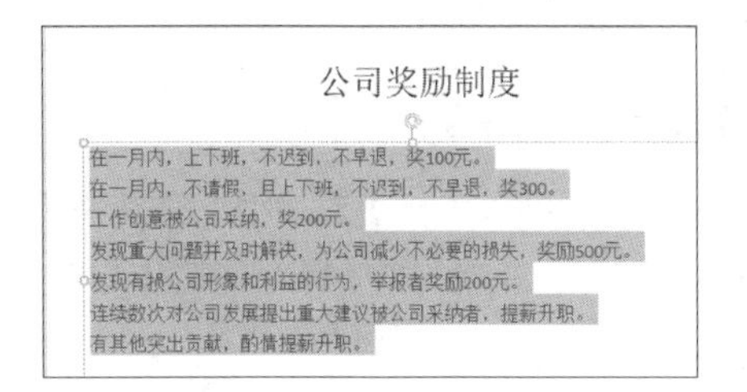

2 设置【段落】对话框

单击【开始】选项卡下【段落】组中的【文字方向】按钮右侧的下拉按钮，弹出项目符号下拉列表，选择【竖排】选项。

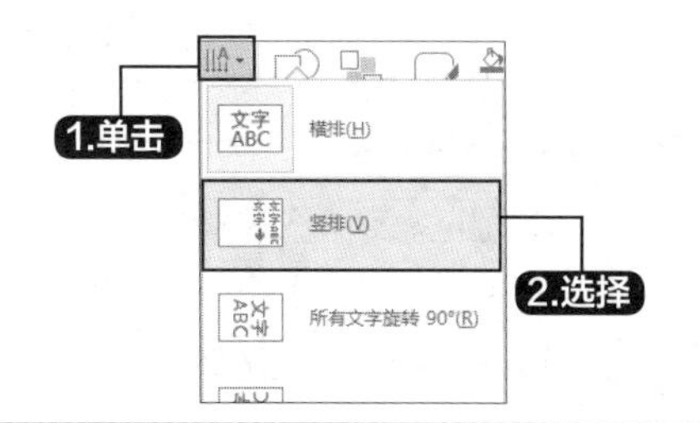

3 显示结果

设置文字方向后的效果如右图所示。

公司奖励制度

7.5 插入对象

本节视频教学时间 / 13分钟 

幻灯片中可用的对象包括表格、图片、图表、视频及音频等。本节介绍在PPT中插入对象的方法。

7.5.1 插入表格

在PowerPoint 2013中插入表格的方法有利用菜单命令插入表格、利用对话框插入表格和绘制表格3 种。

1. 利用菜单命令

利用菜单命令插入表格是最常用的插入表格的方式。利用菜单命令插入表格的具体操作步骤如下。

1 设置【表格】

在演示文稿中选择要添加表格的幻灯片，单击【插入】选项卡下【表格】组中的【表格】按钮，在插入表格区域中选择要插入表格的行数和列数。

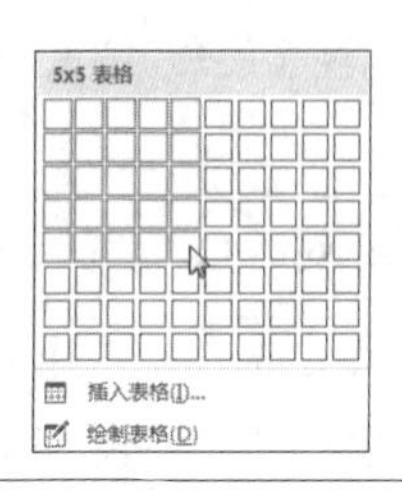

2 显示结果

释放鼠标左键即可在幻灯片中创建5行5列的表格。

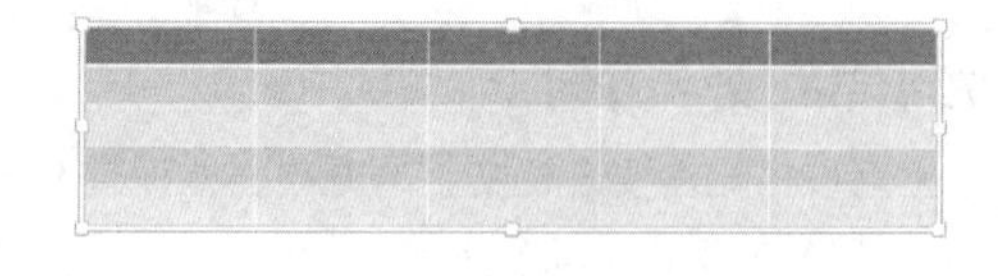

2. 利用【插入表格】对话框

用户还可以利用【插入表格】对话框来插入表格，具体操作步骤如下。

1 选择【插入表格】

将光标定位至需要插入表格的位置，单击【插入】选项卡下【表格】组中的【表格】按钮，在弹出的下拉列表中选择【插入表格】选项。

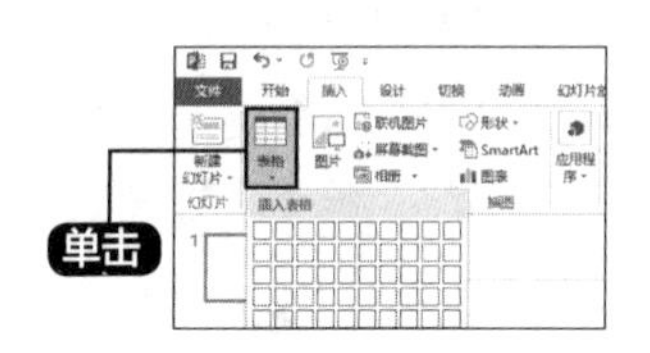

2 设置【插入表格】

弹出【插入表格】对话框，分别在【行数】和【列数】微调框中输入行数和列数，单击【确定】按钮，即可插入一个表格。

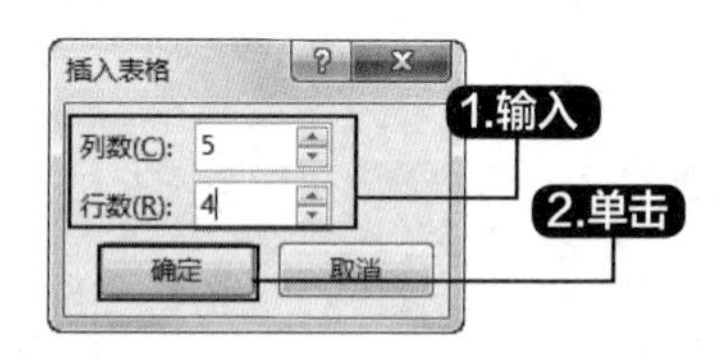

3. 绘制表格

当用户需要创建不规则的表格时，可以使用表格绘制工具绘制表格，具体操作步骤如下。

1 选择【绘制表格】

单击【插入】选项卡下【表格】组中的【表格】按钮，在弹出的下拉列表中选择【绘制表格】选项。

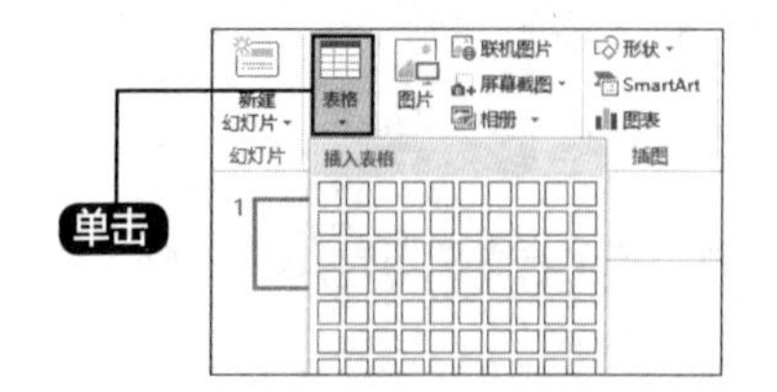

2 绘制表格外边界

此时鼠标指针变为✎形状，在需要绘制表格的地方单击并拖曳鼠标绘制出表格的外边界，形状为矩形。

3 完成绘制

在该矩形中绘制行线、列线或斜线，绘制完成后按【Esc】键退出表格绘制模式。

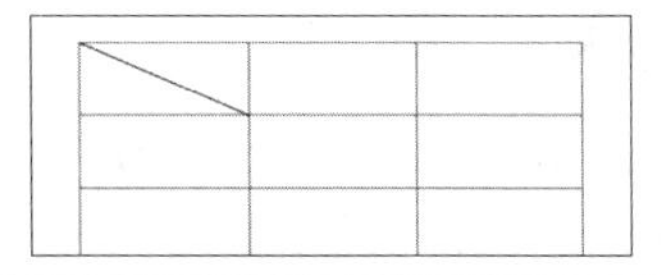

7.5.2 插入图片

在制作幻灯片时插入适当的图片，可以达到图文并茂的效果。插入图片的具体操作步骤如下。

1 单击【图片】按钮

单击【插入】选项卡下【图像】组中的【图片】按钮。

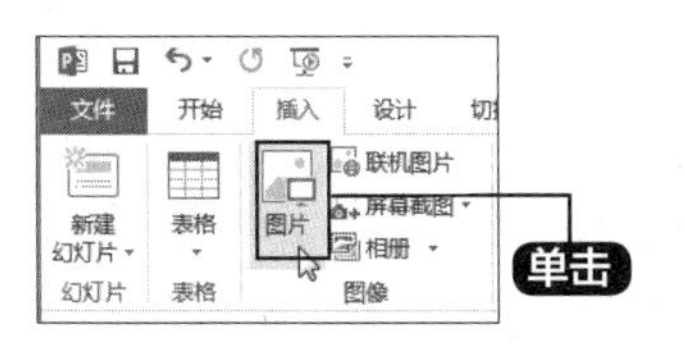

2 在幻灯片中插入图片

弹出【插入图片】对话框，选中需要的图片，单击【插入】按钮，即可将图片插入幻灯片中。

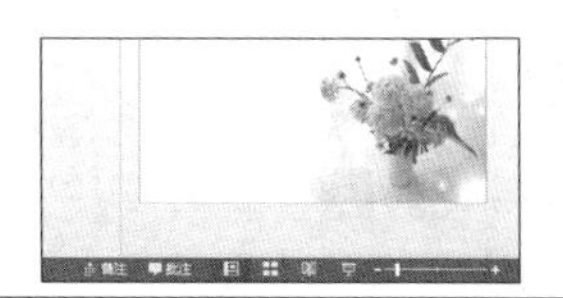

7.5.3 插入自选图形

在幻灯片中，单击【开始】选项卡【绘图】组中的【形状】按钮，弹出如下图所示的下拉菜单。

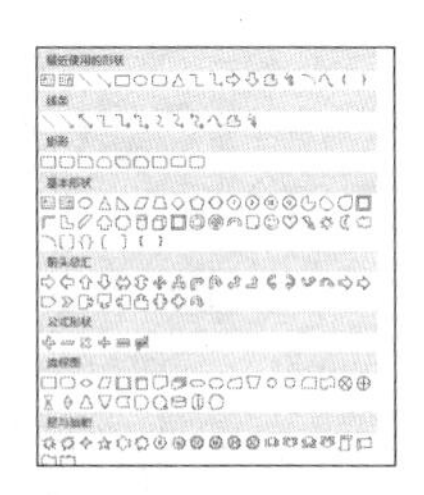

通过该下拉菜单中的选项可以在幻灯片中绘制包括线条、矩形、基本形状、箭头总汇、公式形状、流程图、星与旗帜、标注和动作按钮等的形状。

在【最近使用的形状】区域可以快速找到最近使用过的形状，以便于再次使用。

下面具体介绍绘制形状的具体操作方法。

1 新建空白幻灯片

单击【开始】选项卡【幻灯片】组中的【新建幻灯片】下拉按钮，在弹出的菜单中选择【空白】选项，新建一个空白幻灯片。

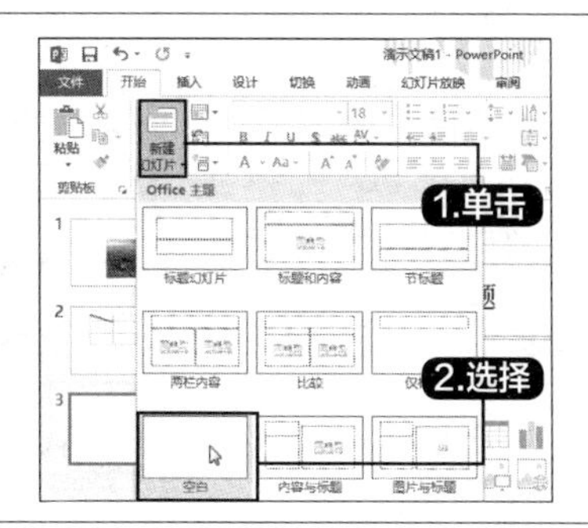

2 选择【椭圆】形状

单击【开始】选项卡【绘图】组中的【形状】按钮，在弹出的下拉菜单中选择【基本形状】区域的【椭圆】形状。

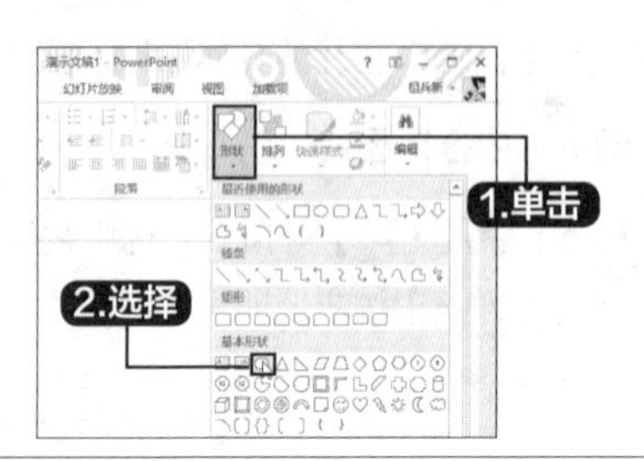

3 绘制椭圆形状

此时鼠标指针在幻灯片中的形状显示为十，在幻灯片空白位置处单击，按住鼠标左键不放并拖动到适当位置处释放鼠标左键。绘制的椭圆形状如下图所示。

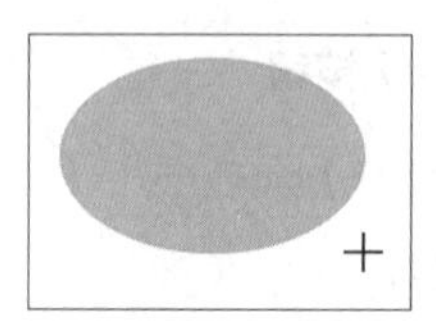

4 绘制形状

重复步骤2~3，在幻灯片中依次绘制【星与旗帜】区域的【五角星】形状和【矩形】区域的【圆角矩形】形状。最终效果如下图所示。

另外，单击【插入】选项卡【插图】组中的【形状】按钮，在弹出的下拉列表中选择所需要的形状，也可以在幻灯片中插入所需要的形状。

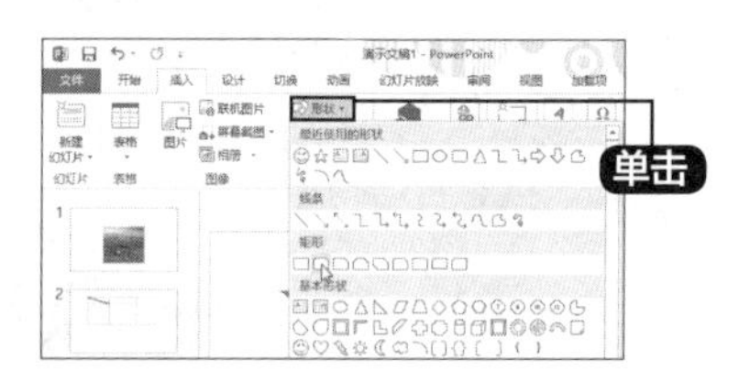

7.5.4 插入图表

图表比文字更能直观地显示数据，插入图表的具体操作步骤如下。

1 单击【图表】按钮

启动PowerPoint 2013，新建一个幻灯片，单击【插入】选项卡下【插图】组中的【图表】按钮。

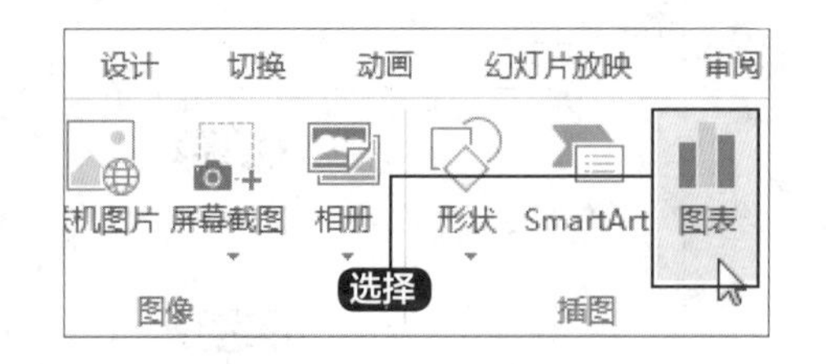

2 选择【簇状柱形图】

弹出【插入图表】对话框，在左侧列表中选择【柱形图】选项下的【簇状柱形图】选项。

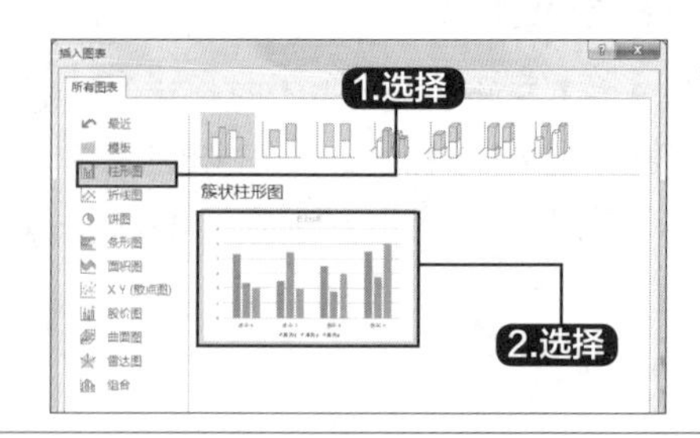

3 输入所需要显示的数据

单击【确定】按钮，会自动弹出Excel 2013的界面，输入所需要显示的数据，输入完毕后关闭Excel 表格。

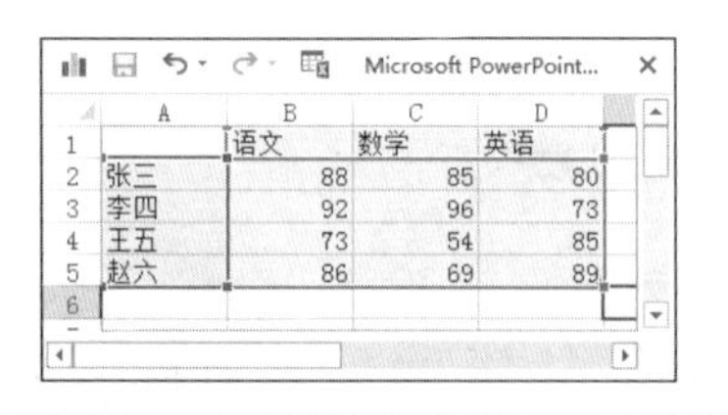

	A	B	C	D
1		语文	数学	英语
2	张三	88	85	80
3	李四	92	96	73
4	王五	73	54	85
5	赵六	86	69	89
6				

4 显示效果

即可在演示文稿中插入一个图表。

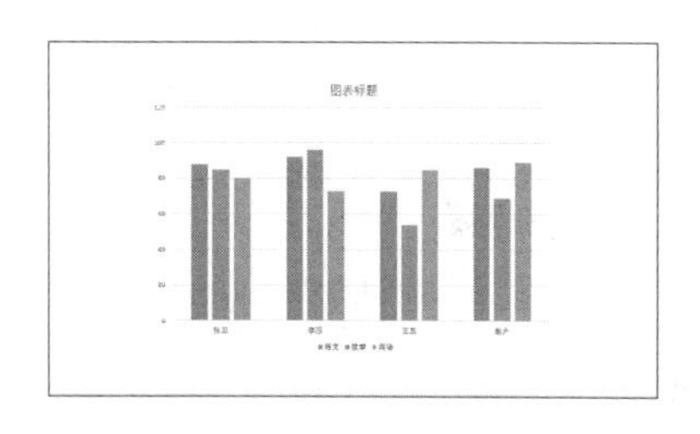

7.6 母版视图

本节视频教学时间 / 6分钟 

幻灯片母版与幻灯片模板相似，可用于制作演示文稿中的背景、颜色主题和动画等。母版视图包括幻灯片母版视图、讲义母版视图和备注母版视图。

7.6.1 幻灯片母版视图

在幻灯片母版视图下可以为整个演示文稿设置相同的颜色、字体、背景和效果等。

1. 设置幻灯片母版主题

设置幻灯片母版主题的具体操作步骤如下。

1 单击【母版视图】

单击【视图】选项卡下【母版视图】组中的【幻灯片母版】按钮幻灯片母版。在弹出的【幻灯片母版】选项卡中单击【编辑主题】选项组中的【主题】按钮主题。

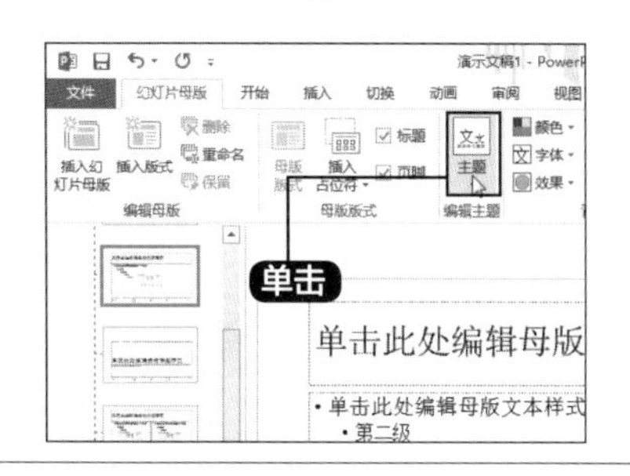

2 选择主题样式

在弹出的列表中选择一种主题样式。

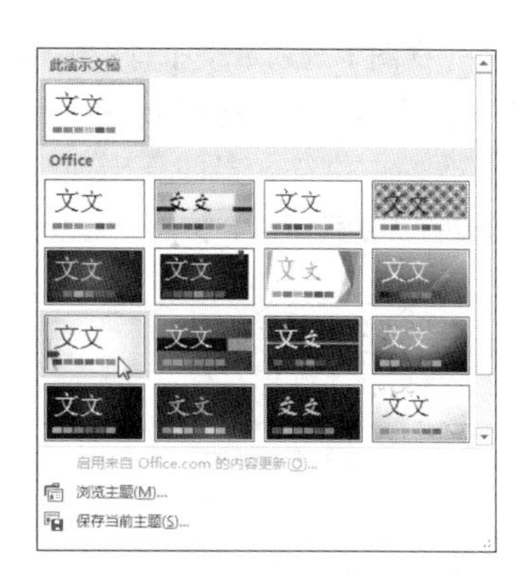

3 关闭母版视图

设置完成后，单击【幻灯片母版】选项卡下【关闭】组中的【关闭母版视图】按钮即可。

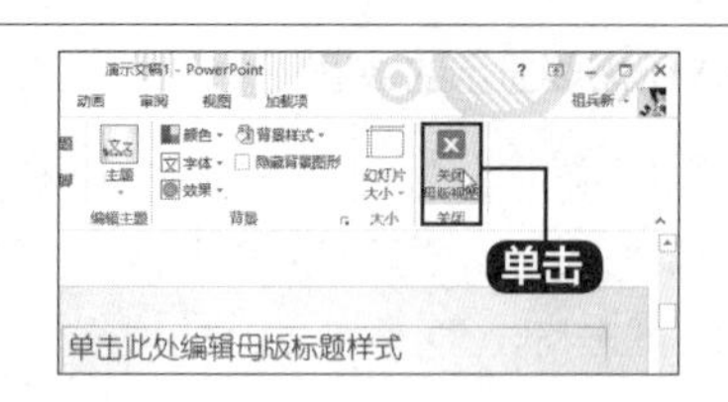

2. 设置母版背景

母版背景可以设置为纯色、渐变或图片等效果，具体操作步骤如下。

1 选择背景样式

单击【视图】选项卡下【母版视图】组中的【幻灯片母版】按钮，在弹出的【幻灯片母版】选项卡中单击【背景】组中的【背景样式】按钮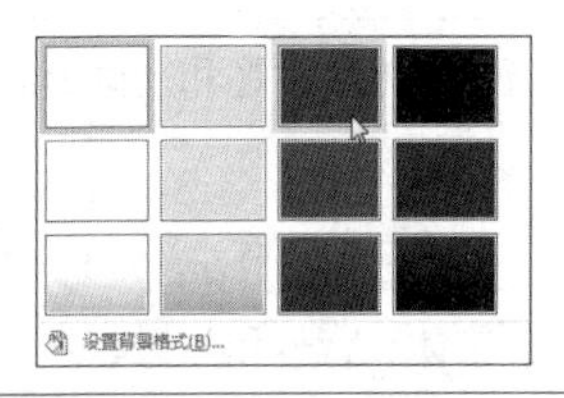，在弹出的下拉列表中选择合适的背景样式。

2 显示效果

此时即将背景样式应用于当前幻灯片。

3. 设置占位符

幻灯片母版包含文本占位符和页脚占位符。在模板中设置占位符的位置、大小和字体等的格式后，会自动应用于所有幻灯片中。

1 进入【幻灯片母版】

单击【视图】选项卡下【母版视图】组中的【幻灯片母版】按钮，进入幻灯片母版视图。单击要更改的占位符，当四周出现小控制点时，可拖动四周的任意一个控制点更改大小。

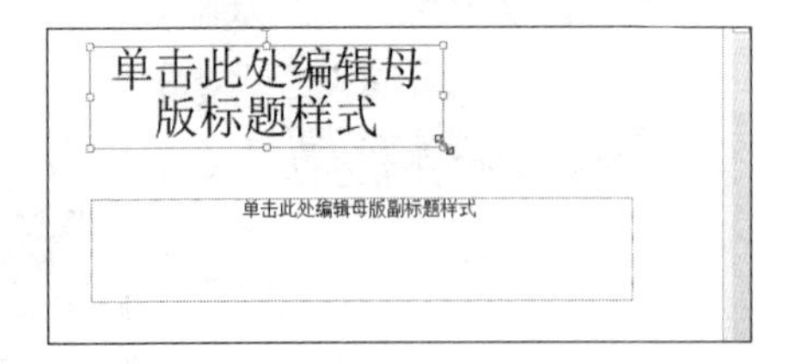

2 设置字体、字号和颜色

在【开始】选项卡下【字体】组中设置占位符中的文本的字体、字号和颜色。

3 完成设置

在【开始】选项卡下【段落】组中，设置占位符中的文本的对齐方式等。设置完成，单击【幻灯片母版】选项卡下【关闭】组中的【关闭母版视图】按钮，插入一张上一步骤中设置的标题幻灯片，在标题中输入标题文本即可。

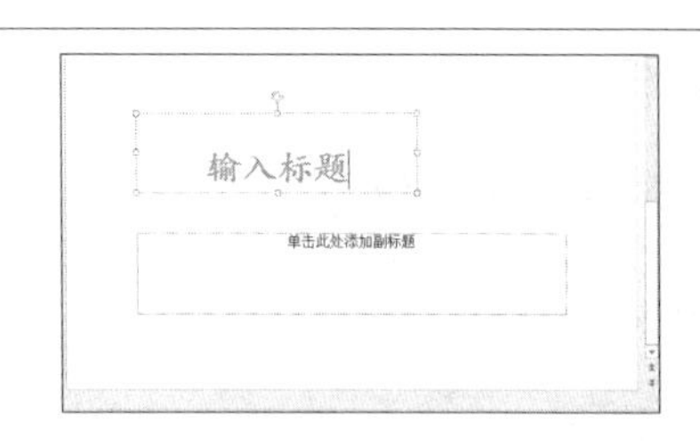

提示

设置幻灯片母版中的背景和占位符时,需要先选中母版视图下左侧的第一张幻灯片的缩略图,然后再进行设置,这样才能一次性完成对演示文稿中所有幻灯片的设置。

7.6.2 讲义母版视图

讲义母版视图可以将多张幻灯片显示在一张幻灯片中,以用于打印输出。

1 单击【页眉和页脚】按钮

单击【视图】选项卡下【母版视图】组中的【讲义母版】按钮，进入讲义母版视图 讲义母版。然后单击【插入】选项卡下【文本】组中的【页眉和页脚】按钮。

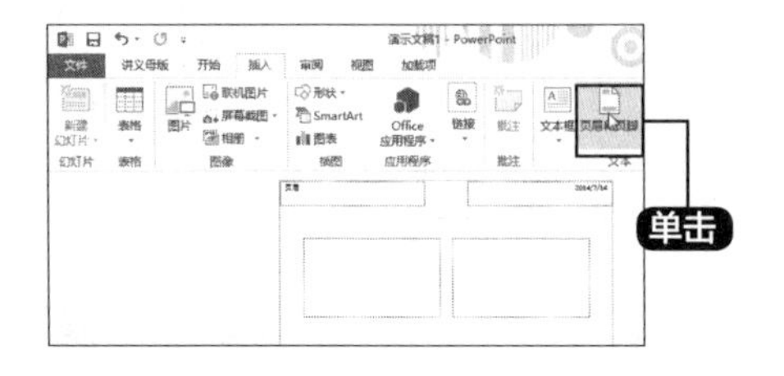

2 添加页眉和页脚效果

弹出的【页眉和页脚】对话框，选择【备注和讲义】选项卡，为当前讲义母版中添加页眉和页脚效果。设置完成后单击【全部应用】按钮。

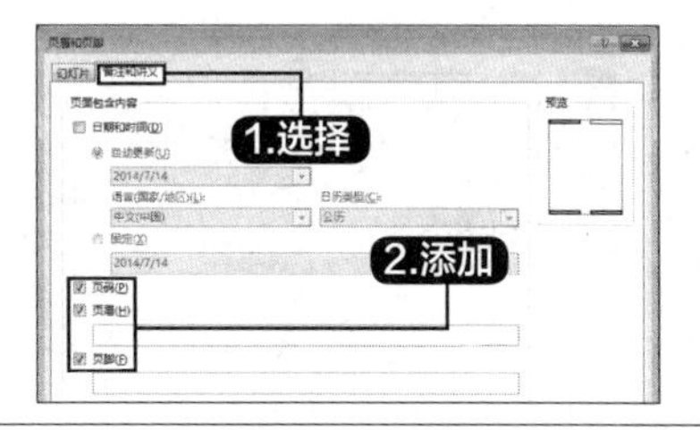

提示

单击选中【幻灯片】选项中的【日期和时间】复选框，或选中【自定义更新】单选项，页脚的日期将会自动与系统的时间保持一致。如果选中【固定】单选项，则不会根据系统时间而变化。

3 显示页眉和页脚

新添加的页眉和页脚就显示在编辑窗口上。

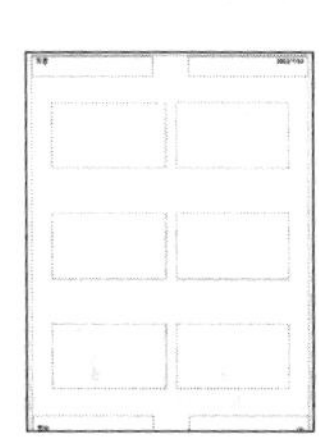

4 选择【4张幻灯片】

单击【讲义母版】选项卡下【页面设置】组中的【每页幻灯片数量】按钮，在弹出的列表中选择【4张幻灯片】选项。

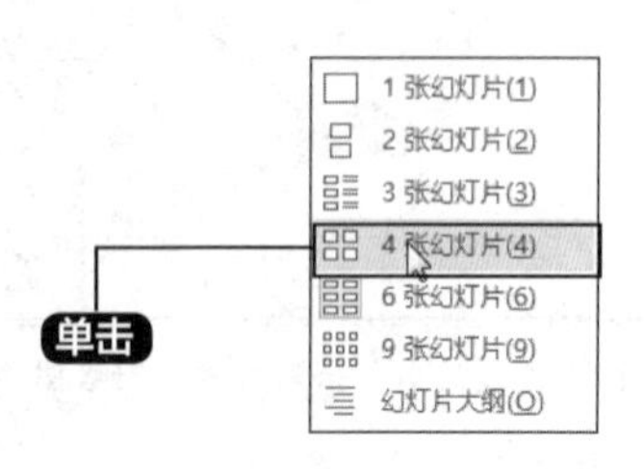

5 单击【页眉和页脚】按钮

单击【视图】选项卡下【母版视图】组中的【讲义母版】按钮，进入讲义母版视图。然后单击【插入】选项卡下【文本】组中的【页眉和页脚】按钮。

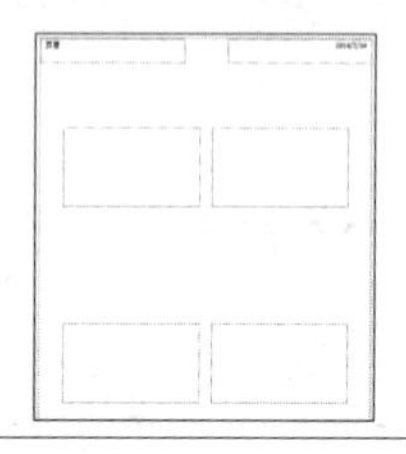

7.6.3 备注母版视图

备注母版视图主要用于显示用户在幻灯片中的备注,可以是图片、图表或表格等。

1 设置文字大小、颜色和字体

单击【视图】选项卡下【母版视图】组中的【备注母版】按钮,进入备注母版视图。选中备注文本区的文本,单击【开始】选项卡，在此选项卡的功能区中用户可以设置文字的大小、颜色和字体等。

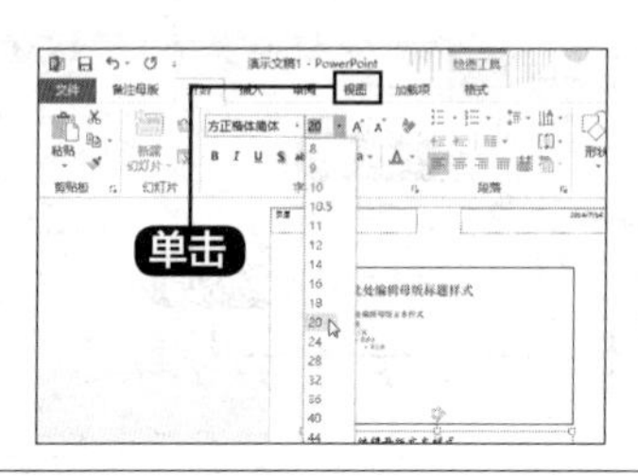

2 单击【关闭母版视图】

单击【备注母版】选项卡下【关闭】组中的【关闭母版视图】按钮。

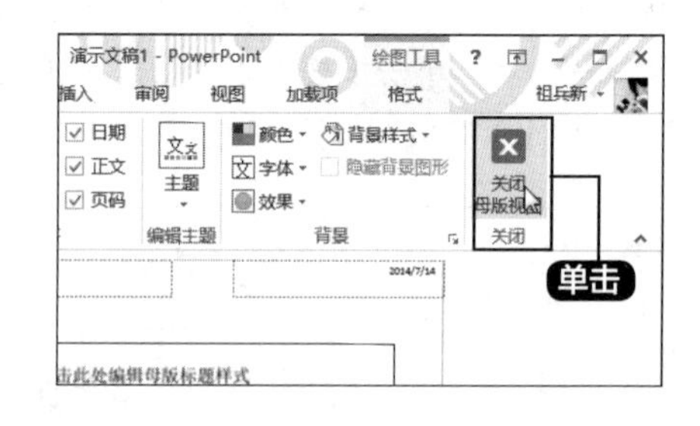

3 输入备注内容

返回到普通视图,单击状态栏中的【备注】按钮，在弹出的【备注】窗格中输入要备注的内容。

4 查看备注内容及格式

输入完成后,单击【视图】选项卡下【演示文稿视图】组中的【备注页】按钮，查看备注的内容及格式。

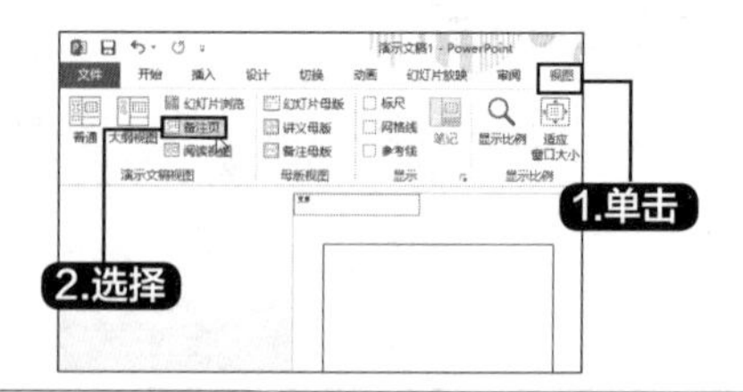

7.7 实战演练——制作旅游相册演示文稿

本节视频教学时间 / 9分钟 

通过本章的学习，设计并制作一份旅游相册演示文稿。

第1步：制作首页幻灯片

本步骤主要介绍使用内置主题，设计幻灯片母版视图和设置字体格式等内容。

1 选择主题样式

新建空白幻灯片，并保存为“旅游相册.pptx”文件,单击【设计】选项卡下【主题】组中的【其他】按钮，在弹出的下拉列表中选择一种主题样式。

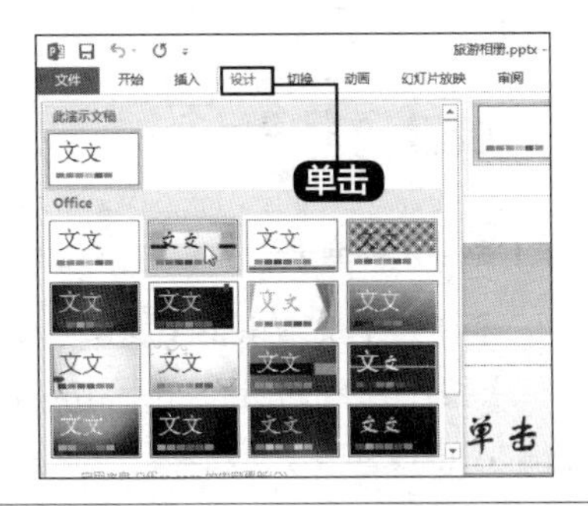

2 进入幻灯片母版视图

单击【视图】选项卡下【母版视图】组中的【幻灯片母版】按钮 幻灯片母版，进入幻灯片母版视图。

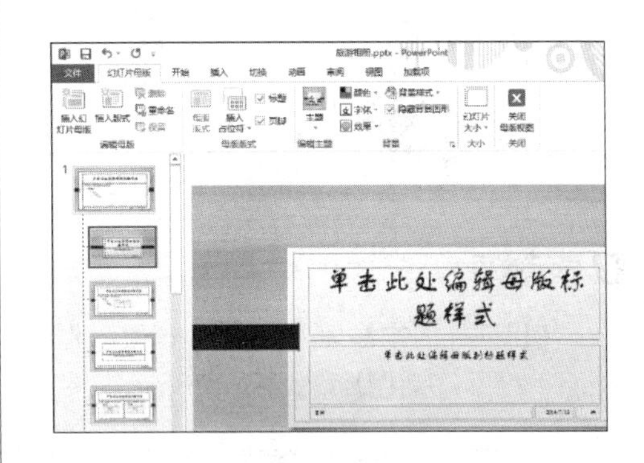

3 插入的图片

选择【母版标题样式】幻灯片，单击【插入】选项卡下【图像】组中的【图片】按钮，在弹出的【插入图片】对话框中选择要插入的图片，这里选择“素材\ch07\背景.jpg”文件，单击【插入】按钮。

4 单击【关闭母版视图】

调整图片的位置及大小后，单击【幻灯片母版】选项卡下【关闭】组中的【关闭母版视图】按钮。

5 输入幻灯片标题

返回普通视图，在【单击此处添加标题】处输入幻灯片标题“我的旅游相册”，并设置【字体】为“华文行楷”、【字号】为“60”。

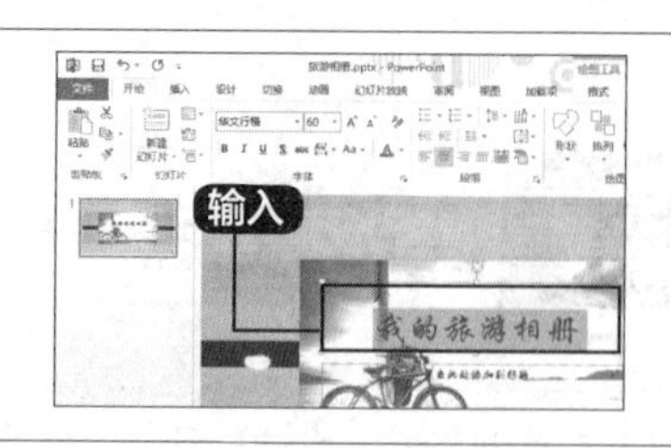

第2步：制作旅游行程幻灯片

本步骤主要介绍插入图片、设置字体格式等内容。

1 新建幻灯片插入素材

新建空白幻灯片，插入“素材\ch07\北京1.jpg”文件，调整图片大小、位置和旋转方向后如图所示。

2 选择“映像圆角矩形”

选择插入的图片，单击【格式】选项卡下【图片样式】组中的【其他】按钮，在弹出的下拉列表中选择一种图片样式，这里选择“映像圆角矩形”选项。

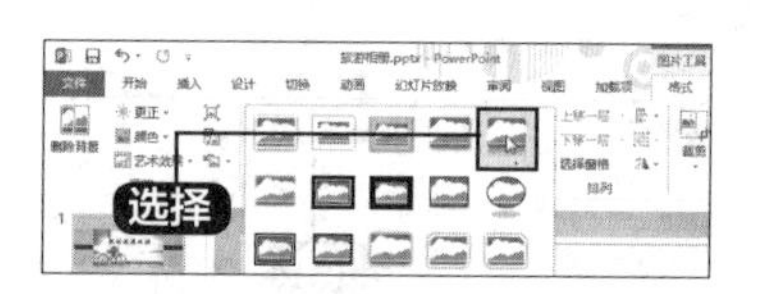

3 显示效果

使用同样的方法插入“素材\ch07\北京2.jpg”文件，设置图片格式后如图所示。

4 选择【横排文本框】

单击【插入】选项卡下【文本】组中的【文本框】按钮的下拉按钮，在弹出的下拉列表中选择【横排文本框】选项。

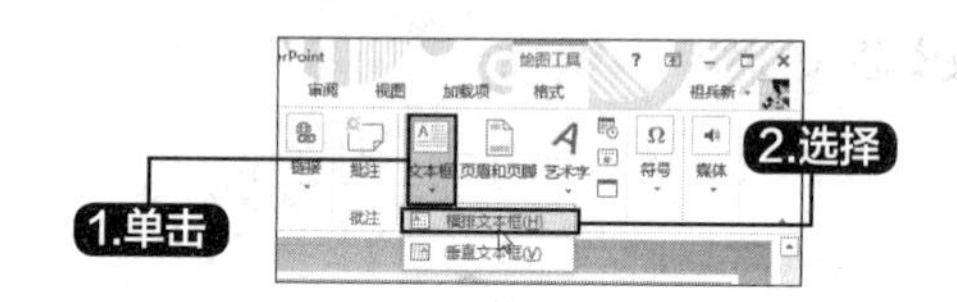

5 输入文本内容设置字体

在幻灯片中插入横排文本框并输入文本内容，设置文本【字体】为“华文行楷”、【字号】为“24”、【颜色】为“金色、着色6、深色25%”，调整文本框大小及位置后如下图所示。

6 制作幻灯片

使用同样的方法制作“行程2”与“行程3”幻灯片，分别插入图片并设置图片格式。

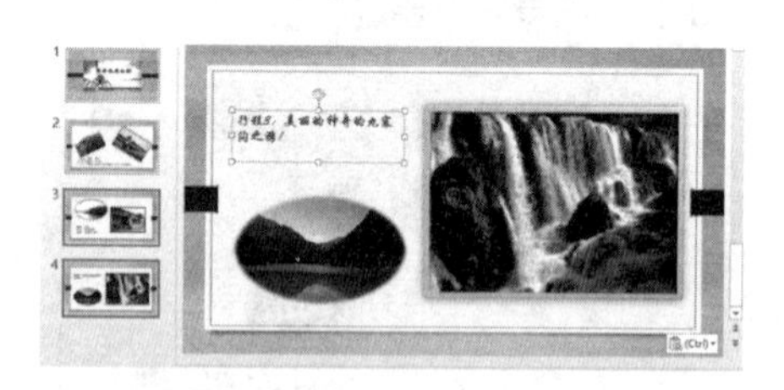

第3步：制作结束幻灯片

本步骤主要介绍艺术字、设置字体格式等内容。

1 选择艺术字样式

新建“标题幻灯片”，删除【单击此处添加标题】和【单击此处添加副标题】文本框。单击【插入】选项卡下【文本】组中的【艺术字】按钮 下方的下拉按钮，在弹出的下拉列表中选择一种艺术字样式。

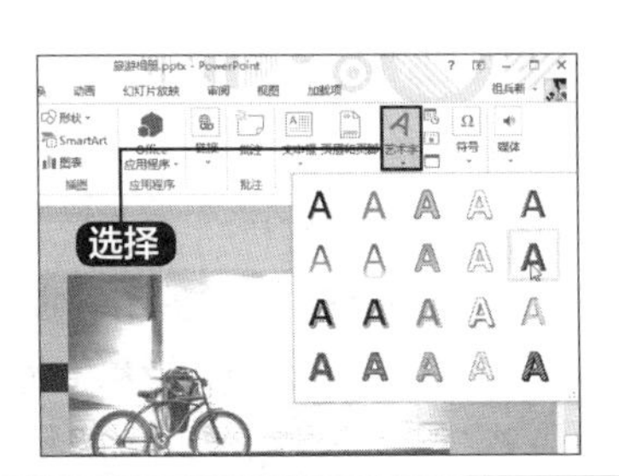

2 插入了艺术字文本框

此时即在幻灯片中插入了艺术字文本框。

3 输入文本内容设置字体

在插入艺术字文本框中输入文本内容，并设置其【字体】为“方正舒体”、【字号】为“96”，调整艺术字文本框位置后保存制作的演示文稿。至此，旅游相册演示文稿就制作完成了。

高手私房菜

技巧1：输入文本过多，执行自动调整功能

如果文本框中需要输入的内容较多，会将幻灯片中的部分内容显示在页面之外，这里可以使用自动调整功能将内容全部显示在幻灯片内。

1 选择【根据占位符自动调整文本】选项

输入的内容较多或设置格式后文本内容显示在幻灯片页面之外，可以单击占位符左侧的【自动调整选项】按钮 ，在弹出的下拉列表中选择【根据占位符自动调整文本】选项。

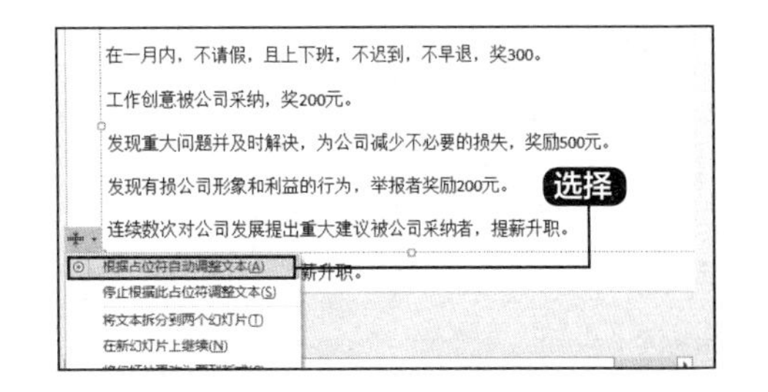

2 显示结果

即可将所有文本显示在幻灯片页面内。

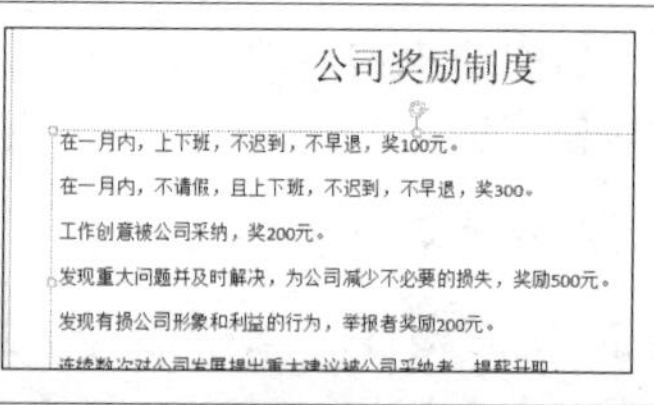

技巧52：快速灵活改变图片的颜色

使用PowerPoint制作演示文稿时，插入漂亮的图片会使幻灯片更加艳丽。但并不是所有的图片都符合要求。例如，所找的图片颜色搭配不合理、图片明亮度不和谐等都会影响幻灯片的视觉效果。更改幻灯片的色彩搭配和明亮度的具体操作步骤如下。

1 调整图的对比度

新建一张幻灯片，插入一张彩色图片。单击【格式】选项卡下【调整】组中的【更正】按钮，在弹出的下拉列表中选择【亮度+20%，对比度-20%】选项。

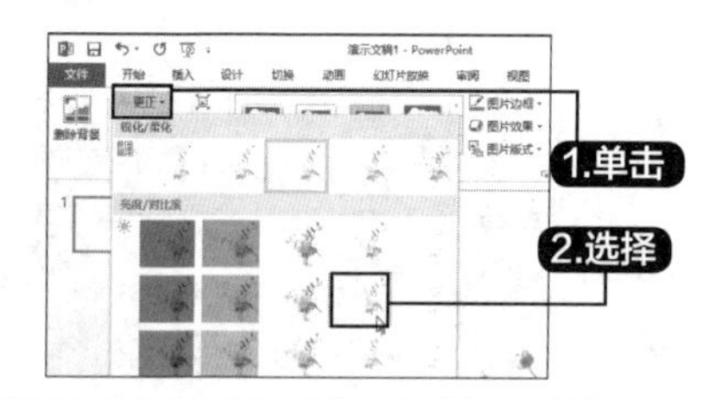

2 选择【灰度】选项

此时图片的明亮度会发生变化，单击【格式】选项卡下【调整】组中的【颜色】按钮 颜色，在弹出的下拉列表中选择【灰度】选项。

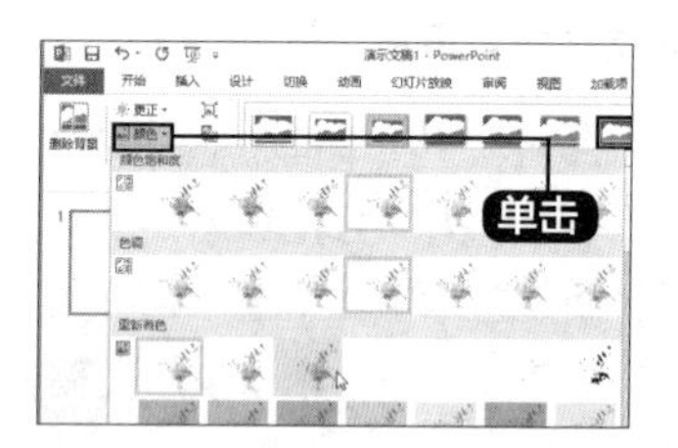

3 显示结果

更改后的图片效果如右图所示。

第 8 章 为幻灯片设置动画及交互效果

重点导读

本章视频教学时间：40分钟 

在放映幻灯片时，可以在幻灯片之间添加一些切换效果，如淡化、渐隐或擦出等，可以使幻灯片的每一个过渡和显示都能带给观众绚丽多彩的视觉享受。

学习效果图

8.1 设置幻灯片切换效果

本节视频教学时间 / 6分钟 

幻灯片切换时产生的类似动画的效果，可以使幻灯片在放映时更加生动形象。

8.1.1 添加切换效果

幻灯片切换效果是在演示期间从一张幻灯片移到下一张幻灯片时在【幻灯片放映】视图中出现的动画效果。幻灯片切换时产生的类似动画效果，可以使幻灯片在放映时更加生动形象。添加切换效果的具体操作步骤如下。

1 打开素材

打开随书光盘中的“素材\ch08\添加切换效果.pptx”文件，选择要设置切换效果的幻灯片，这里选择文件中的第1张幻灯片。

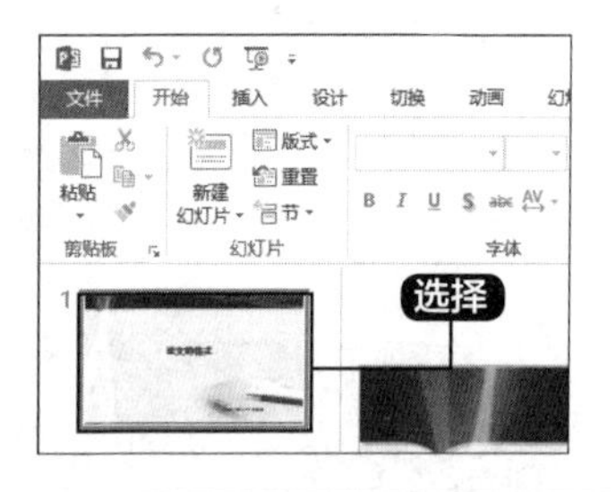

2 切换效果

单击【切换】选项卡下【切换到此幻灯片】组中的【其他】按钮，在弹出的下拉列表中选择【细微型】下的【形状】切换效果。使用同样方法为其他幻灯片添加切换效果。

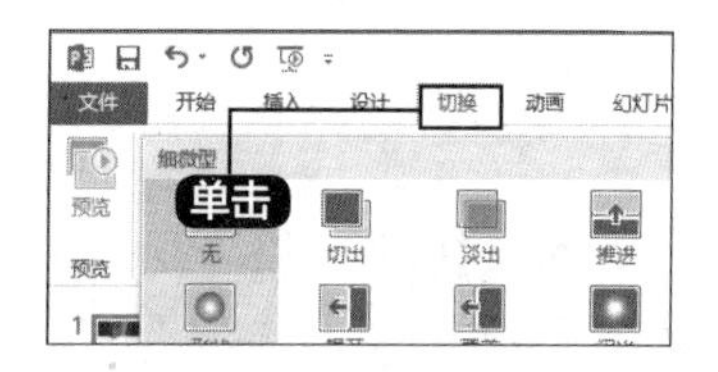

提示

使用同样的方法可以为其他幻灯片页面添加动画效果。

8.1.2 设置切换效果的属性

PowerPoint 2013中的部分切换效果具有可自定义的属性，我们可以对这些属性进行自定义设置。

1 选择幻灯片

接上一节的操作，在普通视图状态下，选择第1张幻灯片。

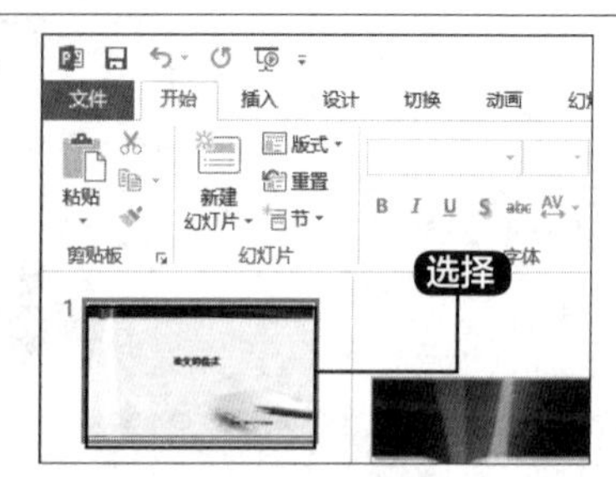

2 选择可以更换切换效果的形状

单击【切换】选项卡下【切换到此幻灯片】组中的【效果选项】按钮，在弹出的下拉列表中选择其他选项可以更换切换效果的形状，如要将默认的【圆形】更改为【菱形】效果，则选择【菱形】选项即可。

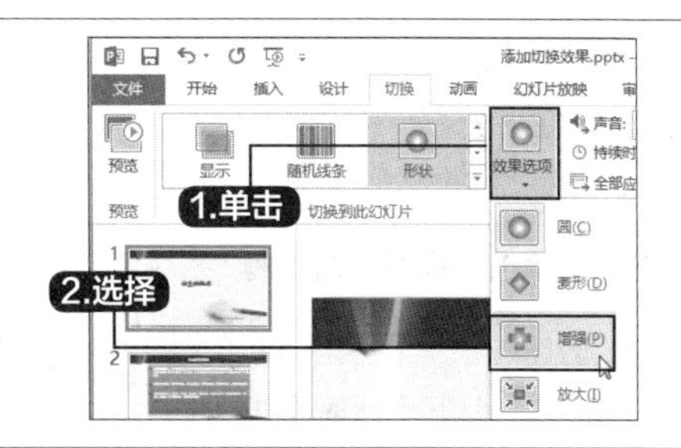

提示

幻灯片添加的切换效果不同，【效果选项】的下拉列表中的选项也是不相同的。本例中第1张幻灯片添加的是【形状】切换效果，因此单击【效果选项】可以设置切换效果的形状。

8.1.3 为切换效果添加声音

如果想使切换的效果更逼真，可以为其添加声音。具体操作步骤如下。

1 选择幻灯片

选中要添加声音效果的第2张幻灯片。

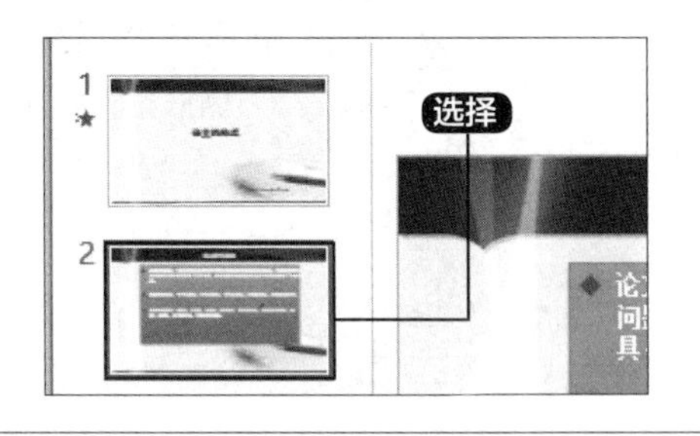

2 选择【疾驰】选项

单击【切换】选项卡下【计时】组中【声音】按钮右侧的下拉按钮，在其下拉列表中选择【疾驰】选项，在切换幻灯片时将会自动播放该声音。

8.1.4 设置切换效果计时

用户可以设置切换幻灯片的持续时间，从而控制切换的速度。设置切换效果计时的具体步骤如下。

1 选择幻灯片

选择要设置切换速度的第3张幻灯片。

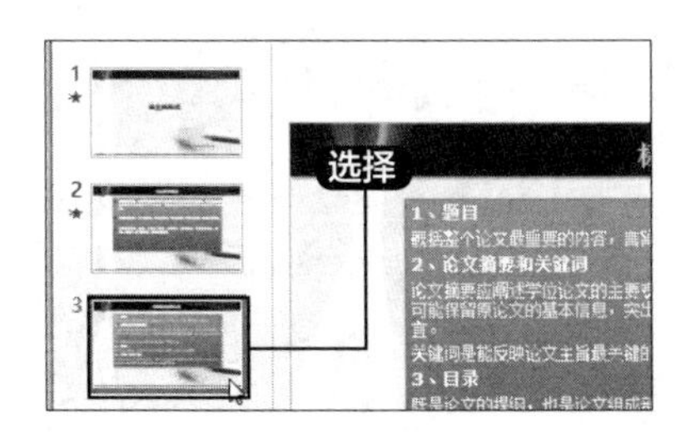

2 设置切换持续时间

单击【切换】选项卡下【计时】组中【持续时间】文本框右侧的微调按钮来设置切换持续的时间。

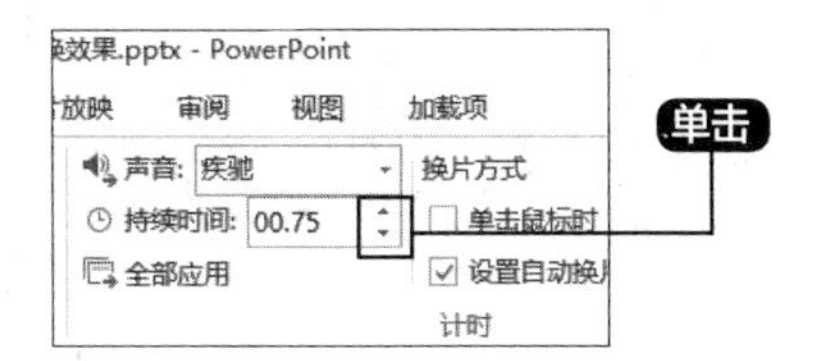

8.1.5 设置切换方式

用户在播放幻灯片时，可以根据需要设置幻灯片切换的方式。例如，自动换片或单击鼠标时换片等，具体操作步骤如下。

1 选中【单击鼠标时】复选框

打开上节已经设置完成的第3张幻灯片，在【切换】选项卡下【计时】组【换片方式】复选框下单击选中【单击鼠标时】复选框，则播放幻灯片时单击鼠标可切换到此幻灯片。

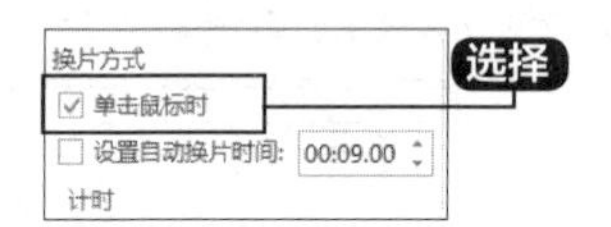

2 自动切换

若单击选中【设置自动换片时间】复选框，并设置了时间，那么在播放幻灯片时，经过所设置的秒数后就会自动地切换到下一张换灯片。

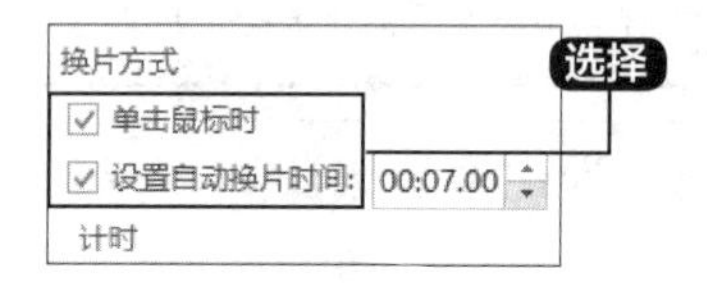

8.2 设置动画效果

本节视频教学时间 /10分钟

可以将PowerPoint 2013演示文稿中的文本、图片、形状、表格、SmartArt图形和其他对象制作成动画，赋予它们进入、退出、大小或颜色变化甚至移动等视觉效果。

8.2.1 添加进入动画

可以为对象创建进入动画。例如，可以使对象逐渐淡入焦点，从边缘飞入幻灯片或者跳入视图中。

创建进入动画的具体操作方法如下。

1 打开素材

打开随书光盘中的“素材\ch08\设置动画.pptx”文件，选择幻灯片中要创建进入动画效果的文字。

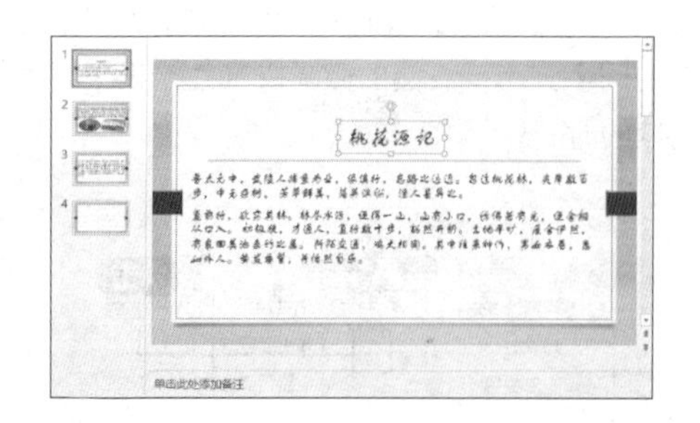

2 打开【其他】按钮

单击【动画】选项卡【动画】组中的【其他】按钮，弹出如下图所示的下拉列表。

3 选择【劈裂】选项

在下拉列表的【进入】区域中选择【劈裂】选项，创建此进入动画效果。

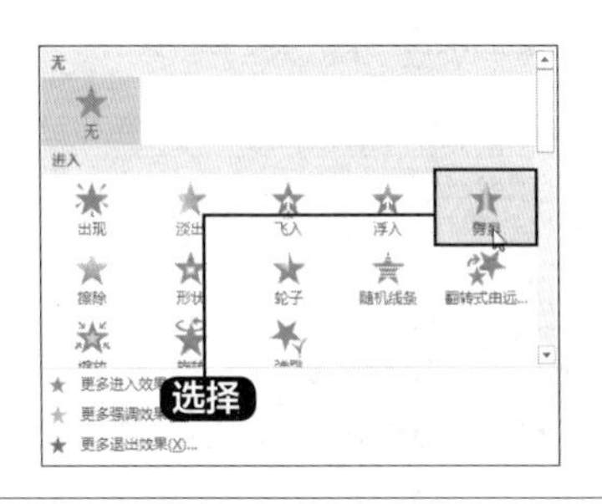

4 显示效果

添加动画效果后，文字对象前面将显示一个动画编号标记 1 。

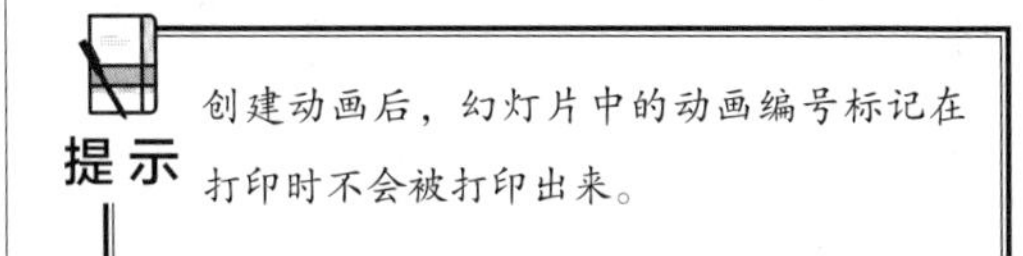

提示 创建动画后，幻灯片中的动画编号标记在打印时不会被打印出来。

8.2.2 调整动画顺序

在放映过程中，也可以对幻灯片播放的顺序进行调整。

1. 通过【动画窗格】调整动画顺序

1 打开素材

打开随书光盘中的"素材\ch08\设置动画顺序.pptx"文件，选择第2张幻灯片。可以看到设置的动画序号。

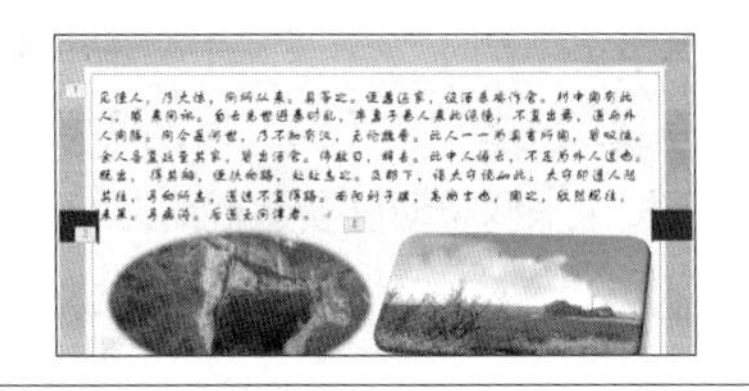

2 单击【动画窗格】按钮

单击【动画】选项卡【高级动画】组中的【动画窗格】按钮 动画窗格 ，弹出【动画窗格】窗口。

3 调整动画

选择【动画窗格】窗口中需要调整顺序的动画，如选择图片2，然后单击【动画窗格】窗口下方【重新排序】命令左侧或右侧的向上按钮 ▲ 或向下按钮 ▼ 进行调整。

2. 通过【动画】选项卡调整动画顺序

1 打开素材

打开随书光盘中的"素材\ch08\设置动画顺序.pptx"文件，选择第2张幻灯片，并选择动画2。

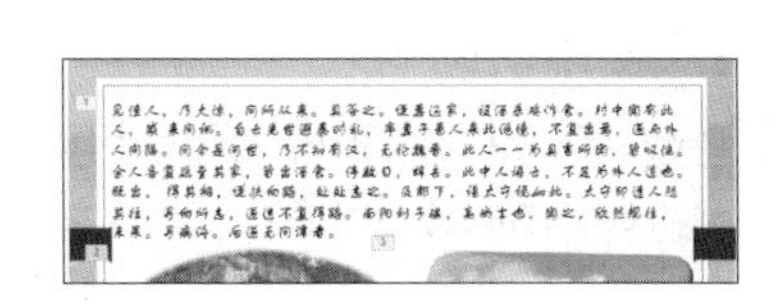

2 单击【向前移动】按钮

单击【动画】选项卡【计时】组中【对动画重新排序】区域的【向前移动】按钮。

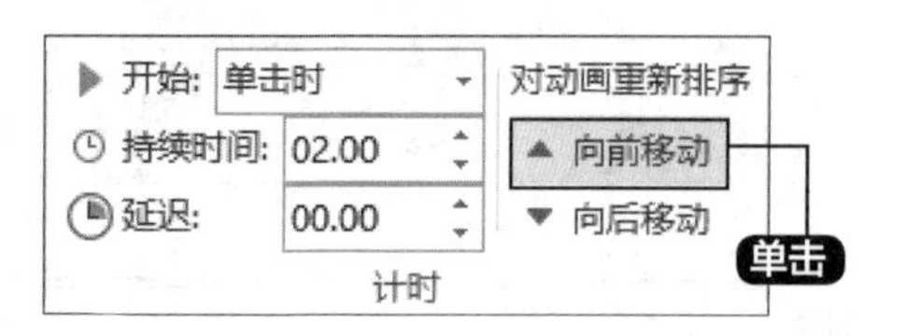

3 显示效果

即可将此动画顺序向前移动一个次序，并在【幻灯片】窗格中可以看到此动画前面的编号 2 和前面的编号 1 发生改变。

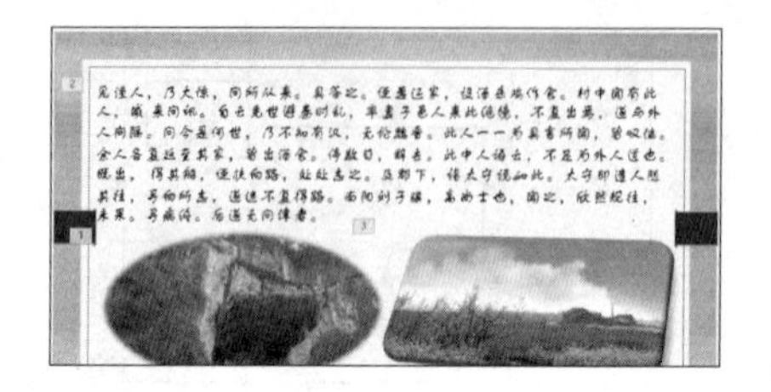

提示

要调整动画的顺序，也可以先选中要调整顺序的动画，然后按住鼠标左键不放并拖动到适当位置，再释放鼠标，即可把动画重新排序。

8.2.3 设置动画计时

创建动画之后，可以在【动画】选项卡上为动画指定开始、持续时间或者延迟计时。

1. 设置动画开始时间

若要为动画设置开始计时，可以在【动画】选项卡下【计时】组中单击【开始】菜单右侧的下拉按钮▾，然后从弹出的下拉列表中选择所需的计时。该下拉列表包括【单击时】、【与上一动画同时】和【上一动画之后】3个选项。

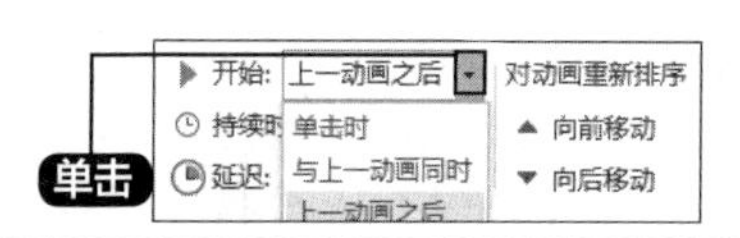

2. 设置持续时间

若要设置动画将要运行的持续时间，可以在【计时】组中的【持续时间】文本框中输入所需的秒数，或者单击【持续时间】文本框后面的微调按钮来调整动画要运行的持续时间。

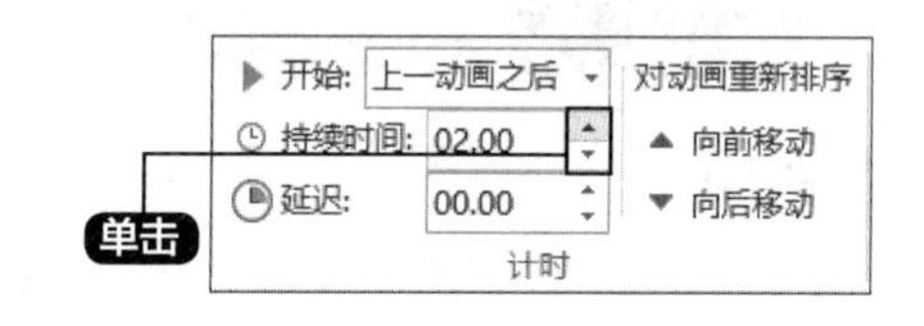

3. 设置延迟时间

若要设置动画开始前的延时，可以在【计时】组中的【延迟】文本框中输入所需的秒数，或者使用微调按钮来调整。

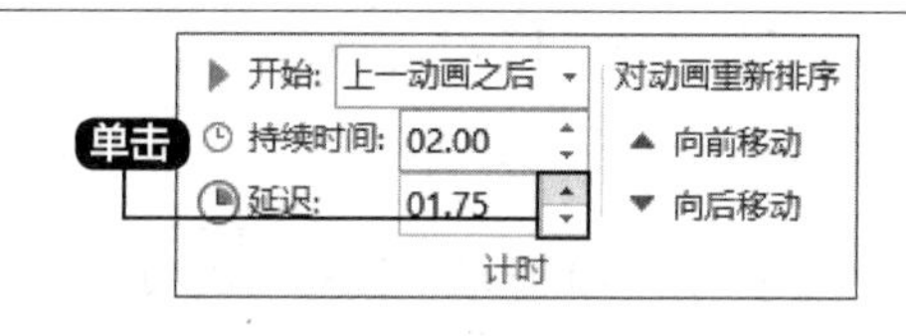

8.2.4 使用动画刷

在PowerPoint 2013中，可以使用动画刷复制一个对象的动画，并将其应用到另一个对象上。使用动画刷复制动画效果的具体操作步骤如下。

1 打开素材

打开随书光盘中的“素材\ch08\动画刷.pptx”文件，单击选中幻灯片中创建过动画的对象“人类智慧的‘灯塔’”，可以看到其设置了“形状”动画效果。单击【动画】选项卡【高级动画】组中的【动画刷】按钮 动画刷 ，此时幻灯片中的鼠标指针变为动画刷的形状 。

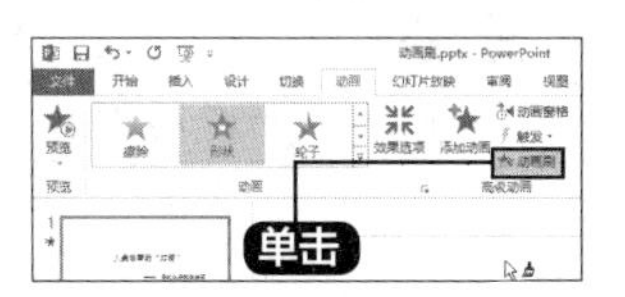

2 复制动画效果

在幻灯片中，用动画刷单击“——深刻认识科学知识”即可复制“人类智慧的‘灯塔’”动画效果到此对象上。

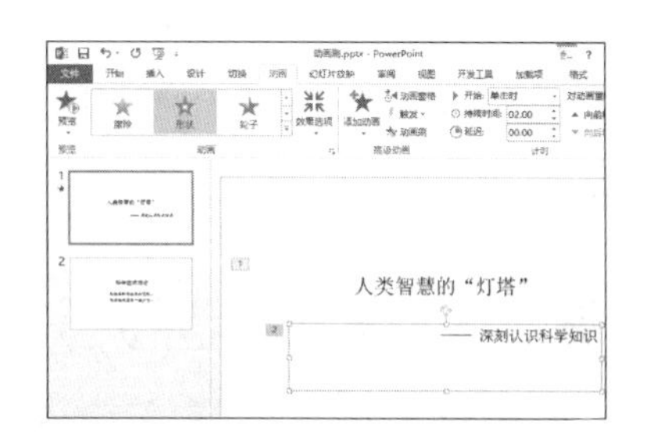

3 切换到第2张幻灯片上

双击【动画】选项卡【高级动画】组中的【动画刷】按钮，然后单击【幻灯片/大纲】窗格【幻灯片】选项卡下第2张幻灯片的缩略图，切换到第2张幻灯片上。

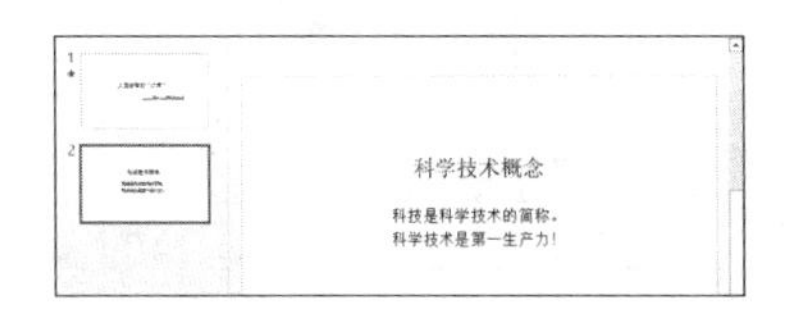

4 显示结果

用动画刷先单击“科学技术概念”，然后单击其下面的文字即可复制动画效果到此幻灯片的另外两个对象上，复制完成，按【Esc】键退出复制动画效果的操作。

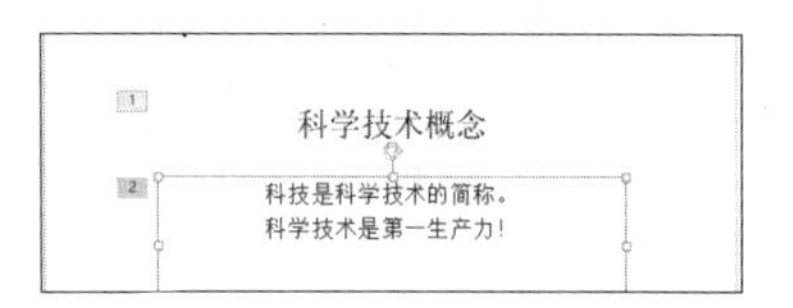

8.2.5 动作路径

PowerPoint中内置了多种动作路径，用户可以根据需要选择动作路径。

1 打开素材

打开随书光盘中的“素材\ch08\设置动画.pptx”文件，选择幻灯片中要创建进入动画效果的文字。

2 选择【其他动作路径】

单击【动画】选项卡【动画】组中的【其他】按钮 ，在弹出的下拉列表中选择【其他动作路径】选项。

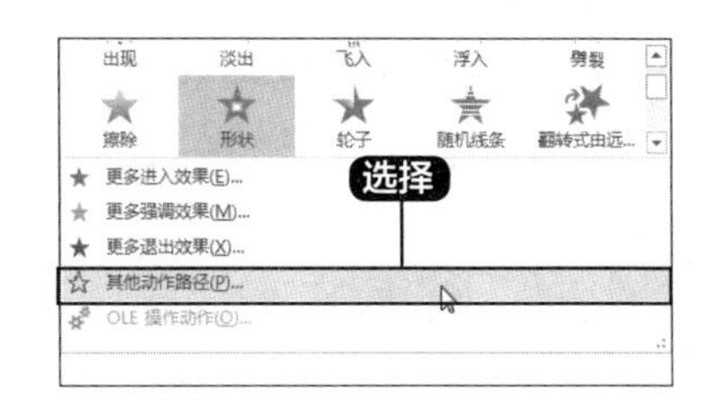

3 选择一种动作路径

弹出【更改动作路径】对话框，选择一种动作路径，单击【确定】按钮。

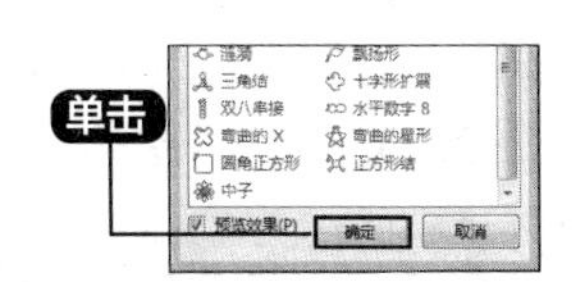

4 显示动画编号

添加路径动画效果后，文字对象前面将显示一个动画编号标记 1 ，并且在下方显示动作路径。

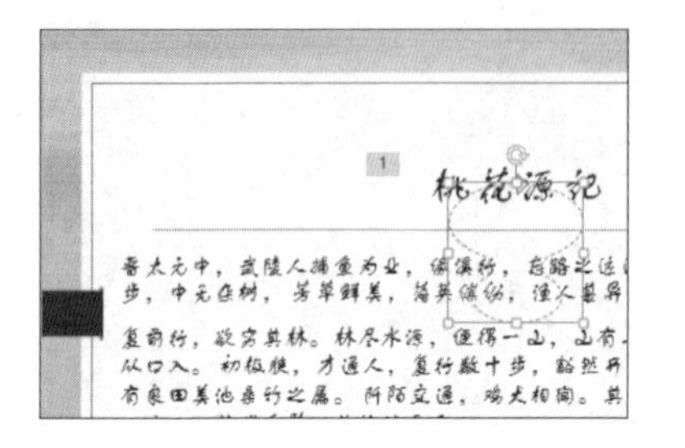

5 编辑路径顶点

添加动作路径后，还可以根据需要编辑路径顶点，选择添加的动作路径，单击【动画】选项卡下【动画】组中的【效果选项】按钮，在弹出的下拉列表中选择【编辑顶点】选项。

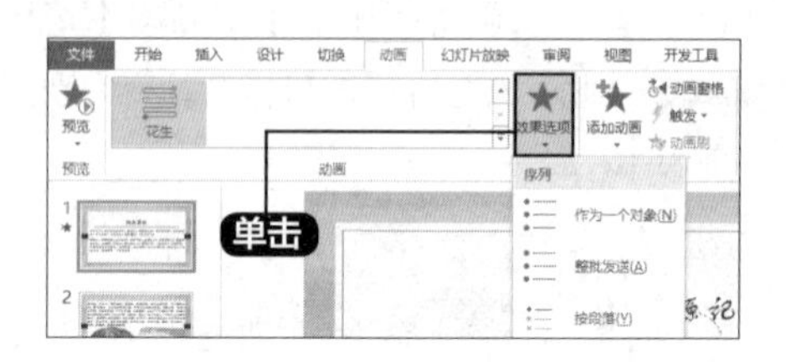

6 显示路径顶点

此时，即可显示路径顶点，鼠标指针变为形状，选择要编辑的顶点，按住鼠标并拖曳即可完成路径定点的编辑。

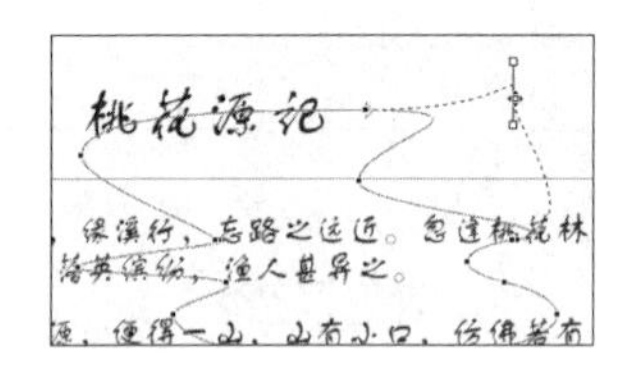

7 反转路径方向

单击【动画】选项卡下【动画】组中的【效果选项】按钮，在弹出的下拉列表中选择【反转路径方向】选项。

8 完成路径翻转

即可完成路径的翻转，路径中的方向符号将由变为符号。

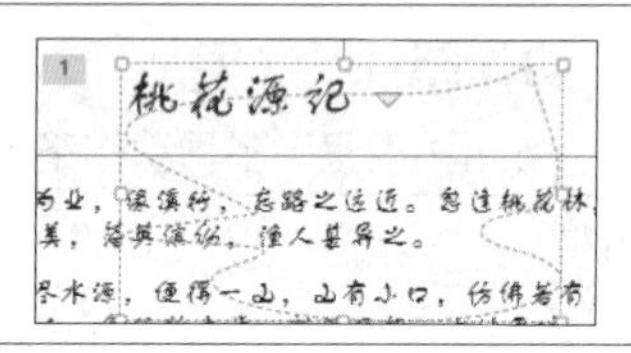

8.2.6 测试动画

为文字或图形对象添加动画效果后，可以通过测试来查看设置的动画是否满足用户需求。

单击【动画】选项卡【预览】组中的【预览】按钮，或单击【预览】按钮的下拉按钮，在弹出的下拉列表中选择相应的选项来测试动画。

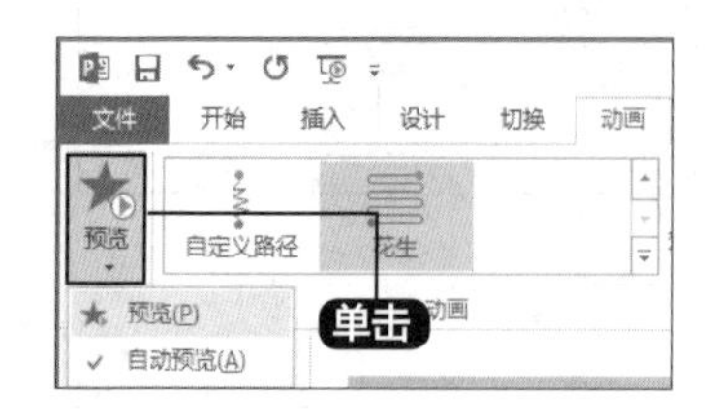

提示 该下拉列表中包括【预览】和【自动预览】两个选项。单击选中【自动预览】复选框后，每次为对象创建动画后，可自动在【幻灯片】窗格中预览动画效果。

8.2.7 删除动画

为对象创建动画效果后，也可以根据需要移除动画。移除动画的方法有以下3种。

1 单击【动画】选项卡【动画】组中的【其他】按钮，在弹出的下拉列表的【无】区域中选择【无】选项。

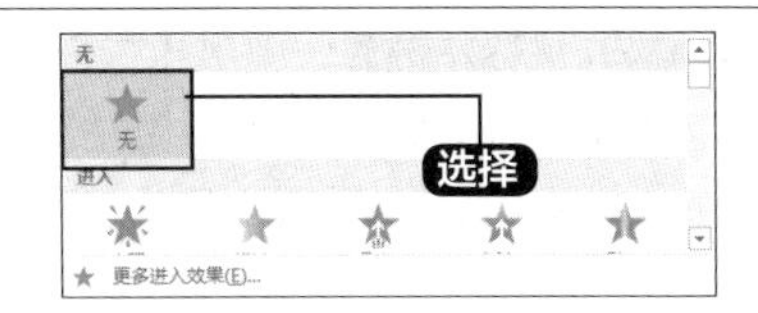

2 单击【动画】选项卡【高级动画】组中的【动画窗格】按钮，在弹出的【动画窗格】中选择要移除动画的选项，然后单击菜单图标（向下箭头），在弹出的下拉列表中选择【删除】选项即可。

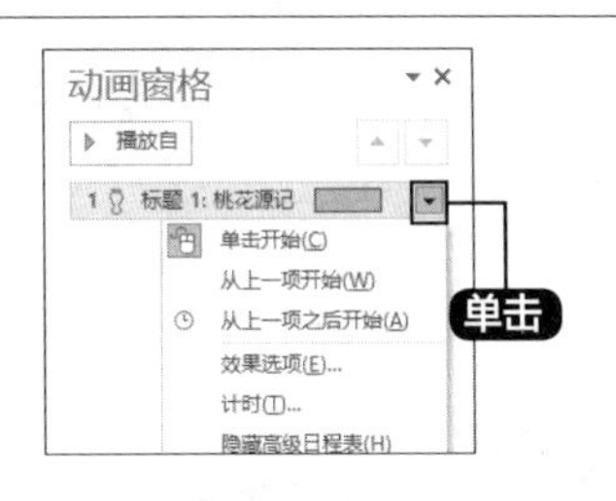

3 选择添加动画的对象前的图标（如 1 图标），按【Delete】键，也可删除添加的动画效果。

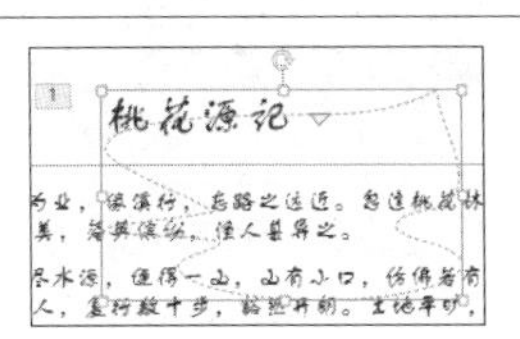

8.3 设置按钮的交互

本节视频教学时间 / 2分钟

在PowerPoint中，可以为幻灯片、幻灯片中的文本或对象创建超链接到幻灯片中，也可以使用动作按钮设置交互效果，动作按钮是预先设置好带有特定动作的图形按钮，可以实现在放映幻灯片时跳转的目的，设置按钮交互的具体操作步骤如下。

1 打开素材

打开随书光盘中的“素材\ch08\员工培训.pptx”文件，选择最后一张幻灯片。

2 插入形状

单击【插入】选项卡【插图】组中的【形状】按钮，在弹出的下拉列表中选择【动作按钮】组中的【第一张】按钮。

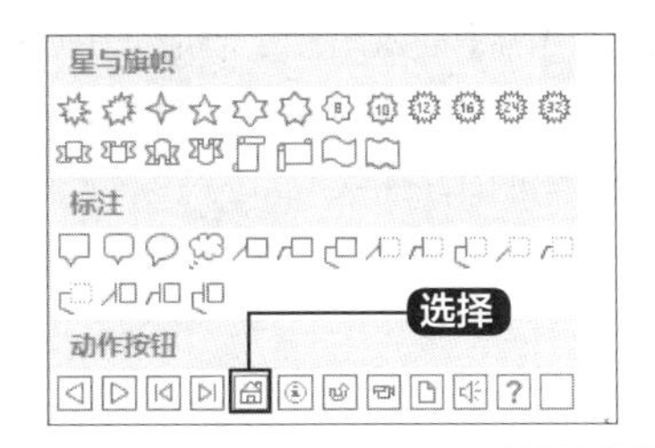

3 操作设置

返回幻灯片中按住鼠标左键并拖曳，绘制出按钮。松开鼠标左键后，弹出【操作设置】对话框，在【单击鼠标】选项卡中选择【超链接到】下拉列表中的【第一张幻灯片】选项。

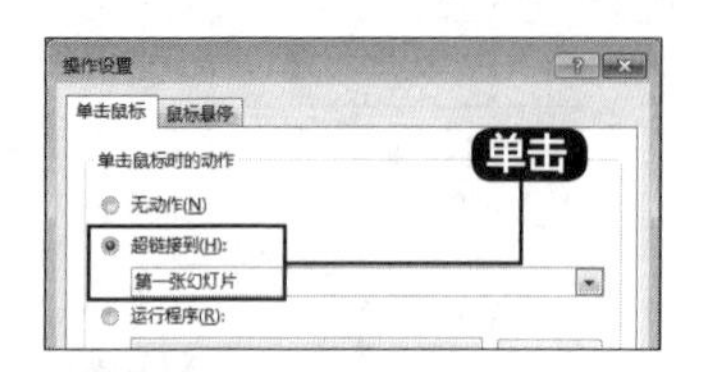

4 添加的按钮

单击【确定】按钮，即可看到添加的按钮，在播放幻灯片时单击该按钮，即可跳转到第1张幻灯片。

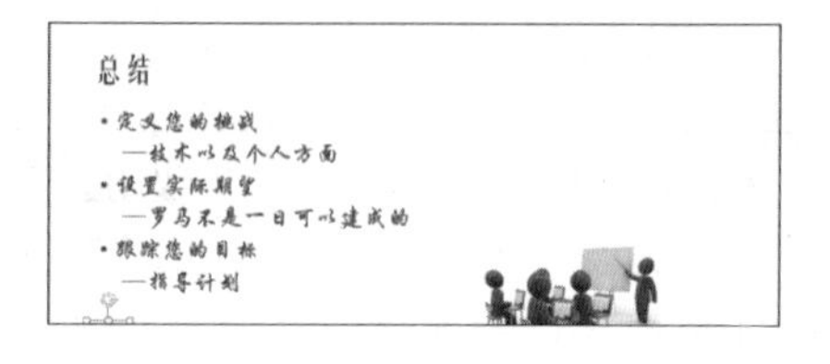

8.4 实战演练——制作中国茶文化幻灯片

本节视频教学时间 / 19分钟

中国茶历史悠久，现在已发展成了独特的茶文化，中国人饮茶，注重一个“品”字。“品茶”不但可以鉴别茶的优劣，还可以消除疲劳、振奋精神。本节就以中国茶文化为背景，制作一份中国茶文化幻灯片。

第1步：设计幻灯片母版

1 新建幻灯片

启动PowerPoint 2013，新建幻灯片，并将其保存为“中国茶文化.pptx”的幻灯片。单击【视图】选项卡【母版视图】组中的【幻灯片母版】按钮。

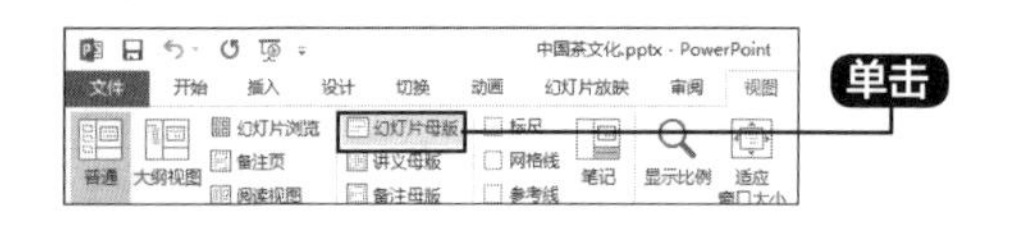

2 切换到母版视图

切换到幻灯片母版视图，并在左侧列表中单击第1张幻灯片，单击【插入】选项卡下【图像】组中的【图片】按钮。

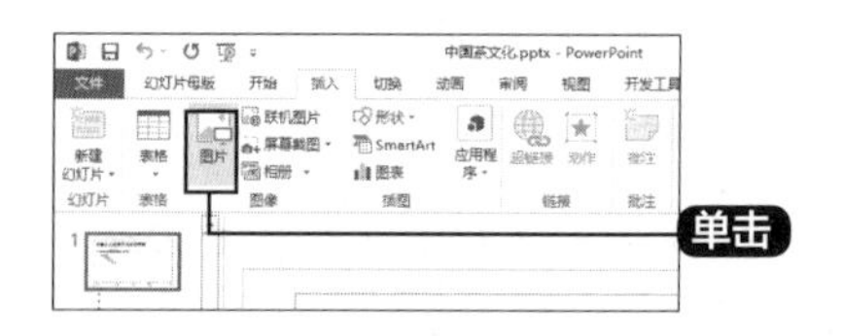

3 插入图片

在弹出的【插入图片】对话框中选择“素材\ch08\图片01.jpg”文件，单击【插入】按钮，将选择的图片插入幻灯片中，选择插入的图片，并根据需要调整图片的大小及位置。

4 置于底层

在插入的背景图片上单击鼠标右键，在弹出的快捷菜单中选择【置于底层】➤【置于底层】菜单命令，将背景图片在底层显示。

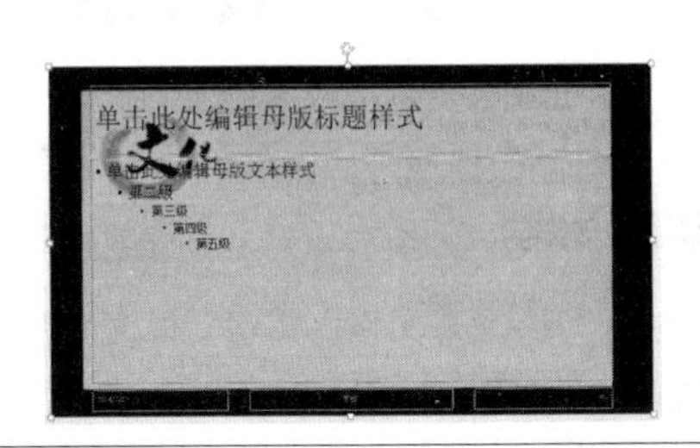

5 选择艺术字样式

选择标题框内文本，单击【格式】选项卡下【艺术字样式】组中的【快速样式】按钮，在弹出的下拉列表中选择一种艺术字样式。

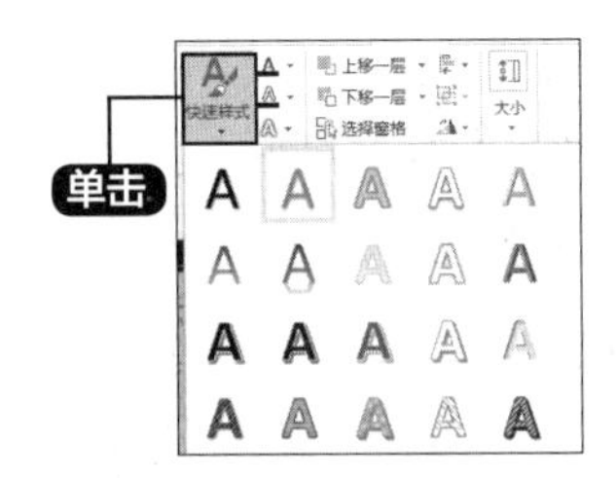

6 设置艺术字

选择设置后的艺术字。根据需求设置艺术字的字体和字号。并设置【文本对齐】为“居中对齐”。此外，还可以根据需要调整文本框的位置。

7 进行设置

为标题框应用【擦除】动画效果，设置【效果选项】为“自左侧”，设置【开始】模式为“上一动画之后”。

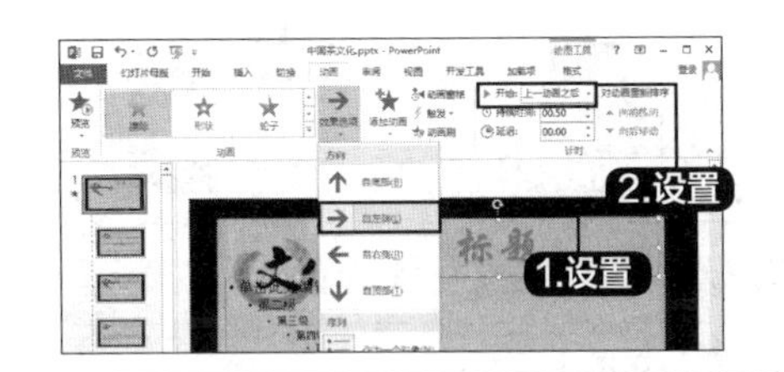

提 示

如果设置字体较大，标题栏中不足以容纳“单击此处编辑母版标题样式”文本时，可以删除部分内容。

8 隐藏背景图形

在幻灯片母版视图中，在左侧列表中选择第2张幻灯片，选中【背景】组中的【隐藏背景图形】复选框，并删除文本框。

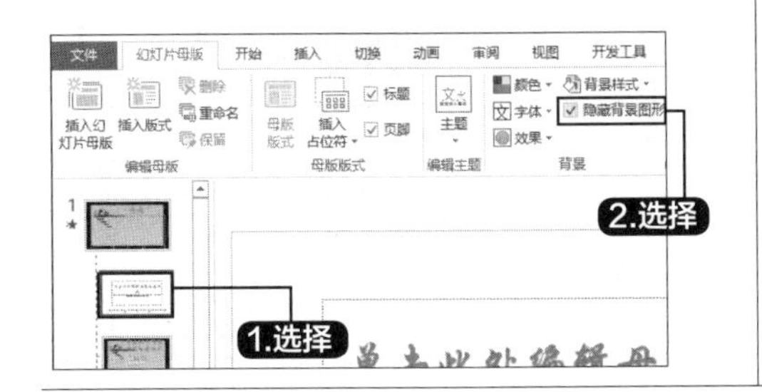

9 插入图片

单击【插入】选项卡下【图像】组中的【图片】按钮，在弹出的【插入图片】对话框中选择“素材\ch08\图片02.jpg”文件，单击【插入】按钮，将图片插入幻灯片中，并调整图片位置和大小。

10 置于底层

在插入的背景图片上单击鼠标右键，在弹出的快捷菜单中选择【置于底层】➤【置于底层】菜单命令，将背景图片在底层显示。并删除文本占位符。

第2步：设计幻灯片首页

1 选择艺术字样式

单击【幻灯片母版】选项卡中的【关闭母版视图按钮】按钮，返回普通视图，删除幻灯片页面中的文本框，单击【插入】选项卡下【文本】组中的【艺术字】按钮，在弹出的下拉列表中选择一种艺术字样式。

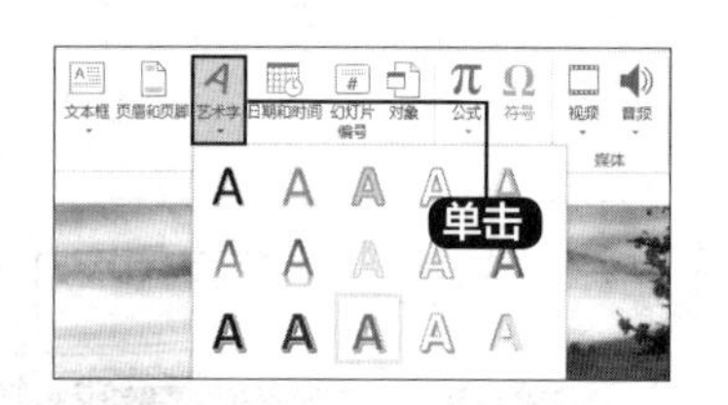

2 调整艺术字

输入“中国茶文化”文本，根据需要调整艺术字的字体和字号以及颜色等，并适当调整文本框的位置。

第3步：设计茶文化简介页面

1 输入文本

新建【仅标题】幻灯片页面，在标题栏中输入“茶文化简介”文本。设置其【对齐方式】为“左对齐”。

2 打开素材

打开随书光盘中的“素材\ch09\茶文化简介.txt”文件，将其内容复制到幻灯片页面中，适当调整文本框的位置以及字体的字号和大小。

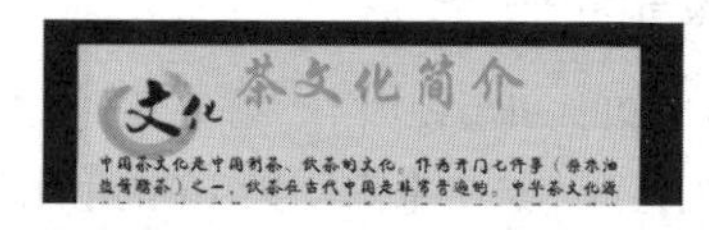

3 设置

选择输入的正文，并单击鼠标右键，在弹出的快捷菜单中选择【段落】菜单命令，打开【段落】对话框，在【缩进和间距】选项卡下设置【特殊格式】为“首行缩进”，设置【度量值】为“2字符”。设置完成，单击【确定】按钮。

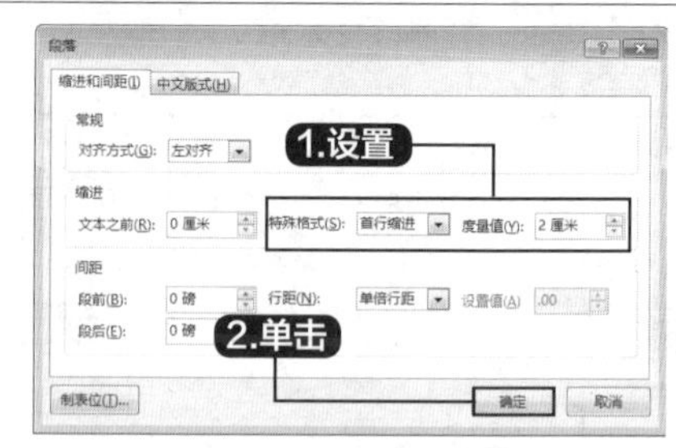

4 设置效果

设置段落样式后的效果如右图所示。

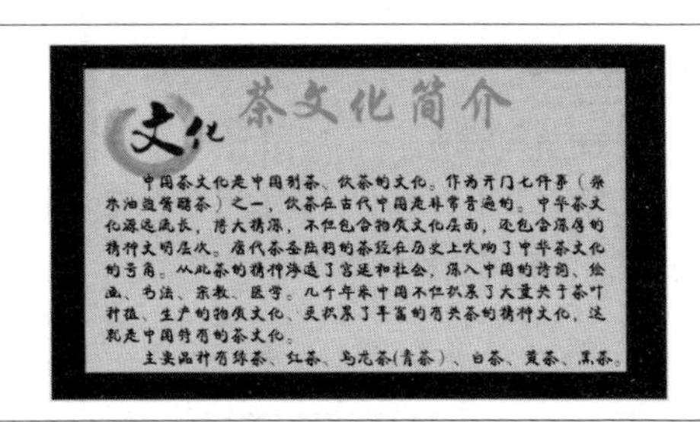

第4步：设计目录页面

1 新建页面

新建【标题和内容】幻灯片页面。输入标题“茶品种”。

2 输入种类

在下方输入茶的种类。并根据需要设置字体和字号等。

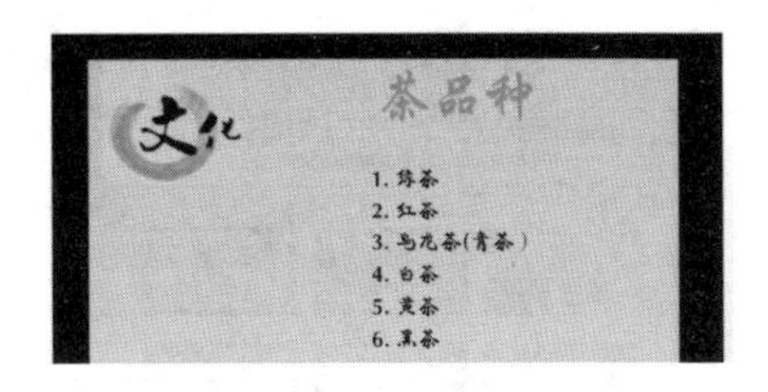

第5步：设计其他页面

1 输入标题

新建【标题和内容】幻灯片页面。输入标题“绿茶”。

2 复制内容

打开随书光盘中的“素材\ch08\茶种类.txt”文件，将“绿茶”下的内容复制到幻灯片页面中，适当调整文本框的位置以及字体的字号和大小。

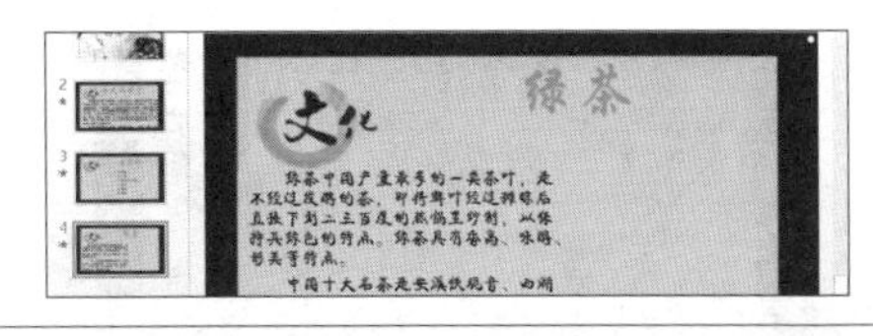

3 插入图片

单击【插入】选项卡下【图像】组中的【图片】按钮。在弹出的【插入图片】对话框中选择“素材\ch08\绿茶.jpg”文件，单击【插入】按钮，将选择的图片插入幻灯片中，选择插入的图片，并根据需要调整图片的大小及位置。

4 选择样式

选择插入的图片，单击【格式】选项卡下【图片样式】组中的【其他】按钮，在弹出的下拉列表中选择一种样式。

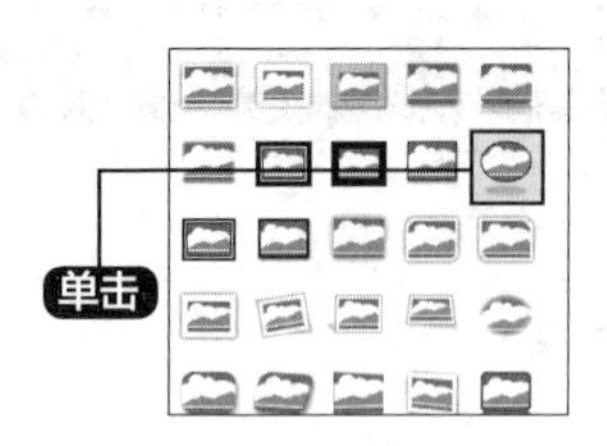

5 设置

根据需要在【图片样式】组中设置【图片边框】、【图片效果】及【图片版式】等。

6 重复操作

重复步骤1~5，分别设计红茶、乌龙茶、白茶、黄茶和黑茶等幻灯片页面。

7 插入艺术字

新建【标题】幻灯片页面。插入艺术字文本框，输入“谢谢欣赏！”文本，并根据需要设置字体样式。

第6步：设置超链接

1 创建超链接

在第3张幻灯片中选中要创建超链接的文本“1. 绿茶”。

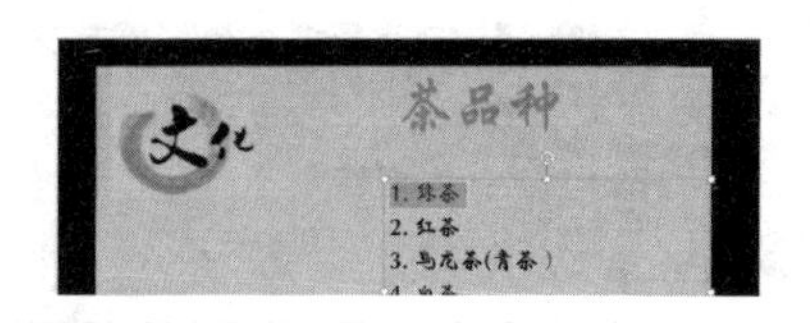

2 单击【超链接】按钮

单击【插入】选项卡下【链接】组中的【超链接】按钮。

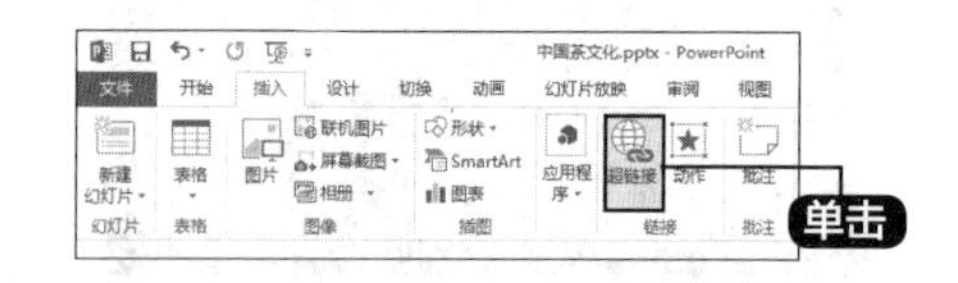

3 进行设置

弹出【插入超链接】对话框，选择【链接到】列表框中的【本文档中的位置】选项，在右侧的【请选择文档中的位置】列表框中选择【幻灯片标题】下方的【4. 绿茶】选项，然后单击【屏幕提示】按钮。

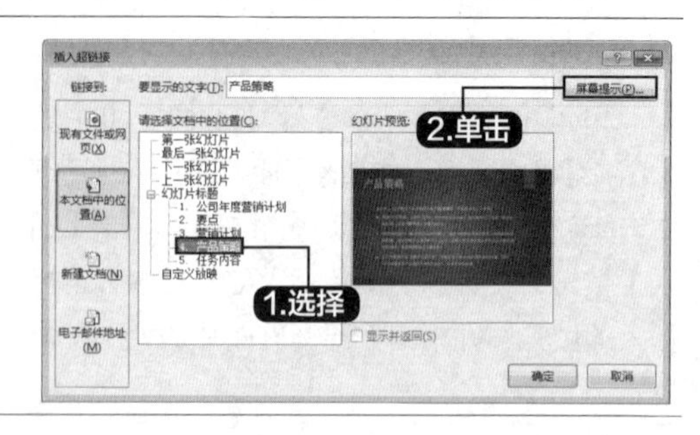

4 确定

在弹出的【设置超链接屏幕提示】对话框中输入提示信息，然后单击【确定】按钮，返回【插入超链接】对话框，单击【确定】按钮。

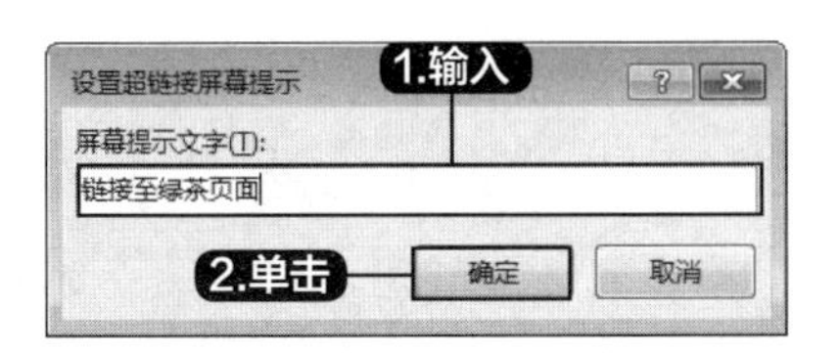

5 添加完成

此时即可将选中的文本链接到【产品策略】幻灯片，添加超链接后的文本以绿色、下划线字显示。

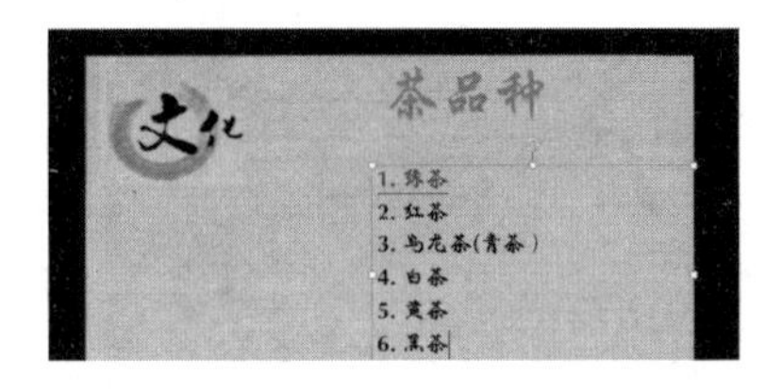

6 继续创建

使用同样的方法创建其他超链接。

第7步：添加切换效果

1 选择幻灯片

选择要设置切换效果的幻灯片，这里选择第1张幻灯片。

2 选择效果

单击【切换】选项卡下【切换到此幻灯片】组中的【其他】按钮▾，在弹出的下拉列表中选择【华丽型】下的【帘式】切换效果，即可自动预览该效果。

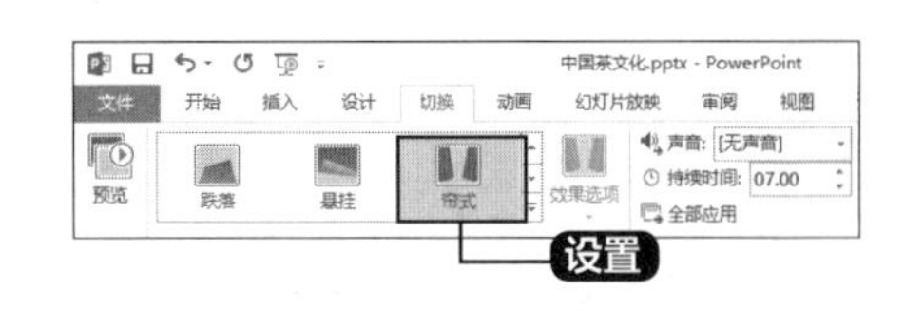

3 设置持续时间

在【切换】选项卡下【计时】组中【持续时间】微调框中设置【持续时间】为“07.00”。

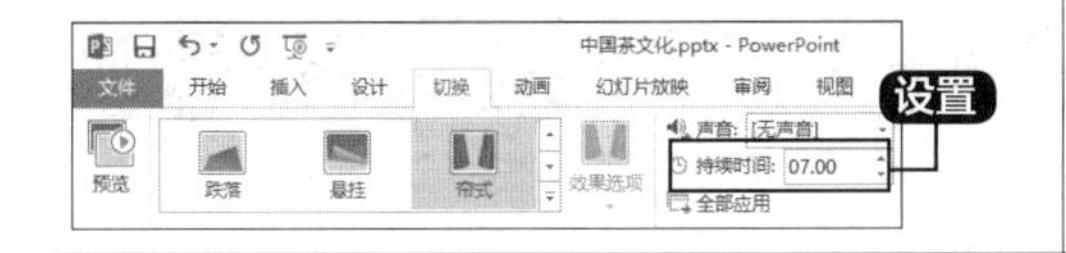

4 设置不同效果

使用同样的方法，为其他幻灯片页面设置不同的切换效果。

第8步：添加动画效果

1 选择幻灯片

选择第1张幻灯片中要创建进入动画效果的文字。

2 单击【其他】按钮

单击【动画】选项卡【动画】组中的【其他】按钮，弹出如下图所示的下拉列表。

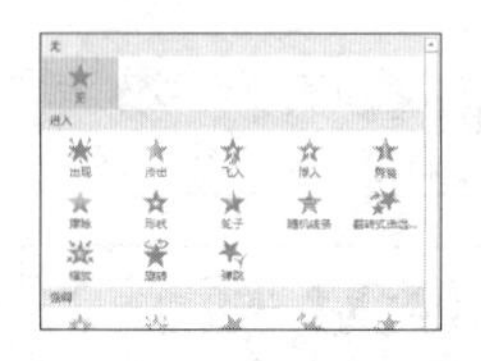

3 选择动画效果

在下拉列表的【进入】区域中选择【浮入】选项，创建进入动画效果。

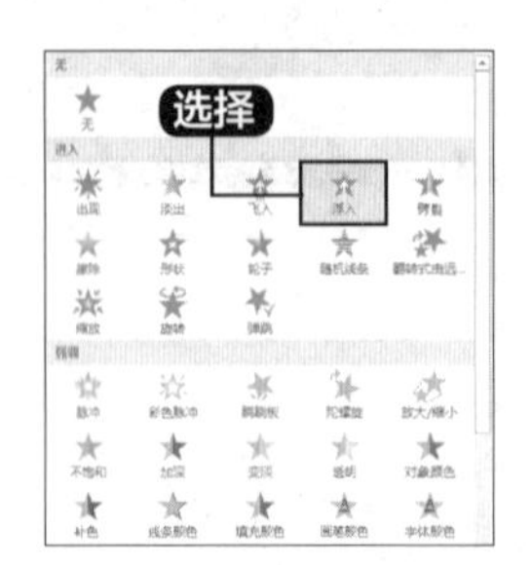

4 选择方向

添加动画效果后，单击【动画】组中的【效果选项】按钮，在弹出的下拉列表中选择【下浮】选项。

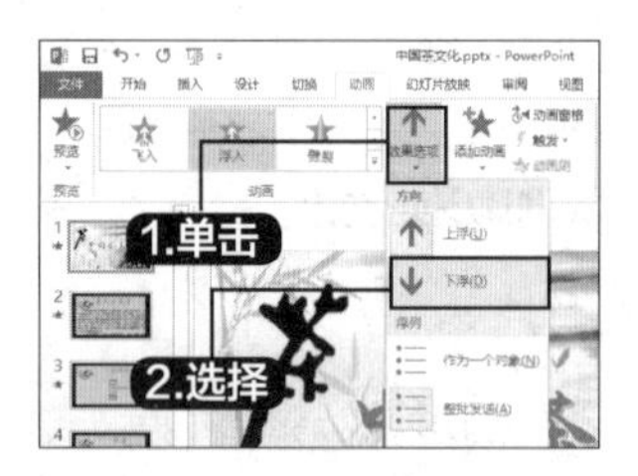

5 设置持续时将

在【动画】选项卡的【计时】组中设置【开始】为“上一动画之后”，设置【持续时间】为“02.00”。

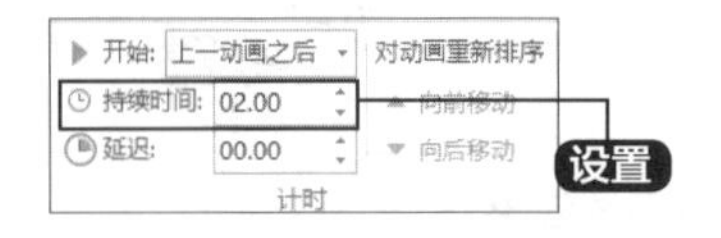

6 设置其他效果

参照步骤2~5为其他幻灯片页面中的内容设置不同的动画效果。设置完成单击【保存】按钮保存制作的幻灯片。

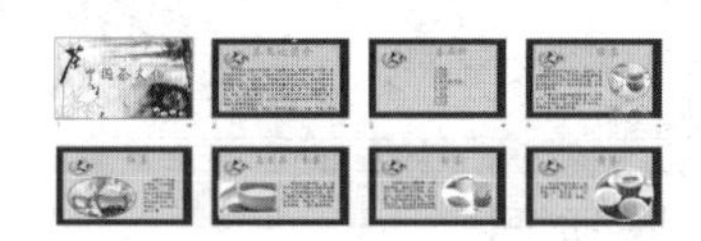

至此，就完成了中国茶文化幻灯片的制作。

高手私房菜

技巧1：切换效果持续循环

不但可以设置切换效果的声音，还可以使切换的声音循环播放直至幻灯片放映结束。

1 选择声音

选择一张幻灯片，单击【切换】选项卡下【计时】组中的【声音】按钮，在弹出的下拉列表中选择【爆炸】效果。

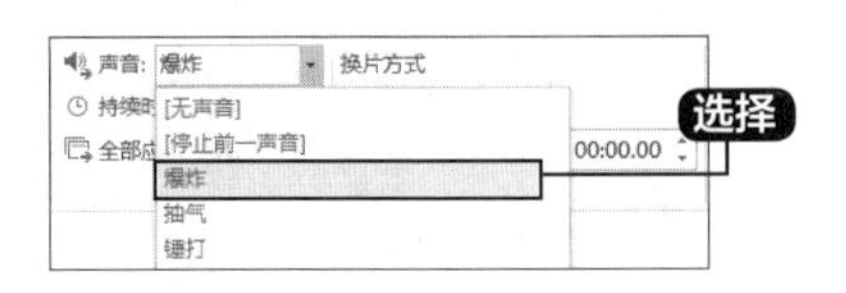

2 设置

再次单击【切换】选项卡下【计时】组中的【声音】按钮，在弹出的下拉列表中单击选中【播放下一段声音之前一直循环】复选框即可。

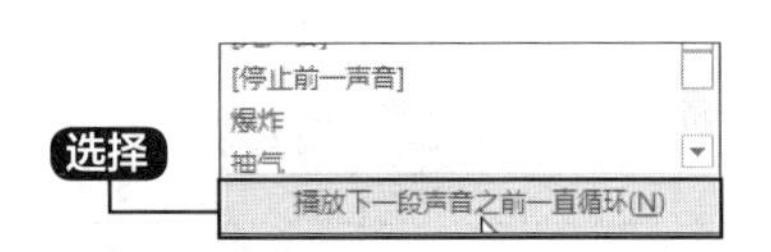

技巧52：将SmartArt图形制作成动画

可以将添加到演示文稿中的SmartArt图形制作成动画，其具体操作步骤如下。

1 打开素材

打开随书光盘中的“素材\ch08\人员组成.pptx”文件，并选择幻灯片中的SmartArt图形。

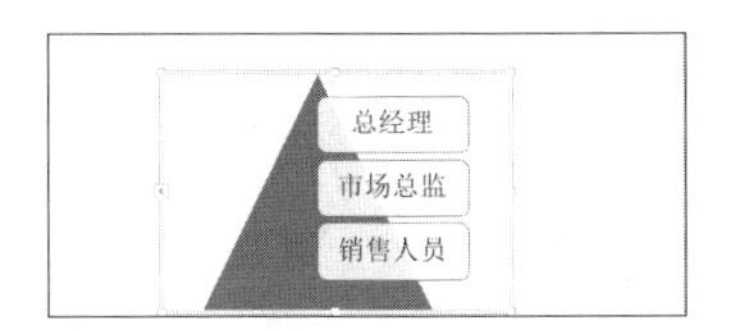

2 选择【形状】选项

单击【动画】选项卡【动画】组中的【其他】按钮，在弹出的下拉列表的【进入】区域中选择【形状】选项。

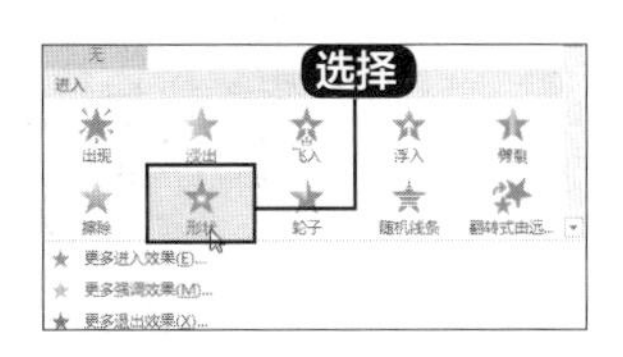

3 选择【逐个】选项

单击【动画】选项卡【动画】组中的【效果选项】按钮，在弹出的下拉列表的【序列】区域中选择【逐个】选项。

4 动画窗格

单击【动画】选项卡【高级动画】组中的【动画窗格】按钮，在【幻灯片】窗格右侧弹出【动画窗格】窗格。

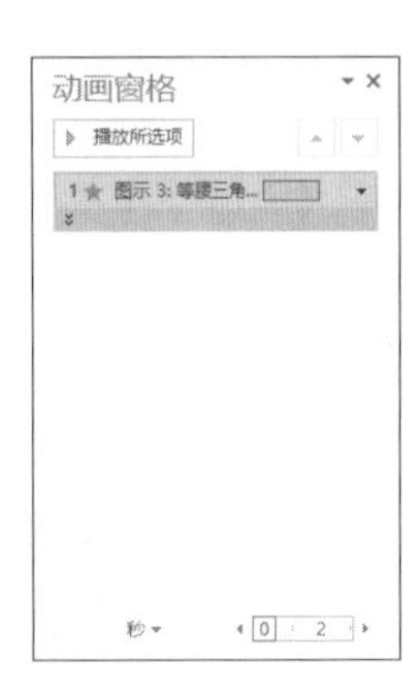

5 显示所有形状

在【动画窗格】中单击【展开】按钮，来显示SmartArt图形中的所有形状。

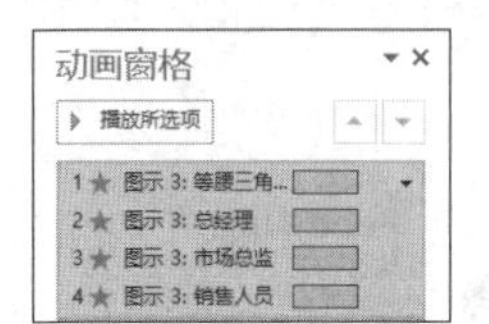

6 删除效果

在【动画窗格】列表中单击第1个形状，并删除第1个形状的效果。

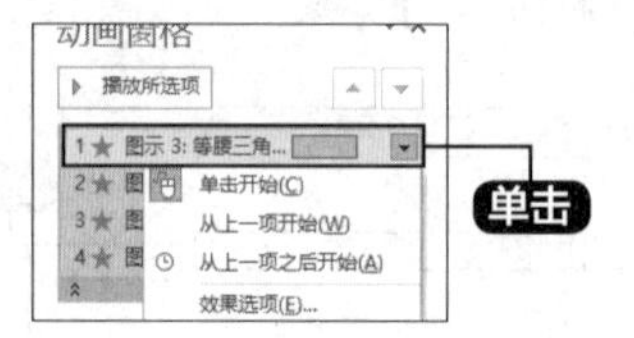

提示 在【新建】选项下的文本框中输入联机模板或主题名称，然后单击【搜索】按钮即可快速找到需要的模板或主题。

7 最终效果

关闭【动画窗格】窗口，最终效果如下图所示。

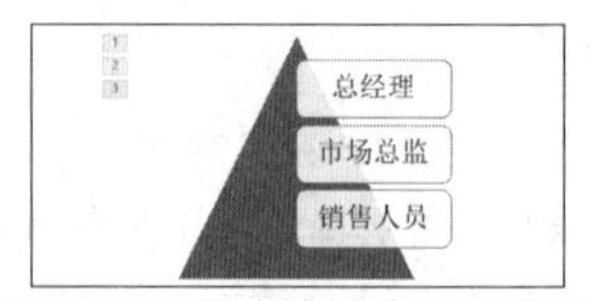

第9章 幻灯片的放映

重点导读

本章视频教学时间：18分钟 

演示文稿制作完成后就可以向观众播放演示了，本章主要介绍演示文稿演示的一些设置方法，包括浏览与放映幻灯片、设置幻灯片放映的方式、为幻灯片添加标注等内容。

学习效果图

9.1 幻灯片的放映方式

本节视频教学时间 / 5分钟 

在PowerPoint 2013中，演示文稿的放映类型包括演讲者放映、观众自行浏览和在展台浏览3种。

具体演示方式的设置可以通过单击【幻灯片放映】选项卡【设置】组中的【设置幻灯片放映】按钮，然后在弹出的【设置放映方式】对话框中进行放映类型、放映选项及换片方式等设置。

9.1.1 演讲者放映

演示文稿放映方式中的演讲者放映方式是指由演讲者一边讲解一边放映幻灯片，此演示方式一般用于比较正式的场合，如专题讲座、学术报告等。

将演示文稿的放映方式设置为演讲者放映方式的具体操作方法如下。

1 打开素材

打开随书光盘中的“素材\ch09\员工培训.pptx”文件。在【幻灯片放映】选项卡的【设置】组中单击【设置幻灯片放映】按钮。

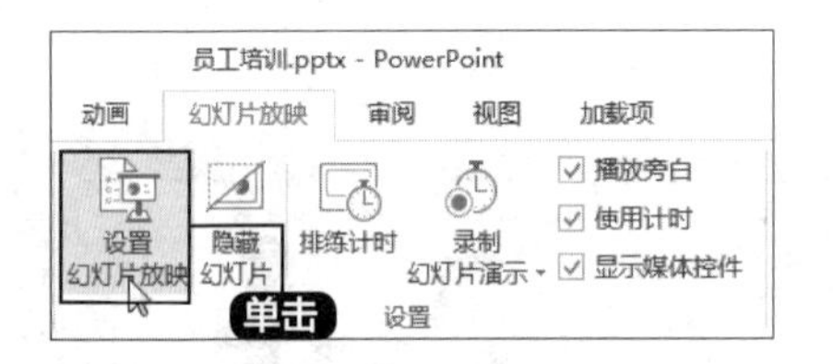

2 设置为演讲者放映方式

弹出【设置放映方式】对话框，在【放映类型】区域中选中【演讲者放映（全屏幕）】单选按钮，即可将放映方式设置为演讲者放映方式。

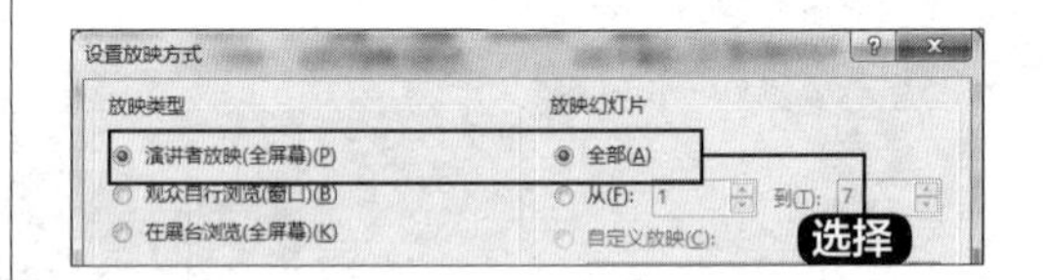

3 设置演示过程中的换片方式为手动

在【设置放映方式】对话框的【放映选项】区域单击勾选【循环放映，按ESC键终止】复选框，在【换片方式】区域中单击勾选【手动】复选框，设置演示过程中的换片方式为手动。

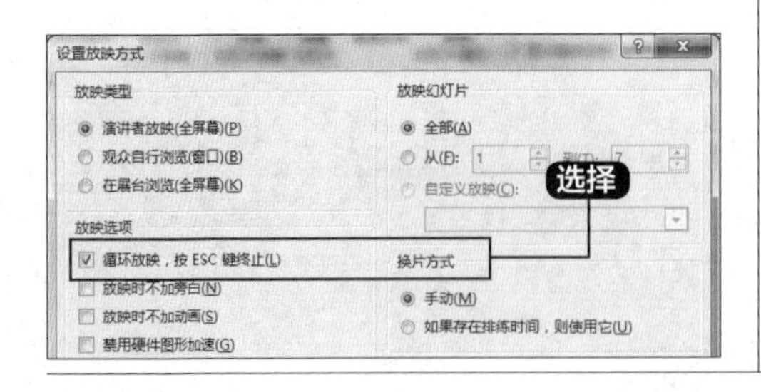

提示

单击勾选【循环放映，按ESC键终止】复选框，可以在最后1张幻灯片放映结束后自动返回到第一张幻灯片重复放映，直到按下键盘上的【Esc】键才能结束放映。单击勾选【放映时不加旁白】复选框，表示在放映时不播放在幻灯片中添加的声音。单击勾选【放映时不加动画】复选框，表示在放映时设定的动画效果将被屏蔽。

4 进行全屏幕的PPT演示

单击【确定】按钮完成设置，按【F5】快捷键进行全屏幕的PPT演示。右图所示为演讲者放映方式下的第2张幻灯片的演示状态。

9.1.2 观众自行浏览

观众自行浏览指由观众自己动手使用计算机观看幻灯片。如果希望让观众自己浏览多媒体幻灯片，可以将多媒体演讲的放映方式设置成观众自行浏览。

1 打开素材并设置为观众自行浏览

打开随书光盘中的“素材\ch09\员工培训.pptx”文件。在【幻灯片放映】选项卡的【设置】组中单击【设置幻灯片放映】按钮，弹出【设置放映方式】对话框。在【放映类型】区域中单击选中【观众自行浏览（窗口）】单选按钮；在【放映幻灯片】区域中单击选中【从…到…】单选按钮，在两个文本框中分别输入1和4，设置从第1页到第4页的幻灯片放映方式为观众自行浏览。

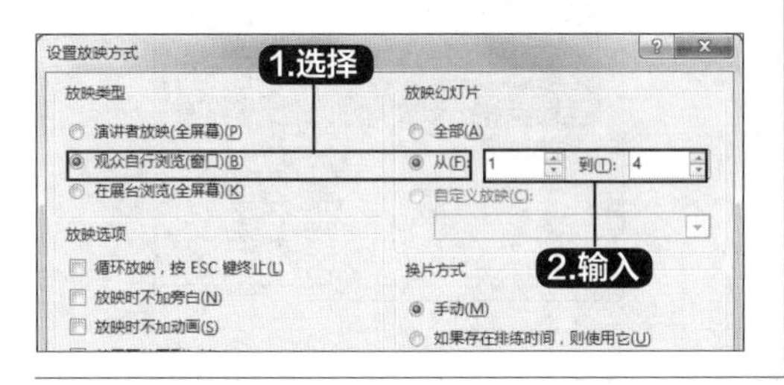

2 进行演示文稿的演示

单击【确定】按钮完成设置，按【F5】快捷键进行演示文稿的演示。这时可以看到，设置后的前4页幻灯片以窗口的形式出现，并且在最下方显示状态栏。

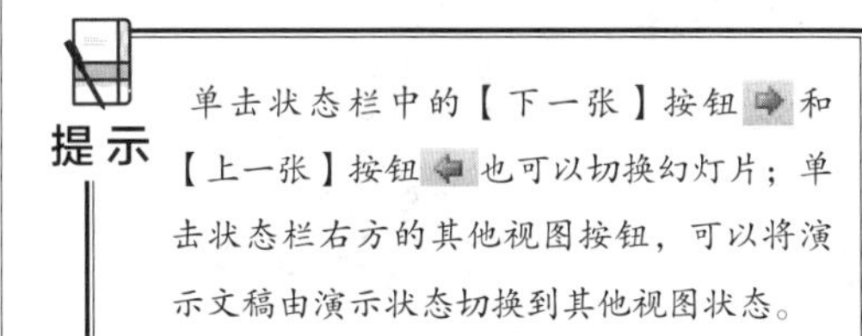

提示

单击状态栏中的【下一张】按钮 和【上一张】按钮 也可以切换幻灯片；单击状态栏右方的其他视图按钮，可以将演示文稿由演示状态切换到其他视图状态。

9.1.3 在展台浏览

在展台浏览这一放映方式可以让多媒体幻灯片自动放映而不需要演讲者操作，例如放在展览会的产品展示等。

打开演示文稿后，在【幻灯片放映】选项卡的【设置】组中单击【设置幻灯片放映】按钮，在弹出的【设置放映方式】对话框的【放映类型】区域中选中【在展台浏览（全屏幕）】单选按钮，即可将演示方式设置为在展台浏览。

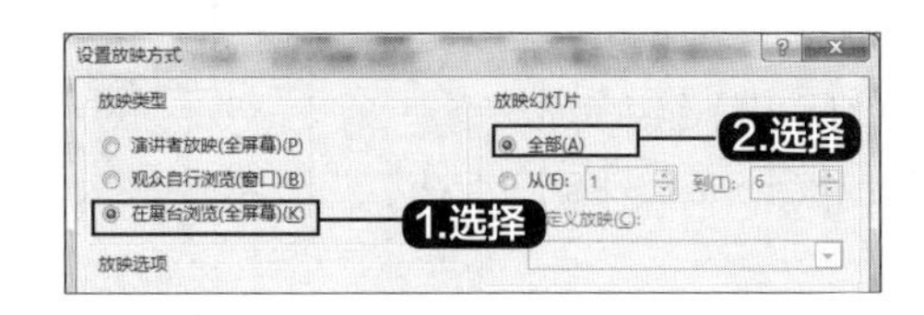

提示

可以将展台演示文稿设置为当参观者查看完整个演示文稿或演示文稿保持闲置状态达到一段时间后，自动返回至演示文稿首页。这样，参观者就不必一直守着展台了。

9.2 放映幻灯片

本节视频教学时间 /4分钟 

在默认情况下，幻灯片的放映方式为普通手动放映。用户可以根据实际需要，设置幻灯片的放映方法，如自动放映、自定义放映和排列计时放映等。

9.2.1 从头开始放映

放映幻灯片一般是从头开始放映的，从头开始放映的具体操作步骤如下。

1 打开素材

打开随书光盘中的“素材\ch09\员工培训.pptx”文件。在【幻灯片放映】选项卡的【开始放映幻灯片】组中单击【从头开始】按钮或按【F5】键。

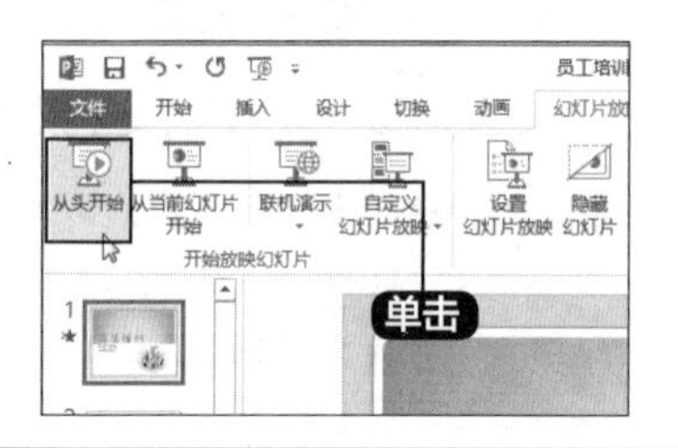

2 播放幻灯片

系统将从头开始播放幻灯片。单击鼠标、按【Enter】键或空格键均可切换到下一张幻灯片。

提示

按键盘上的方向键也可以向上或向下切换幻灯片。

在放映幻灯片时，可以从选定的当前幻灯片开始放映，具体操作步骤如下。

3 打开素材

打开随书光盘中的“素材\ch09\员工培训.pptx”文件。选中第2张幻灯片，在【幻灯片放映】选项卡的【开始放映幻灯片】组中单击【从当前幻灯片开始】按钮或按【Shift+F5】快捷键。

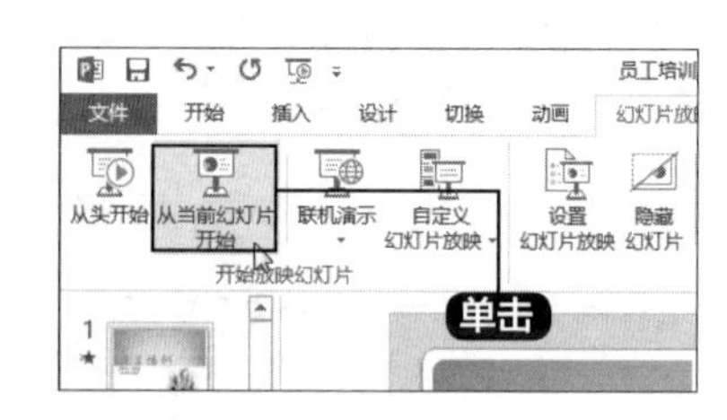

4 播放幻灯片

系统将从当前幻灯片开始播放幻灯片。按【Enter】键或空格键可切换到下一张幻灯片。

9.2.2 联机放映

PowerPoint 2013新增了联机演示功能，只要在连接网络的条件下，就可以在没有安装PowerPoint的电脑上放映演示文稿，具体操作步骤如下。

1 打开素材

打开随书光盘中的“素材\ch09\员工培训.pptx”文件，单击【幻灯片放映】选项卡下【开始放映幻灯片】组中的【联机演示】按钮下的下拉按钮，在弹出的下拉列表中单击【Office演示文稿服务】选项。

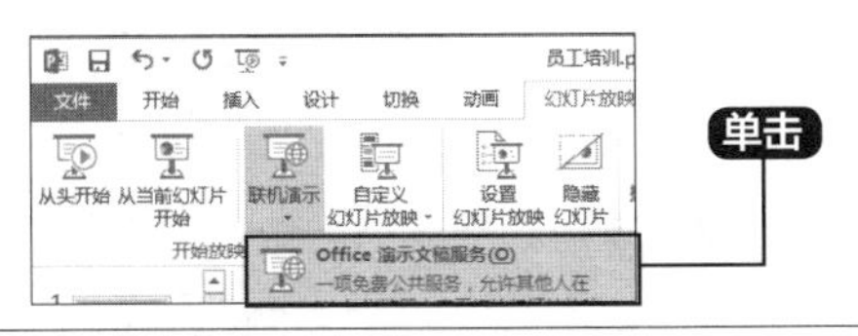

2 单击【从头开始】按钮

单击【幻灯片放映】选项卡【开始放映幻灯片】组中的【从头开始】按钮。

3 共享链接地址

弹出【联机演示】对话框，复制文本框中的链接地址，将其共享给远程查看者，待查看者打开该链接后，单击【启动演示文稿】按钮。

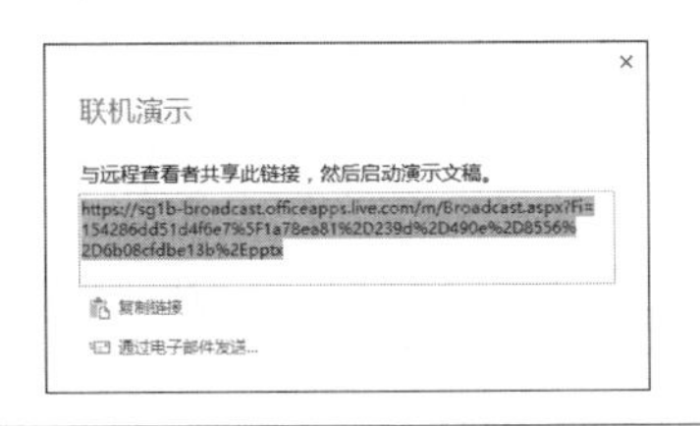

4 播放幻灯片

此时即可开始放映幻灯片。

9.2.3 自定义幻灯片放映

利用PowerPoint的【自定义幻灯片放映】功能，可以为幻灯片设置多种自定义放映方式，具体操作步骤如下。

1 选择【自定义放映】菜单命令

在【幻灯片放映】选项卡的【开始放映幻灯片】组中单击【自定义幻灯片放映】按钮，在弹出的下拉菜单中选择【自定义放映】菜单命令。

2 单击【新建】按钮

弹出【自定义放映】对话框，单击【新建】按钮。

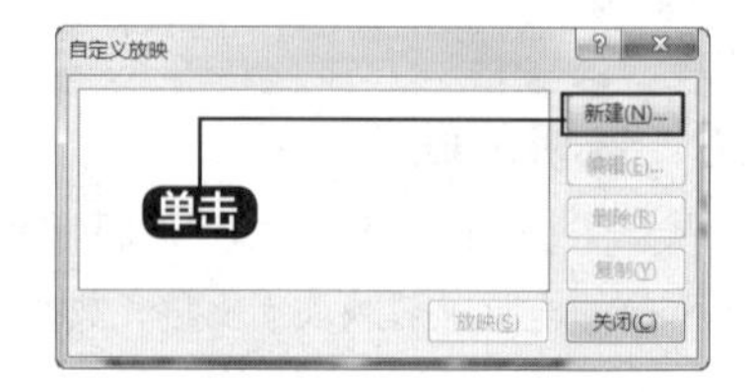

3 添加选中的幻灯片

弹出【定义自定义放映】对话框。在【在演示文稿中的幻灯片】列表框中选择需要放映的幻灯片，然后单击【添加】按钮即可将选中的幻灯片添加到【在自定义放映中的幻灯片】列表框中。

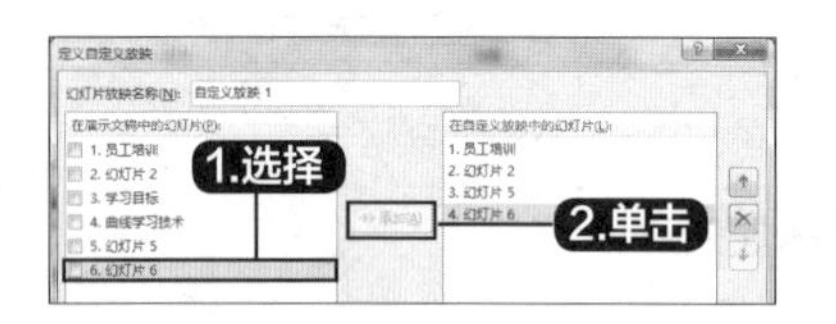

4 查看放映效果

单击【确定】按钮，返回到【自定义放映】对话框，单击【放映】按钮，可以查看自动放映效果。

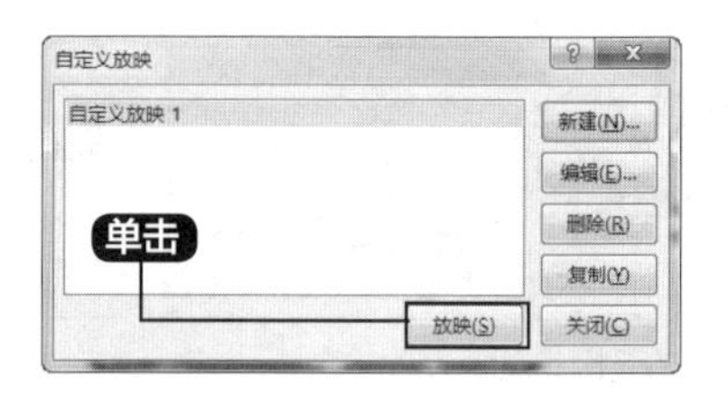

9.3 为幻灯片添加注释

本节视频教学时间 /3分钟 

在放映幻灯片时，添加注释可以为演讲者带来方便。

9.3.1 在放映中添加注释

要想使观看者更加了解幻灯片所表达的意思，就需要在幻灯片中添加标注以达到演讲者的目的。添加标注的具体操作步骤如下。

1 打开素材

打开随书光盘中的“素材\ch09\认动物.pptx”文件，按【F5】键放映幻灯片。

2 添加【笔】效果标注

单击鼠标右键，在弹出的快捷菜单中选择【指针选项】➤【笔】菜单命令，当鼠标指针变为一个点时，即可在幻灯片中添加标注。

3 添加【荧光笔】效果标注

单击鼠标右键，在弹出的快捷菜单中选择【指针选项】➤【荧光笔】菜单命令，当鼠标变为一条短竖线时，可在幻灯片中添加标注。

9.3.2 设置笔颜色

前面已经介绍了在【设置放映方式】对话框中可以设置绘图笔的颜色，在幻灯片放映时，同样可以设置绘图笔的颜色。

1 设置颜色

使用绘图笔在幻灯片中标注，单击鼠标右键，在弹出的快捷菜单中选择【指针选项】➤【墨迹颜色】菜单命令，在【墨迹颜色】列表中，单击一种颜色，如单击【深蓝】。

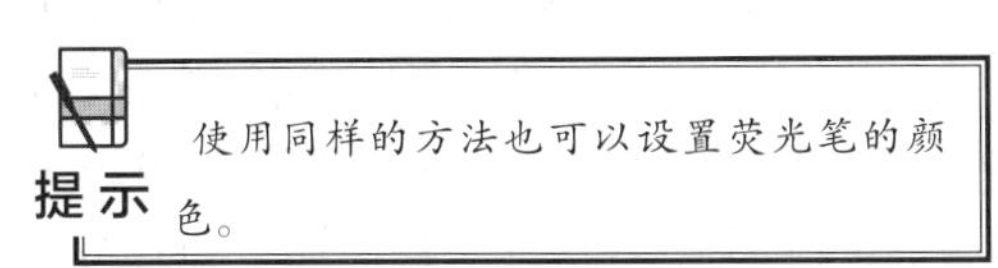

提示 使用同样的方法也可以设置荧光笔的颜色。

2 显示绘笔颜色

此时绘笔颜色即变为深蓝色。

9.3.3 擦除注释

添加注释后不需要的注释可以使用橡皮擦工具将其擦除，擦除注释的具体操作步骤如下。

1 选择【橡皮擦】菜单命令

放映幻灯片时，在添加有标注的幻灯片中，单击鼠标右键，在弹出的快捷菜单中选择【指针选项】➤【橡皮擦】菜单命令。

2 擦除标注

当鼠标指针变为时，在幻灯片中有标注的地方，按鼠标左键拖动橡皮图标，即可擦除标注。

3 选择【擦除幻灯片上的所有墨迹】菜单命令

单击鼠标右键，在弹出的快捷菜单中选择【指针选项】➤【擦除幻灯片上的所有墨迹】菜单命令。

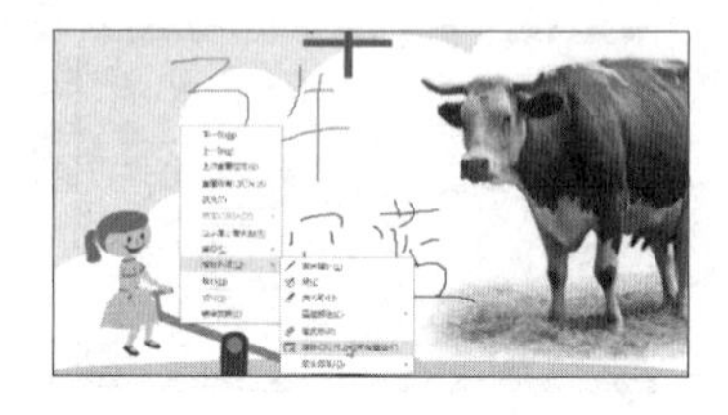

4 显示效果

此时就将幻灯片中所添加的所有墨迹擦除。

9.4 实战演练——公司宣传片的放映

本节视频教学时间 / 3分钟

掌握了幻灯片的放映方法后，本节通过实例介绍公司幻灯片的放映方法。

第1步：设置幻灯片放映

本步骤主要涉及幻灯片放映的基本设置，如添加备注和设置放映类型等内容。

1 打开素材添加标注

打开随书光盘中的“素材\ch09\城市生态图的放映.pptx”文件，选择第1张幻灯片，在幻灯片下方的【单击此处添加备注】处添加备注。

2 设置【幻灯片放映】选项卡

单击【幻灯片放映】选项卡下【设置】组中的【设置幻灯片放映】按钮，弹出【设置放映方式】对话框，在【放映类型】中选中【演讲者放映（全屏幕）】单选项，在【放映选项】区域中选中【放映时不加旁白】和【放映时不加动画】复选框，然后单击【确定】按钮。

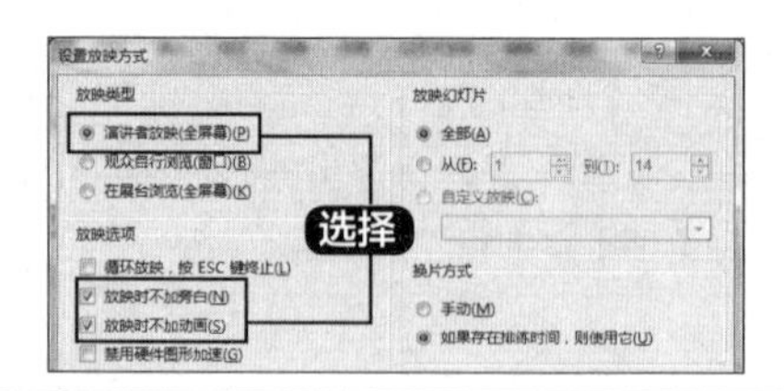

3 单击【排练计时】按钮

单击【幻灯片放映】选项卡下【设置】组中的【排练计时】按钮。

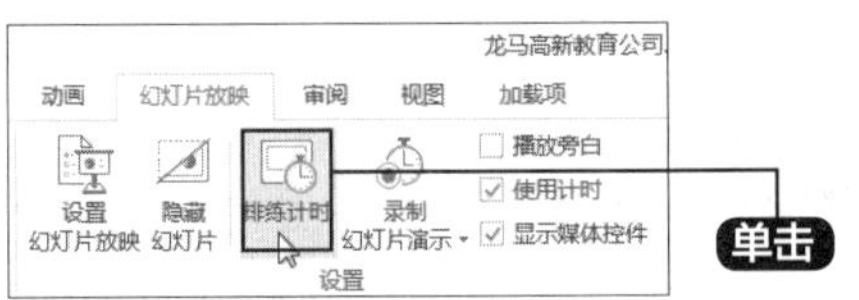

4 设置排练计时

开始设置排练计时的时间。

5 保留结束后的排练计时

排练计时结束后，单击【是】按钮，保留排练计时。

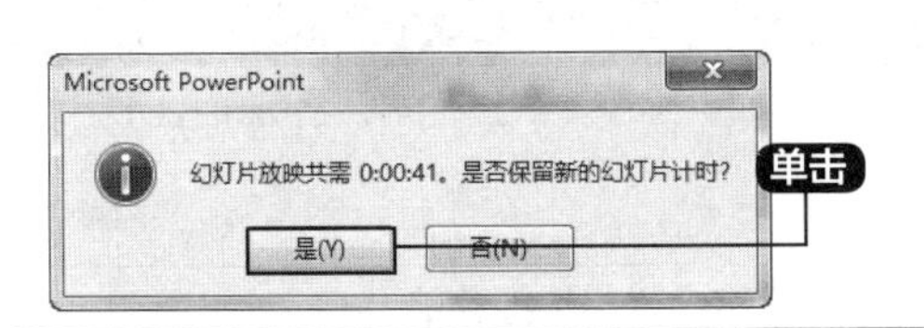

6 显示结果

添加排练计时后的效果如图所示。

第2步：添加注释

本步骤主要介绍在幻灯片中插入注释的方法。

1 选择【笔】选项

按【F5】键进入幻灯片放映状态，单击鼠标右键，在弹出的快捷菜单中选择【指针选项】列表中的【笔】选项。

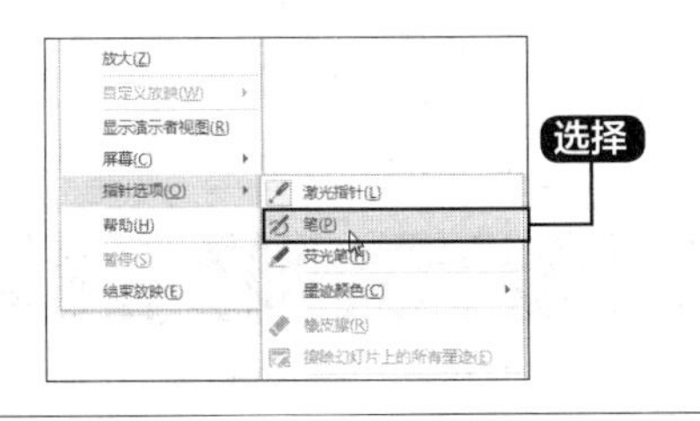

2 标记注释

当鼠标指针变为一个点时，即可以在幻灯片播放界面中标记注释，如图所示。

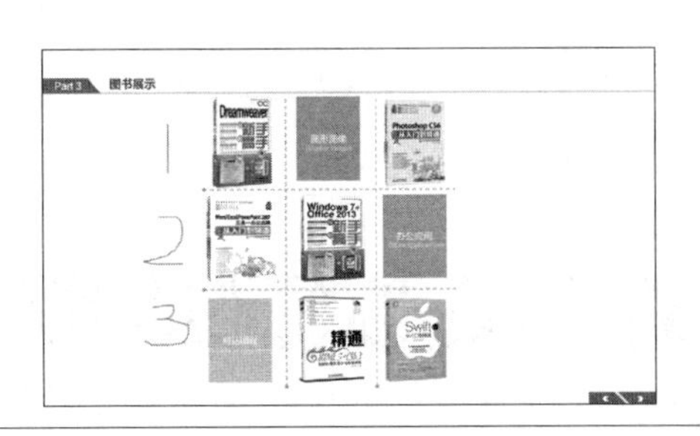

3 保留添加的标注

幻灯片放映结束后，会弹出如右图所示对话框，单击【保留】按钮，即可将添加的注释保留到幻灯片中。

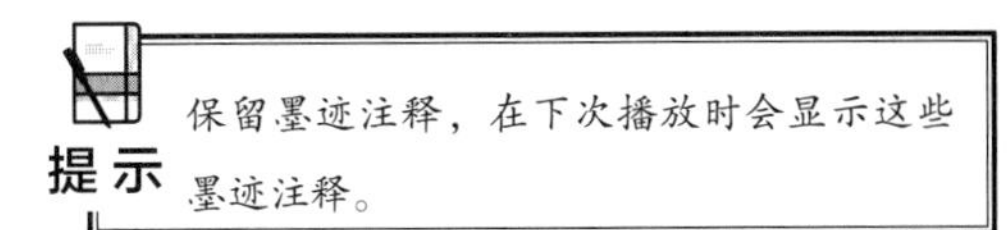

提 示

保留墨迹注释，在下次播放时会显示这些墨迹注释。

4 查看插入的注释

如右图所示，在演示文稿工作区中即可看到插入的注释。

技巧1：放映时跳转至指定幻灯片

在播放PowerPoint演示文稿时，如果要快进到或退回到第6张幻灯片，可以先按数字【5】键，再按【Enter】键。若要从任意位置返回到第1张幻灯片，同时按鼠标左右键并停留2秒钟以上即可。

技巧2：放映时单击鼠标右键不出现菜单

在放映过程中，有时会因为不小心按到了鼠标右键，而弹出快捷菜单，在PowerPoint 2013中，可以设置单击鼠标右键，不弹出快捷菜单。

1 选择【选项】选项

在打开的演示文稿中，单击【文件】选项卡，在弹出的界面左侧单击【选项】选项。

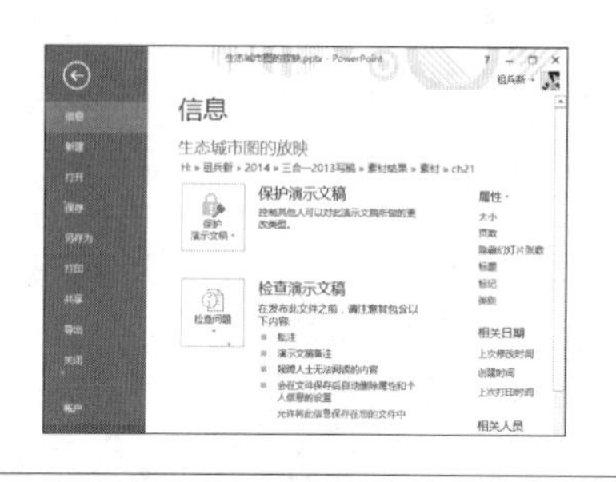

2 设置不会弹出快捷菜单

弹出【PowerPoint选项】对话框，在左侧选择【高级】选项，在右侧【幻灯片放映】区域中撤销选中【鼠标右键单击时显示菜单】选项，单击【确定】按钮，这时，在放映幻灯片时，单击鼠标右键，则不会弹出快捷菜单。

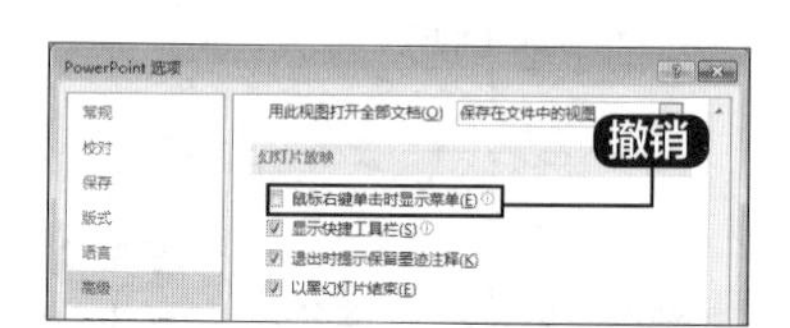

技巧3：单击鼠标不换片

幻灯片设置了排练计时，为了避免误单击鼠标而换片，可以设置其单击鼠标不换片，在打开的演示文稿中，在【切换】选项卡下【计时】组中撤销选中【单击鼠标时】复选框，即可在放映幻灯片时，单击鼠标不换片。

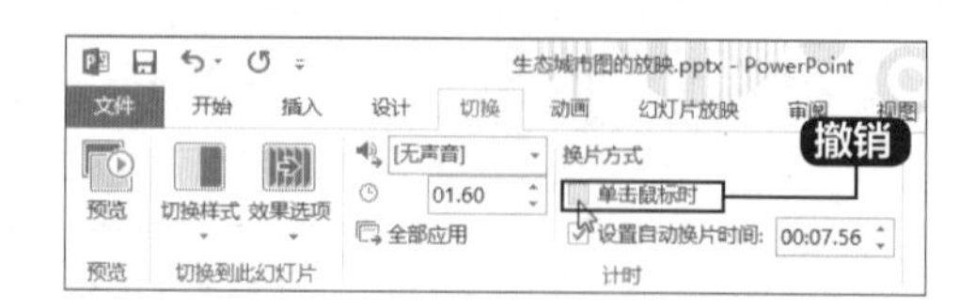

第10章

Outlook 2013的应用

重点导读

本章视频教学时间：21分钟

Outlook 2013是Office 2013办公软件中的电子邮件管理组件，其方便的可操作性和全面的辅助功能为用户进行邮件传输和个人信息管理提供了极大的方便。本章主要介绍配置Outlook 2013的方法、Outlook 2013的基本操作、管理邮件和联系人、安排任务以及使用日历等内容。

学习效果图

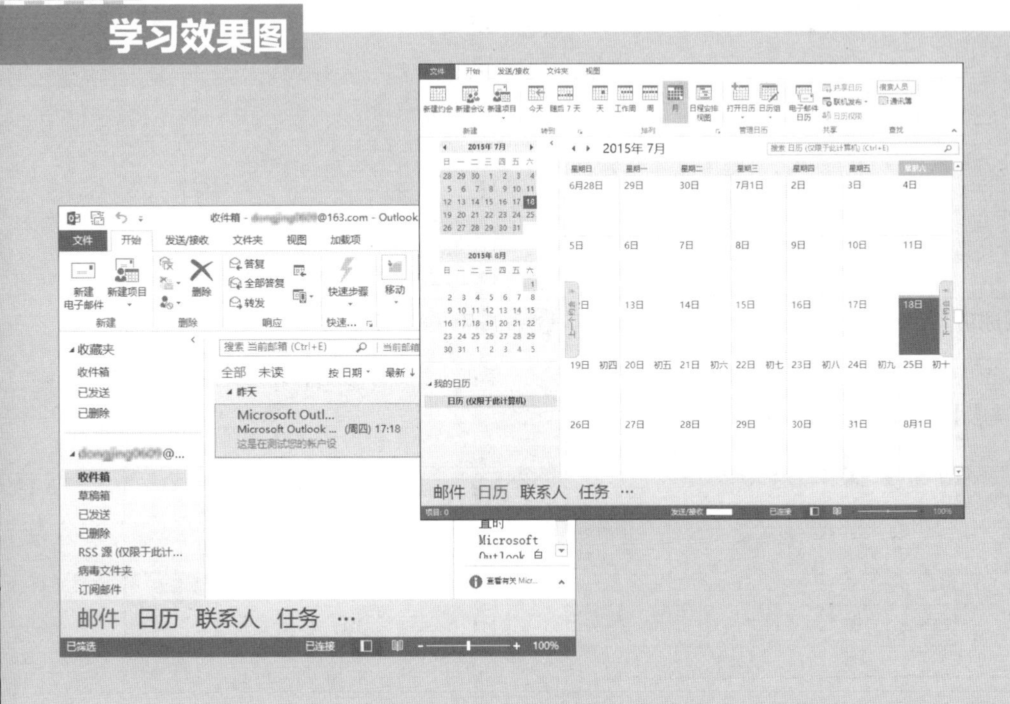

10.1 配置Outlook 2013

本节视频教学时间 / 2分钟 

使用Microsoft Office Outlook 2013之前，需要配置Outlook账户，具体的操作步骤如下。

1 选择所有程序

在【开始】按钮，在弹出的程序列表中选择【所有程序】➤【Microsoft Office 2013】➤【Outlook 2013】选项。

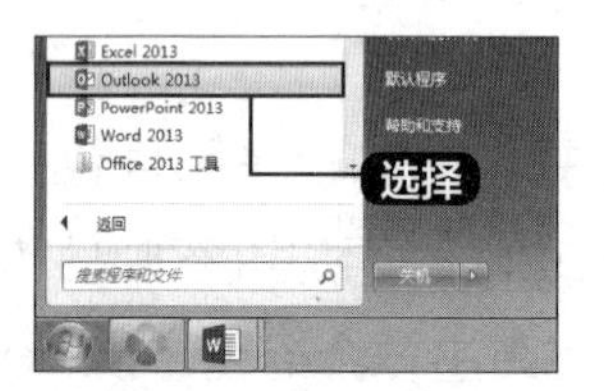

2 配置Outlook账户

弹出【欢迎使用Microsoft Outlook 2013】对话框，初次使用Outlook 2013需要配置Outlook账户，然后单击【下一步】按钮。

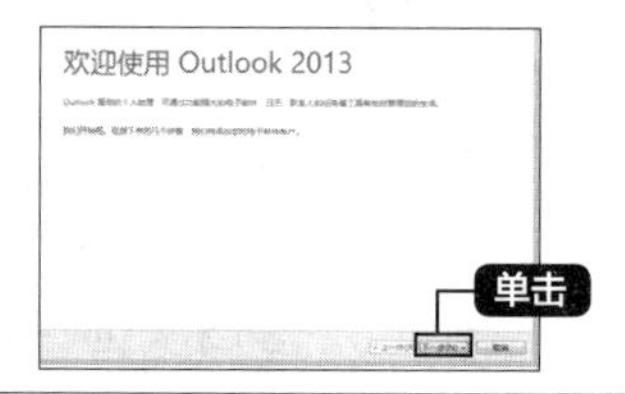

3 单击选中【是】单选项

弹出【Microsoft Outlook账户配置】对话框，单击选中【是】单选项，单击【下一步】按钮。

4 选中电子邮箱账户

弹出【添加新账户】对话框，单击选中【电子邮箱账户】单选项，填写相关的姓名、电子邮件地址等信息，单击【下一步】按钮。

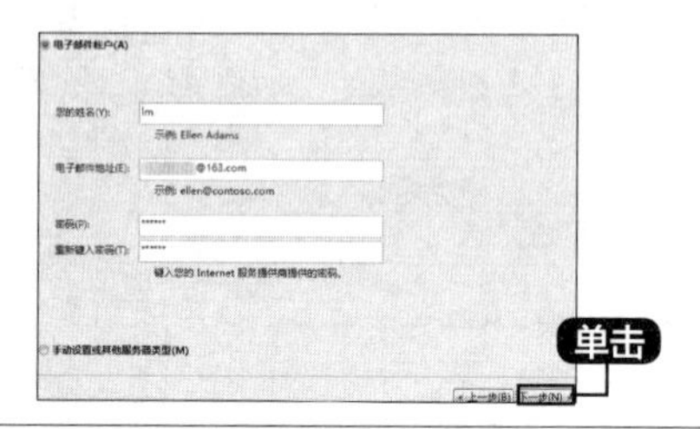

5 配置成功

弹出【正在配置】页面，配置成功之后弹出【祝贺您】字样，表明配置成功。

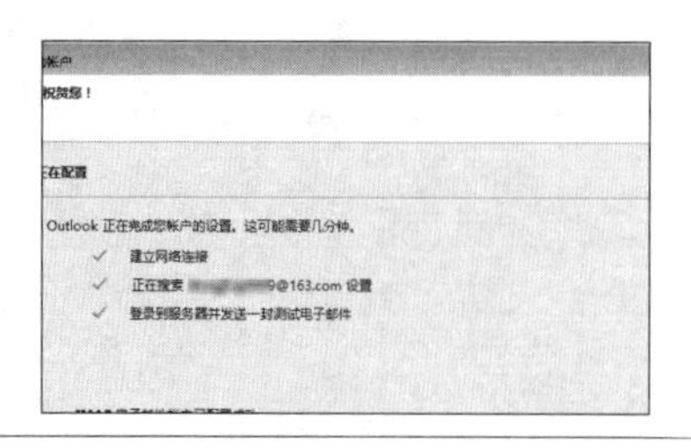

6 完成电子邮件的配置

单击【完成】按钮，即可完成电子邮件的配置。

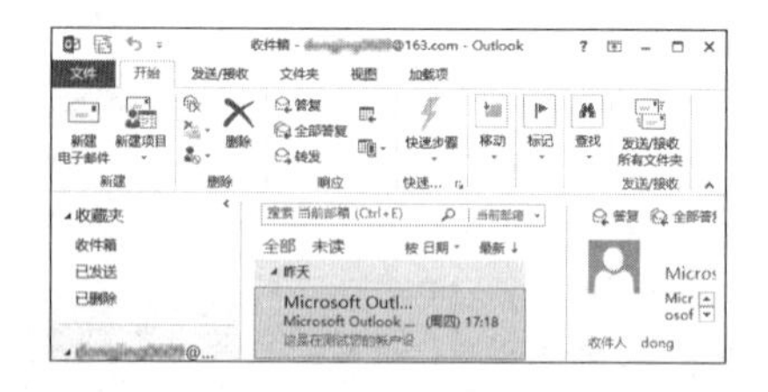

10.2 Outlook 2013的基本操作

本节视频教学时间 / 4分钟

Outlook 2013与Office 2013的其他组件一样，有着相同的视图式操作界面，操作极为简单。

10.2.1 功能区操作

Outlook 2013的功能区中包含【文件】、【开始】、【发送/接收】、【文件夹】、【视图】和【加载项】6个选项卡，单击每个选项卡下的按钮可以实现其相应的操作。

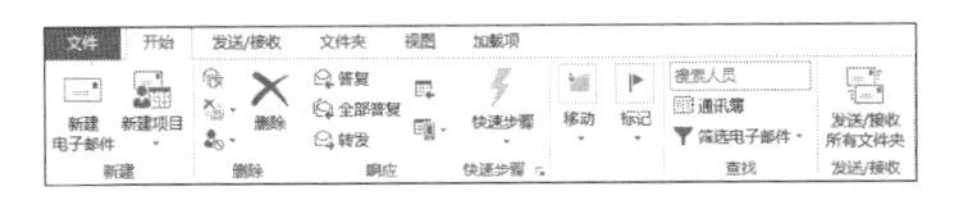

例如，单击【文件】选项卡下【新建】组中的【新建电子邮件】按钮，即可弹出【未命名-邮件】工作界面，新建电子邮件。

10.2.2 发送邮件

电子邮件是Outlook 2013中最主要的功能，使用“电子邮件”功能，可以很方便地发送电子邮件。具体的操作步骤如下。

1 新建电子邮件

单击界面下方的【邮件】导航选项，即可进入【邮件】视图，单击【文件】选项卡下【新建】组中的【新建电子邮件】按钮，弹出【未命名-邮件】工作界面。

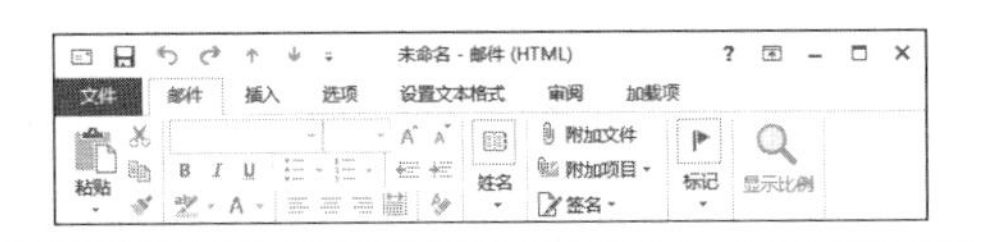

2 输入邮件的内容

在【收件人】文本框中输入收件人的E-mail地址，在【主题】文本框中输入邮件的主题，在邮件正文区中输入邮件的内容。

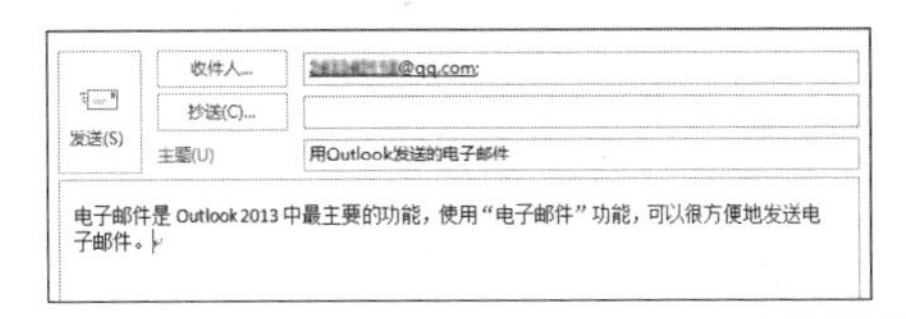

3 调整邮件内容

使用【邮件】选项卡【普通文本】选项组中的相关工具按钮，对邮件文本内容进行调整，调整完毕单击【发送】按钮。

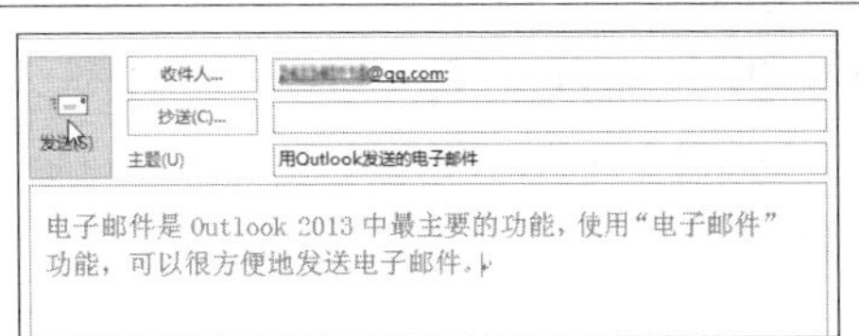

提示

若在【抄送】文本框中输入电子邮件地址，那么所填收件人将收到邮件的副本。

4 自动发邮件

【邮件】工作界面会自动关闭并返回主界面，在导航窗格中的【已发送邮件】窗格中便多了一封已发送的邮件信息，Outlook会自动将其发送出去。

10.2.3 接收邮件

接收电子邮件是用户最常用的操作之一，具体的操作步骤如下。

1 发送/接收所有文件夹

在【邮件】视图择【收件箱】选项，显示出【收件箱】窗格，单击【开始】选项卡下【发送/接收】组中的【发送/接收所有文件夹】按钮。

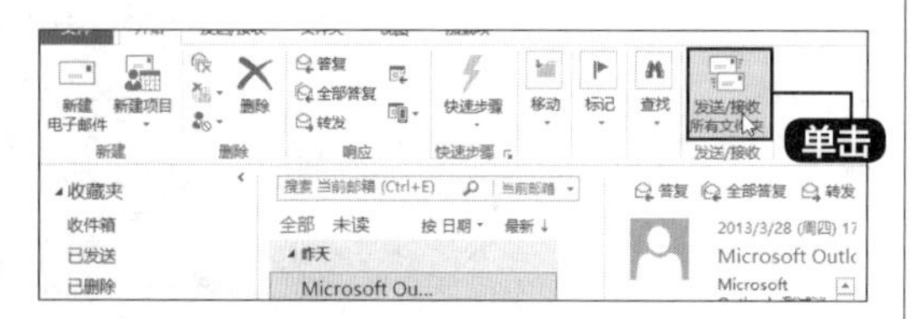

2 显示发送/接收状态的进度

如果有邮件到达，则会出现下图所示的【Outlook发送/接收进度】对话框，并显示出邮件接收的进度，状态栏中会显示发送/接收状态的进度。

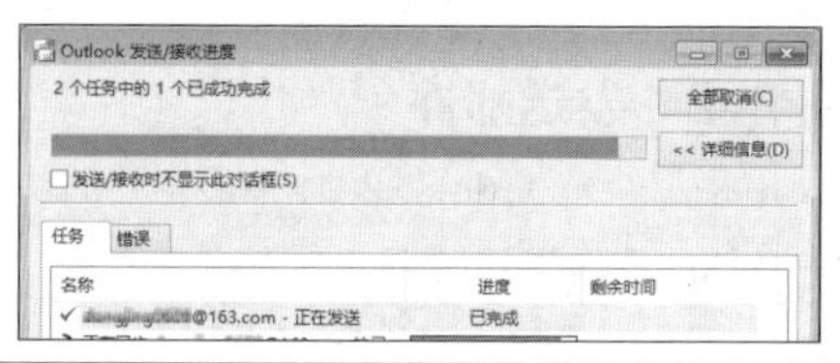

3 邮件的基本信息

接收邮件完毕，在【邮件】窗格中会显示收件箱中收到的邮件数量，而【收件箱】窗格中则会显示邮件的基本信息。

4 浏览邮件内容

在邮件列表中双击需要浏览的邮件，可以打开邮件工作界面并浏览邮件内容。

10.2.4 回复邮件

回复邮件是邮件操作中必不可少的一项，在Outlook 2013中回复邮件的具体步骤如下。

1 回复

选中需要回复的邮件，然后单击【邮件】选项卡下【响应】组中的【答复】按钮，可以进行回复，也可以使用【Ctrl+R】组合键回复。

2 完成邮件的回复

系统弹出回复工作界面，在【主题】下方的邮件正文区中输入需要回复的内容，Outlook系统默认保留原邮件的内容，可以根据需要删除。内容输入完成单击【发送】按钮，即可完成邮件的回复。

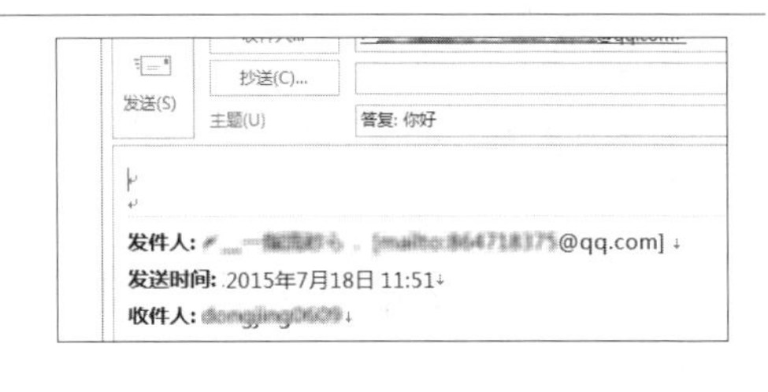

10.2.5 转发邮件

转发邮件即将邮件原文不变或者稍加修改后发送给其他联系人，用户可以利用Outlook 2013将所收到的邮件转发给一个或者多个人。

1 转发邮件

选中需要转发的邮件，单击鼠标右键，在弹出的快捷菜单中选择【转发】选项。

2 完成邮件的转发

在弹出的【转发邮件】工作界面，在【主题】下方的邮件正文区中输入需要补充的内容，Outlook系统默认保留原邮件内容，可以根据需要删除。在【收件人】文本框中输入收件人的电子信箱，单击【发送】按钮，即可完成邮件的转发。

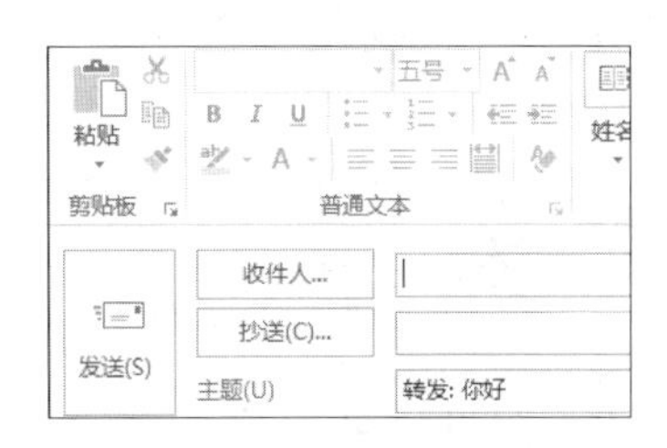

10.3 管理邮件

本节视频教学时间 / 3分钟

通过本节的介绍，用户可以了解Outlook 2013强大的邮件管理功能，并对邮件进行筛选、给邮件添加标记和设置邮件的排列方式的操作有所了解。

10.3.1 筛选垃圾邮件

针对大量的邮件管理工作，Outlook 2013为用户提供了垃圾邮件筛选功能，可以根据邮件发送的时间或内容，评估邮件是否是垃圾邮件。同时，用户也可手动设置，定义某个邮件地址发送的邮件为垃圾邮件，具体的操作步骤如下。

1 【阻止发件人】

单击选中要定义的邮件，单击【开始】选项卡下【删除】组中的【垃圾邮件】按钮 垃圾邮件 ，在弹出的下拉列表中选择【阻止发件人】选项。

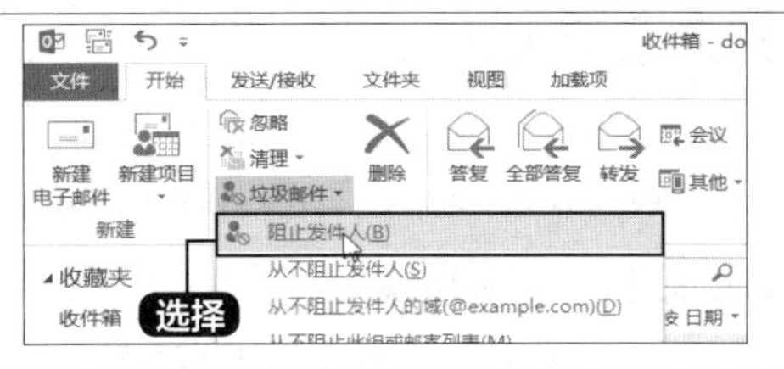

其他选项含义解释如下。

【从不阻止发件人】：将该发件人的邮件作为非垃圾邮件。

【从不阻止发件人的域（@example.com）】：会将与该发件人的域相同的邮件都作为非垃圾邮件。

【从不阻止此组或邮寄列表】：会将该邮件的电子邮件地址添加到安全列表。

2 自动将垃圾邮件放入垃圾邮件中

Outlook 2013会自动将垃圾邮件放入垃圾邮件文件夹中。

10.3.2 添加邮件标志

用户还可以通过给邮件添加标志来分辨邮件的类别，添加标志的方法如下。

1 标记邮件

选中需要添加标志的邮件，单击【开始】选项卡下【标记】组中的【后续标志】按钮 后续标志，在下拉列表中选择【标记邮件】选项。

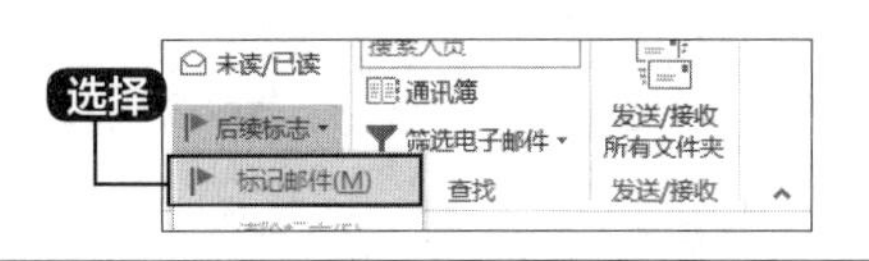

2 效果图

即可为邮件添加标志，如下图所示。

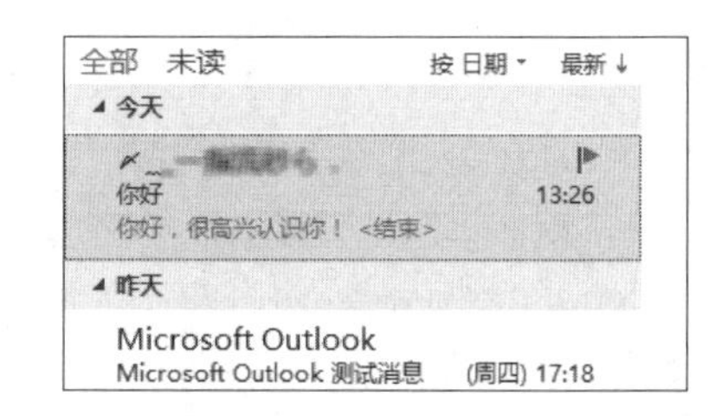

10.3.3 邮件排列方式

在【收件箱】窗口中，用户可以选择多种邮件排列方式，以便查阅邮件。

1 排序字段

单击【排序字段】按钮，在弹出的下拉列表中选择【发件人】选项。

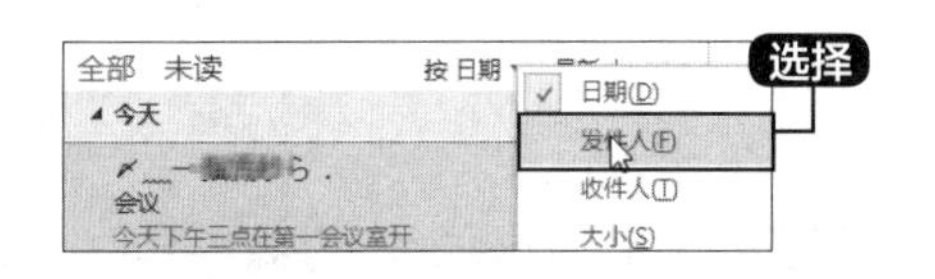

2 将相同发件人的邮件分为一组

邮件将按发件人汉语拼音首字母从A到Z排列，并将相同发件人的邮件分为一组。

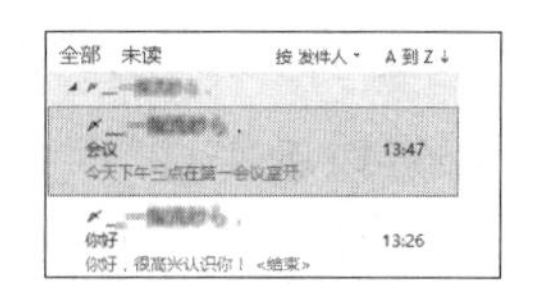

10.4 管理联系人

本节视频教学时间 / 3分钟 

通过本节的学习，用户可以掌握增加、删除联系人，建立通信组等操作方法。

10.4.1 增删联系人

在Outlook中可以方便地增加或删除联系人，具体操作步骤如下。

1 选择【联系人】选项

在Outlook主界面中单击【开始】选项卡下【新建】组中的【新建项目】按钮的下拉按钮▾，在弹出的下拉列表中选择【联系人】选项。

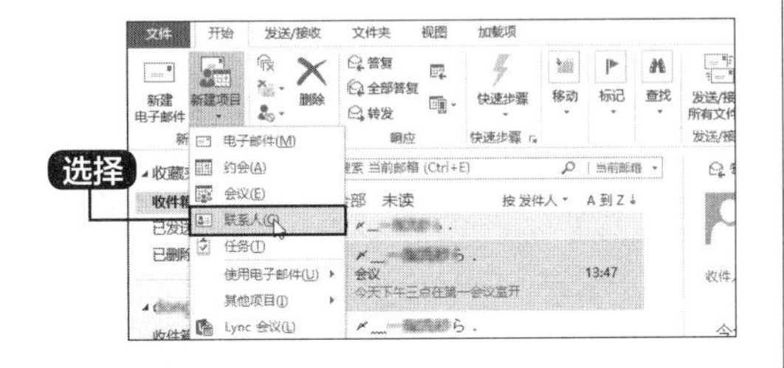

2 完成联系人的添加

弹出【联系人】工作界面，在【姓氏（G）/名字（M）】右侧的两个文本框中输入姓和名；根据实际情况填写公司、部门和职务；单击右侧的照片区，可以添加联系人的照片或代表联系人形象的照片；在【电子邮件】文本框中输入电子邮箱地址、网页地址等。填写完联系人信息后单击【保存并关闭】按钮，即可完成一个联系人的添加。

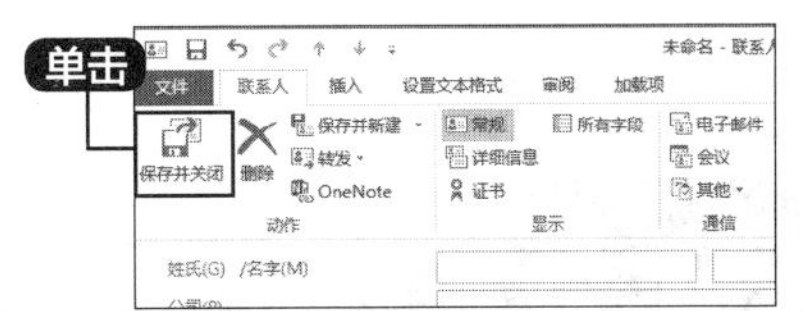

3 选择要删除的联系人

要删除联系人，只需在【联系人】视图中选择要删除的联系人，单击【开始】选项卡下【删除】选项组中的【删除】按钮即可。

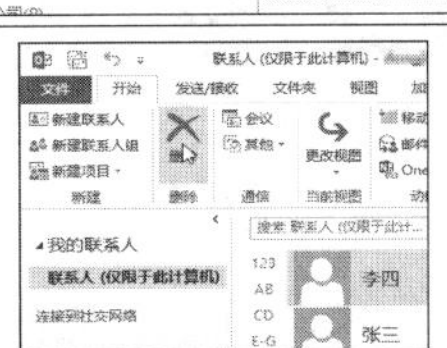

10.4.2 建立通信组

如果需要批量添加一组联系人，可以采取建立通信组的方式。具体的操作步骤如下。

1 新建项目

在Outlook主界面中单击【开始】选项卡下【新建】组【新建项目】按钮的下拉按钮▾，在弹出的下拉列表中选择【其他项目】➢【联系人组】选项。

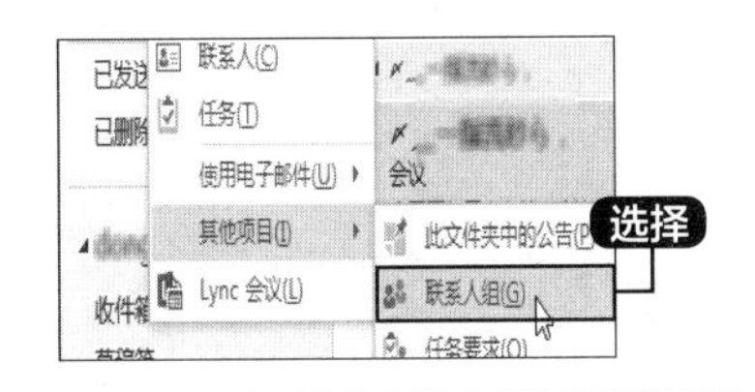

2 在【名称】文本框中输入通信组的名称

在弹出的【未命名—联系人组】工作界面，在【名称】文本框中输入通信组的名称，如“我的家人”。

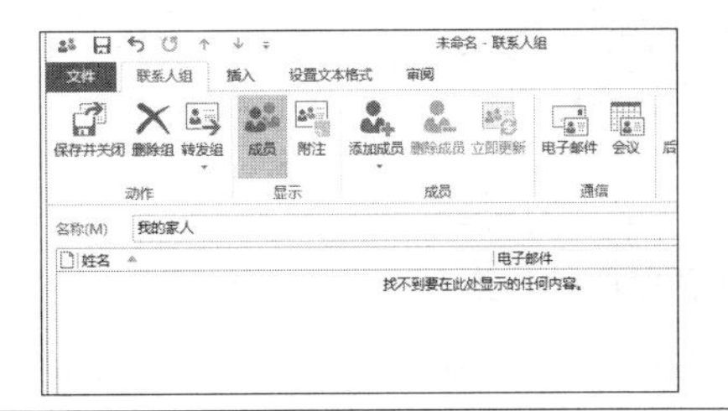

3 单击添加成员下拉按钮

单击【联系人组】选项卡【添加成员】按钮的下拉按钮▾，从弹出的下拉列表中选择【来自Outlook联系人】选项。

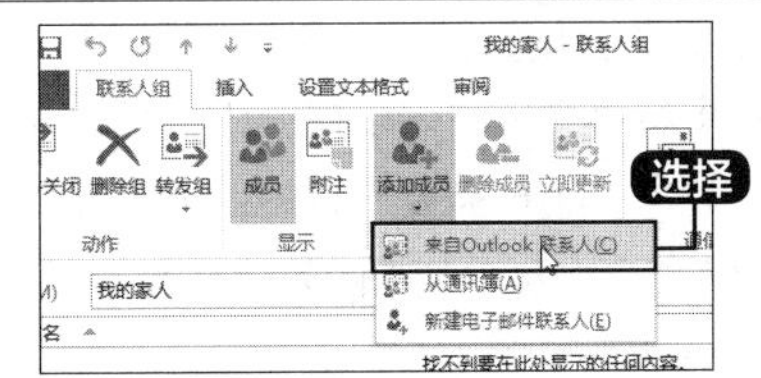

4 选择需要添加的联系人

弹出【选择成员：联系人】对话框，在下方的联系人列表框中选择需要添加的联系人，单击【成员】按钮，然后单击【确定】按钮。

5 完成通信组列表的添加

即可将该联系人添加到我的联系人——“我的家人”组中。重复上述步骤，添加多名成员，构成一个“家人”通信组，然后单击【保存并关闭】按钮，即可完成通信组列表的添加。

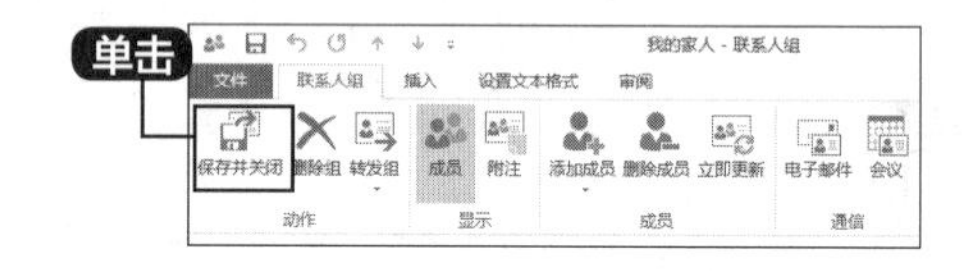

10.5 安排任务

本节视频教学时间 / 3分钟

使用Outlook可以创建和维护个人任务列表，也可以跟踪项目进度，还可以分配任务。

10.5.1 新建任务

新建任务的具体操作步骤如下。

1 单击新建任务

单击【开始】选项卡下【新建】组中【新建任务】按钮，弹出【未命名-任务】工作界面。

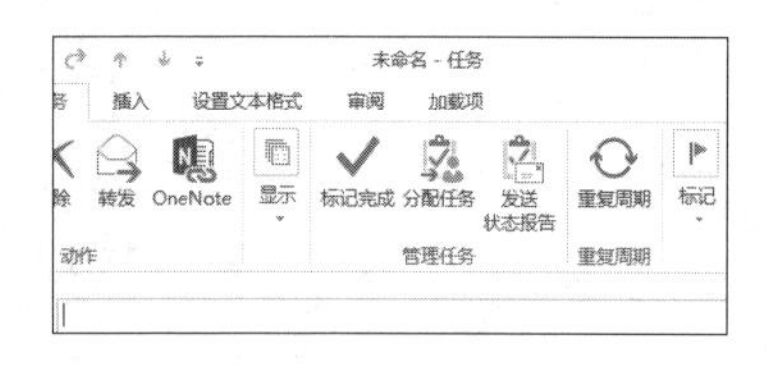

2 输入任务名称

在【主题】文本框中输入任务名称，然后选择任务的开始日期和截止日期，并单击选中【提醒】复选框，设置任务的提醒时间，输入任务的内容。

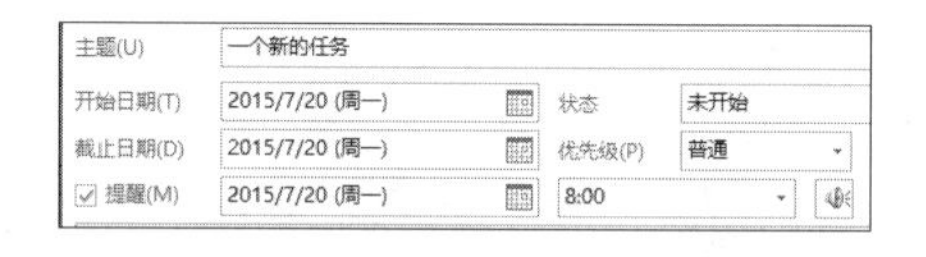

3 预览任务内容

单击【任务】选项卡下【动作】组中的【保存并关闭】按钮，关闭【任务】工作界面。在【待办事项列表】视图中，可以看到新添加的任务。单击需要查看的任务，在右侧的【阅读窗格】中可以预览任务内容。

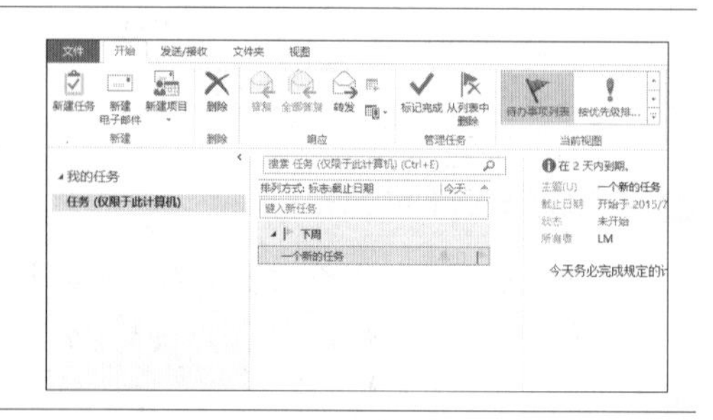

4 提醒对话框

到提示时间时，系统会弹出1个【提醒】对话框，单击【暂停】按钮，即可在选定的时候后再次打开提醒对话框。

10.5.2 安排任务周期

使用Outlook可以轻松安排周期性的任务，例如每个月都必须开的例会等，具体操作步骤如下。

1 重复周期

双击【待办事项列表】中的任务，在弹出的任务编辑窗口中单击【任务】选项卡下【重复周期】组中的【重复周期】按钮。

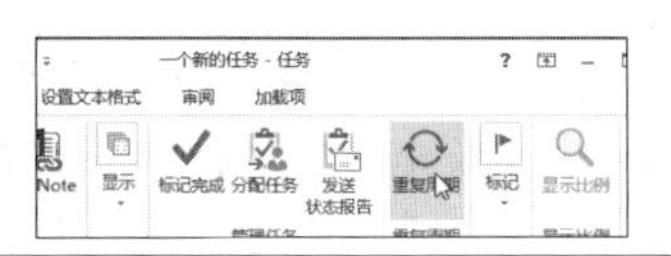

2 设置任务的周期

在弹出的【任务周期】对话框中设置任务的周期，完成设定后，单击【确定】按钮。

3 单击保存并关闭

返回任务编辑窗口，单击【保存并关闭】按钮完成设置。

4 周期任务

返回【任务】工作界面，在【待办事项列表】中显示的任务中有标志，说明是周期任务。

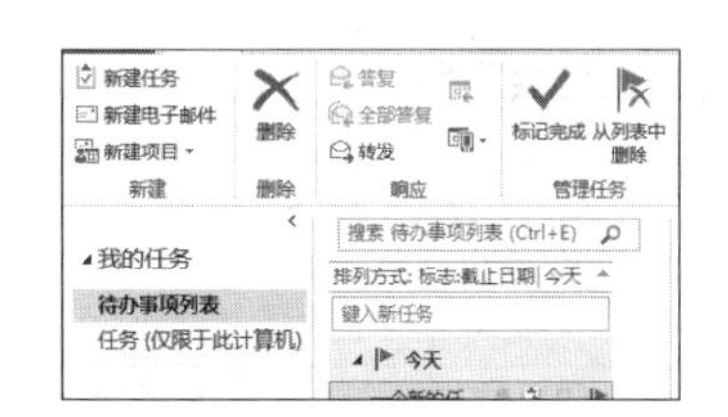

10.6 实战演练——使用日历

本节视频教学时间 / 4分钟

用户可在Outlook 2013的日历中查看日期，并可在日历中记录当天的约会或者选择日期，查看当日的约会项目。

10.6.1 打开日历

单击界面下方的【日历】导航选项，在主视图中将出现【日历】界面。日历有多种显示方式，单击【开始】选项卡下【排列】组中的【天】、【工作周】、【周】或【月】按钮，即可以不同的方式来显示日历。例如，单击【周】按钮，日历将以周的形式显示。

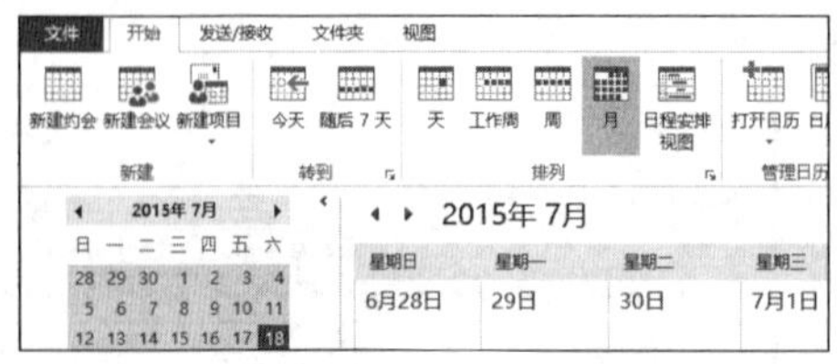

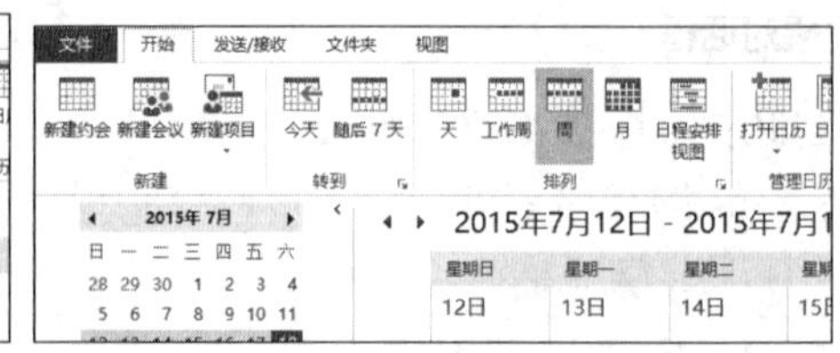

10.6.2 建立约会项目

在日历中建立约会项目有助于用户管理生活作息，其操作方法如下。

1 单击新建约会

在导航窗格上方的日历区域中选择日期，在【日历】视图中，在一天中的一个小时间方格双击，或者选中方格单击【开始】选项卡下【新建】组中的【新建约会】按钮。

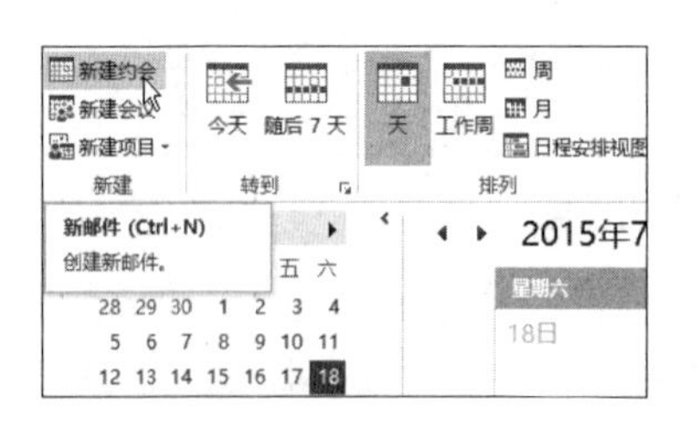

2 在文本正文输入约会内容

弹出【未命名-约会】工作页面，在【主题】文本框中输入约会的主题，在【地点】文本框中输入约会的地点。选择一个【开始时间】和一个【结束时间】，如果约会是在一天中进行，可以单击选中【全天事件】复选框，在文本正文栏中输入相关的约会内容即可。

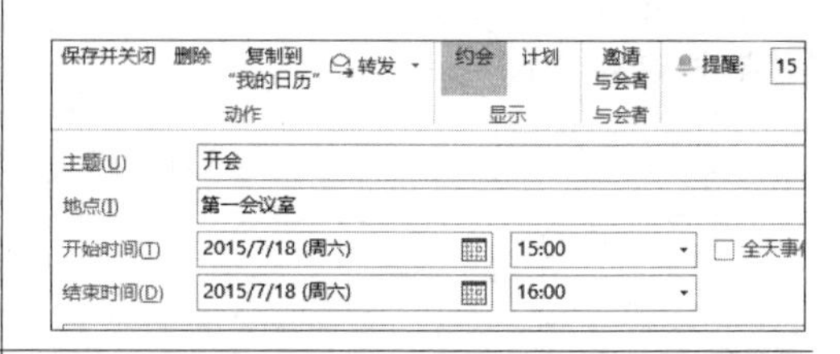

3 已建立的约会项目

单击【保存并关闭】按钮，可在日历中显示已建立的约会项目。

4 让系统再次提醒

当到约会的时间或约会的时间过期时，Outlook会自动弹出约会提醒。此时可以单击【消除】按钮关闭提醒；也可以单击【暂停】按钮，让系统在一定的时间段后再次提醒。

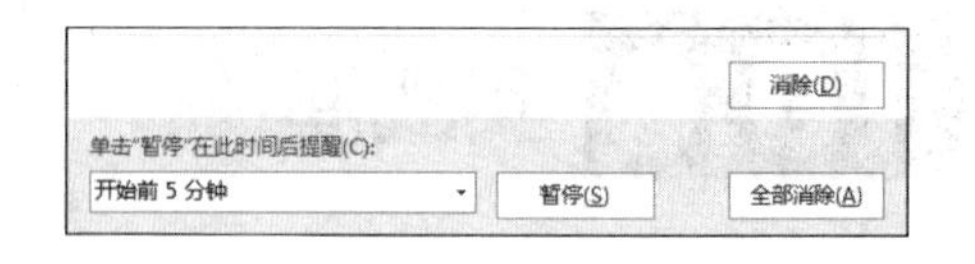

10.6.3 添加约会标签

用户可以根据约会类别的不同为约会添加标签，具体的操作步骤如下。

1 选择【列表】选项

单击【视图】选项卡下【当前视图】组中的【更改视图】按钮，在弹出的下拉列表中选择【列表】选项。

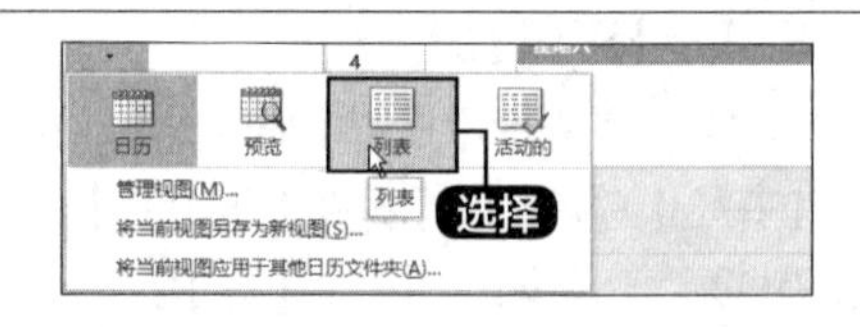

2 以列表形式排列约会

约会将以列表形式排列。

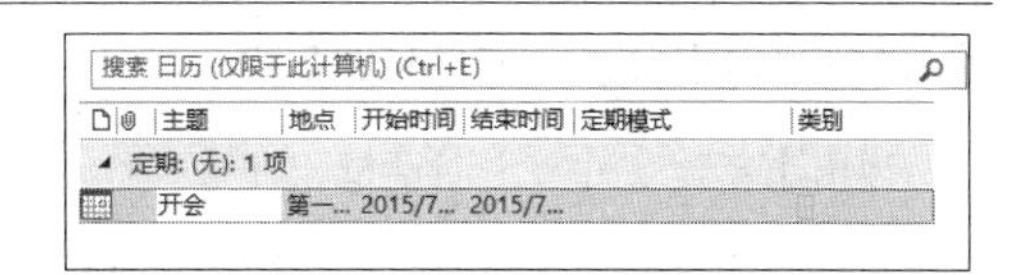

3 弹出【显示列】对话框

单击【视图】选项卡下【排列】组中的【添加列】按钮，弹出【显示列】对话框。

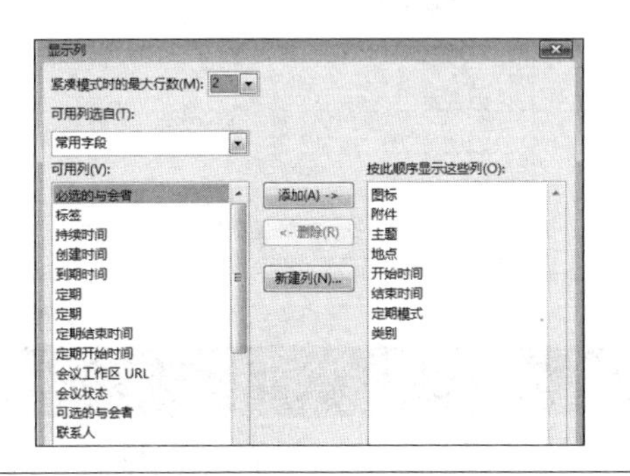

4 单击【添加】按钮

在【可用列】列表框中选择【标签】选项，单击【添加】按钮，【标签】选项将添加到【按此顺序显示这些列】列表框中，单击【确定】按钮。

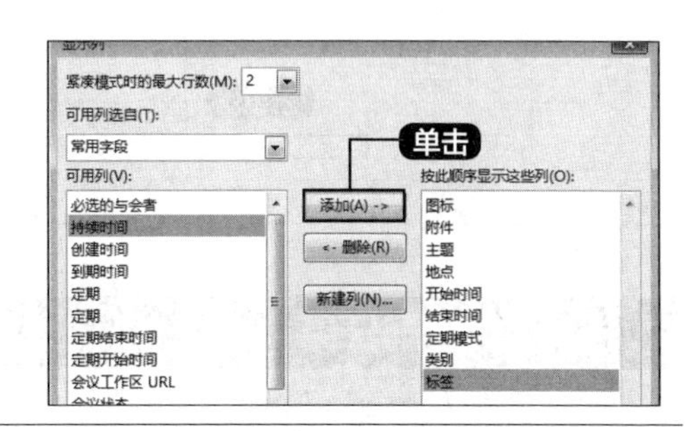

5 选择添加的标签

此时约会列表中增加【标签】列，单击约会项标签列中的下拉按钮，在弹出的下拉列表中选择添加的标签即可。

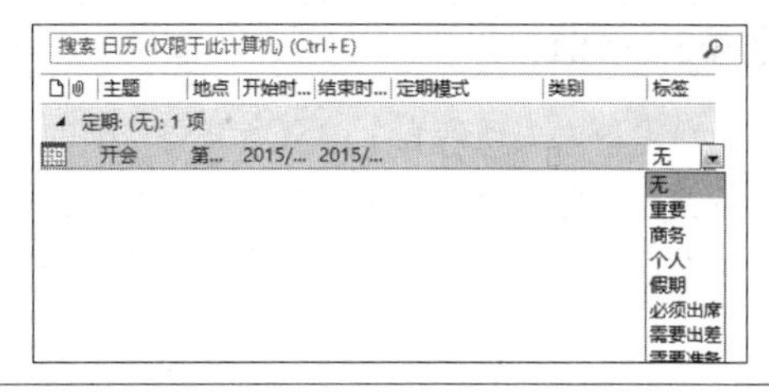

高手私房菜

技巧1：分类邮件

Outlook 2013邮件窗格中默认的只有一个收件箱和发件箱，接收到的邮件和发送的邮件会混杂在一起，无法区别。而在收件箱和发件箱中分别创建一些新的文件夹，就可以对邮件进行分类管理。

1 选择【新建文件夹】选项

选择导航窗格中的【邮件】导航选项，进入【邮件】视图，选中【收件箱】选项并单击鼠标右键，在弹出的快捷菜单中选择【新建文件夹】选项。

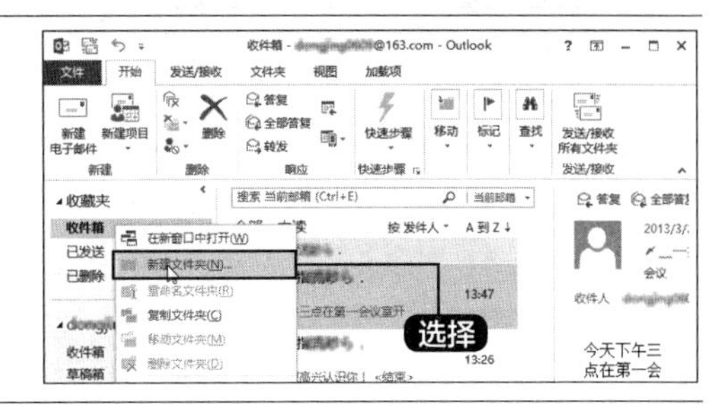

2 在文本框中输入新建文件夹的名称

弹出【新建文件夹】对话框，在【名称】文本框中输入新建文件夹的名称，如“工作邮件”，然后单击【确定】按钮。

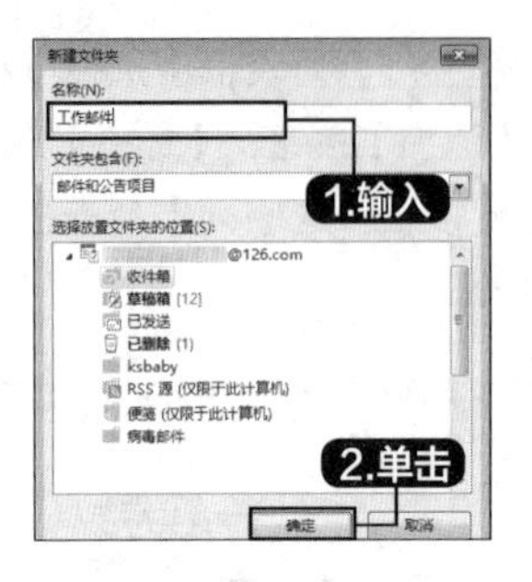

3 创建不同类型文件夹

在【收件箱】文件夹下方就会多出一个【工作邮件】文件夹。重复上述步骤，可以创建多个不同类型名称的文件夹，然后将收到的邮件按类别放到指定类型的文件夹下，即可方便地管理邮件。

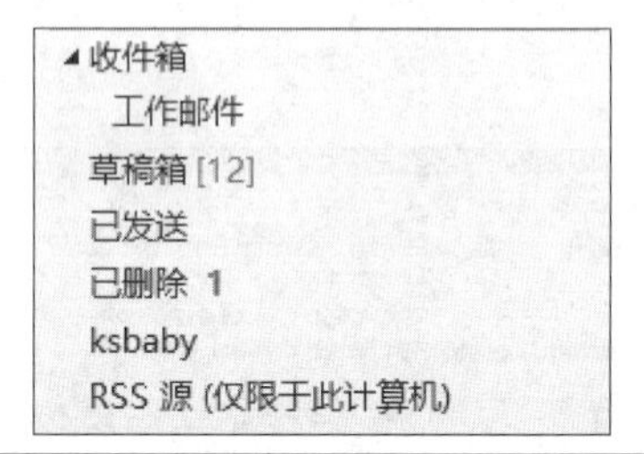

技巧52：分配任务

如果需要他人来完成这个任务，还可以对任务进行分配。分配任务的具体操作步骤如下。

1 单击分配任务

在【待办事项列表】中双击需要分配的任务，进入任务的编辑页面，单击【任务】选项卡下【管理任务】选项组中的【分配任务】按钮分配任务。

2 填写收件人的电子邮件地址

分配任务即指把任务通过邮件发送给其他人，使得他人可以执行任务。在【收件人】文本框中填写收件人的电子邮件地址，单击【发送】按钮即可。

第 11 章 Office综合案例

重点导读

本章视频教学时间：1小时16分钟 

本章通过学习制作几个很具代表性的案例，将前面所学内容进行一次综合运用。在案例的制作过程中，会显著提升使用Office办公软件的熟练程度。

学习效果图

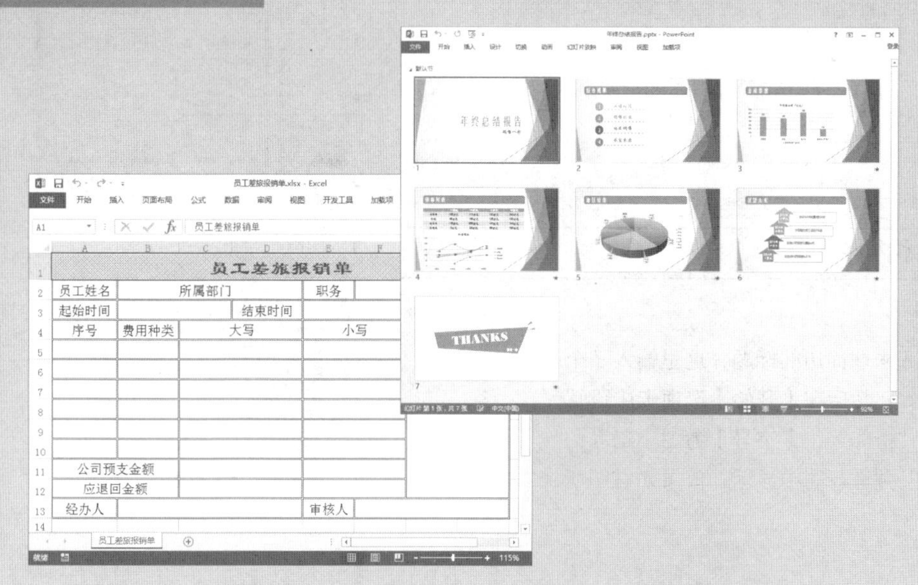

11.1 制作个人求职简历

本节视频教学时间 / 10分钟 

求职者在求职之前可以根据自己的个人信息，制作个人求职简历并打印出来，或者在网络上给适合自己的公司投求职简历。制作个人求职简历的具体步骤如下。

1. 页面设置

1 新建文档

新建一个Word文档，命名为“中文求职简历.docx”，并将其打开。然后单击【页面布局】选项卡【页面设置】组中的【页面设置】按钮，弹出【页面设置】对话框，单击【页边距】选项卡，设置页边距的【上】的边距值为“2.54厘米”，【下】的边距值为“2.54厘米”，【左】的边距值为“2.5厘米”，【右】的边距值为“2.5厘米”。

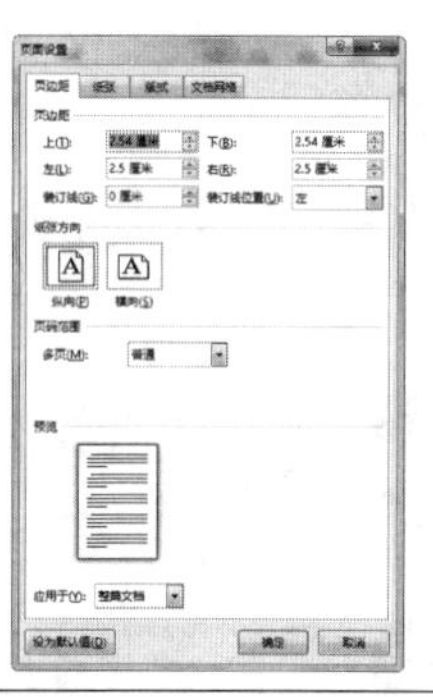

2 设置纸张

单击【纸张】选项卡，设置【纸张大小】为“A4”，【宽度】为“21厘米”，【高度】为“29.7厘米”，单击【文档网格】选项卡，设置【文字排列】的【方向】为“水平”，【栏数】为“1”，单击【确定】按钮，完成页面设置。

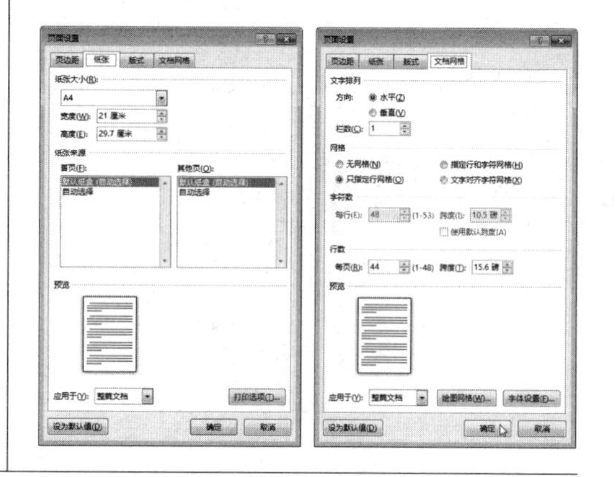

2. 输入文本内容

1 输入标题

首先输入求职简历的标题，这里输入“个人简历”文本，然后在【开始】选项卡中设置【字体】为“楷体”，【字号】为“小二”，设置“加粗”并进行居中显示，效果如右图所示。

2 设置字体

按【Enter】键两次，对其进行左对齐，输入文本内容“个人概况”，在【开始】选项卡中设置【字体】为“宋体”，【字号】为“小四”，并“加粗”显示，效果如图所示。

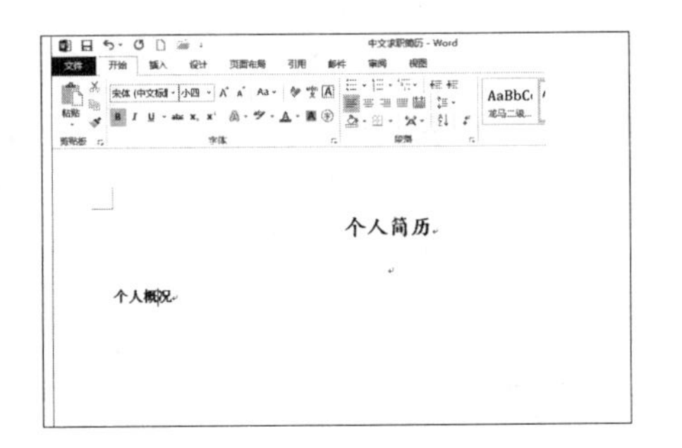

3 设置字体

按【Enter】键两次，对其进行左对齐，然后输入个人概况的相关文本内容，在【开始】选项卡中设置【字体】为“宋体”，【字号】为“五号”，并调整文本的位置，排版效果如图所示。

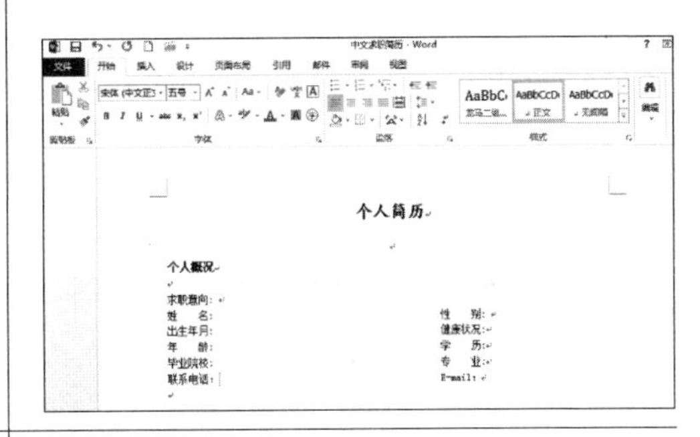

4 设置字体

按【Enter】键两次，对其进行左对齐，然后输入文本内容“主修课程”，然后在【开始】选项卡中设置【字体】为“宋体”，【字号】为“小四”，并“加粗”显示，效果如图所示。

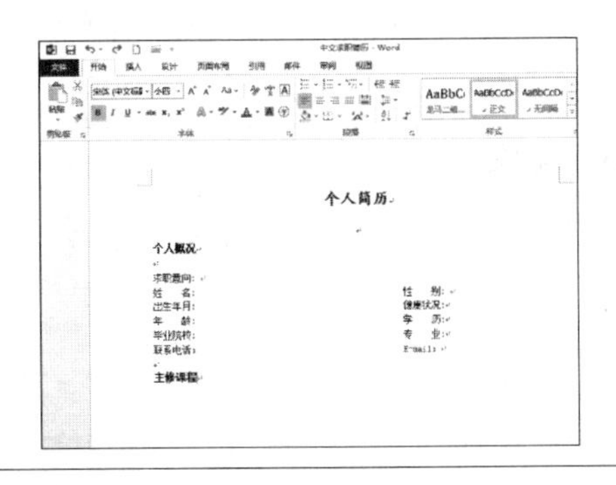

5 设置字体

按【Enter】键两次，对其进行左对齐，然后输入主修课程的相关文本内容，然后在【开始】选项卡中设置【字体】为“宋体”，【字号】为“五号”，并调整文本的位置，效果如图所示。

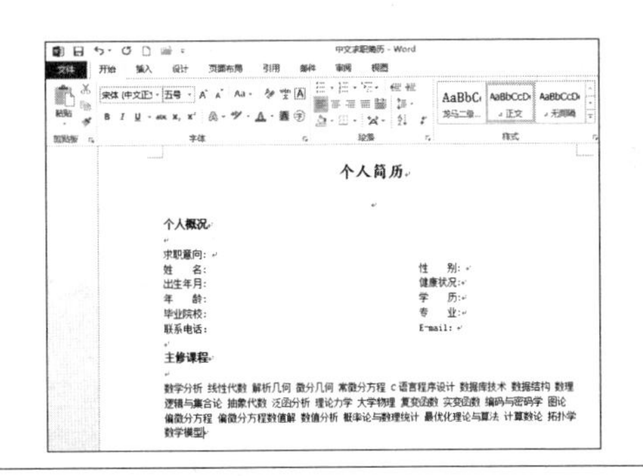

6 设置字体

按【Enter】键两次，对其进行左对齐，然后输入文本内容“思想修养”，然后在【开始】选项卡中设置【字体】为“宋体”，【字号】为“小四”，并“加粗”显示，效果如图所示。

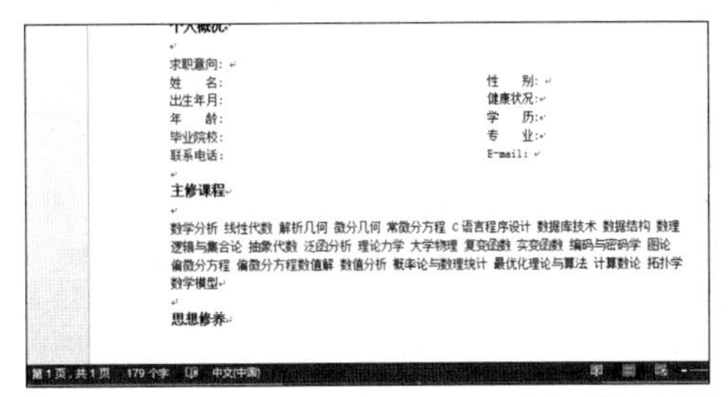

7 设置字体

按【Enter】键两次，对其进行左对齐，然后输入思想修养的相关文本内容，然后在【开始】选项卡中设置【字体】为“宋体”，【字号】为“五号”，并调整文本的位置，效果如图所示。

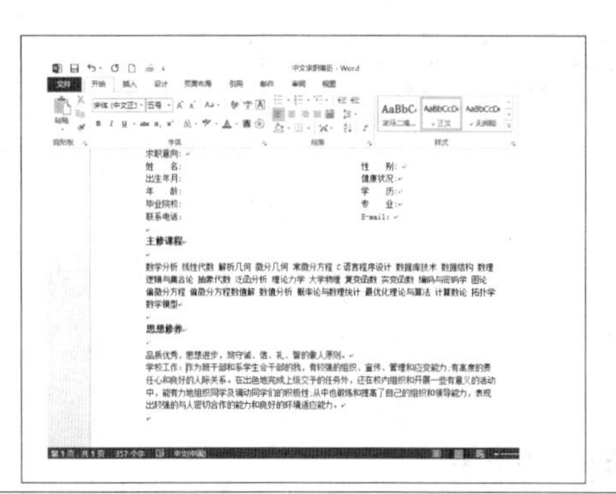

8 输入文本

使用相同的方法输入文本内容“社会实践”“基本技能”“曾获奖励”和“自我评价”，排版后效果如图所示。

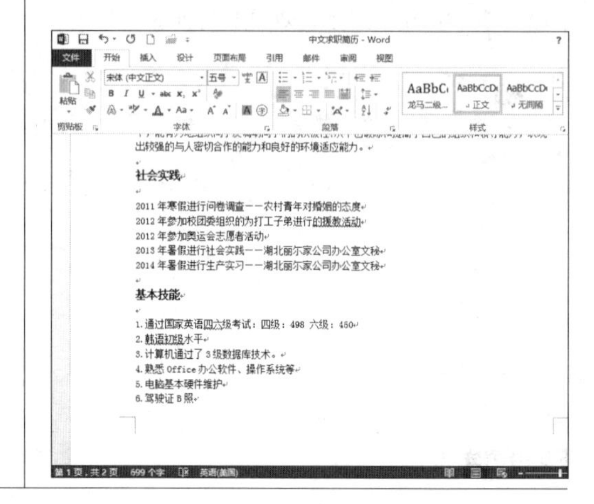

3. 设置文本格式

1 设置间距

输入求职简历的文本内容之后，可以发现，文本每行距离太近不易于阅读，所以需要设置文本行距；选择相应的文本内容，然后在【开始】选项卡中【段落】组中设置【行和段落间距】为1.5倍，效果如图所示。

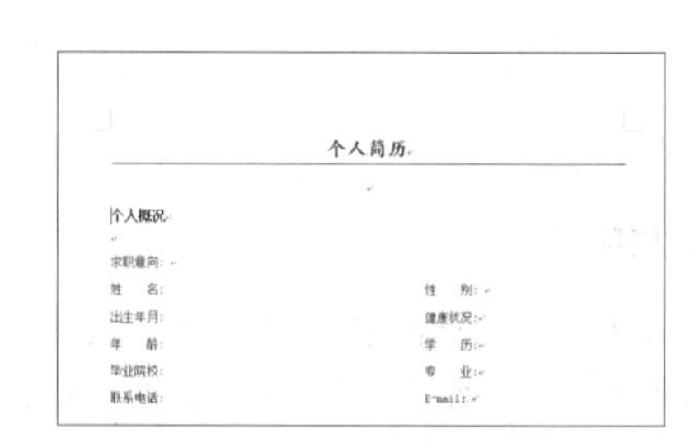

2 插入直线

下面用横线来分隔每部分内容，使文本显示更为清晰；在【插入】选项卡中【插图】组中选择【形状】按钮下的【直线】样式，如图所示。

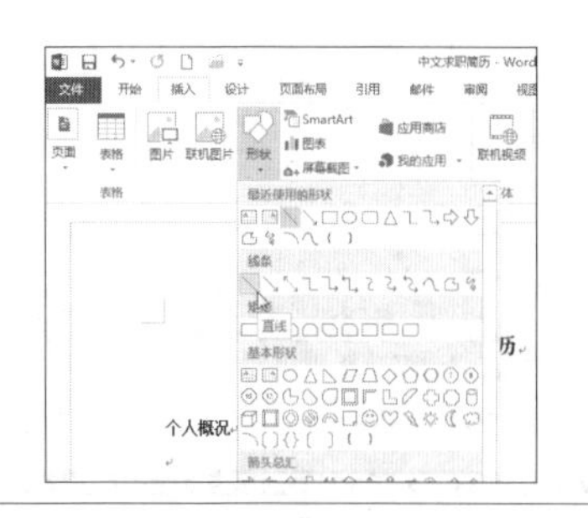

3 绘制分隔线

在个人简历文本下方绘制分隔线，并设置颜色为黑色，如图所示。

4 绘制分隔线

使用相同的方法绘制其他的分隔线，如图所示。

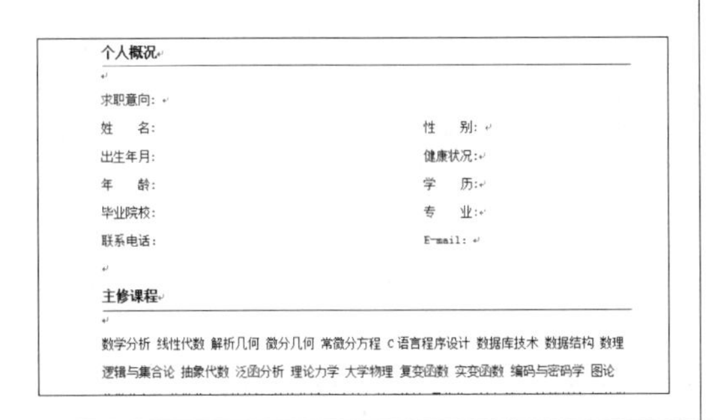
个人概况

求职意向：
姓　名：　　性　别：
出生年月：　　健康状况：
年　龄：　　学　历：
毕业院校：　　专　业：
联系电话：　　E-mail：

主修课程

数学分析 线性代数 解析几何 微分几何 常微分方程 C语言程序设计 数据库技术 数据结构 数理逻辑与集合论 抽象代数 泛函分析 理论力学 大学物理 复变函数 实变函数 编码与密码学 图论

5 最终效果

最终制作的中文求职简历效果如图所示。

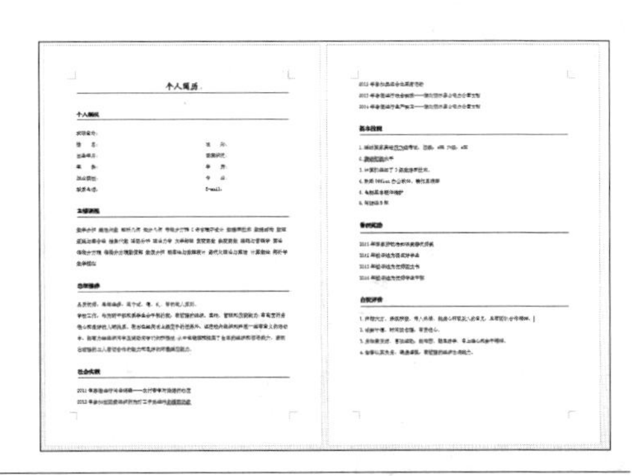

11.2 制作产品功能说明书

本节视频教学时间 / 20分钟

产品功能说明书可以起到宣传产品、扩大消息和传播知识的作用，本节使用Word 2013制作一份产品功能说明书。使用Word 2013制作产品功能说明书的具体操作步骤如下。

第1步：设置页面大小

1 打开素材

打开随书光盘中的“素材\ch11\产品功能说明书.docx”文档。

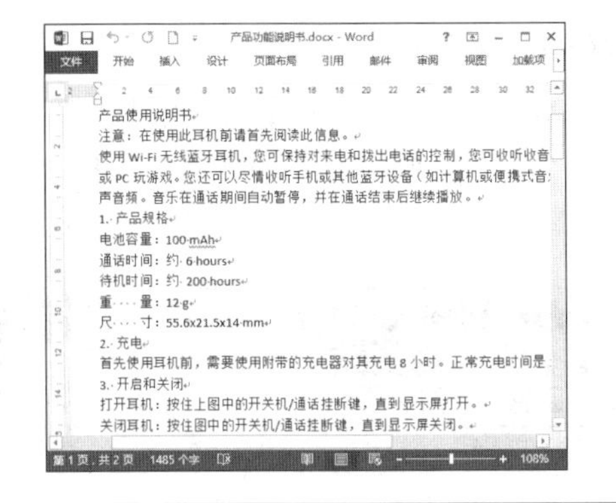
产品使用说明书
注意：在使用此耳机前请首先阅读此信息。
使用 Wi-Fi 无线蓝牙耳机，您可保持对来电和拨出电话的控制，您可收听收音或 PC 玩游戏。您还可以尽情收听手机或其他蓝牙设备（如计算机或便携式音声音频。音乐在通话期间自动暂停，并在通话结束后继续播放。
1. 产品规格
电池容量：100 mAh
通话时间：约 6 hours
待机时间：约 200 hours
重　量：12 g
尺　寸：55.6x21.5x14 mm
2. 充电
首先使用耳机前，需要使用附带的充电器对其充电 8 小时。正常充电时间是
3. 开启和关闭
打开耳机：按住上图中的开关机/通话挂断键，直到显示屏打开。
关闭耳机：按住图中的开关机/通话挂断键，直到显示屏关闭。

2 设置纸张

单击【页面布局】选项卡的【页面设置】组中的【页面设置】按钮 ，弹出【页面设置】对话框，在【页边距】选项卡下设置【上】和【下】边距为“1.4厘米”，【左】和【右】设置为“1.3厘米”，设置【纸张方向】为“横向”。

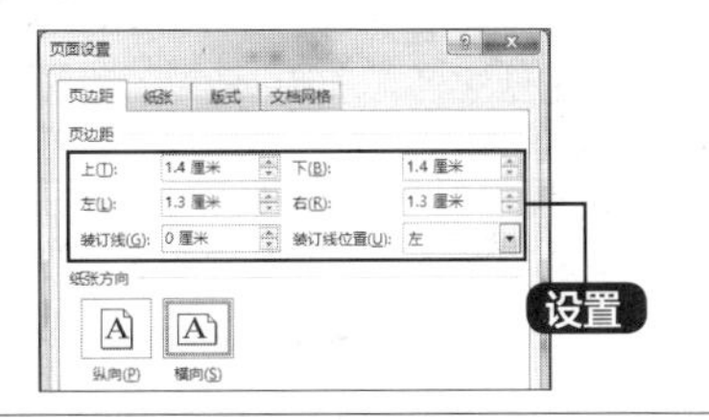

3 设置纸张大小

在【纸张】选项卡下【纸张大小】下拉列表中选择【自定义大小】选项，并设置宽度为“14.8厘米”、高度为“10.5厘米”。

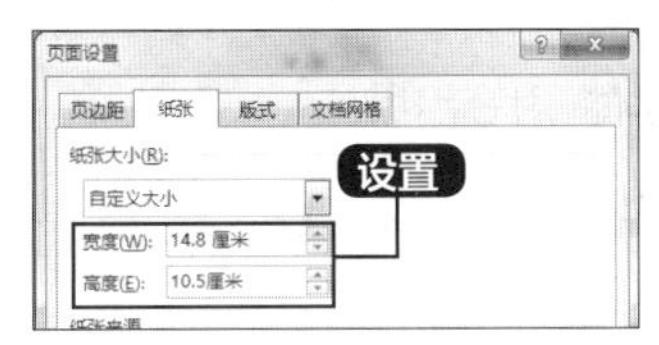

4 设置页眉

在【版式】选项卡下的【页眉和页脚】区域中单击选中【首页不同】选项，并设置页眉和页脚距边距距离均为“1厘米”。

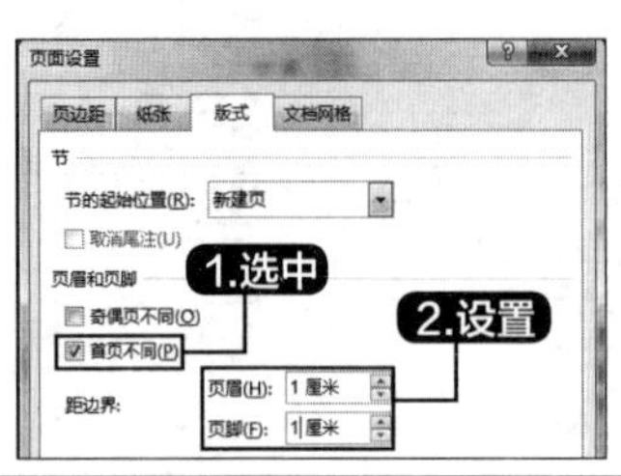

5 完成设置

单击【确定】按钮，完成页面的设置，设置后的效果如图所示。

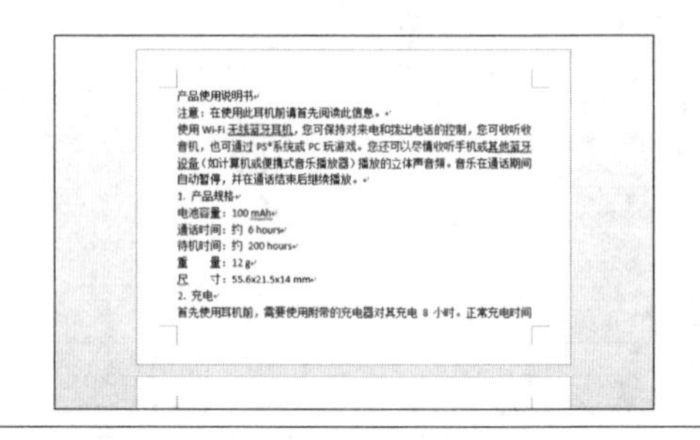

第2步：设置标题样式

1 选择【标题】样式

选择第1行的标题行，单击【开始】选项卡的【样式】组中的【其他】标题按钮，在弹出的【样式】下拉列表中选择【标题】样式。

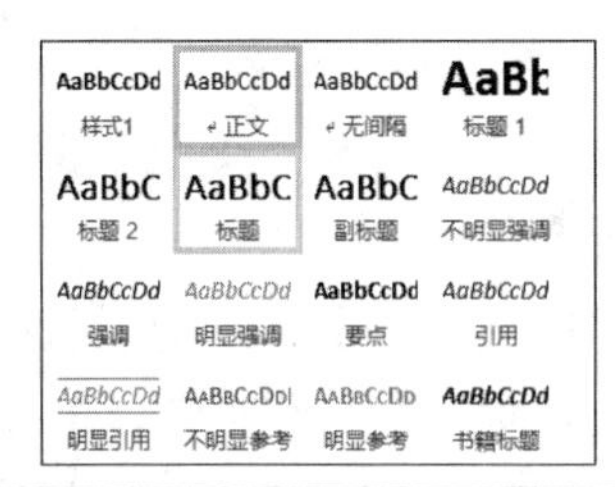

2 设置字体样式

根据需要设置其字体样式，效果如下图所示。

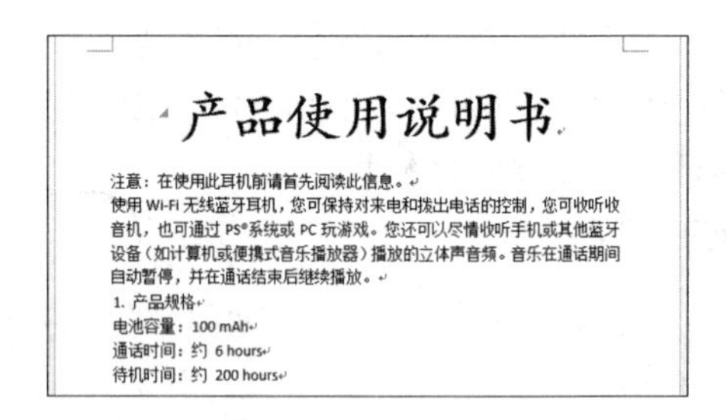
产品使用说明书

注意：在使用此耳机前请首先阅读此信息。
使用 Wi-Fi 无线蓝牙耳机，您可保持对来电和拨出电话的控制，您可收听收音机，也可通过 PS®系统或 PC 玩游戏。您还可以尽情收听手机或其他蓝牙设备（如计算机或便携式音乐播放器）播放的立体声音频。音乐在通话期间自动暂停，并在通话结束后继续播放。
1. 产品规格
电池容量：100 mAh
通话时间：约 6 hours
待机时间：约 200 hours

3 创建样式

将鼠标光标定位在“1.产品规格”段落内，单击【开始】选项卡的【样式】组中的【其他】标题按钮，在弹出的【样式】下拉列表中选择【创建样式】选项。

4 输入样式名称

弹出【根据格式设置创建样式】选项，在【名称】文本框中输入样式名称，单击【修改】按钮。

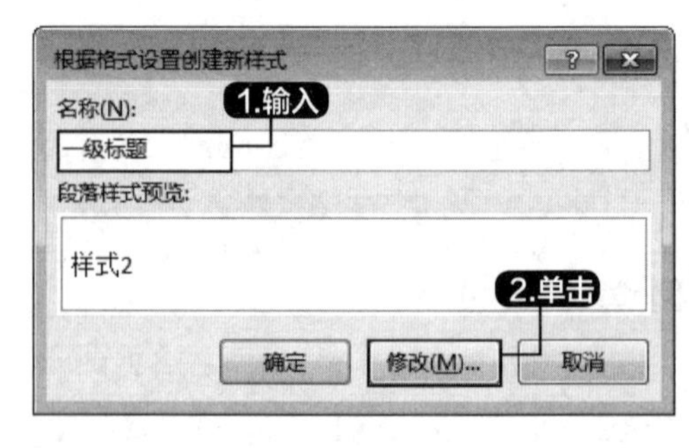

5 设置字体

弹出【根据格式设置创建新样式】对话框，在【样式基准】下拉列表中选择【无样式】选项，设置【字体】为“方正楷体简体”，【字号】为“五号”，单击左下角的【格式】按钮，在弹出的下拉列表中选择【段落】选项。

6 设置段落

弹出【段落】对话框，在【常规】组中设置【大纲级别】为“1级”，在【间距】区域中设置【段前】为“1行”、【段后】均为“0.5行”、行距为“单倍行距”，单击【确定】按钮，返回至【根据格式设置创建新样式】对话框中，单击【确定】按钮。

7 设置效果

设置样式后的效果如下图所示。

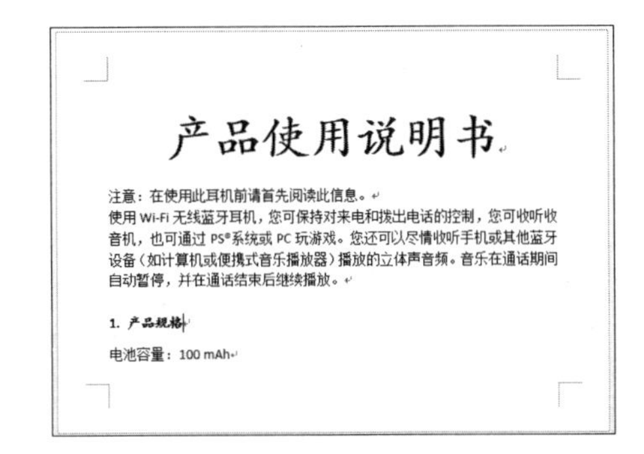

8 使用格式刷

双击【开始】选项卡下【剪贴板】组中的【格式刷】按钮，使用格式刷将其他标题设置格式。设置完成，按【Esc】键结束格式刷命令。

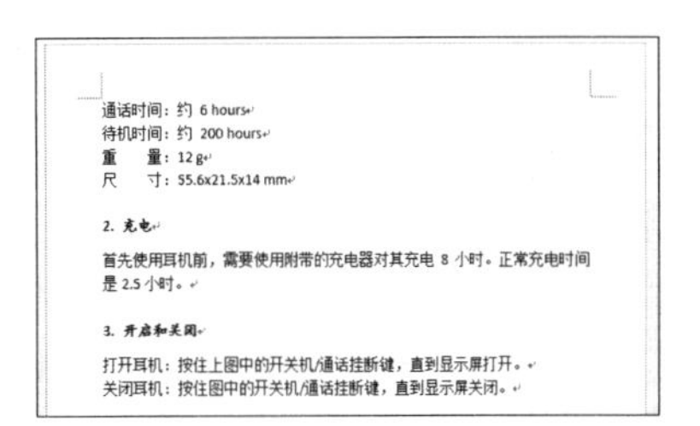

第3步：设置正文字体及段落样式

1 设置字体

选中第2段和第3段，在【开始】选项卡下的【字体】组中根据需要设置正文的字体和字号。

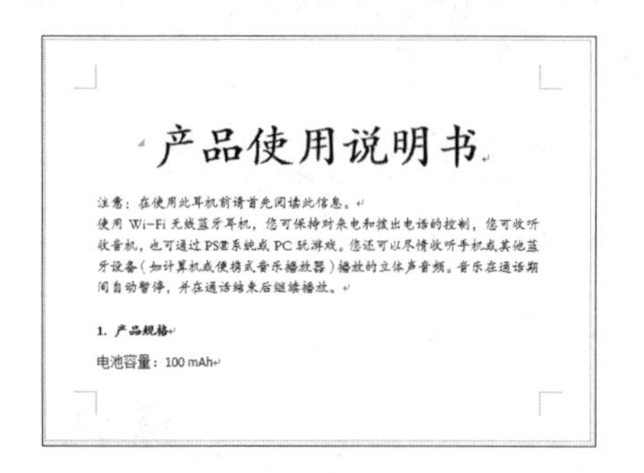

2 设置格式

单击【开始】选项卡的【段落】组中的【段落】按钮，在弹出的【段落】对话框的【缩进和间距】选项卡中设置【特殊格式】为“首行缩进”，【磅值】为“2字符”，设置完成后单击【确定】按钮。

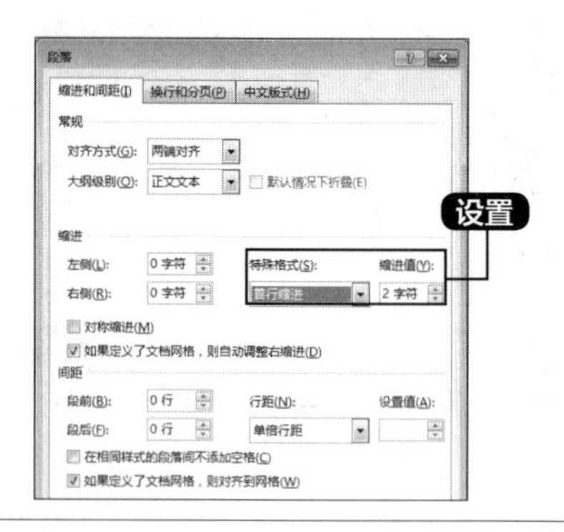

3 设置效果

设置段落样式后的效果如下图所示。

4 使用格式刷

使用格式刷设置其他正文段落的样式。

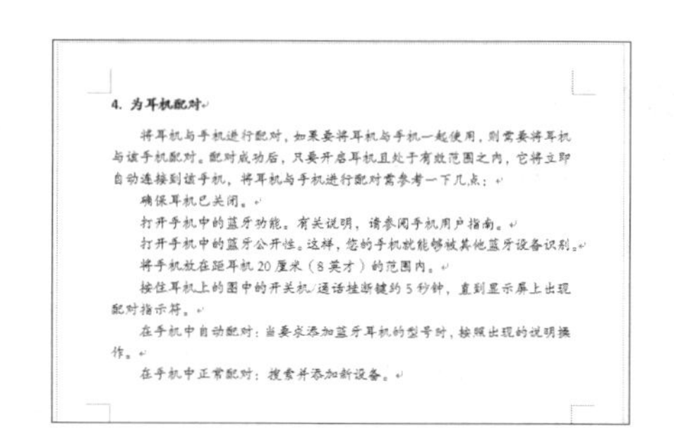

5 设置颜色

在设置说明书的过程中，如果有需要用户特别注意的地方，可以将其用特殊的字体或者颜色显示出来。选择第1页的“注意：”文本，将其【字体颜色】设置为“红色”，并将其“加粗”显示。

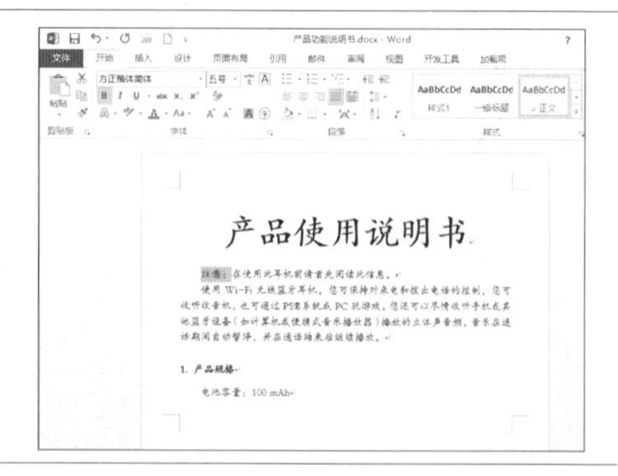

6 设置其他文本

使用同样的方法设置其他“注意：”文本。

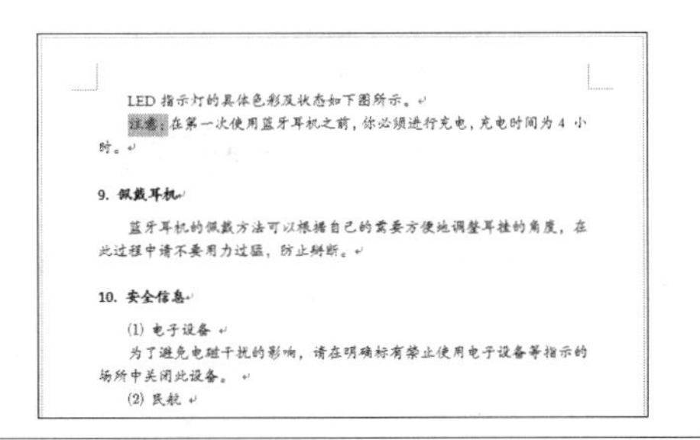

7 设置字体

选择最后的7段文本，将其【字体】设置为“方正楷体简体”，【字号】设置为“5号”。

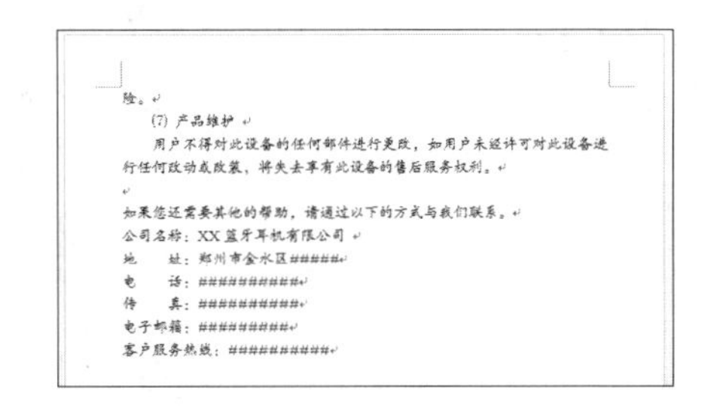

第4步：添加项目符号和编号

1 选择编号样式

选中“4. 为耳机配对”标题下的部分内容，单击【开始】选项卡下【段落】组中【编号】按钮右侧的下拉按钮，在弹出的下拉列表中选择一种编号样式。

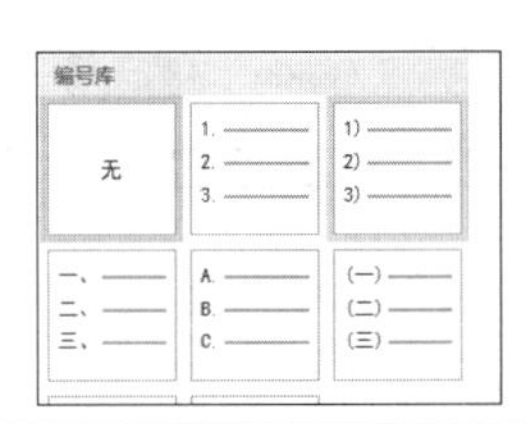

2 添加效果

添加编号后的效果如下图所示。

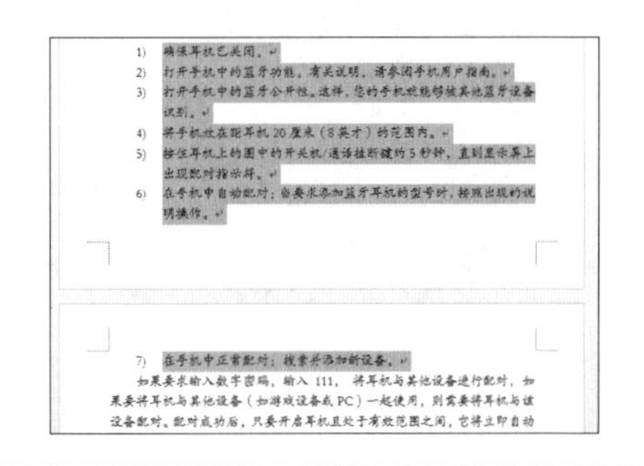

3 选择项目符号

选中“6. 通话”标题下的部分内容，单击【开始】选项卡下【段落】组中【项目符号】按钮右侧的下拉按钮，在弹出的下拉列表中选择一种项目符号样式。

4 添加效果

添加项目符号后的效果如下图所示。

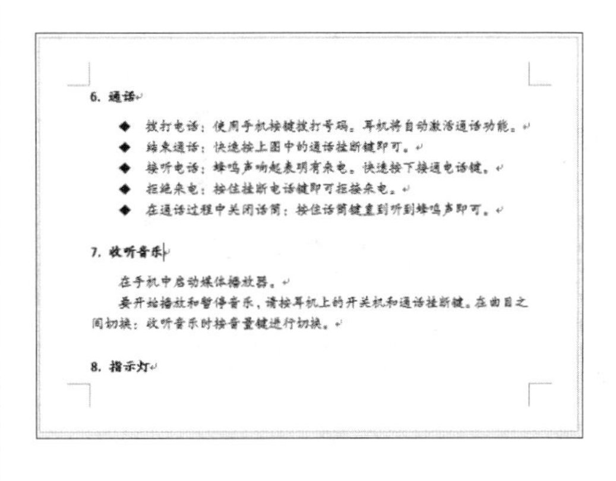

第5步：插入并设置图片

1 选择图片

将鼠标光标定位至“2. 充电”文本后，单击【插入】选项卡下【插图】组中的【图片】按钮，弹出【插入图片】对话框，选择随书光盘中的“素材\ch11\图片01.png”文件，单击【插入】按钮。

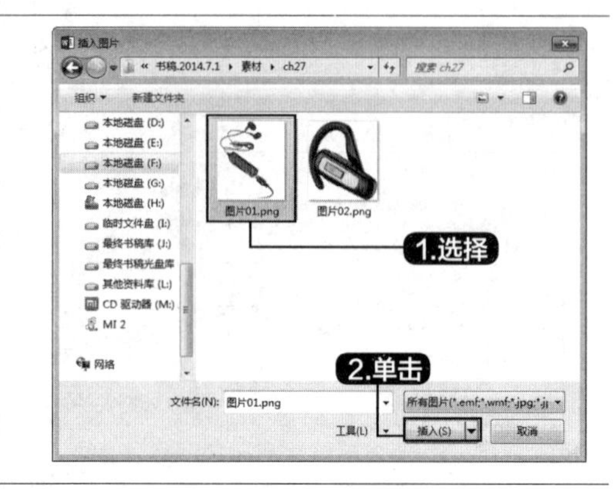

2 插入文档

即可将图片插入到文档中。

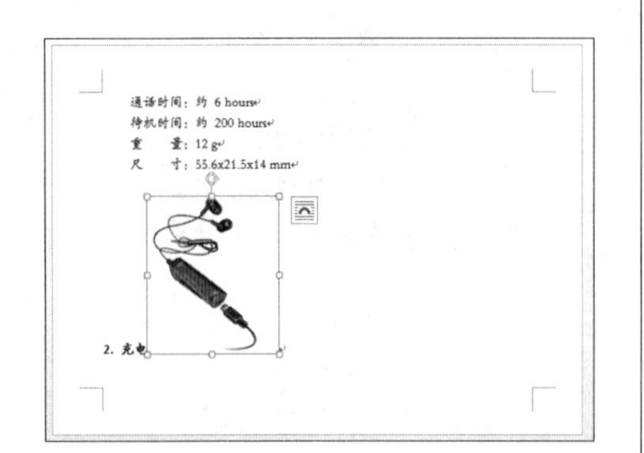

3 选择环绕类型

选中插入的图片，在【格式】选项卡下【排列】组中单击【自动换行】按钮的下拉按钮，在弹出的下拉列表中选择【四周型环绕】选项。

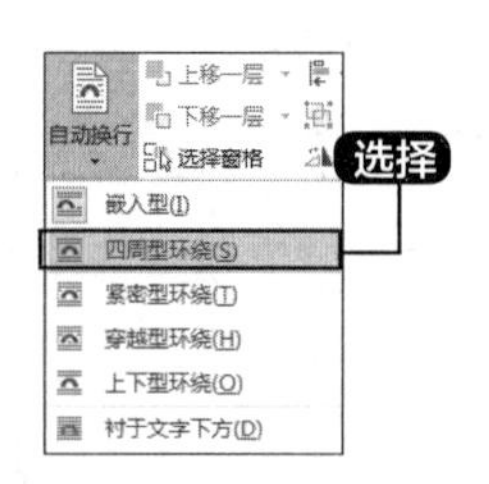

4 调整位置

根据需要调整图片的位置。

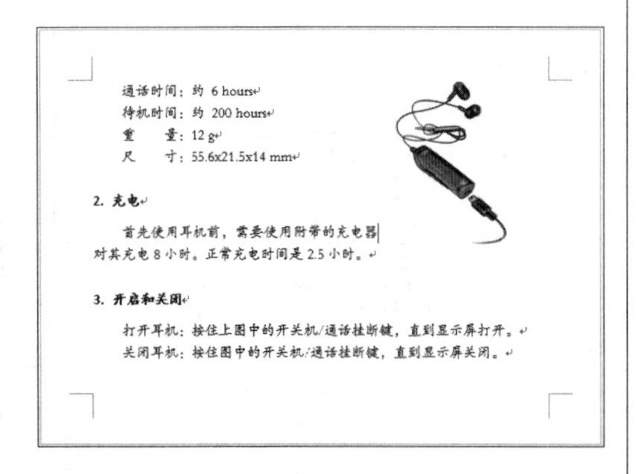

5 插入图片

将鼠标光标定位至“8. 指示灯”文本后，重复步骤1~4，插入随书光盘中的“素材\ch11\图片02.png”文件。并适当地调整图片的大小。

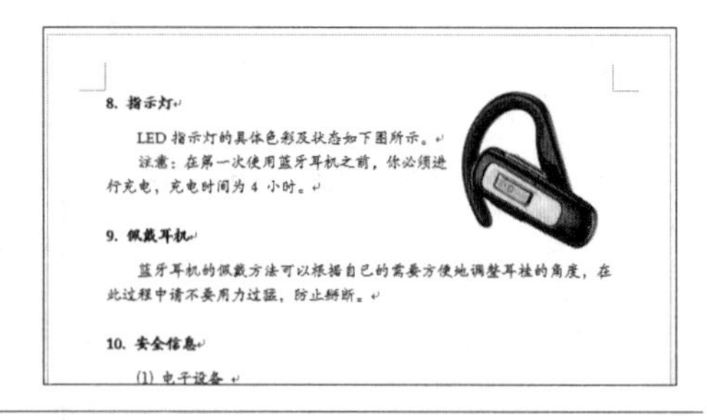

第6步：插入分页、页眉和页脚

1 插入分页符

制作使用说明书时，需要将某些特定的内容单独一页显示，这是就需要插入分页符。将鼠标光标定位在“产品使用说明书”后方，单击【插入】选项卡下【页面】组中的【分页】按钮 分页。

2 查看效果

即可看到将标题单独在一页显示的效果。

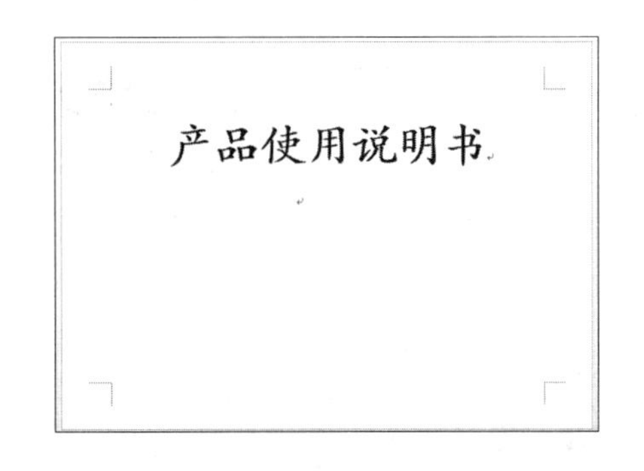

3 调整位置

调整“产品使用说明书”文本的位置，使其位于页面的中间。

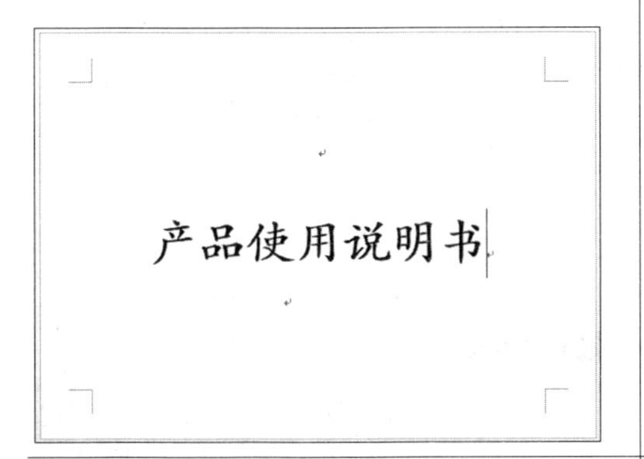

4 插入分页符

使用同样的方法，在其他需要单独一页显示的内容前插入分页符。

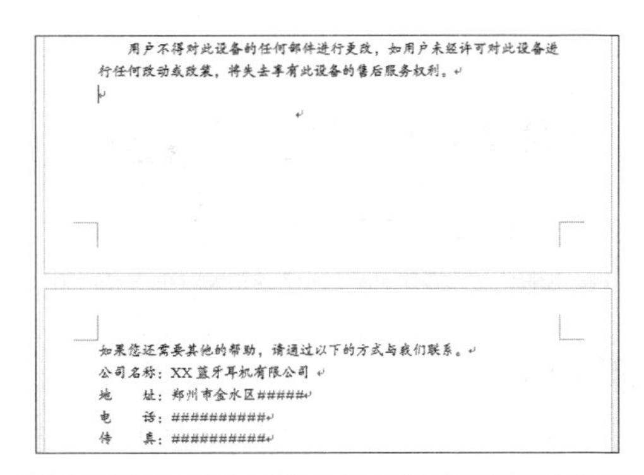
用户不得对此设备的任何部件进行更改，如用户未经许可对此设备进行任何改动或改装，将失去享有此设备的售后服务权利。

如果您还需要其他的帮助，请通过以下的方式与我们联系。
公司名称：XX蓝牙耳机有限公司
地　　址：郑州市金水区#####
电　　话：##########
传　　真：##########

5 选择页眉

将鼠标光标定位在第2页中，单击【插入】选项卡的【页眉和页脚】组中的【页眉】按钮，在弹出的下拉列表中选择【空白】选项。

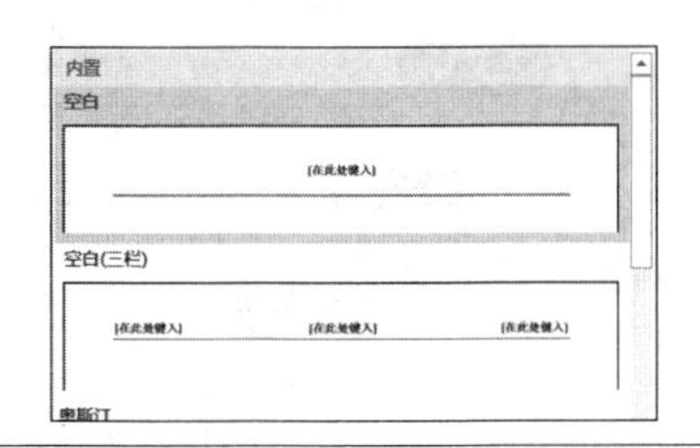

6 输入标题

在页眉的【标题】文本域中输入“产品功能说明书”，然后单击【页眉和页脚工具】下【设计】选项卡下【关闭】组中的【关闭页眉和页脚】按钮。

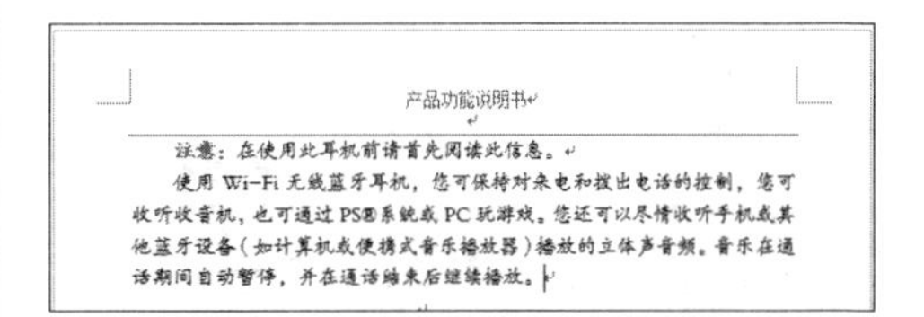
产品功能说明书

注意：在使用此耳机前请首先阅读此信息。

使用 Wi-Fi 无线蓝牙耳机，您可保持对来电和拨出电话的控制，您可收听收音机，也可通过 PS®系统或 PC 玩游戏。您还可以尽情收听手机或其他蓝牙设备（如计算机或便携式音乐播放器）播放的立体声音频。音乐在通话期间自动暂停，并在通话结束后继续播放。

7 插入页码

单击【插入】选项卡下【页眉和页脚】组中的【页码】按钮，在弹出的下拉列表中选择【页面底端】➤【普通数字3】选项。

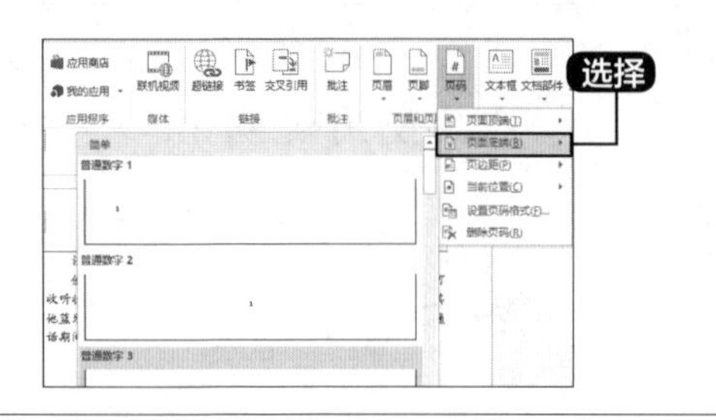

8 查看效果

即可看到添加目录后的效果。

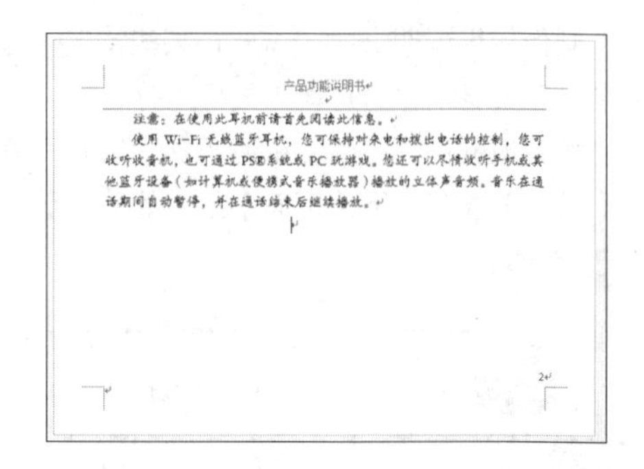

第7步：提取目录

1 插入空白页

将鼠标光标定位在第2页最后，单击【插入】选项卡下【页面】组中的【空白页】按钮，插入一页空白页。

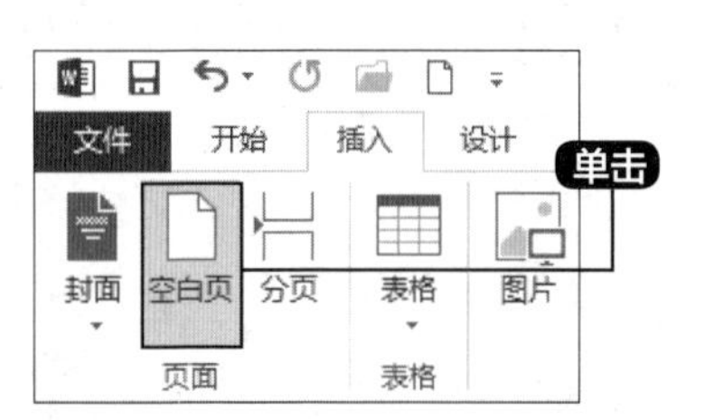

2 输入文本

在插入的空白页中输入“说明书目录”文本，并根据需要设置字体的样式。

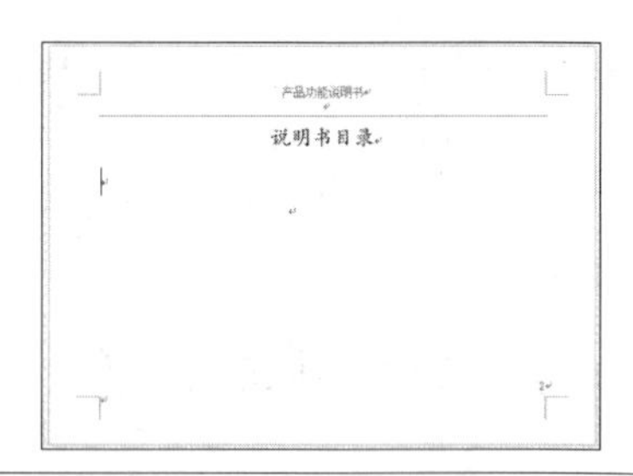

3 自定义目录

单击【引用】选项卡下【目录】组中的【目录】按钮，在弹出的下拉列表中选择【自定义目录】选项。

4 设置目录

弹出【目录】对话框，设置【显示级别】为“2”，单击选中【显示页码】、【页码右对齐】复选框。单击【确定】按钮。

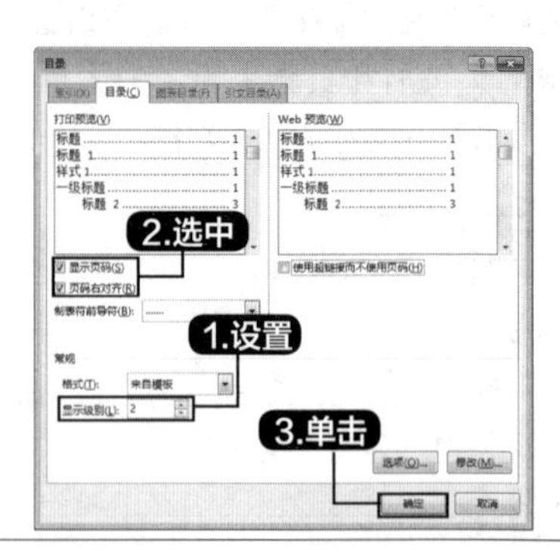

5 提取效果

提取说明书目录后的效果，如下图所示。

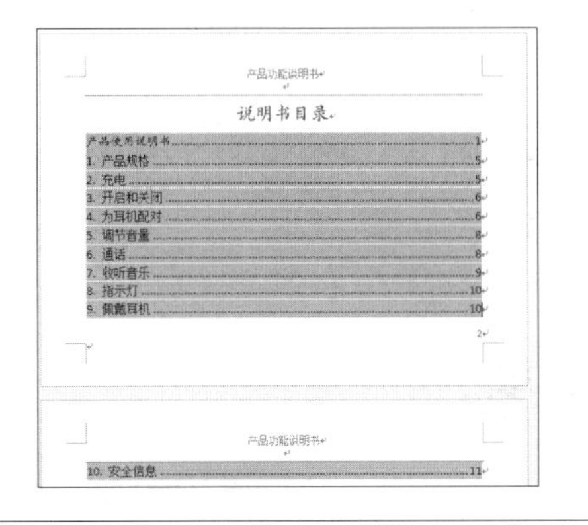

6 设置大纲级别

在首页中的“产品使用说明书”文本设置了大纲级别，所以在提取目录时可以将其以标题的形式提出。如果要取消其在目录中显示，可以选择文本后单击鼠标右键，在弹出的快捷菜单中选择【段落】选项，打开【段落】对话框，在【常规】中设置【大纲级别】为“正文文本”，单击【确定】按钮。

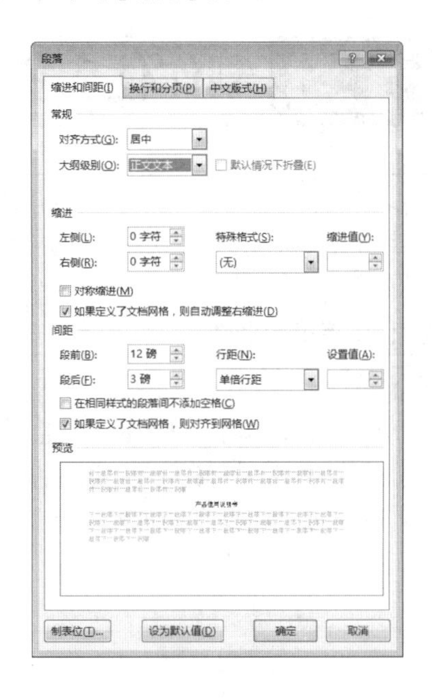

7 更新域

选择目录，并单击鼠标右键，在弹出的快捷菜单中选择【更新域】选项。

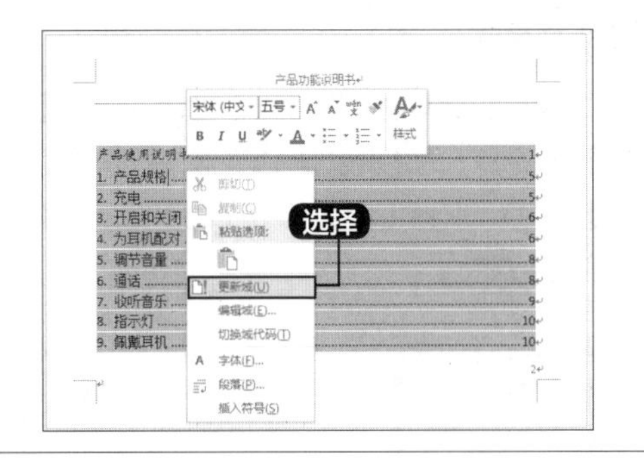

8 更新目录

弹出【更新目录】对话框，单击选中【更新整个目录】单选项，单击【确定】按钮。

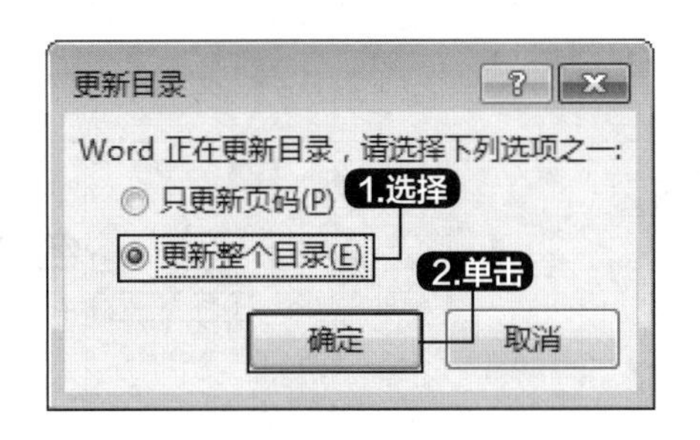

9 结果

即可看到更新目录后的效果。

10 调整文档

根据需要适当地调整文档，最后效果如右图所示。

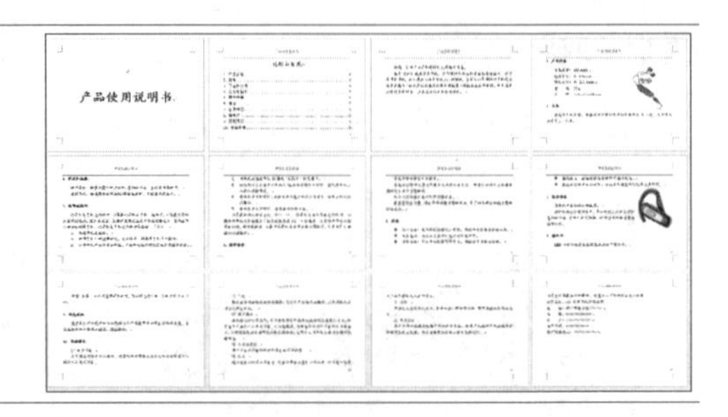

至此，就完成了产品功能说明书的制作。

11.3 制作住房贷款速查表

本节视频教学时间 / 9分钟 

在日常生活中，越来越多的人选择申请住房贷款来购买房产。制作一份详细的住房贷款速查表能够帮助用户了解自己的还款状态，提前为自己的消费做好规划。制作住房贷款速查表的具体操作步骤如下。

第1步：设置单元格格式

1 打开素材

打开随书光盘中的“素材\ch11\住房贷款速查表.xlsx”文件。选择D2单元格，并单击鼠标右键，在弹出的快捷菜单中选择【设置单元格格式】选项。

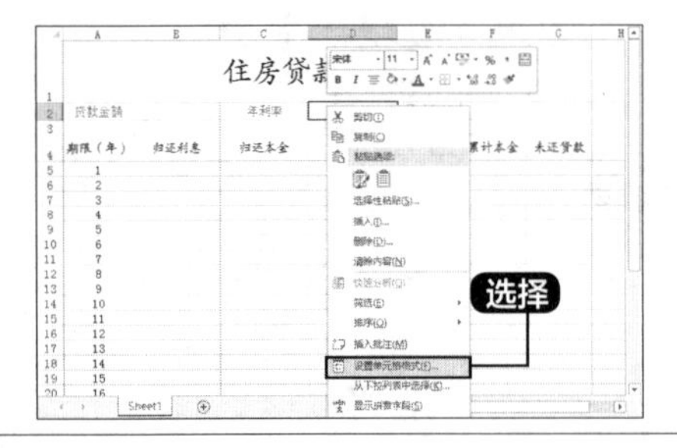

2 设置格式

弹出【设置单元格格式】对话框，在【数字】选项卡下的【分类】列表框中选择【百分比】选项。设置【小数位数】为“2”，单击【确定】按钮。

第2步：设置数据验证

1 数据验证

选择B2单元格，单击【数据】选项卡【数据工具】组中的【数据验证】按钮 数据验证，在弹出的下拉列表中选择【数据验证】选项。

2 设置格式

弹出【数据验证】对话框，在【设置】选项卡的【允许】下拉列表中选择【整数】数据格式。

3 设置数据值

在【数据】下拉列表中选择【介于】选项，并设置【最小值】为“10000”，【最大值】为“2000000”。

4 输入

选择【输入信息】选项卡。在【标题】和【输入信息】文本框中，输入如图所示的内容。

5 输入

选择【出错警告】选项卡，在【样式】下拉列表中选择【停止】选项，在【标题】和【错误信息】文本框中输入如图所示的内容。单击【确定】按钮。

6 选择单元格

返回至工作表之后，选择B2单元格，将会看到提示信息。

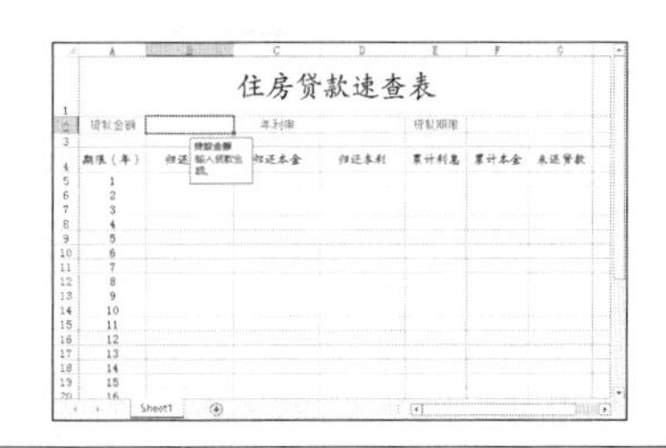

7 弹出提示框

如果输入了10000~2000000之外的数据，将会弹出【数据错误】提示框，只需要单击【重试】按钮并输入正确数据即可。

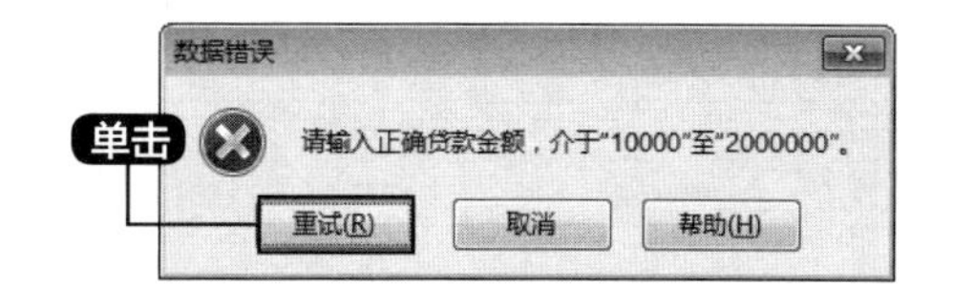

8 设置

选择F2单元格，单击【数据】选项卡【数据工具】选项组中的【数据验证】按钮 数据验证，在弹出的下拉列表中选择【数据验证】选项。弹出【数据验证】对话框，在【设置】选项卡的【允许】下拉列表中选择【序列】数据格式，在【来源】文本框中输入“10,20,30”，单击【确定】按钮。

9 选择

返回至工作表，单击F2单元格后的下拉按钮，可以在弹出的下拉列表中选择贷款年限数据。

10 输入数据

根据需要在B2、D2、F2单元格中分别输入“贷款金额”“年利率”和“贷款年限”等数据。

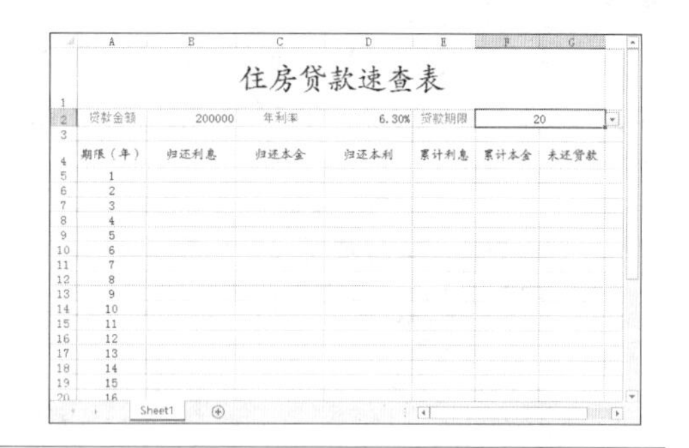

第3步：输入函数

1 输入公式

选择单元格B5，在编辑栏中输入公式“=IPMT($D$2,A5,$F$2,$B$2)”，按【Enter】键即可计算出第1年的归还利息。

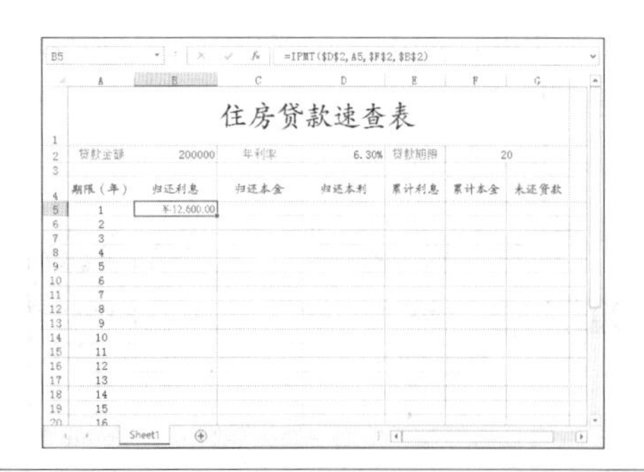

> **提示**
>
> 公式“=PPMT($D$2, A5,$F$2, $B$2)”表示返回定期数内的归还本金。其中，“$D$2”为各期的利息；“A5”为计算其利息的期次，这里计算的是第一年的归还利息；“$F$2”为“贷款的期限”；“$B$2”表示了贷款的总额。

2 快速填充

使用快速填充功能将公式填充至B24单元格，计算每年的归还利息。

3 计算结果

选择单元格C5，输入公式“=PPMT($D$2, A5,$F$2,$B$2)”，按【Enter】键即可算出第一年的归还本金。

4 输入公式

选择单元格D5，输入公式“=PMT($D$2, $F$2,$B$2)”，按【Enter】键即可算出第一年的归还本利。

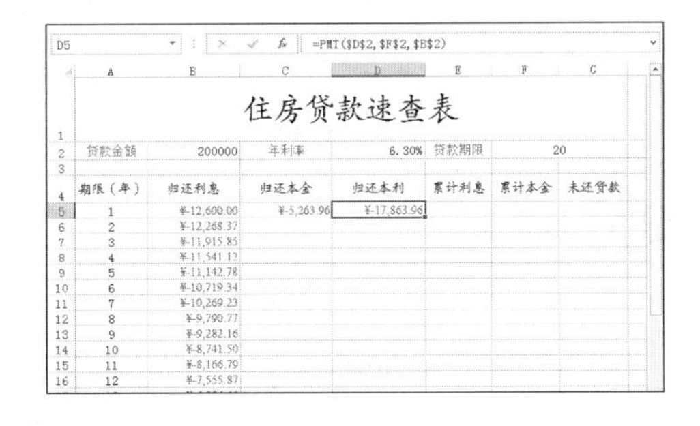

5 快速填充

使用快速填充功能，计算出每年的归还本金和归还本利。

提 示

公式“=PMT($D$2, $F$2, $B$2)”表示返回贷款每期的归还总额。其中“$D$2”为各期的利息，“$F$2”为“贷款的期限”，“$B$2”表示了贷款的总额。

6 输入公式

选择单元格E5，输入公式“=CUMIPMT($D$2,$F$2,$B$2,1,A5,0)”，按【Enter】键即可算出第1年的累计利息。

E5 =CUMIPMT($D$2,$F$2,$B$2,1,A5,0)

住房贷款速查表						
贷款金额	200000	年利率	6.30%	贷款期限	20	
期限（年）	归还利息	归还本金	归还本利	累计利息	累计本金	未还贷款
1	¥-12,600.00	¥-5,263.96	¥-17,863.96	¥-12,600.00		
2	¥-12,268.37	¥-5,595.59	¥-17,863.96			
3	¥-11,915.85	¥-5,948.11	¥-17,863.96			
4	¥-11,541.12	¥-6,322.84	¥-17,863.96			
5	¥-11,142.78	¥-6,721.18	¥-17,863.96			
6	¥-10,719.34	¥-7,144.61	¥-17,863.96			
7	¥-10,269.23	¥-7,594.72	¥-17,863.96			
8	¥-9,790.77	¥-8,073.19	¥-17,863.96			
9	¥-9,282.16	¥-8,581.80	¥-17,863.96			
10	¥-8,741.50	¥-9,122.46	¥-17,863.96			
11	¥-8,166.79	¥-9,697.17	¥-17,863.96			
12	¥-7,555.87	¥-10,308.09	¥-17,863.96			
13	¥-6,906.46	¥-10,957.50	¥-17,863.96			
14	¥-6,216.13	¥-11,647.82	¥-17,863.96			
15	¥-5,482.32	¥-12,381.64	¥-17,863.96			
16	¥-4,702.28	¥-13,161.68	¥-17,863.96			

提示 公式“=CUMIPMT($D$2, $F$2,$B$2,1,A5,0)”表示返回两个周期之间的累计利息。其中，“$D$2”为各期的利息；“$F$2”为“贷款的期限”；“$B$2”表示了贷款的总额；“1”表示计算中的首期，付款期数从1开始计数；“A5”表示期次；“0”表示付款方式是在期末。

7 输入公式

选择单元格F5，输入公式“=CUMPRINC($D$2,$F$2,$B$2,1,A5,0)”，按【Enter】键即可算出第1年的累计本金。

F5 =CUMPRINC($D$2,$F$2,$B$2,1,A5,0)

住房贷款速查表						
贷款金额	200000	年利率	6.30%	贷款期限	20	
期限（年）	归还利息	归还本金	归还本利	累计利息	累计本金	未还贷款
1	¥-12,600.00	¥-5,263.96	¥-17,863.96	¥-12,600.00	¥5,263.96	
2	¥-12,268.37	¥-5,595.59	¥-17,863.96			
3	¥-11,915.85	¥-5,948.11	¥-17,863.96			
4	¥-11,541.12	¥-6,322.84	¥-17,863.96			
5	¥-11,142.78	¥-6,721.18	¥-17,863.96			
6	¥-10,719.34	¥-7,144.61	¥-17,863.96			
7	¥-10,269.23	¥-7,594.72	¥-17,863.96			
8	¥-9,790.77	¥-8,073.19	¥-17,863.96			
9	¥-9,282.16	¥-8,581.80	¥-17,863.96			
10	¥-8,741.50	¥-9,122.46	¥-17,863.96			
11	¥-8,166.79	¥-9,697.17	¥-17,863.96			
12	¥-7,555.87	¥-10,308.09	¥-17,863.96			
13	¥-6,906.46	¥-10,957.50	¥-17,863.96			
14	¥-6,216.13	¥-11,647.82	¥-17,863.96			
15	¥-5,482.32	¥-12,381.64	¥-17,863.96			
16	¥-4,702.28	¥-13,161.68	¥-17,863.96			

提示 公式“=CUMPRINC($D$2, $F$2,$B$2,1,A5,0)”表示返回两个周期之间的支付本金总额。其中，“$D$2”为各期的利息；“$F$2”为“贷款的期限”；“$B$2”表示了贷款的总额；“1”表示计算中的首期，付款期数从1开始计数；“A5”表示期次；“0”表示付款方式是在期末。

8 输入公式

选择单元格G5，输入公式“=$B$2+F5”，按【Enter】键即可算出第1年的未还贷款。

G5 =$B$2+F5

住房贷款速查表						
贷款金额	200000	年利率	6.30%	贷款期限	20	
期限（年）	归还利息	归还本金	归还本利	累计利息	累计本金	未还贷款
1	¥-12,600.00	¥-5,263.96	¥-17,863.96	¥-12,600.00	¥5,263.96	¥194,736.04
2	¥-12,268.37	¥-5,595.59	¥-17,863.96			
3	¥-11,915.85	¥-5,948.11	¥-17,863.96			
4	¥-11,541.12	¥-6,322.84	¥-17,863.96			
5	¥-11,142.78	¥-6,721.18	¥-17,863.96			
6	¥-10,719.34	¥-7,144.61	¥-17,863.96			
7	¥-10,269.23	¥-7,594.72	¥-17,863.96			
8	¥-9,790.77	¥-8,073.19	¥-17,863.96			
9	¥-9,282.16	¥-8,581.80	¥-17,863.96			
10	¥-8,741.50	¥-9,122.46	¥-17,863.96			
11	¥-8,166.79	¥-9,697.17	¥-17,863.96			
12	¥-7,555.87	¥-10,308.09	¥-17,863.96			
13	¥-6,906.46	¥-10,957.50	¥-17,863.96			
14	¥-6,216.13	¥-11,647.82	¥-17,863.96			
15	¥-5,482.32	¥-12,381.64	¥-17,863.96			
16	¥-4,702.28	¥-13,161.68	¥-17,863.96			

9 快速填充

使用快速填充功能，计算出每年的累计利息、累计本金和未还贷款。

住房贷款速查表						
贷款金额	200000	年利率	6.30%	贷款期限	20	
期限（年）	归还利息	归还本金	归还本利	累计利息	累计本金	未还贷款
1	¥-12,600.00	¥-5,263.96	¥-17,863.96	¥-12,600.00	¥5,263.96	¥194,736.04
2	¥-12,268.37	¥-5,595.59	¥-17,863.96	¥-24,868.37	¥10,859.54	¥189,140.46
3	¥-11,915.85	¥-5,948.11	¥-17,863.96	¥-36,784.22	¥16,807.65	¥183,192.35
4	¥-11,541.12	¥-6,322.84	¥-17,863.96	¥-48,325.34	¥23,130.49	¥176,869.51
5	¥-11,142.78	¥-6,721.18	¥-17,863.96	¥-59,468.12	¥29,851.67	¥170,148.33
6	¥-10,719.34	¥-7,144.61	¥-17,863.96	¥-70,187.46	¥36,996.29	¥163,003.71
7	¥-10,269.23	¥-7,594.72	¥-17,863.96	¥-80,456.69	¥44,591.01	¥155,408.99
8	¥-9,790.77	¥-8,073.19	¥-17,863.96	¥-90,247.46	¥52,664.20	¥147,335.80
9	¥-9,282.16	¥-8,581.80	¥-17,863.96	¥-99,529.62	¥61,246.00	¥138,754.00
10	¥-8,741.50	¥-9,122.46	¥-17,863.96	¥-108,271.12	¥70,368.46	¥129,631.54
11	¥-8,166.79	¥-9,697.17	¥-17,863.96	¥-116,437.91	¥80,065.63	¥119,934.37
12	¥-7,555.87	¥-10,308.09	¥-17,863.96	¥-123,993.77	¥90,373.72	¥109,626.28
13	¥-6,906.46	¥-10,957.50	¥-17,863.96	¥-130,900.23	¥101,331.22	¥98,668.78
14	¥-6,216.13	¥-11,647.82	¥-17,863.96	¥-137,116.36	¥112,979.05	¥87,020.95
15	¥-5,482.32	¥-12,381.64	¥-17,863.96	¥-142,598.68	¥125,360.69	¥74,639.31
16	¥-4,702.28	¥-13,161.68	¥-17,863.96	¥-147,300.96	¥138,522.37	¥61,477.63

10 查询其他数据

如果需要查询其他数据，只需要更改“贷款金额”“年利率”和“贷款年限”等数据即可。例如，在下图中将“贷款金额”修改为“100000”“年利率”修改为“7.30%”，“贷款年限”修改为“30”后，住房贷款情况如图所示。

住房贷款速查表

贷款金额	100000	年利率	7.30%	贷款期限	30	
期限（年）	归还利息	归还本金	归还本利	累计利息	累计本金	未还贷款
1	¥-7,300.00	¥-1,002.85	¥-8,302.85	¥-7,300.00	¥1,002.85	¥98,997.15
2	¥-7,226.79	¥-1,076.06	¥-8,302.85	¥-14,526.79	¥2,078.91	¥97,921.09
3	¥-7,148.24	¥-1,154.61	¥-8,302.85	¥-21,675.03	¥3,233.51	¥96,766.49
4	¥-7,063.95	¥-1,238.90	¥-8,302.85	¥-28,738.99	¥4,472.41	¥95,527.59
5	¥-6,973.51	¥-1,329.33	¥-8,302.85	¥-35,712.50	¥5,801.74	¥94,198.26
6	¥-6,876.47	¥-1,426.38	¥-8,302.85	¥-42,588.97	¥7,228.12	¥92,771.88
7	¥-6,772.35	¥-1,530.50	¥-8,302.85	¥-49,361.32	¥8,758.62	¥91,241.38
8	¥-6,660.62	¥-1,642.23	¥-8,302.85	¥-56,021.94	¥10,400.85	¥89,599.15
9	¥-6,540.74	¥-1,762.11	¥-8,302.85	¥-62,562.68	¥12,162.96	¥87,837.04
10	¥-6,412.10	¥-1,890.75	¥-8,302.85	¥-68,974.78	¥14,053.71	¥85,946.29
11	¥-6,274.08	¥-2,028.77	¥-8,302.85	¥-75,248.86	¥16,082.48	¥83,917.52
12	¥-6,125.98	¥-2,176.87	¥-8,302.85	¥-81,374.84	¥18,259.35	¥81,740.65
13	¥-5,967.07	¥-2,335.78	¥-8,302.85	¥-87,341.91	¥20,595.13	¥79,404.87
14	¥-5,796.56	¥-2,506.29	¥-8,302.85	¥-93,138.46	¥23,101.42	¥76,898.58
15	¥-5,613.60	¥-2,689.25	¥-8,302.85	¥-98,752.06	¥25,790.67	¥74,209.33
16	¥-5,417.28	¥-2,885.57	¥-8,302.85	¥-104,169.34	¥28,676.24	¥71,323.76

至此，就完成了住房贷款速查表的制作，只需要将制作完成的速查表保存即可。

11.4 制作产品销售分析图

本节视频教学时间 / 5分钟

在对产品的销售数据进行分析时，除了对数据本身进行分析外，经常使用图表来直观地表示产品销售状况，还可以使用函数预测其他销售数据，从而方便分析数据。

产品销售分析图具体制作步骤如下。

第1步：插入销售图表

1 打开素材

打开随书光盘中的“素材\ch11\产品销售统计表.xlsx”文件，选择A1:B11单元格区域。

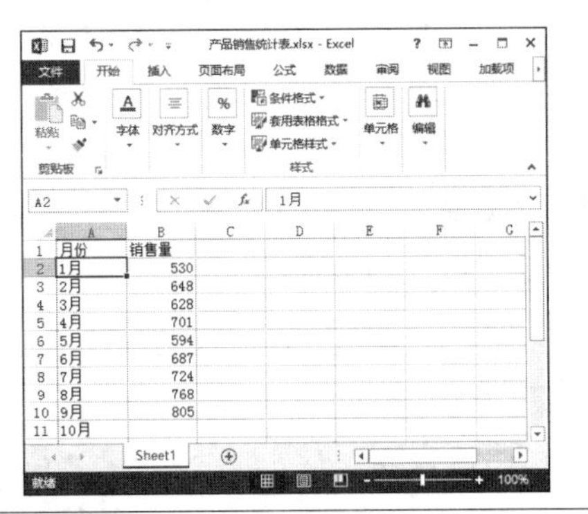

2 插入图表

单击【插入】选项卡下【图表】组中的【折线图】按钮，在弹出下拉列表中选择【带数据标记的折线图】选项。

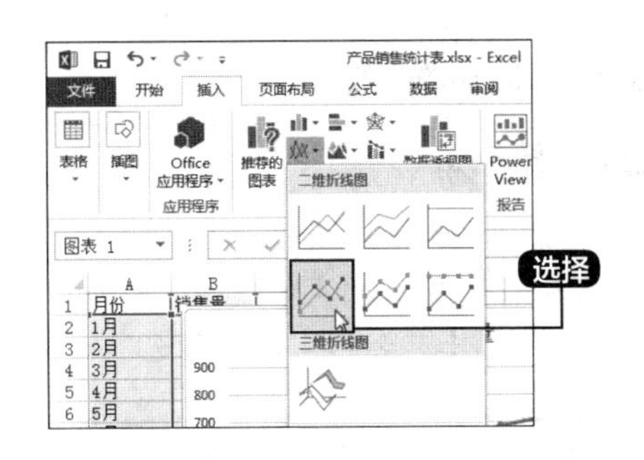

3 调整位置

即可在工作表中插入图表，调整图表到合适的位置后，如右图所示。

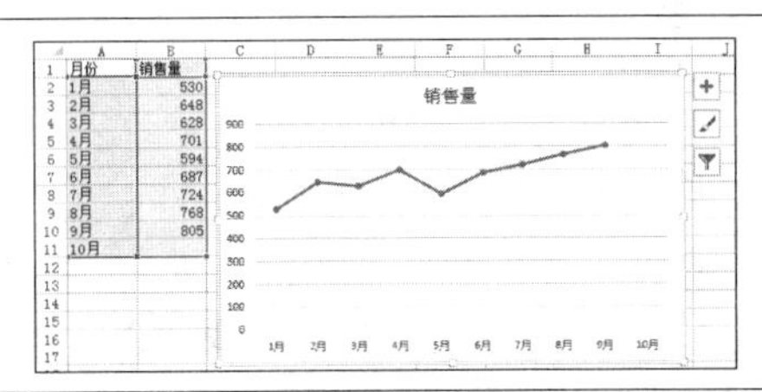

第2步：设置图表格式

1 选择图表样式

选择图表，单击【设计】选项卡下【图表样式】组中的【其他】按钮▼，在弹出的下拉列表中选择一种图表的样式。

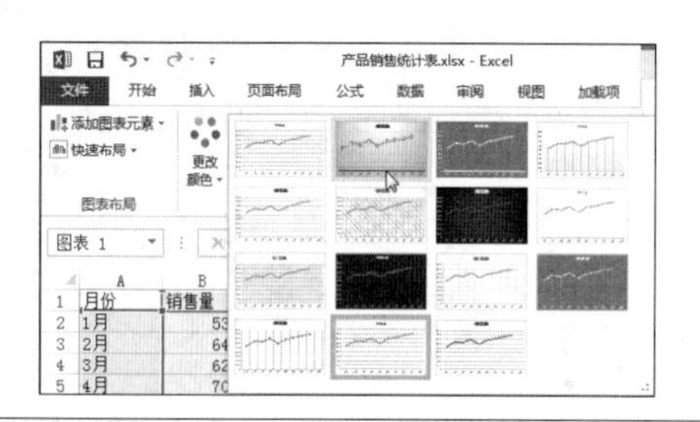

2 更改样式

即可更改图表的样式。

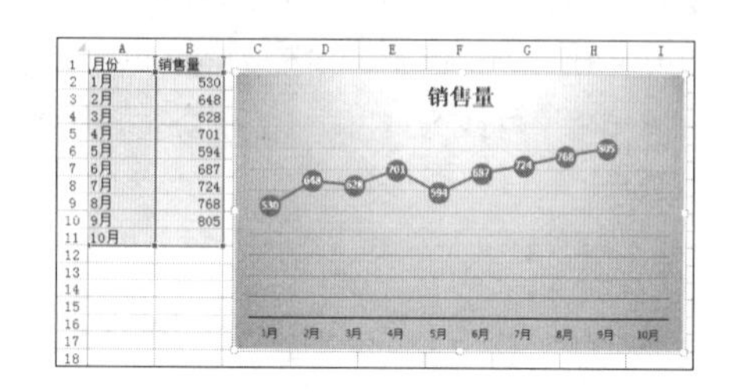

3 选择艺术字样式

选择图表的标题文字，单击【格式】选项卡下【艺术字样式】选项组中的【其他】按钮，在弹出的下拉列表中选择一种艺术字样式。

4 添加艺术效果

即可为图表标题添加艺术字效果。

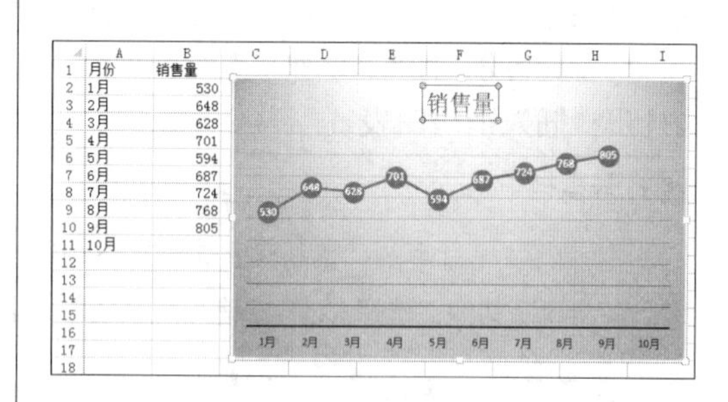

第3步：添加趋势线

1 添加图表元素

选择图表，单击【设计】选项卡下【图表布局】组中的【添加图表元素】按钮，在弹出的下拉列表中选择【趋势线】➢【线性】选项。

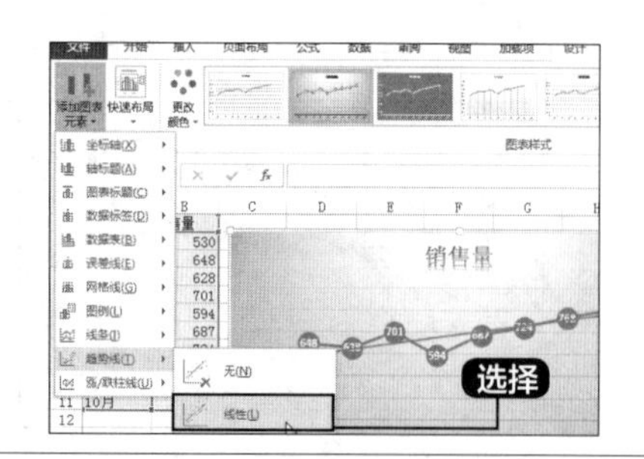

2 添加效果

即可为图表添加线性趋势线。

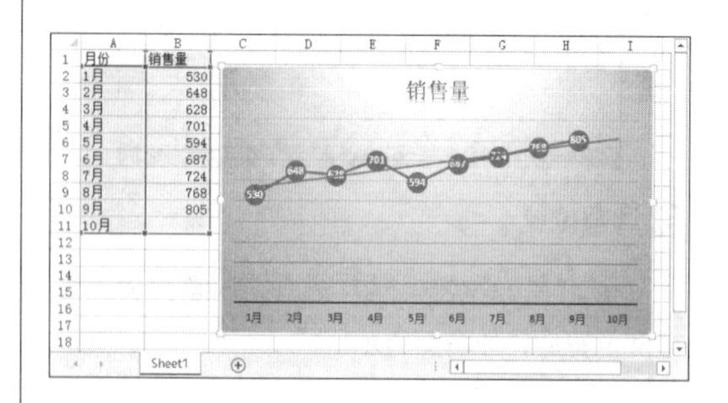

3 设置效果

选中趋势线，单击【添加图表元素】按钮，在弹出的下拉列表中选择【趋势线】➢【其他趋势线选项】选项，在工作表右侧弹出【设置趋势线格式】窗格，在此窗格中可以设置趋势线的填充线条、效果等。

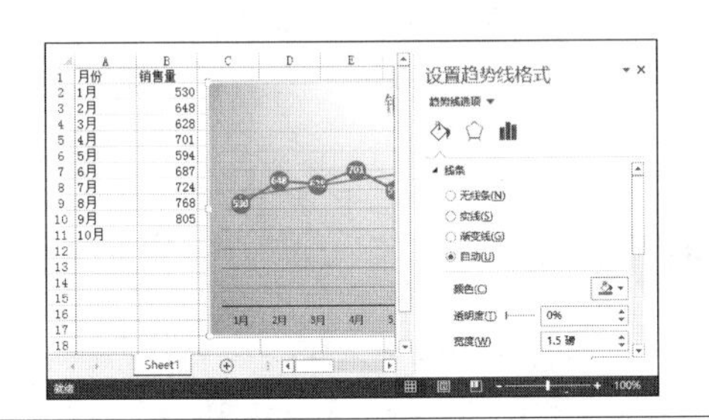

4 最终效果

设置好趋势线线条并填充颜色后的最终图表效果见下图。

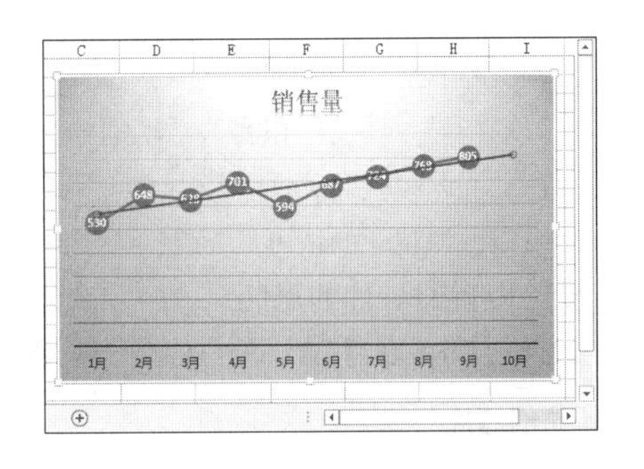

第4步：预测销售量

1 输入公式

选择单元格B11，输入公式“=FORECAST(A11,B2:B10,A2:A10)”。

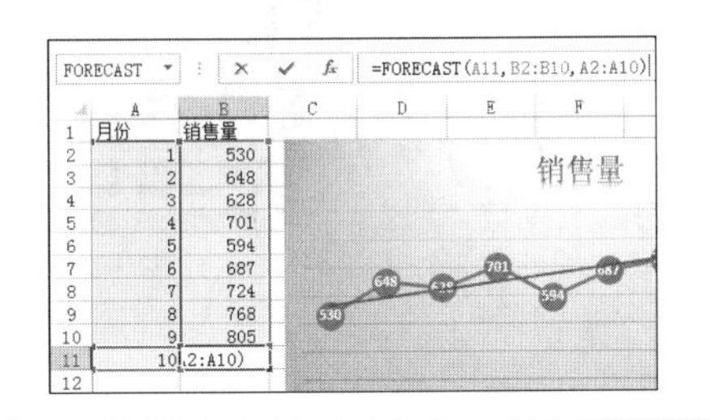

2 计算结果

即可计算出10月份销售量的预测结果。

	A	B
1	月份	销售量
2	1	530
3	2	648
4	3	628
5	4	701
6	5	594
7	6	687
8	7	724
9	8	768
10	9	805
11	10	813
12		

提示

公式“=FORECAST(A11,B2:B10,A2:A10)”是根据已有的数值计算或预测未来值。“A11”为进行预测的数据点，“B2:B10”为因变量数组或数据区域，“A2:A10”为自变量数组或数据区域。

3 最终结果

产品销售分析图的最终效果如右图所示。

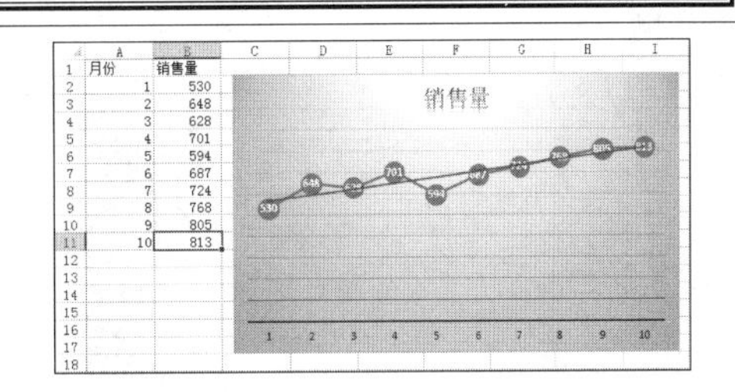

11.5 设计年终总结报告PPT

本节视频教学时间 / 32分钟 

年终总结报告是人们对一年来的工作、学习进行回顾和分析，从中找出经验和教训，引出规律性认识，以指导今后工作和实践活动的一种应用文体。年终总结包括一年来的情况概述、成绩和经验、存在的问题和教训、今后努力方向等。一份美观、全面的年终总结PPT，既可以提高自己的认识，也可以获得观众的认可。

第1步：设置幻灯片的母版

设计幻灯片主题和首页的具体操作步骤如下。

1 新建幻灯片

启动PowerPoint 2013，新建幻灯片，并将其保存为“年终总结报告.pptx”。单击【视图】➢【母版视图】➢【幻灯片母版】按钮，进入幻灯片母版视图。单击【幻灯片母版】➢【编辑主题】➢【主题】按钮，在弹出的下拉列表中选择【平面】主题样式。

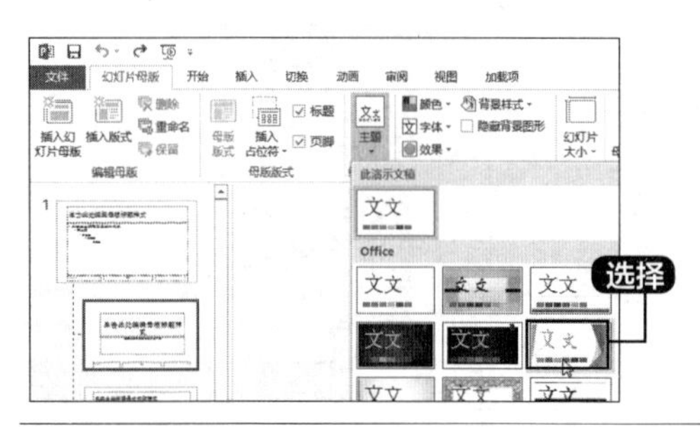

2 设置主题

即可设置为选择的主题效果，然后单击【背景】组中的【颜色】按钮 颜色，在下拉列表中，选择【蓝色Ⅱ】选项。

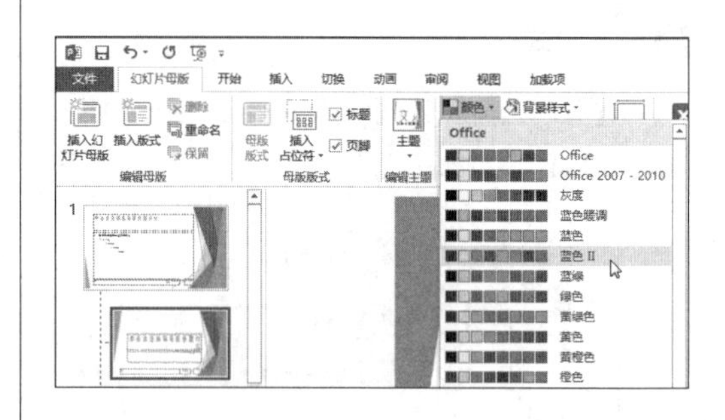

3 选择样式

单击【背景】组中的【背景样式】按钮 背景样式，在下拉列表中选择“样式9”，幻灯片效果如下图所示。

4 绘制矩形

使用“圆角矩形”工具，在“平面 幻灯片母版”中，绘制一个矩形，并将其形状效果设置为“阴影 左上对角透视”和“柔化边缘 2.5磅”，然后将其“置于底层”，放置在【标题】文本框下，并将标题文字设置为“白色”，退出幻灯片母版视图。

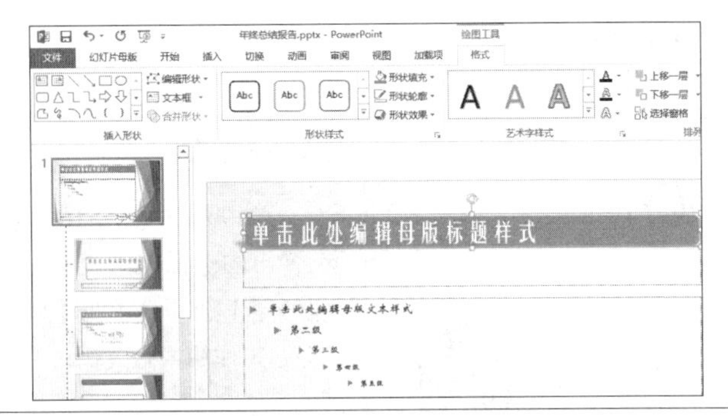

第2步：设置首页和报告概要页面

制作首页和报告概要页面的具体操作步骤如下。

1 设置字体

单击标题和副标题文本框，输入主、副标题。然后设置主标题的字号为“72”，副标题的字号为“32”，调整主副标题文本框的位置，使其右对齐，如下图所示。

2 输入标题

新建【仅标题】幻灯片，在标题文本框中输入“报告概要”内容。

3 绘制圆形

使用形状工具绘制1个圆形，大小为“2×2”厘米，并设置填充颜色，然后绘制1条直线，大小为“10厘米”，设置轮廓颜色、线型为“虚线 短划线”，绘制完毕后，选中两个图形，按住【Ctrl】键，复制3个，且设置不同的颜色，排列为“左对齐”，如下图所示。

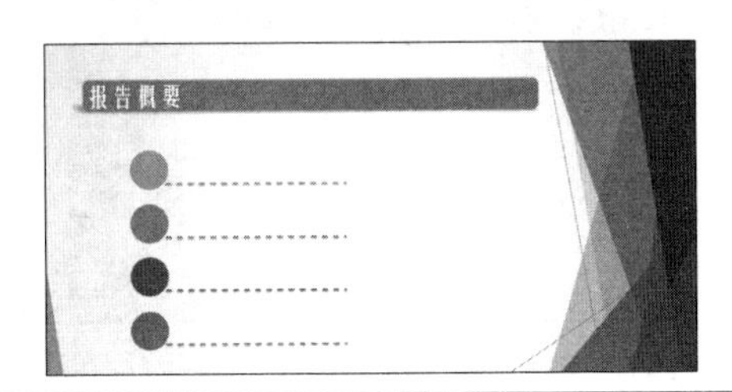

4 设置字体

在圆形形状上，分别编辑序号，字号设置为“32”号，在虚线上，插入文本框，输入文本，并设置字号为“32”号，颜色设置为对应的图形颜色，如下图所示。

第3步：制作业绩综述页面

制作业绩综述页面的具体操作步骤如下。

1 新建幻灯片

新建1张【标题和内容】幻灯片，并输入标题“业绩综述”。

2 插入图表

单击内容文本框中的【插入图表】按钮，在弹出的【插入图表】对话框中，选择【簇状柱形图】选项，单击【确定】按钮，在打开的Excel工作簿中修改输入下图所示的数据。

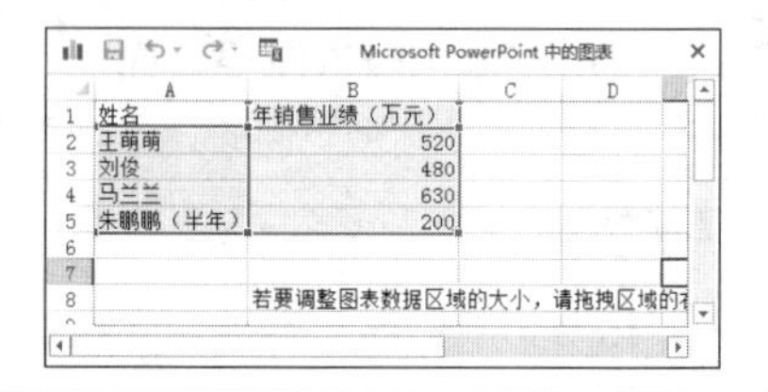

	A	B	C	D
1	姓名	年销售业绩（万元）		
2	王萌萌	520		
3	刘俊	480		
4	马兰兰	630		
5	朱鹏鹏（半年）	200		
6				
7				
8		若要调整图表数据区域的大小，请拖拽区域的右		

3 设置图表格式

关闭Excel工作簿，在幻灯片中即可插入相应的图表。然后单击【布局】选项卡下【标签】组中的【数据标签】按钮，在弹出的下拉列表中选择【数据标签外】选项，并根据需要设置图表的格式，最终效果如下图所示。

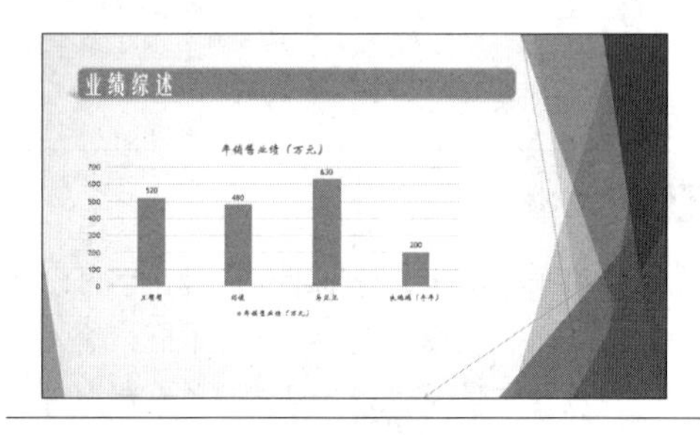

4 设置动画效果

选择图表，为其应用【擦除】动画效果，设置【效果选项】为“自底部”，设置【开始】模式为【与上一动画同时】，设置【持续时间】为“1.5”秒。

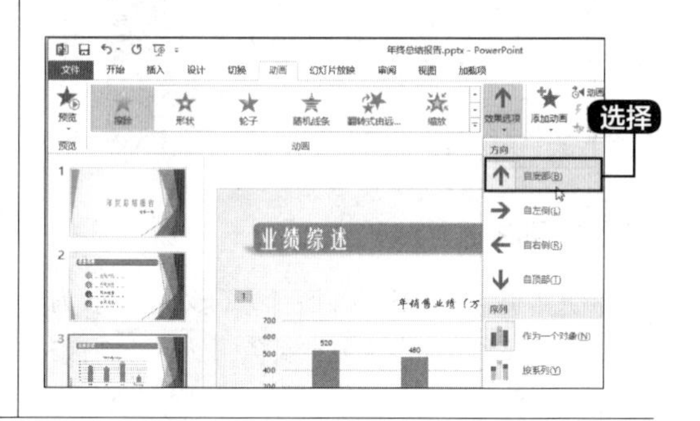

第4步：制作销售列表页面

制作销售列表页面的具体操作步骤如下。

1 输入标题

新建1张【标题和内容】幻灯片，输入标题“销售列表”文本。

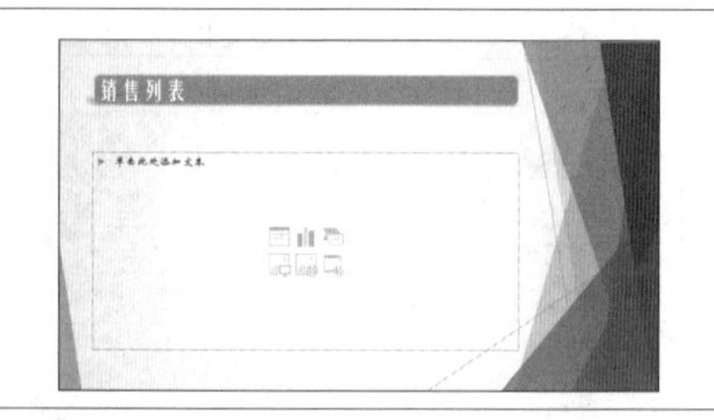

2 插入表格

单击内容文本框中的【插入表格】按钮▦，插入“5×5”表格，然后输入如图所示内容。

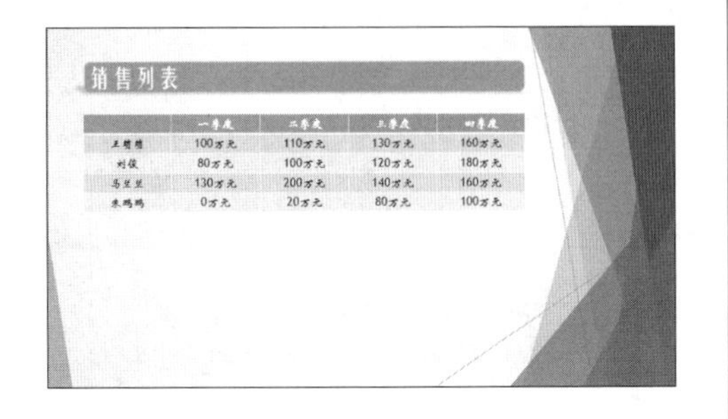

3 创建折线图表

根据表格内容，创建一个折线图表，并根据需要设置其布局，如下图所示。

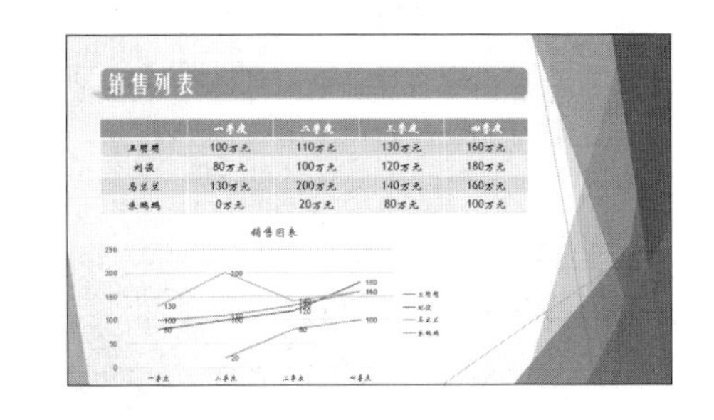

4 设置动画效果

选择表格，为其应用【擦除】动画效果，设置【效果选项】为“自顶部”。选择图表，为其应用【缩放】动画效果，并设置【开始】模式为【与上一动画同时】，设置【持续时间】为“1”秒。

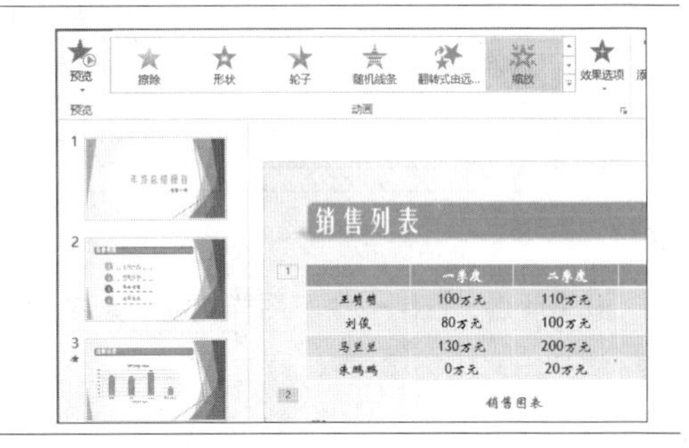

第5步：制作其他页面

制作地区销售、未来展望及结束页幻灯片页面的具体操作步骤如下。

1 新建幻灯片

新建1张【标题和内容】幻灯片，并输入标题“地区销售”文本。然后打开【插入图表】对话框中选择【饼图】选项，单击【确定】按钮，在打开的Excel工作簿中修改输入下图所示的数据。

Microsoft PowerPoint 中的图表

	A	B	C	D	E
1		销售组成			
2	华北	16%			
3	华南	24%			
4	华中	12%			
5	华东	15%			
6	东北	11%			
7	西南	14%			
8	西北	8%			
9					

2 设置动画效果

关闭Excel工作簿，根据需要设置图表样式和图表元素，并为其应用【形状】动画效果，最终效果如下图所示。

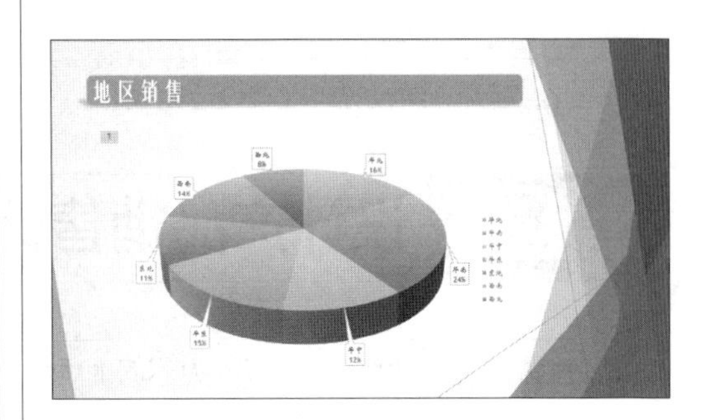

3 输入标题

新建1张【标题和内容】幻灯片，并输入标题“展望未来”文本，绘制1个向上箭头和1个矩形框，设置它们填充和轮廓颜色，然后绘制其他的图形，并调整位置，在图形中添加文字，并逐个为其设置为“轮子”动画效果，如下图所示。

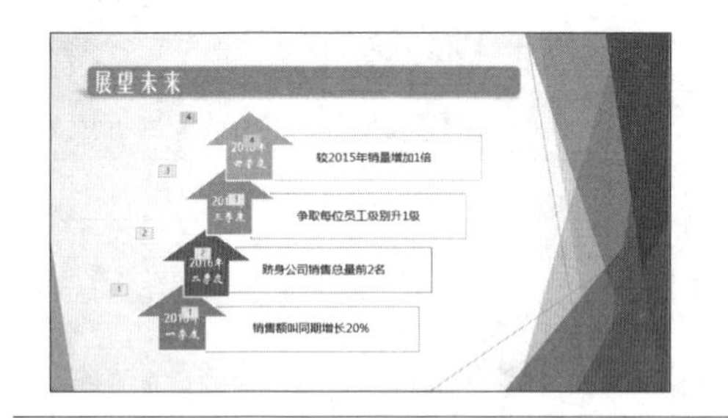

4 新建幻灯片

新建1张幻灯片，插入一个白色背景，遮盖背景，然后再绘制一个“青绿，着色1”矩形框，并选中该图形，单击鼠标右键，在弹出的快捷菜单中，选择【编辑顶点】命令，即可拖动4个顶点绘制不规则的图形。

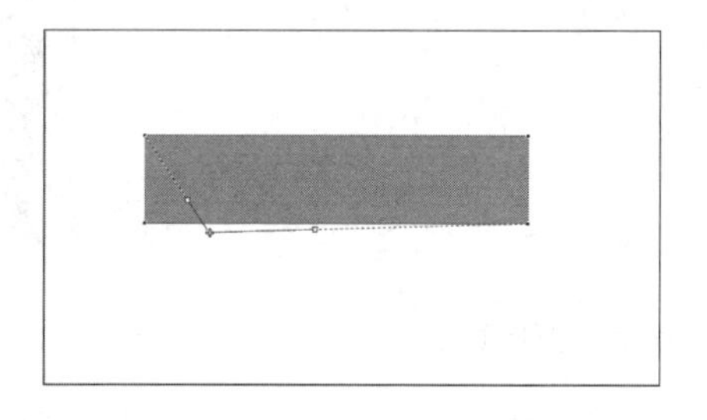

5 绘制图形

拖动顶点，绘制一个下图样式的不规则图形。

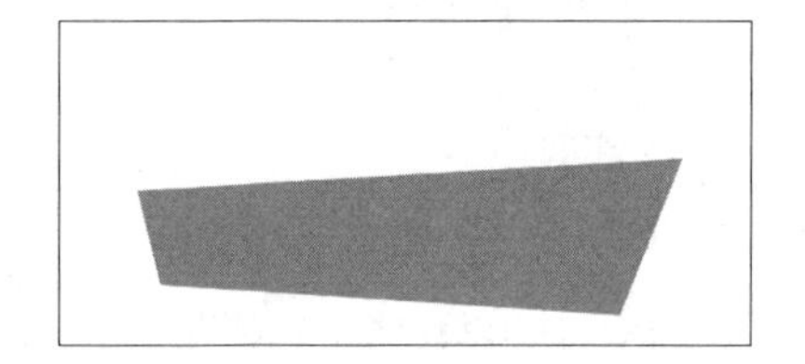

6 输入文本

插入两个“等腰三角形”形状，通过【编辑顶点】命令，绘制下图所示的两个不规则的三角形。在不规则形状上，插入两个文本框，分别输入结束语和落款，调整字体大小、位置，如下图所示。然后分别为3个图形和2个文本框，逐个应用动画效果即可。

至此，年终总结报告PPT就设计完成。

11.6 设计产品销售计划PPT

本节视频教学时间 / 41分钟 

销售计划从不同的层面可以分为不同的类型，如果从时间长短来分，可以分为周销售计划、月度销售计划、季度销售计划和年度销售计划等；如果从范围大小来分，可以分为企业总体销售计划、分公司销售计划和个人销售计划等。本节就是用PowerPoint制作一份销售部门的周销售计划PPT，具体操作步骤如下。

第1步：设置幻灯片母版

1 新建幻灯片

启动PowerPoint 2013，新建幻灯片，并将其保存名称为“销售计划PPT.pptx”的幻灯片。单击【视图】选项卡【母版视图】组中的【幻灯片母版】按钮。

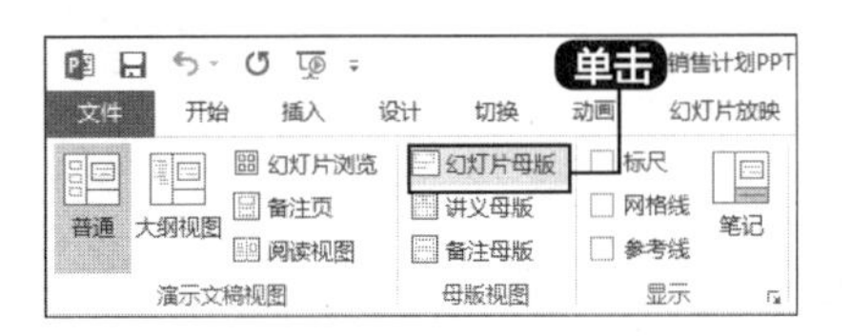

2 单击幻灯片

切换到幻灯片母版视图，并在左侧列表中单击第1张幻灯片，单击【插入】选项卡下【图像】组中的【图片】按钮。

3 选择图片

在弹出的【插入图片】对话框中选择“素材\ch11\图片03.jpg”文件，单击【插入】按钮，将选择的图片插入幻灯片中，选择插入的图片，并根据需要调整图片的大小及位置。

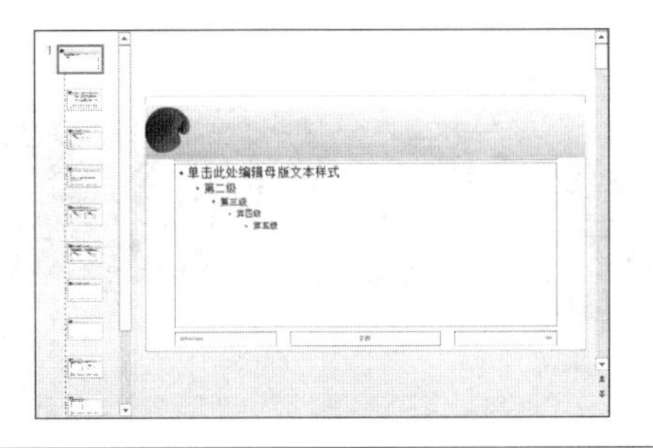

4 置于底层

在插入的背景图片上单击鼠标右键，在弹出的快捷菜单中选择【置于底层】➤【置于底层】菜单命令，将背景图片在底层显示。

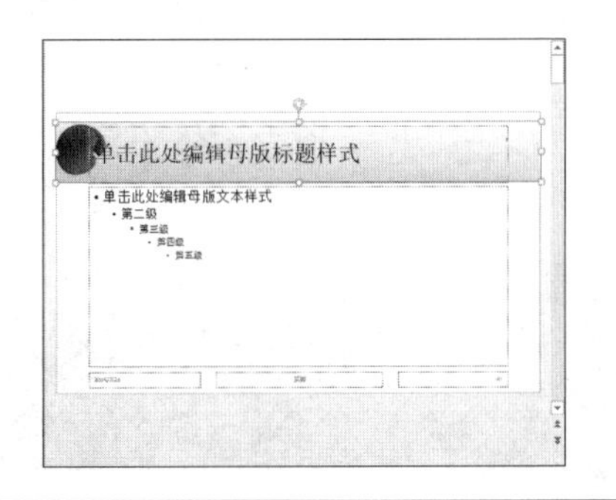

5 选择艺术字样式

选择标题框内文本，单击【格式】选项卡下【艺术字样式】组中的【快速样式】按钮，在弹出的下拉列表中选择一种艺术字样式。

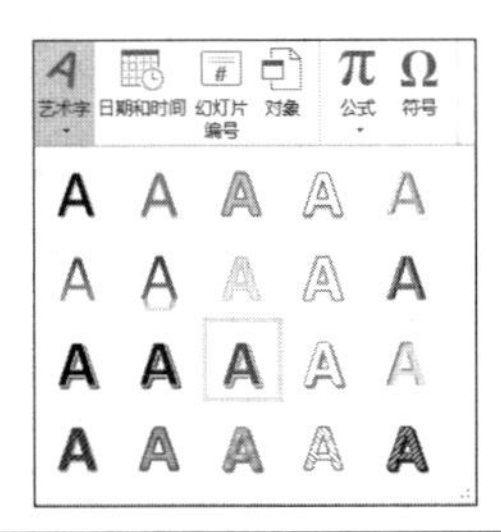

6 设置字体

选择设置后的艺术字。设置文字【字体】为“方正楷体简体”、【字号】为“60”，设置【文本对齐】为“左对齐”。此外，还可以根据需要调整文本框的位置。

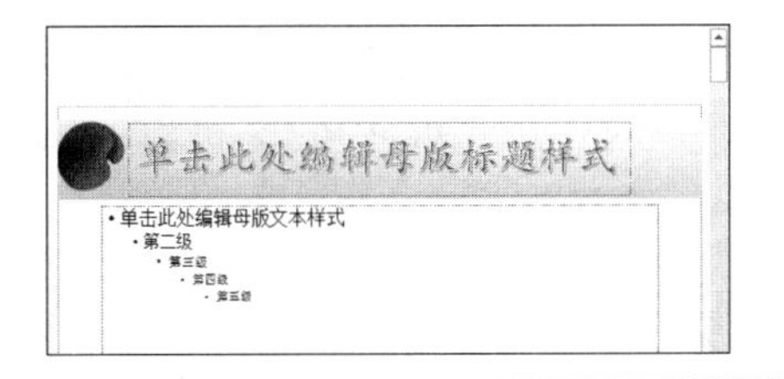

7 设置动画效果

为标题框应用【擦除】动画效果，设置【效果选项】为“自左侧”，设置【开始】模式为“上一动画之后”。

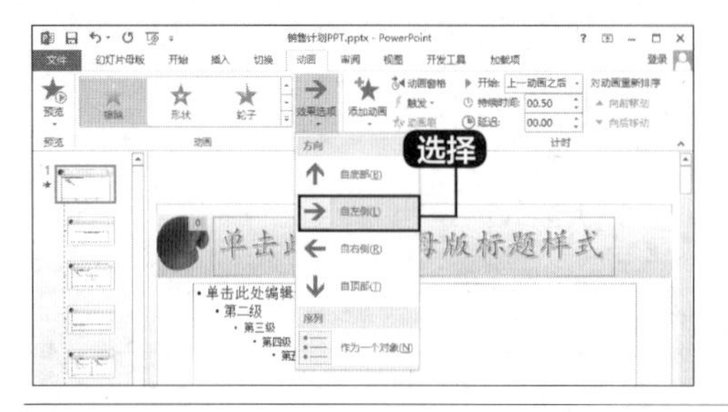

8 删除文本框

在幻灯片母版视图中，在左侧列表中选择第2张幻灯片，选中【幻灯片母版】选项卡下【背景】组中的【隐藏背景图形】复选框，并删除文本框。

9 插入图片

单击【插入】选项卡下【图像】组中的【图片】按钮，在弹出的【插入图片】对话框中选择“素材\ch11\图片04.png”和“素材\ch11\图片04.jpg”文件，单击【插入】按钮，将图片插入幻灯片中，将“图片04.png”图片放置在“图片05.jpg”文件上方，并调整图片位置。

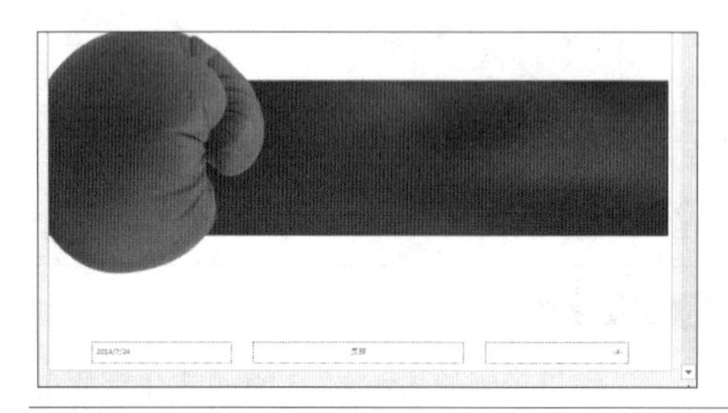

10 组合图片

同时选择插入的两张图片并单击鼠标右键，在弹出的快捷菜单中选择【组合】➤【组合】菜单命令，组合图片并将其置于底层。

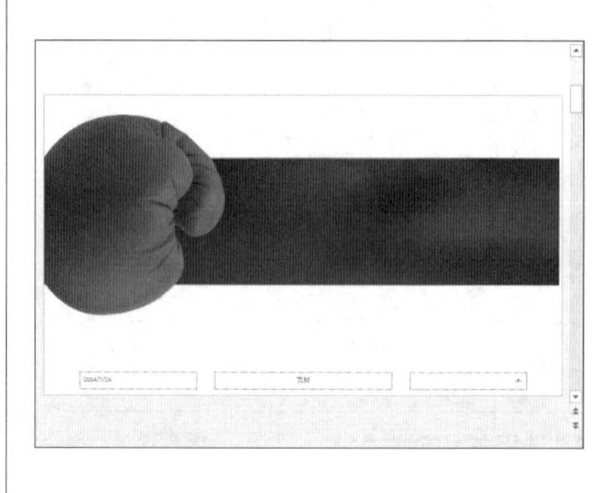

第2步：新增母版样式

1 添加母版

在幻灯片母版视图中，在左侧列表中选择最后一张幻灯片，单击【幻灯片母版】选项卡下【编辑母版】组中的【插入幻灯片母版】按钮，添加新的母版版式。

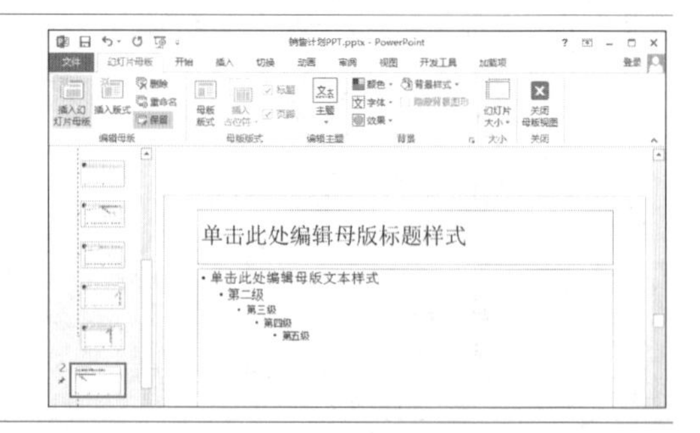

2 选择图片

在新建母版中选择第1张幻灯片，删除其中的文本框，插入“素材\ch11\图片04.png”和“素材\ch11\图片04.jpg”文件，并将“图片04.png”图片放置在“图片05.jpg”文件上方。

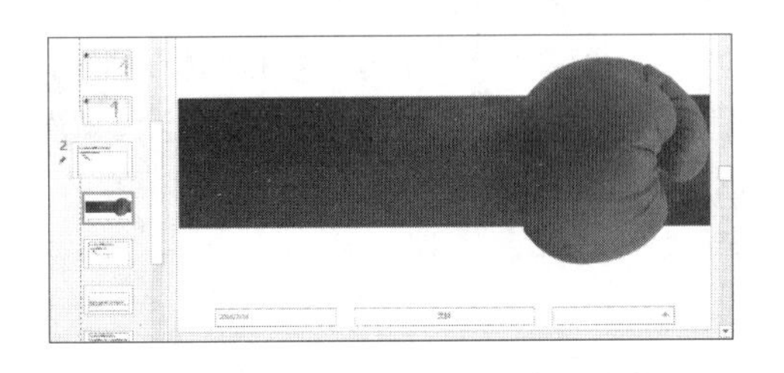

3 调整图片

选择“图片04.png”图片，单击【格式】选项卡下【排列】组中的【旋转】按钮，在弹出的下拉列表中选择【水平翻转】选项，调整图片的位置，组合图片并将其置于底层。

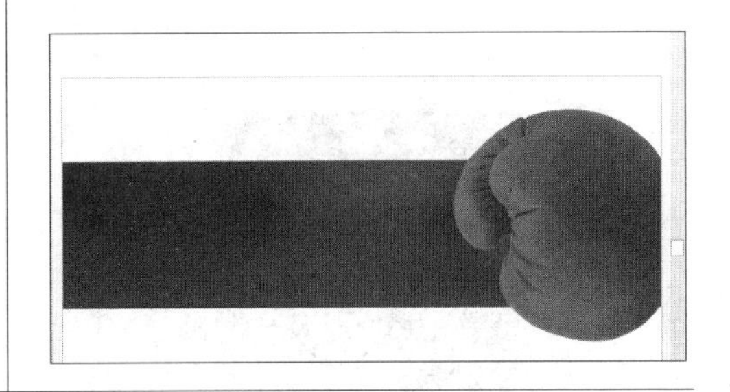

第3步：设计销售计划首页幻灯片

1 选择艺术字样式

单击【幻灯片母版】选项卡中的【关闭母版视图按钮】按钮，返回普通视图，删除幻灯片页面中的文本框，单击【插入】选项卡下【文本】组中的【艺术字】按钮，在弹出的下拉列表中选择一种艺术字样式。

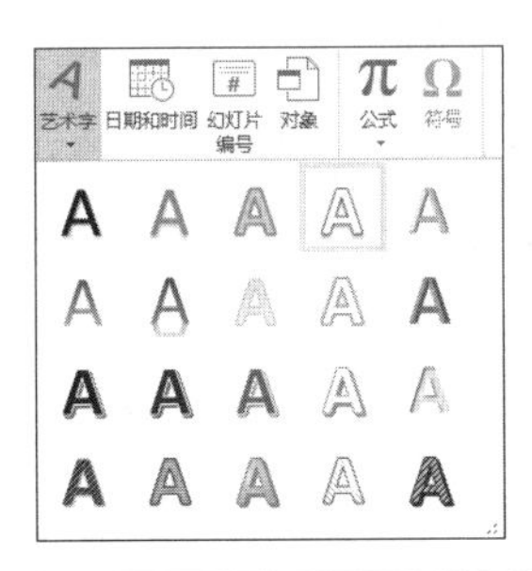

2 输入文本

输入“黄金周销售计划”文本，设置其【字体】为“华文彩云”，【字号】为“80”，并根据需要调整艺术字文本框的位置。

3 输入文本

重复上面的操作步骤，添加新的艺术字文本框，输入“市场部”文本，并根据需要设置艺术字样式及文本框位置。

第4步：制作计划背景部分幻灯片

1 新建幻灯片

新建“标题”幻灯片页面，并绘制竖排文本框，输入下图所示的文本，并设置【字体颜色】为“白色”。

2 设置字体

选择“1.计划背景”文本，设置其【字体】为“方正楷体简体”，【字号】为“32”，【字体颜色】为“白色”，选择其他文本，设置【字体】为“方正楷体简体”，【字号】为“28”，【字体颜色】为“黄色”。同时，设置所有文本的【行距】为“双倍行距”。

3 新建幻灯片

新建“仅标题”幻灯片页面，在【标题】文本框中输入“计划背景”。

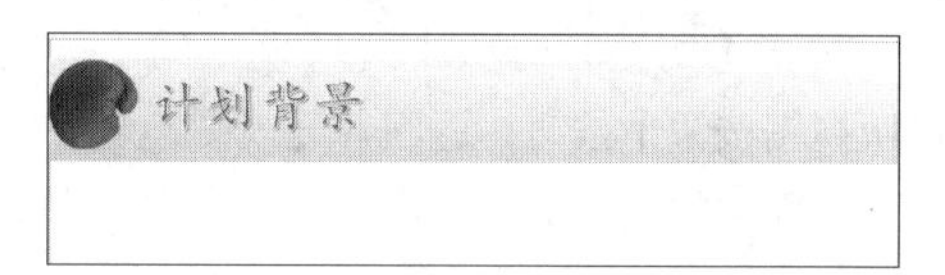

4 插入符号

打开随书光盘中的“素材\ch11\计划背景.txt”文件，将其内容粘贴至文本框中，并设置字体。在需要插入符号的位置单击【插入】选项卡下【符号】组中的【符号】按钮，在弹出的对话框中选择要插入的符号。

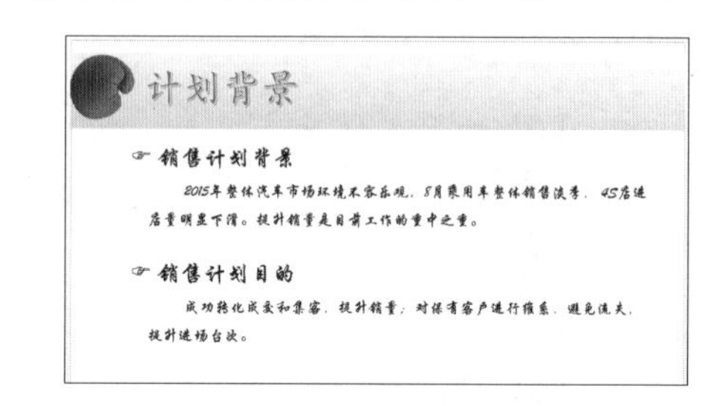

第5步：制作计划概述部分幻灯片

1 复制幻灯片

复制第2张幻灯片并将其粘贴至第3张幻灯片下。

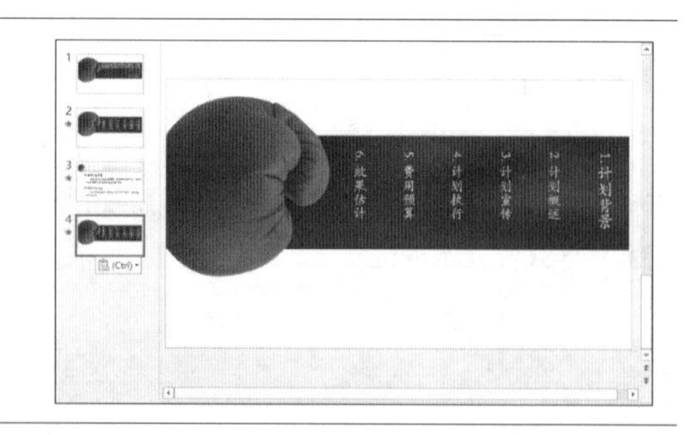

2 更改字体格式

更改“1. 计划背景”文本的【字号】为“24”，【字体颜色】为“浅绿”。更改“2. 计划概述”文本的【字号】为“30”，【字体颜色】为“白色”。其他文本样式不变。

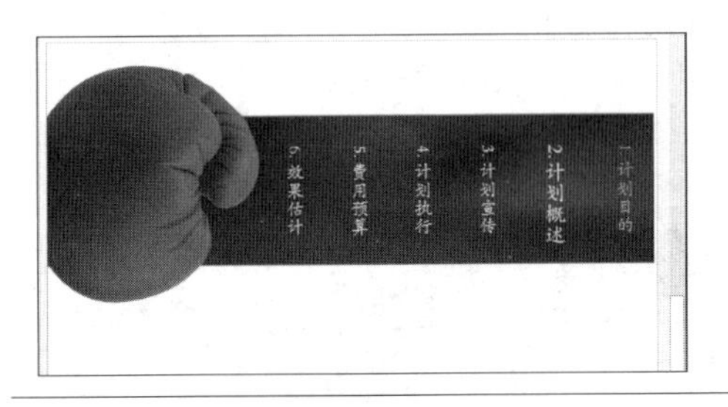

3 新建幻灯片

新建“仅标题”幻灯片页面，在【标题】文本框中输入“计划概述”文本，打开随书光盘中的“素材\ch11\计划概述.txt”文件，将其内容粘贴至文本框中，并根据需要设置字体样式。

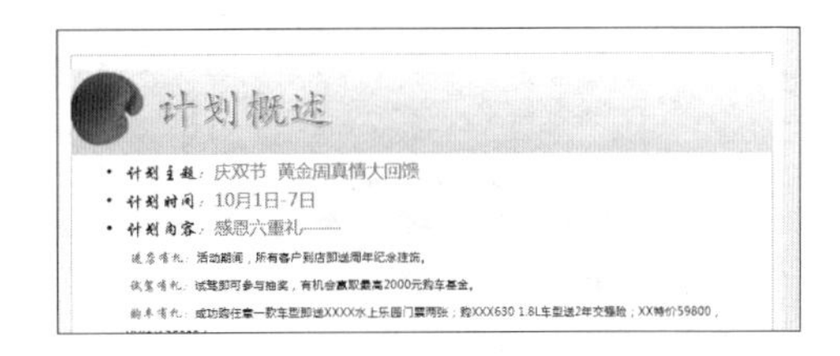

第6步：制作计划宣传部分幻灯片

1 重复步骤

重复第5步中步骤1~2的操作，复制幻灯片页面并设置字体样式。

2 插入形状

新建“仅标题”幻灯片页面，并输入标题“计划宣传”，单击【插入】选项卡下【插图】组中的【形状】按钮，在弹出的下拉列表中选择【线条】组下的【箭头】按钮，绘制箭头图形。在【格式】选项卡下单击【形状样式】组中的【形状轮廓】按钮，选择【虚线】➤【圆点】选项。

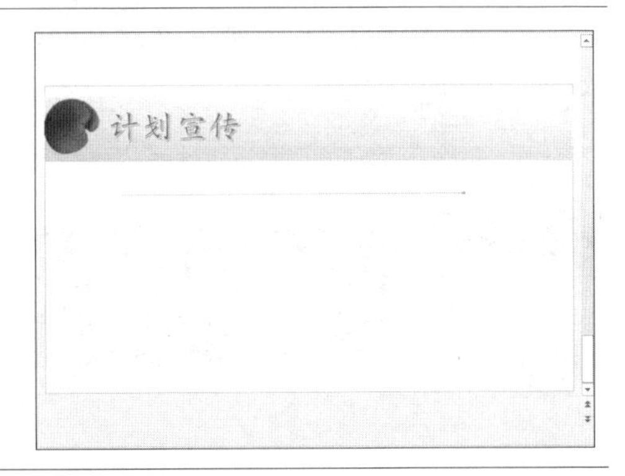

3 绘制线条

使用同样的方法绘制其他线条，以及绘制文本框标记时间和其他内容。

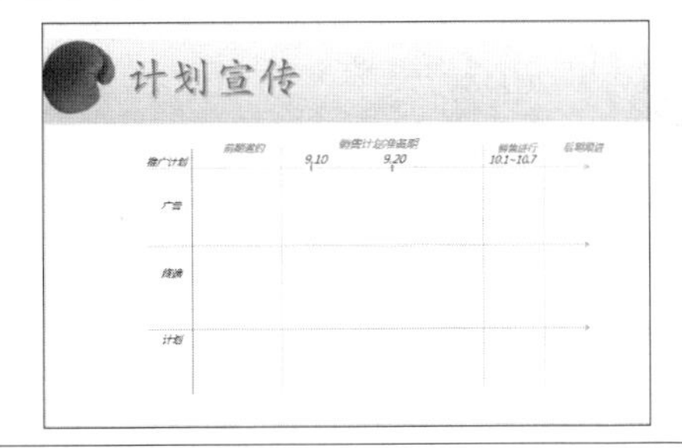

4 绘制图形

根据需求绘制咨询图形，并根据需要美化图形，并输入相关内容。重复操作直至完成安排。

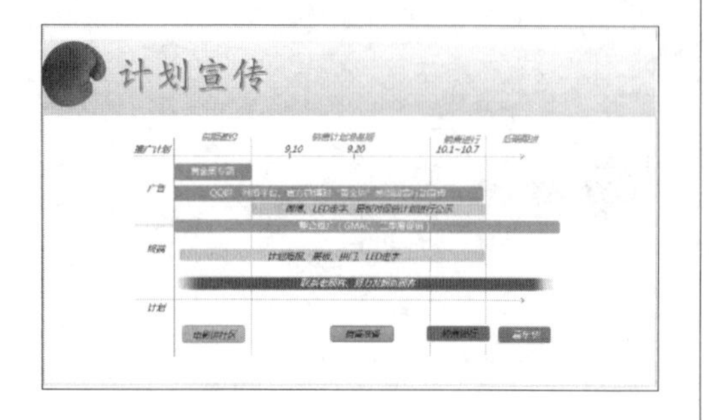

5 输入内容

新建“仅标题”幻灯片页面，并输入标题“计划宣传”，单击【插入】选项卡下【插图】组中的【SmartArt】按钮，在打开的【选择SmartArt图形】对话框中选择【循环】➤【射线循环】选项，单击【确定】按钮，完成图形插入。根据需要输入相关内容及说明文本。

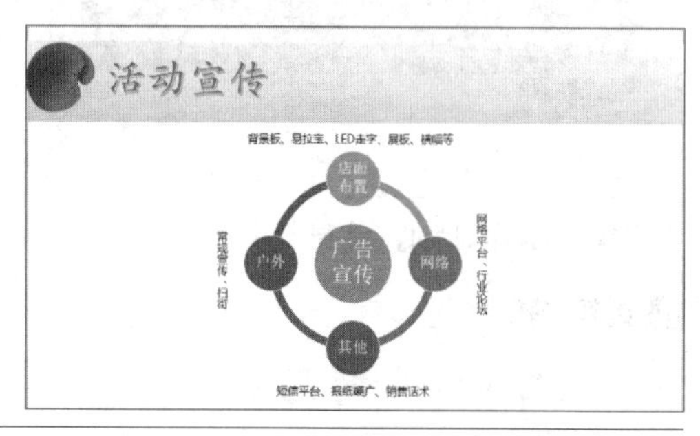

第7步：设置其他幻灯片页面

1 制作效果

使用类似的方法制作计划执行相关页面，效果如下图所示。

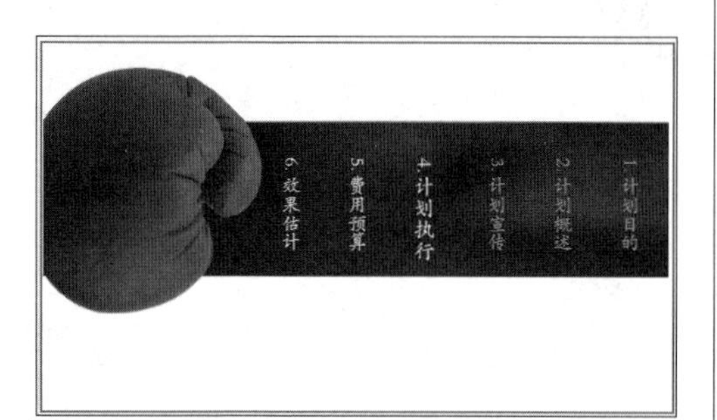

计划执行

事项	负责人
团购方案制定	张永明
网络宣传	王亮
报纸杂志硬广、软文	高晓峰
电话邀约	销售部
短信平台邀约	李冬梅
QQ群、邮件	马晓军
巡展推广	胡广军、刘鹏鹏
其他物料筹备	胡广军、刘鹏鹏
泊车指引	[illegible]
计划主持	王秋月、胡亮
产品讲解、分期政策	销售顾问、信贷经理
奖品/礼品发放	王晓乐
拍照	胡俊亮、王一鸣

2 制作效果

使用类似的方法制作费用预算相关页面，效果如下图所示。

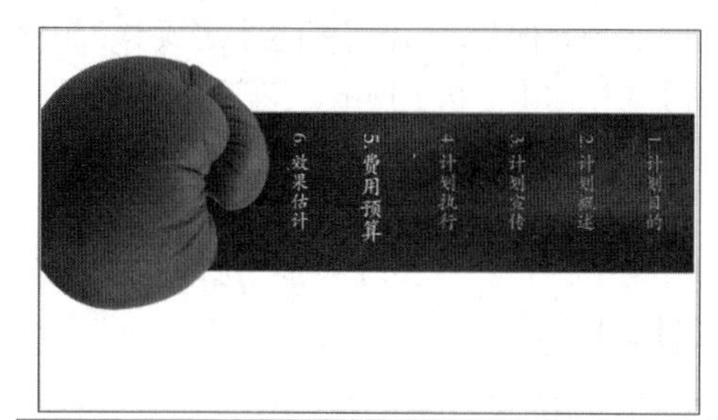

费用预算

	项目	规格/数量	价格（元）	备注
媒体类	[illegible]	1期	3000	
	平台1	10天	13000	
	平台2	10天	1111	[illegible]
	平台3	10天	1111	
物料类	[illegible]	1	32	
	海报	2	40	
	彩虹拱门	1	0	
	[illegible]	1	80	
其他费用	[illegible]		1000	
	礼品——[illegible]、100元[illegible]卡（[illegible]张）、[illegible]（15*2[illegible]）、[illegible]（5[illegible]）、[illegible]（[illegible]）、[illegible]（2000*4元）、50元[illegible]卡（50张）、100元[illegible]卡（4张）		27540	[illegible]
合计			47434元	

3 重复操作

重复第5步中步骤1~2的操作，制作效果估计目录页面。

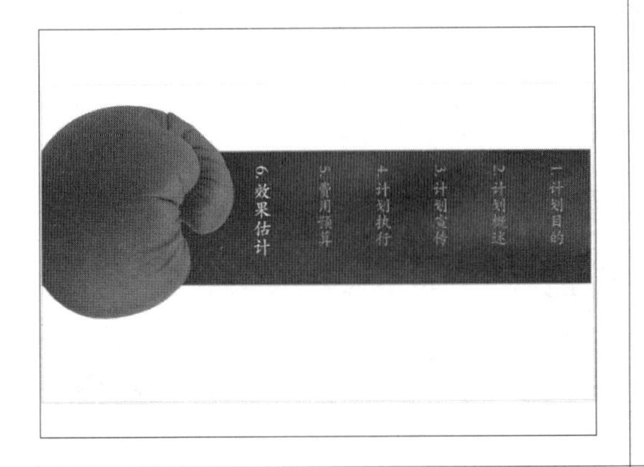

4 新建幻灯片

新建“仅标题”幻灯片页面，并输入标题“效果估计”文本。单击【插入】选项卡下【插图】组中的【图表】按钮，在打开的【插入图表】对话框中选择【柱形图】➢【簇状柱形图】选项，单击【确定】按钮，在打开的Excel界面中输入下图所示的数据。

Microsoft PowerPoint 中的图表

	A	B	C	D	E
1		销量			
2	XX1车型	24			
3	XX2车型	20			
4	XX3车型	31			
5	XX4车型	27			
6					

5 插入图表

关闭Excel窗口，即可看到插入的图表，对图表适当美化，效果如下图所示。

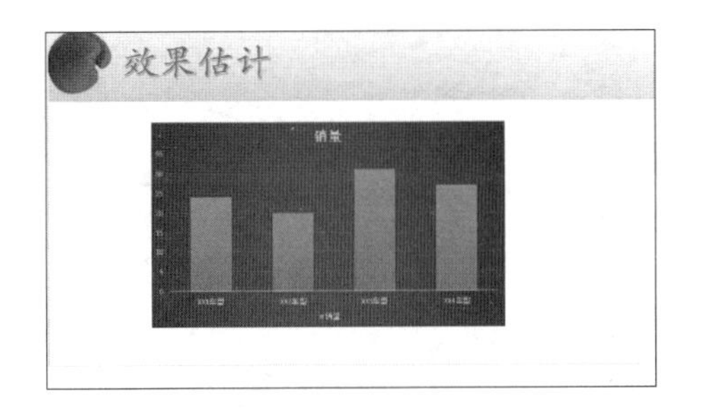

6 设置字体样式

单击【开始】选项卡下【幻灯片】组中的【新建幻灯片】按钮，在弹出的下拉列表中选择【Office主题】组下的【标题幻灯片】选项，绘制文本框，并输入“努力完成销售计划！”文本。并根据需要设置字体样式。

第8步：添加切换和动画效果

1 设置切换效果

选择要设置切换效果的幻灯片，这里选择第1张幻灯片。单击【切换】选项卡下【切换到此幻灯片】组中的【其他】按钮，在弹出的下拉列表中选择【华丽型】下的【帘式】切换效果，即可自动预览该效果。

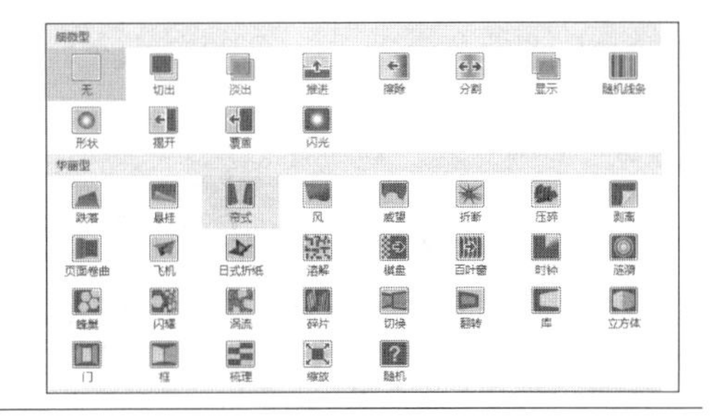

2 设置切换效果

在【切换】选项卡下【计时】组中【持续时间】微调框中设置【持续时间】为“03.00”。使用同样的方法，为其他幻灯片页面设置不同的切换效果。

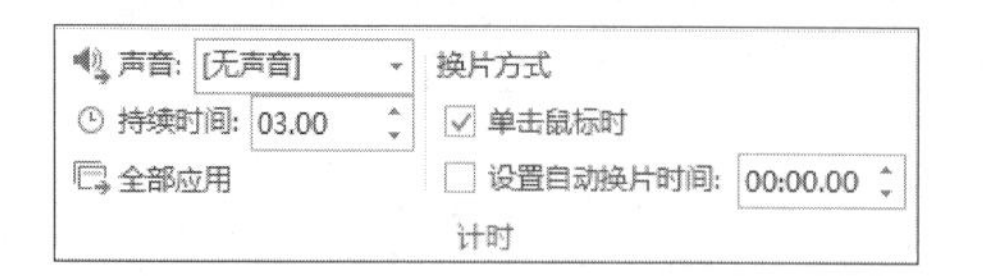

3 选择动画效果

选择第1张幻灯片中要创建进入动画效果的文字。单击【动画】选项卡【动画】组中的【其他】按钮，弹出下图所示的下拉列表。在下拉列表的【进入】区域中选择【浮入】选项，创建此进入动画效果。

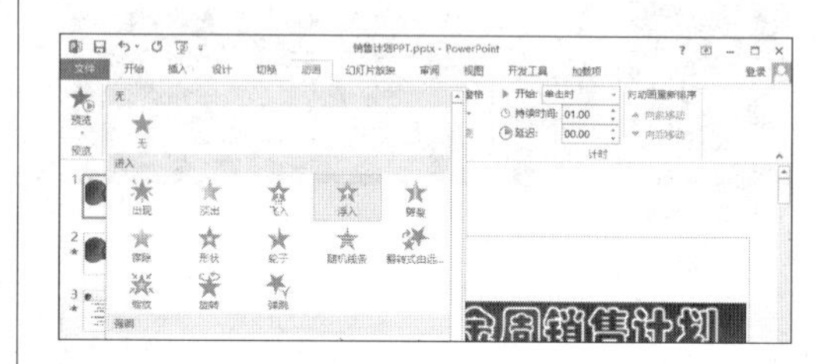

4 选择效果

添加动画效果后，单击【动画】组中的【效果选项】按钮，在弹出的下拉列表中选择【下浮】选项。

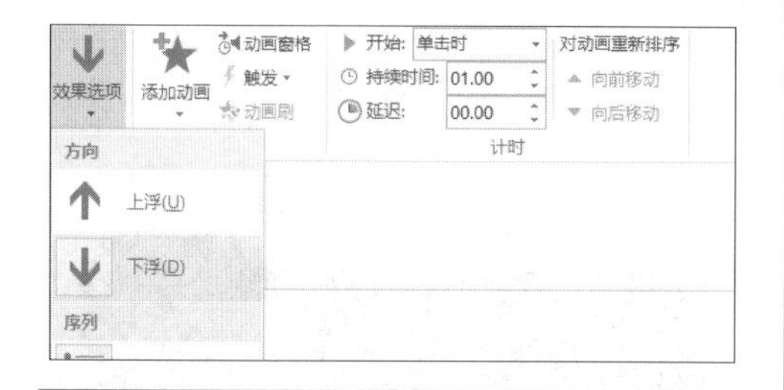

5 设置时间

在【动画】选项卡的【计时】组中设置【开始】为“上一动画之后”，设置【持续时间】为“01.50”。

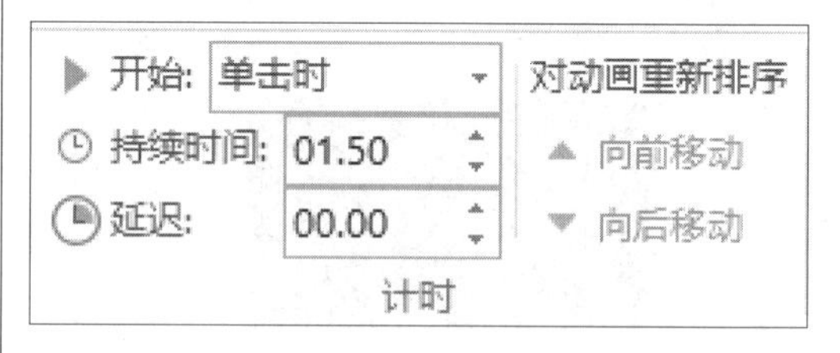

6 设置其他效果

使用同样的方法为其他幻灯片页面中的内容设置不同的动画效果。最终制作完成的销售计划PPT，如右图所示。

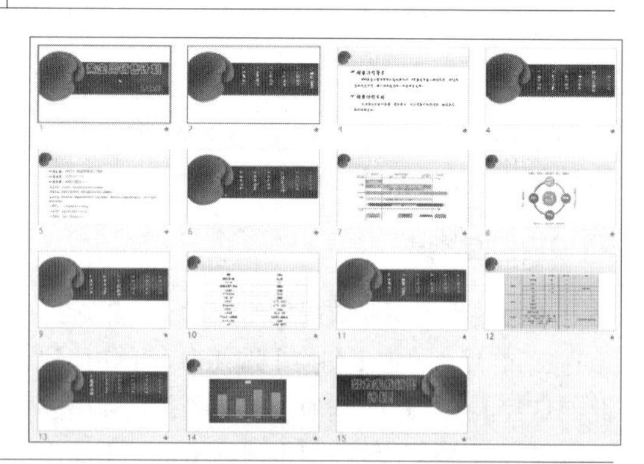

至此，就完成了产品销售计划PPT的制作。

第12章 Office实战秘技

重点导读

本章视频教学时间：22分钟

在市场营销中，需要制作产品说明文档、产品的销售情况、员工的业绩情况分析表、产品宣传演示文稿等，这些对于营销都有着很大帮助，本章将介绍如何使用Office 2013系列应用组件帮助市场营销人员完成相关的文档、报表及PPT等工作。

学习效果图

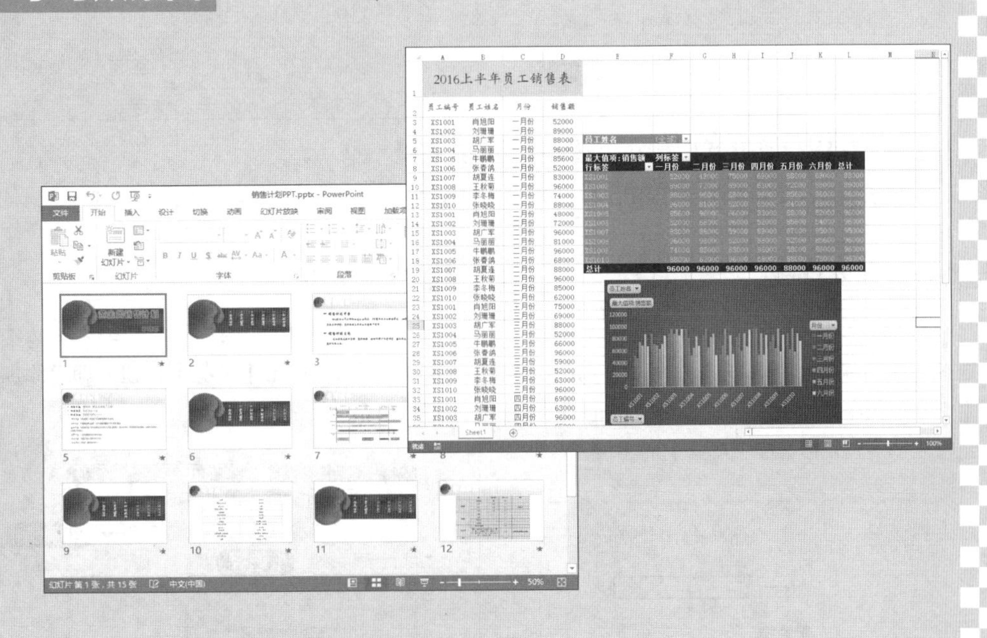

12.1 秘技1：Office组件间的协作

本节视频教学时间 / 13分钟

在使用比较频繁的办公软件中，Word、Excel和PowerPoint之间可以通过资源共享和相互调用提高工作效率。

12.1.1 在Word中创建Excel工作表

在Word 2013中可以创建Excel工作表，这样不仅可以使文档的内容更加清晰、表达的意思更加完整，还可以节约时间，具体操作步骤如下 。

1 插入电子表格

打开Word 2013，将鼠标光标定位置需要插入表格的位置，单击【插入】选项卡下【表格】组中的【表格】按钮，在弹出的下拉列表中选择【Excel电子表格】选项。

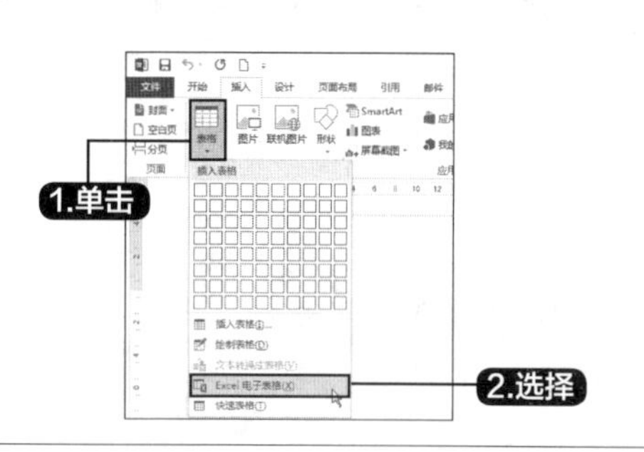

2 输入数据

返回Word文档，看到插入的Excel电子表格，双击插入的电子表格进入工作表的编辑状态，如图所示。

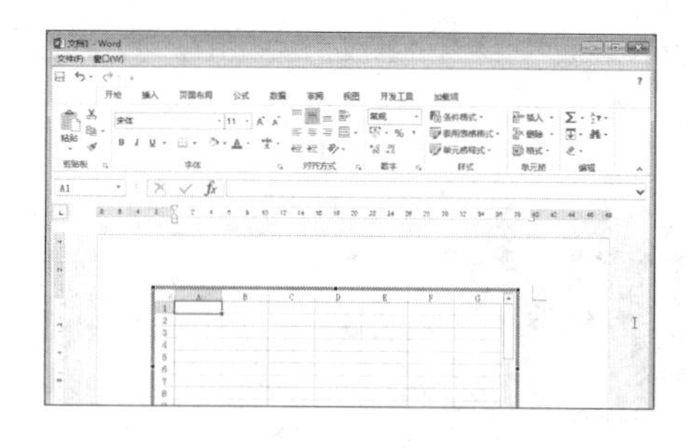

12.1.2 在Word中调用PowerPoint演示文稿

在Word中不仅可以直接调用PowerPoint演示文稿，还可以在Word中播放演示文稿，具体操作步骤如下。

1 选择【对象】选项

打开Word 2013，将鼠标光标定位在要插入演示文稿的位置，单击【插入】选项卡下【文本】组中【对象】按钮对象右侧的下拉按钮，在弹出列表中选择【对象】选项。

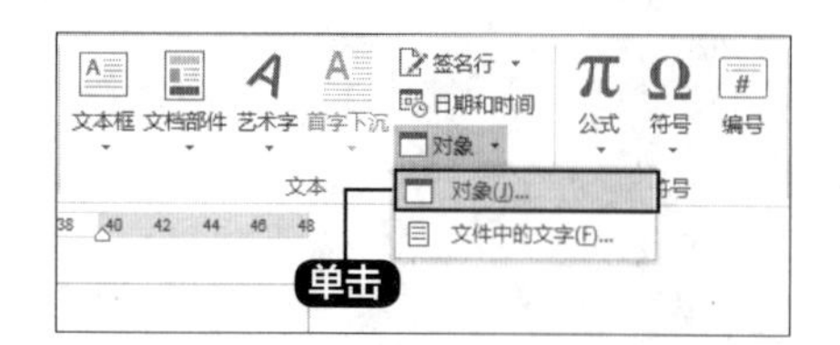

2 添加本地PPT

弹出【对象】对话框，选择【由文件创建】选项卡，单击【浏览】按钮，即可添加本地的PPT。

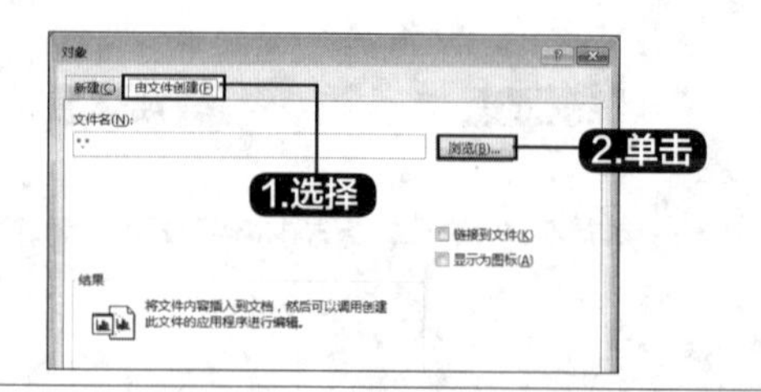

提示 插入PowerPoint演示文稿后，在演示文稿中单击鼠标右键，在弹出的快捷菜单中选择【“演示文稿”对象】➤【显示】选项，将弹出【Microsoft PowerPoint】对话框，单击【确定】按钮，即可播放幻灯片。

12.1.3 在Excel中调用PowerPoint演示文稿

在Excel 2013中调用PowerPoint演示文稿的具体操作步骤如下 。

1 新建工作表

新建一个Excel工作表，单击【插入】选项卡下【文本】选项组中【对象】按钮 。

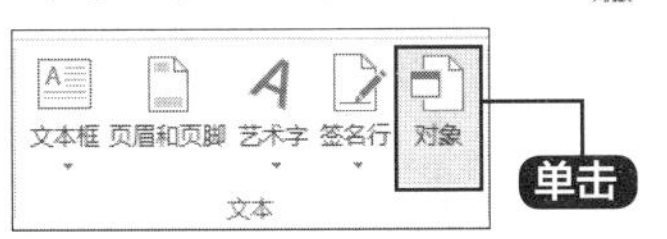

2 插入PPT演示文稿

弹出【对象】对话框，选择【由文件创建】选项卡，单击【浏览】按钮，选择要插入的PowerPoint演示文稿。插入PowerPoint演示文稿后，双击插入的演示文稿，即可播放插入的演示文稿。

12.1.4 在PowerPoint中调用Excel工作表

在Excel 2013中调用PowerPoint演示文稿的具体操作步骤如下 。

1 单击【对象】按钮

打开PowerPoint 2013，选择要调用Excel工作表的幻灯片，单击【插入】选项卡下【文本】组中的【对象】按钮，弹出【插入对象】对话框，单击选中【由文件创建】单选项，然后单击【浏览】按钮。

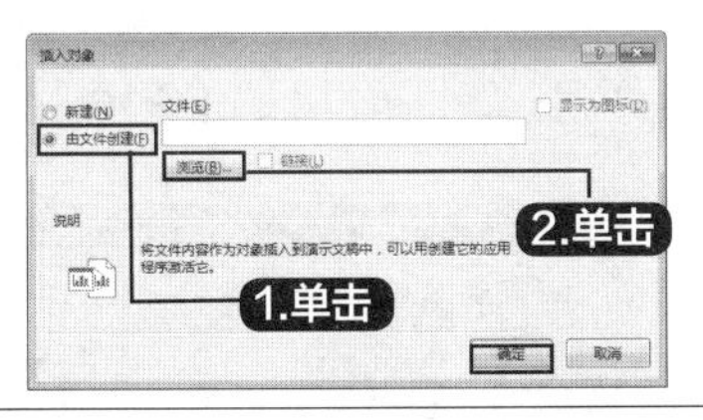

2 选择Excel工作簿

在弹出的【浏览】对话框中选择要插入的Excel工作簿，然后单击【确定】按钮，返回【插入对象】对话框，单击【确定】按钮。此时就在演示文稿中插入了Excel表格，双击表格，进入Excel工作表的编辑状态，调整表格的大小即可。

12.1.5 将PowerPoint转换为Word文档

用户可以将PowerPoint演示文稿中的内容转化到Word文档中，以方便阅读、打印和检查。在打开的PowerPoint演示文稿中，单击【文件】➤【导出】➤【创建讲义】➤【创建讲义】按钮，将弹出【发送到Microsoft Word】对话框，单击选中【只使用大纲】单选项，然后单击【确定】按钮，即可将PowerPoint演示文稿转换为Word文档。

12.2 秘技2：神通广大的Office插件的使用

本节视频教学时间 / 7分钟

虽然Office本身的功能十分强大，但是用户可以借助一些插件来简化操作，便捷地提高办公效率。

12.2.1 Word万能百宝箱：文档批量查找替换

Word万能百宝箱是集日常办公、财务信息处理等集多功能于一体的微软办公软件增强型插件，功能面向文字处理、数据转换、编辑计算、整理排版和语音朗读等应用，为Word必备工具箱之一。

1 安装Word万能百宝箱

从官网上下载并安装Word万能百宝箱，然后打开一个Word文档，可以发现选项卡位置处出现了【万能百宝箱】选项卡。

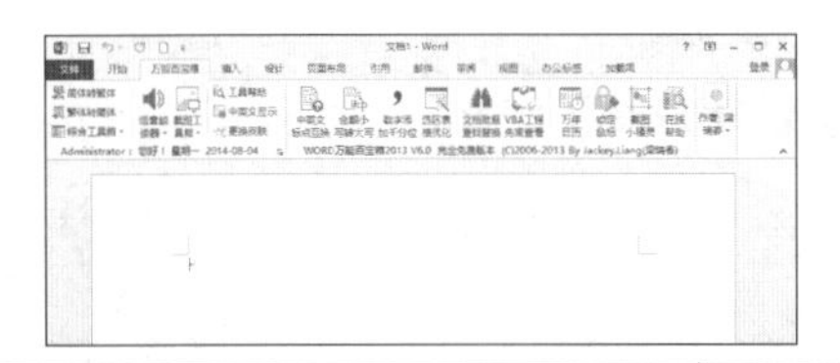

2 文件批量查找替换

单击【文档批量查找替换】按钮，弹出【文档批量查找替换】对话框。

3 设置信息

单击【取文档路径】按钮，在弹出的对话框中设置要查找的文档文件夹位置信息；单击【文档扩展名】右侧的下拉按钮，选择要查找的文档类型；在【查找的内容】文本框中输入查找内容；在【替换内容为】文本框中输入要替换的文本内容。

4 批量替换

单击【批量替换】按钮即可在文档文件夹中进行查找并替换，替换完成之后，弹出【批量替换：】对话框，单击【确定】按钮即可。

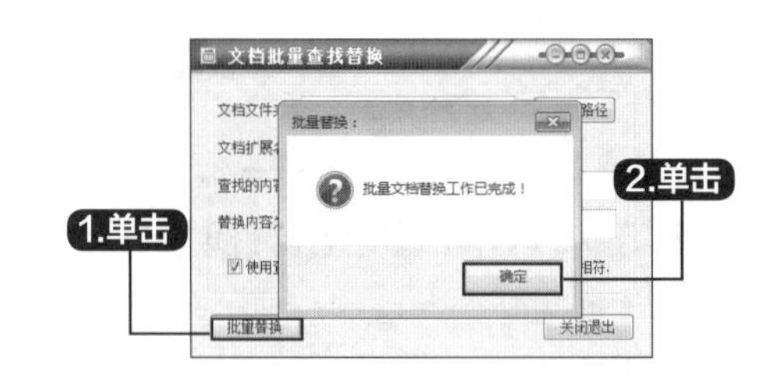

12.2.2 Excel百宝箱：修改文件创建时间

百宝箱是Excel的一个增强型插件，功能强大，体积却很小。在【百宝箱】选项卡中，根据功能特点对子菜单做出了分类，并且在函数向导对话框中生成新的函数，扩展了Excel的计算功能。

1 安装Excel百宝箱

从官方网站上下载“Excel百宝箱”文件，并安装至本地计算机中。打开Excel 2013应用软件，新建一个空白工作簿，可以看到Excel的工作界面中增加了一个【百宝箱】选项卡，其中包含了许多Excel的增强功能。单击【百宝箱】选项卡中的【文件工具箱】按钮，在弹出的下拉列表中选择【修改文件创建时间】选项 。

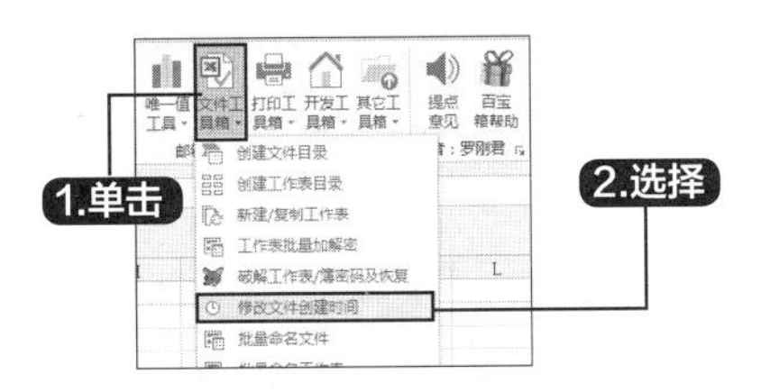

2 选择目标文件

弹出【文件创建时间修改器】对话框，单击【获取文件及时间】按钮，选择目标文件，【时间选项】将变为【文件原始创建时间】，显示文件原始创建的具体时间。

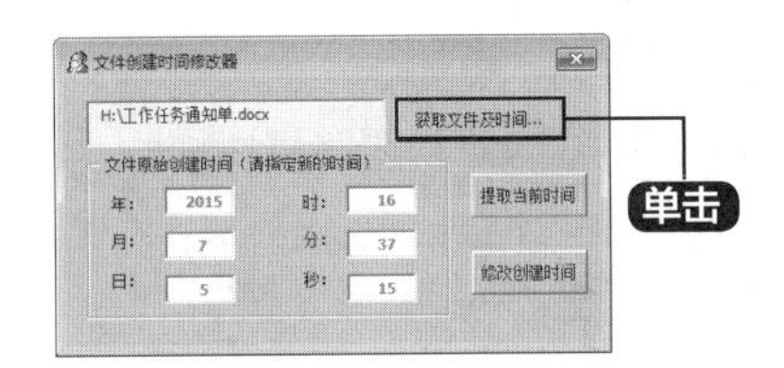

3 修改时间

在白色的文本框中可以进行时间的修改，也可以单击【提取当前时间】按钮获取当前的时间。

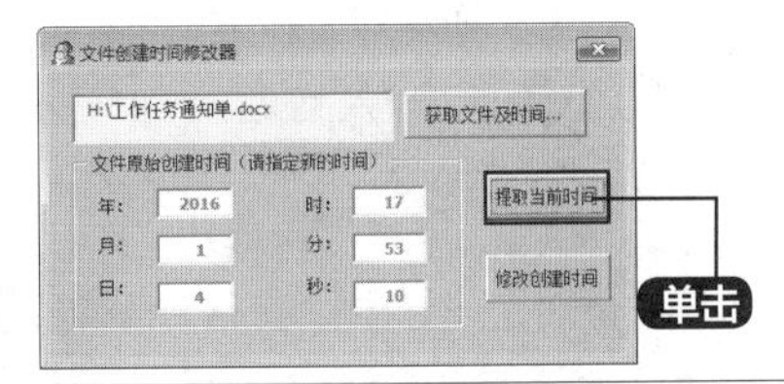

4 确定

单击【修改创建时间】按钮，弹出提示对话框，显示了修改后的文件创建时间，单击【确定】按钮即可。

12.2.3 ZoomIt：设置放映倒计时

在PPT放映时，可以通过ZoomIt软件来放大显示局部，此软件还可以实现用画笔在PPT上写字或画图的功能及课件计时的功能。具体操作步骤如下。

1 启动ZoomIt v4.2版本

下载并启动ZoomIt v4.2版本，程序界面如右图所示。选择【Zoom】（缩放）选项卡，设置缩放的快捷键，如按【Ctrl+F1】组合键。

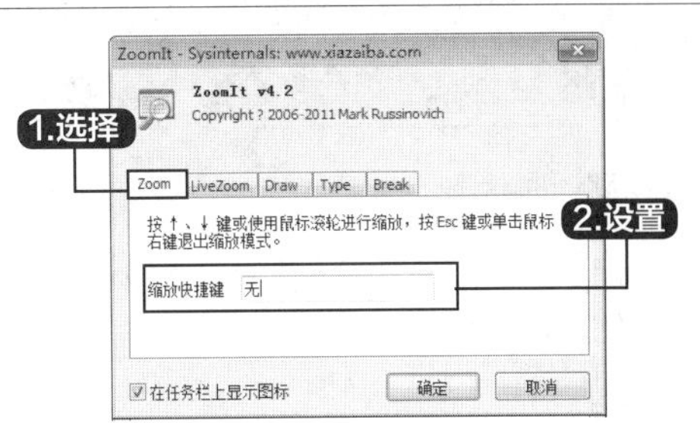

2 设置绘图的快捷键

选择【Draw】（绘图）选项卡，设置绘图模式的快捷键，如按【Ctrl+F2】组合键。

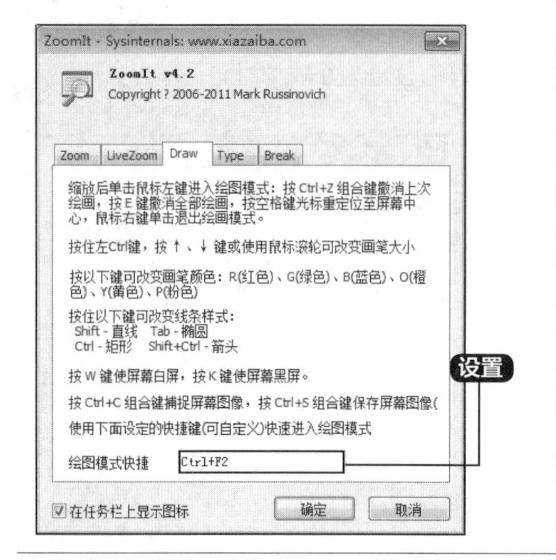

3 设置定时的时间

选择【Break】（定时）选项卡，此功能用于放映PPT时的课间休息计时。设置快捷键（如【Ctrl+F3】）并设置定时的时间。

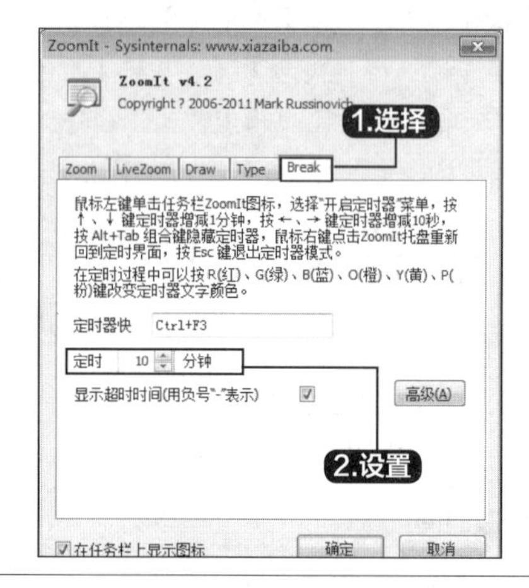

4 放映PPT

设置完成后单击【确定】按钮。放映PPT，然后按【Ctrl+F1】组合键，移动鼠标指针，即可实现局部的放大。滚动鼠标滚轮，可实现当前屏幕的放大和缩小。

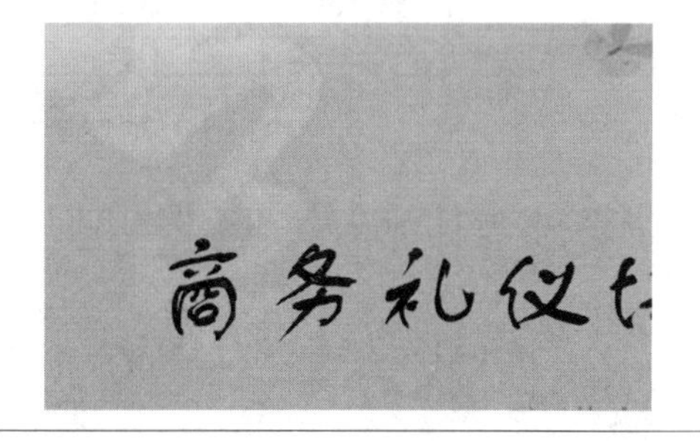

5 在幻灯片上书写

按【Ctrl+F2】组合键，会出现1个红色的十字指针，单击并拖动即可在放映的幻灯片上书写，按【T】键即可输入英文。

6 课间计时状态

按【Ctrl+F3】组合键即可进入课间计时状态，在屏幕中显示倒计时。

7:56

12.3 秘技3：使用手机/平板电脑办公

本节视频教学时间 / 2分钟

随着移动信息产品的快速发展，移动通信网络的普及，只需要一部智能手机或者平板电脑就可以随时随地进行办公，使得工作更简单、更方便。

Office办公软件有WPS Office、Office 365以及iPad端的iWorks系列办公套件，用户可以通过手机的自带的邮箱或QQ邮箱实现邮件发送。

12.3.1 修改文档

本节以WPS Office为例，介绍如何在手机和平板电脑上修改Word文档。

1 将素材传送到手机

将随书光盘中的“素材\ch12\工作报告.docx”文档传送到手机中，然后下载并安装WPS Office办公软件。打开WPS Office进入其主界面，单击【打开】按钮，进入【打开】页面，单击【DOC】图标，即可看到手机中所有的Word文档，单击打开要编辑的文档。

2 进入文档编辑状态

打开文档，单击界面左上角的【编辑】按钮，进入文档编辑状态，然后单击底部的【工具】按钮，在底部弹出的功能区中，选择【审阅】➤【批注与修订】➤【进入修订模式】按钮。

3 修改文本内容

进入修订模式，长按手机屏幕，在弹出的提示框中，单击【键盘】按钮，可以对文本内容进行修改了。修订完成之后，关闭键盘，修订后效果如右图所示，将其保存即可。

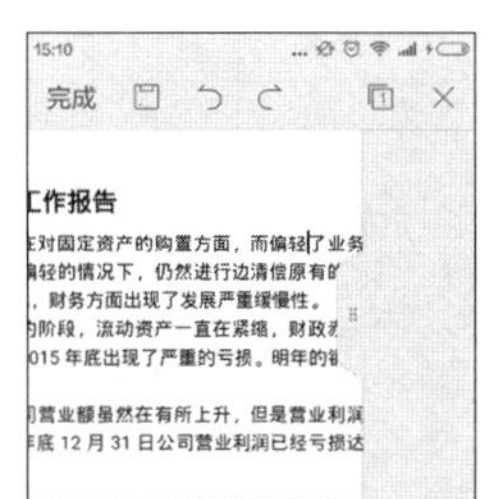

12.3.2 制作销售报表

本节以WPS Office为例，介绍如何在手机和平板电脑上制作销售报表。

1 将素材传送到手机

将随书光盘中的“素材\ch12\销售报表.xlsx”文档传送到手机中，并在手机中打开该工作簿，选择E3单元格，单击【键盘】按钮，输入“=”，按【C3】单元格，并输入“*”，然后再按【D3】单元格，按【Enter】键确认，即可得出计算结果。

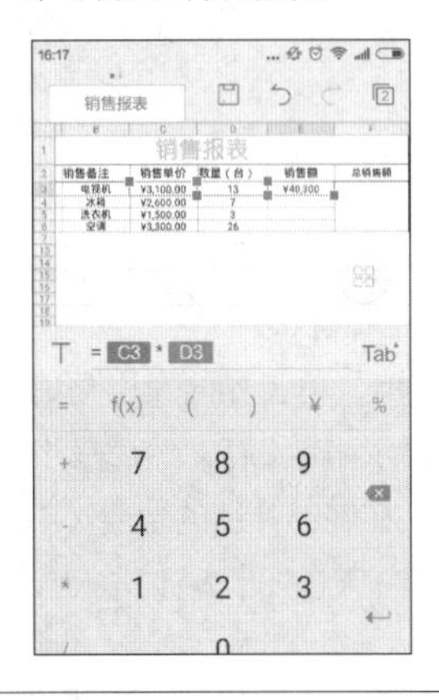

2 向下填充

选中E3:E6单元格区域，单击【工具】按钮，在底部弹出功能区，选择【单元格】➤【填充】➤【向下填充】按钮，即可得出“E4:E6”单元格区域的结果。

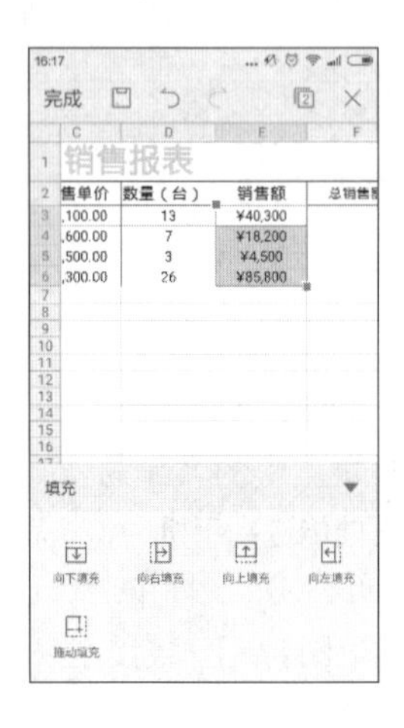

3 得出总销售额

选中F3单元格，打开键盘，单击【F(X)】键，选择【SUM】函数，然后选择E3:E6单元格区域，按【Enter】键，即可得出总销售额。

4 插入图表

单击【工具】按钮，在底部弹出的功能区选择【插入】➤【图表】按钮，选择插入的图表类型和样式，单击【确定】按钮即可插入图表。

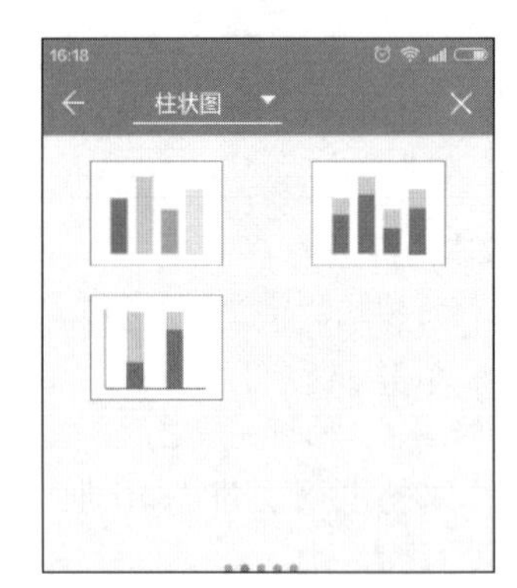

5 调整图表

插入的图表如下图，用户可以根据需求调整图表的位置和大小。

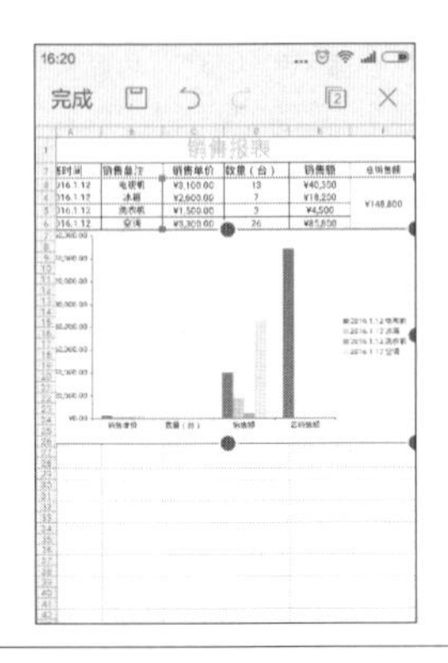

6 发送给他人

单击【工具】按钮 ，在底部弹出的功能区选择【文件】➤【分享】按钮，可以通过邮件、QQ、微信等发送给其他人。

12.3.3 制作PPT

本节以WPS Office为例，介绍如何在手机和平板电脑上创建并编辑PPT。

1 新建

打开WPS Office软件，进入其主界面，单击右下角的【新建】按钮，在弹出的创建类型中，选择【新建演示】选项。

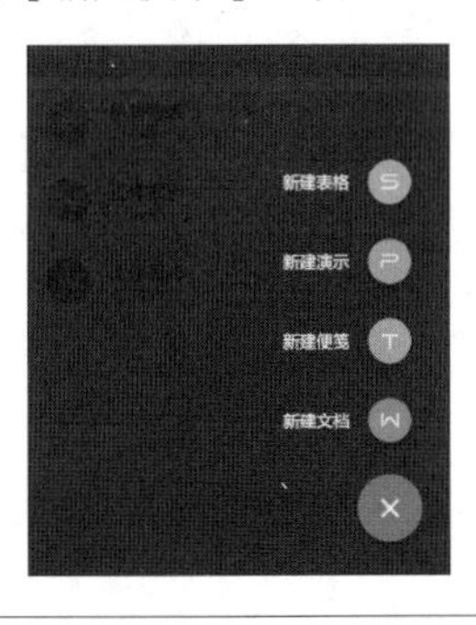

2 选择模板

进入【新建演示】页面，选择要创建的演示模板，如选择【工作报告】模板。

3 下载模板

手机和平板电脑即会在联网的情况下，下载并打开该模板，如右图所示。单击缩略图即可显示不同页面的幻灯片。

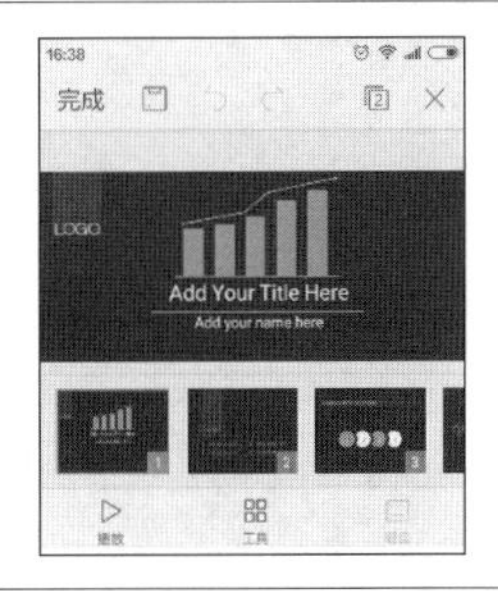

4 修改模板

选择模板中的文本框，即可打开键盘进行编辑，如下图所示。用户可根据需要对模板进行修改，修改后保存即可。

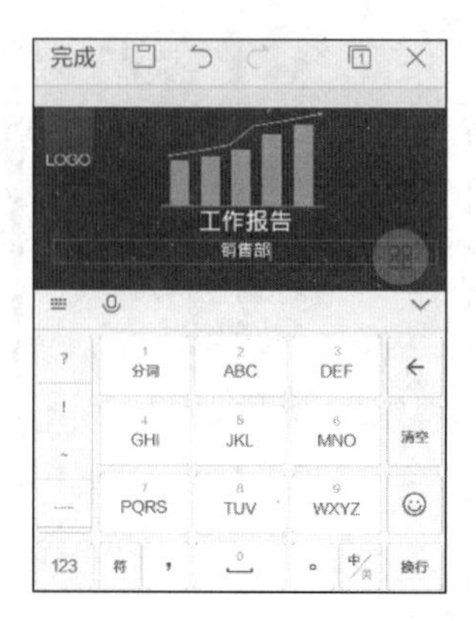